公民安全、
社会安全与国家安全

GONGMIN ANQUAN
SHEHUI ANQUAN YU GUOJIA ANQUAN

王建平 著

四川大学出版社

策划编辑：蒋姗姗
责任编辑：李勇军
责任校对：孙滨蓉
封面设计：墨创文化
责任印制：王　炜

图书在版编目（CIP）数据

公民安全、社会安全与国家安全 / 王建平著. —成
都：四川大学出版社，2017.3（2022.5 重印）
　ISBN 978-7-5690-0408-3

　Ⅰ.①公…　Ⅱ.①王…　Ⅲ.①安全教育—高等学校—
教材　Ⅳ.①G641

　中国版本图书馆 CIP 数据核字（2017）第 049929 号

书　名	公民安全、社会安全与国家安全
著　者	王建平
出　版	四川大学出版社
地　址	成都市一环路南一段24号（610065）
发　行	四川大学出版社
书　号	ISBN 978-7-5690-0408-3
印　刷	长沙市精宏印务有限公司
成品尺寸	180 mm×255 mm
印　张	20.75
字　数	507 千字
版　次	2018 年 3 月第 1 版
印　次	2022 年 5 月第 2 次印刷
定　价	49.80 元

◆读者邮购本书，请与本社发行科联系。
　电话:(028)85408408/ (028)85401670/
　(028)85408023　邮政编码:610065
◆本社图书如有印装质量问题，请
　寄回出版社调换。
◆网址:http://press.scu.edu.cn

序　言

　　本书是"公民安全、社会安全与国家安全（Citizen，Social and National Security）"（简称"公民安全"）课程的专用教材，基于大学生群体作为公民安全的重要群体和国家安全理论的学习与研究的重要主体，致力培育学生在总体国家安全观指导下，树立良好的安全意识，增强社会安全、个体安全层面的责任感和自我保护能力。

　　作为《防灾减灾与应急管理法学概论》公选课的姊妹课，《公民安全》从公民安全的基本理论入手，以安全度与安全感教育为核心，把社会安全化和国家安全制度设计紧密地结合起来，系统讲授国家安全保障机制和法制体系。对于任何一个公民而言，不论是在国内还是在国外，其人身生命财产安全是首要利益，安全感是其生活幸福的重要内容。至于社会安全度的扩展，则需要每个公民具有自觉维护社会安全的意识与能力。站在国家安全角度看，现在的"总体国家安全观"是一种大国家安全观，既重视传统安全，又重视非传统安全，着力全方位构建集政治安全、国土安全、军事安全、经济安全、文化安全、社会安全、科技安全、信息安全、生态安全、资源安全、核安全等于一体的国家安全体系。维护国家安全，对于每一个公民而言，都是一个非常严肃的公民素质建设问题。

　　本书根据教学需要，分成上下两编。

　　上编主要内容包括：总体国家安全观下的公民安全感，公民安全与国家安全体系，国际大背景下的公民安全环境和国家安全战略，安全度与安全感，以及公民、组织的国家安全义务和权利，国家安全制度。通过公民安全的共益理论的阐述，揭示出没有个体安全，也就不会有社会安全和国家安全的道理，以及公民的自我安全保护能力对于维持社会安全和国家安全的重要意义。尤其是公民、组织对于国家安全而言，首先承担的是义务，然后才是享有权利，接着，便是国家安全的制度保障了。至于维护社会安全和国家安全利益的任务、维护社会安全和国家安全利益的职责、各级政府的社会安全与国家安全利益保障义务、国家的社会救助与突发事件处置能力等，更需要国家安全保障机制，需要各级政府积极、主动、认真地履行其职责，同时，公民必须积极参与，全力配合。只有这样，才能实现国家安全的体系化机制保障。

　　下编主要内容包括：传统安全、经济安全、文化安全与科技安全、社会安全、网络安全、生态安全与资源安全、核安全。其中，传统安全包含政治安全、国土安全、军事安全，属于传统安全范畴。而经济安全、文化安全与科技安全、社会安全、网络安全、生态安全与资源安全、核安全属于非传统安全范畴。这些不同领域的国家安全，构成了我们学习和养成公民安全意识的重要内容。

2015 年 7 月 1 日,《中华人民共和国国家安全法》(以下简称《国家安全法》)经过十二届全国人大常委会第 15 次会议表决通过,这是党的十八大以来,为适应国家安全面临的新形势新任务,我国以法律形式确立总体国家安全观的重要举措。聚焦新国家安全法,有关专家梳理、总结和归纳出五大亮点:(1)是一部综合性、全局性、基础性的国家安全法;(2)突出维护国家经济安全;(3)突出确保文化安全;(4)突出维护国家网络空间主权;(5)为太空、深海和极地等新型领域国家安全提供法律支撑。① 尤其是,太空、深海和极地这些"战略新疆域"有着现实和潜在的重大国家利益,面临着安全威胁和挑战,所以维护这些领域的安全任务被纳入国家安全法。具体说,《国家安全法》第 32 条规定,国家坚持和平探索和利用外层空间、国际海底区域和极地,增强安全进出、科学考察、开发利用的能力,加强国际合作,维护我国在外层空间、国际海底区域和极地的活动、资产和其他利益的安全。作为世界上的一个幅员大国,人口总量超过世界人口的 1/6,我国有权利也有义务在这些资源领域进行探索性的开发和利用,并在这些活动中依法保障自身相关活动、资产和人员的安全。

本书在写作过程中,参考了全国人大法工委《中华人民共和国国家安全法释义》(简称《国家安全法释义》,法律出版社 2016 年版)和《总体国家安全观干部读本》(简称《干部读本》,人民出版社 2016 年版),在此致以谢意!

"公民安全"课程为开放性选修课程,在授课时,可针对学生学习兴趣,结合相关案例资料和具体问题进行讲授和讨论,并组织相关的现场教学和参观、实践体验等。

---

① 崔清新、王思北. 聚焦新国家安全法五大亮点:涵盖国家安全各领域 [EB/OL]. 新华网,http://news. china. com/domesticgd/10000159/20150702/19939467_all. html#page_2,2015-07-02.

目　录

上　编

下 编

上编

第一章　总体国家安全观下的公民安全感

第一节　国家安全概论

一、安全与国家安全

安全，是指不受威胁，没有危险、危害、损失的状态。从社会学角度来看，安全是人类社会在生产、生活过程中，将各种系统的运行状态对人类的生命、财产、环境可能产生的损害控制在人类能够接受水平以下的状态。安全的定位，与人类的本能欲望——不受威胁、没有危险这种安全感的需求密切联系。

在前述定义中，"不受威胁""没有危险"的定位，揭示出人类生存的生命、财产、环境对于人的生存和发展的背景性决定意义，即人类生存没有致命性威胁因素，或者相关致命性因素在可控制范围，而"没有危险"则包括没有外在的危险和没有内在的危险，前者是指外在方面，主体（人）、客体（人所处环境）和安全条件等三个方面因素决定或者构成的"没有威胁"；后者是指内在方面，从主观上说，是人这种主体具有免除威胁的能力，即人自身的特性使得某些外在不安全因素，对其不构成威胁或者其自身免除了这方面的威胁，从而形成了"不受威胁"的能力。

可见，社会学上的安全，并不是没有任何危险，而是这种对人的生命、财产、环境具有危险性的因素，是否处于可控制状态，以及人类对这些不安全的危险因素，是否具有一定的控制或者制约能力或者应对能力、处置能力等。这说明，安全实际上是一种能力，一种对危险因素的控制能力和通过制度资源进行应对的能力。

所谓国家安全，是指国家政权、主权、统一和领土完整、人民福祉、经济社会可持续发展和国家其他重大利益相对处于没有危险和不受内外威胁的状态，以及保障持续安全状态的能力。[①] 可见，国家安全的含义当中，一方面，强调的是国家利益处于没有危险和不受内外威胁的状态，而这种状态具有持续性、系统性，而且是以国家政权、主权、统一和领土完整，人民福祉、经济社会可持续发展等形态表现出来的；另一方面，则以国家安全的持续保障能力，即国家对公民在境内、海外的生命、财产和环境安全等利益的保障形式来表现的。

---

① 《中华人民共和国国家安全法》，第 2 条。

二、安全利益是重大利益

安全利益，是指基于"国家政权、主权、统一和领土完整等"相对处于没有危险和不受内外威胁的国家利益。这是安全利益的一个整体性或宏观性的界定，这种界定代表了国家利益的四个重要方面，即国家政权、国家主权、国家统一和国家领域完整。换句话说，这四个方面至少可以代表四个层面的重大利益。

我国正在经历深刻复杂的社会变迁，城镇化和新型城镇化一定程度上在带来巨大变化的同时，也引发了部分社会矛盾。加上，我国人口老龄化趋势加快，消除贫困现象的任务非常艰巨，导致维护社会稳定和国土安全的压力剧增。"这样的发展，这样的巨变，在人类发展史上都是罕见的"。[①] 自然而然地，维护国家安全利益的压力也是空前的。

尤其是当前世界发生了非常广泛的变化，且这种变化速度快、层面多，世界经济、科技飞速发展，带来国际体系加速演变和深刻调整。这样一来，世界非传统安全领域的问题，必然增多，包括气候变化、恐怖主义、经济发展、金融危机、网络安全、能源与粮食安全、重大传染性疾病等全球性挑战与国际合作，以及世界新军事革命，应对地区冲突、环境恶化、自然灾害等导致的人道主义问题等，带来的世界态势和国际格局变化。[②] 还有，我国积极倡导的"亚投行""金砖银行""丝路基金"和"一带一路"等，使我国与世界的关系发生了历史性的变化，包括我国周边安全环境复杂多变，国内民族分裂主义、敌对势力颠覆活动等因素带来的威胁等，让我国的国家安全面临的压力不断增大，相关风险因素也在不断增多。

所以，各种利益主体之间的社会冲突因素也在不断增加过程中，让非传统领域的安全威胁压力明显地加大和上升。为此，要实现全面保障国家安全利益实现的目标，首先，必须增强忧患意识、责任意识和使命意识。这三种意识，是各种安全利益主体必须牢牢树立的生命、财产和环境安全的基础所在。其次，中国公民年出境数量突破 1 亿人次，成为海外最大的流动群体。加上两万多家中国企业、数百万同胞生活和工作在世界各地，成为公民安全、社会安全的潜在受害主体，需要通过加强领事保护和国家保护措施，来实现对这些安全利益主体的切实保护。再次，对于公民、社会组织而言，安全利益也是重大利益，必须学会自己的安全利益，然后，才有可能保护国家的安全利益。

可见，对于一个公民、一个社会组织和一个国家而言，尽管其主体法律地位有显著的不同，但是，就其安全利益而言，则完全是相同的——安全利益是重大利益或者根本利益。没有了这个根本利益，那么，整个社会的发展与运行的基础就没有了。正因为如此，让公民、社会组织和国家处于没有危险和不受内外威胁的状态，就不是个人的个体性要求，而是关乎全体主体的整体性要求。

三、国家安全是一个国家的最大安全

"安全"一词，在我国的相关工具书中，解释为"没有危险""不受威胁"和"不出

---

① 中共中央宣传部. 习近平总书记系列重要讲话读本 [M]. 北京：学习出版社，人民出版社，2014.
② 《总体国家安全观干部读本》编委会. 总体国家安全观干部读本 [M]. 北京：人民出版社，2016.

事故"等，主要是指一种客观状态。《周易·系辞下》中说，"安而不忘危，存而不忘亡，治而不忘乱，是以身安而国家可保也"。为此，《国策·齐策六》云："今国已定，而社稷可安矣。"而在英法等国的词典中，"安全"一词代表的含义是客观上不存在威胁，主观上不存在恐惧。一般而言，国家安全既指一个国家免于被攻击，乃至被消灭的恐惧、担心，没有严重内外危险和威胁的状态，也是指国人普遍存在的安全的感觉，国家客观上不存在威胁，国人主观上不存在恐惧的状态。[①]

1947 年，美国颁布《国家安全法》。其中，国家安全包括国家军事、政治和外交斗争等以军事安全为核心的国家安全利益。这是所谓的传统安全范畴，即军事安全为国家核心安全。随着社会的不断发展，非传统领域的国家安全概念诞生了——反恐怖袭击、经济安全、信息安全、生态安全、防止核扩散，以及打击走私贩毒、跨国犯罪等。1992年，《俄联邦安全法》对国家安全的定义是：安全是个人、社会和国家生死攸关的利益受到保护的状态。2011 年 9 月 16 日，《中国的和平发展》白皮书中，明确表明：中国的核心利益包括：国家主权，国家安全，领土完整，国家统一，中国宪法确立的国家政治制度和社会大局稳定，经济社会可持续发展的基本保障。中国坚决维护国家核心利益，即国家主权之下的"国家安全"等。在这里，国家的核心利益是：（1）国家主权；（2）国家安全；（3）领土完整；（4）国家统一；（5）国家政治制度和社会大局稳定；（6）经济社会可持续发展等。而"国家安全"被列在第二位。

所以，我国的国家安全首先是国家核心利益的安全，即国家政权、主权、统一和领土完整、人民福祉、经济社会可持续发展；其次则包括国家其他重大利益的安全。在这个基础上，维护好 2.2 万多千米的陆地边界、1.8 万多千米的大陆海岸线的疆界安全，并在传统和非传统安全领域，推动国际和地区安全合作，反对一切形式的恐怖主义。这个国家安全的定义，运用的思路是：国家核心利益＋国家其他重大利益→国家最大利益＝国家最大安全。

应当说，在非传统国家安全领域，"国家最大安全"已经不再限于国家政权、主权、统一和领土完整等层面。非传统领域安全威胁上升，引起了国际社会的高度重视。2013年，我国贸易总额超过美国，成为世界上第一大贸易国，但与此同时，我国在能源等大宗商品的进口上，对外部的依赖性不断增强，这就需要和平稳定的国际贸易秩序作为保障。

特别是，我国国家利益尤其是国家核心利益和其他重大利益的不断拓展，海外公民的生命、财产安全，以及国家在境外的政治、经济及军事利益，还有驻外机构和中资企业的安全，对外交通运输线路和运输工具的安全等，也逐渐上升到了"国家核心利益"或者"国家其他重大利益"层面，是维护国家安全的重要表征性目标或者标志。在和平、发展、合作、共赢[②]的旗帜下，在把国家安全利益确定为国家重大利益的基础上，国家安全成为国家最大的安全。

---

　①　乔晓阳. 中华人民共和国国家安全法释义 [M]. 北京：法律出版社，2016.
　②　坚持和平发展，推动合作共赢——外交部副部长张志军在第八届"蓝厅论坛"上的演讲 [D]. 外交部网，http://www.fmprc.gov.cn/ce/ceph/chn/zgxw/t1001959.htm. 最后访问时间：2016—06—06.

第二节　总体国家安全观

一、国家安全委员会的成立

在我国，总体国家安全观的形成，有一个认识上的具体过程。

如果说，2011 年 9 月 16 日，《中国的和平发展》白皮书，向世界昭示并系统归纳出我国的核心国家利益的话，那么，将"国家安全"列在核心国家利益的第二位，就是总体国家安全观形成前的一种预演。2012 年 11 月，中共中央召开十八大，确定坚持开放的发展、合作的发展、共赢的发展，以自身发展有力地促进世界经济增长，并为维护世界和平稳定作出重要贡献，成为我国政府外交工作的主旋律。

2013 年 11 月 9 日至 12 日，中共十八届三中全会通过《中共中央关于全面深化改革若干重大问题的决定》（简称《深化改革决定》），指出，国家安全和社会稳定是改革发展的前提，也就是说，只有国家安全和社会稳定，改革发展才能有不断推进的基本条件。为此需要专门设立"中央国家安全委员会"（简称"国安委"），以加强完善国家安全体制和国家安全战略，确保国家安全。

2014 年 4 月 15 日，习近平总书记在国安委第一次会议上提出，要准确把握国家安全形势变化新特点新趋势，坚持总体国家安全观，走出一条中国特色国家安全道路。他指出："增强忧患意识，做到居安思危，是我们治党治国必须始终坚持的一个重大原则。我们党要巩固执政地位，要团结带领人民坚持和发展中国特色社会主义，保证国家安全是头等大事。""成立国家安全委员会，是推进国家治理体系和治理能力现代化、实现国家长治久安的迫切要求，是全面建成小康社会、实现中华民族伟大复兴中国梦的重要保障，目的就是更好适应我国国家安全面临的新形势新任务，建立集中统一、高效权威的国家安全体制，加强对国家安全工作的领导。"[①]

从《中国的和平发展》到中共十八大外交工作的方针政策的确定，再到《深化改革决定》确定设立"国安委"，又从"国安委"成立到第一次国安委会议的召开，国家安全需要新的理念和理论来支持，需要进一步上升到国家意志的高度。习近平总书记提出的"总体国家安全观"这一全新的战略思想，正是新时期我国维护国家安全的根本性方针政策。"国安委"是总体国家安全观在领导机构层面的一种体现，被赋予应对危机、整合国内安全资源的功能。作为日益走向成熟的大国，我国成立并运转具有高度权威性的国家安全委员会是时势所趋，更是国家治理的需要。

二、总体国家安全观

所谓总体国家安全观，是指整体意义或宏观层面上，以人民安全为宗旨，以政治安全为根本，以经济安全为基础，以军事、文化、社会安全为保障，以促进国际安全为依托，维护各领域国家安全，从而构建国家安全体系的安全战略观念。在这里，"总体"

---

① 习近平：习近平谈治国理政 [M]. 北京：外文出版社，2014.

的含义，是强调宏观意义即把国家安全放在国内安全和国际安全大的背景之下，既讲我国的自身安全，也讲我国在国际社会的安全，既强调我国国家安全的客观状态，也讲我国国家安全的维护能力，是一个国家安全体系概念下的定义。

应当说，习近平总书记的"总体国家安全观"是一个具有非常丰富的内涵和外延的中国特色的国家安全概念。"总体国家安全观"的内涵和外延是：（1）其内涵是"五大要素"，即：我国《国家安全法》第3条规定的"五个以"——以人民安全为宗旨；以政治安全为根本；以经济安全为基础；以军事、文化、社会安全为保障；以促进国际安全为依托，走出一条中国特色的国家安全道路。（2）其外延是"五对关系"，即"10个重视"：我国《国家安全法》第8条规定的"既重视内部安全，又重视外部安全；既重视国土安全，又重视国民安全；既重视传统安全，又重视非传统安全；既重视发展问题，又重视安全问题；既重视自身安全，又重视共同安全"等10个方面的关系。

表 1-1　总体国家安全观的构成

五大要素	五对关系	11个方面
以人民安全为宗旨 以政治安全为根本 以经济安全为基础 以军事、文化、社会安全为保障 以促进国际安全为依托	既重视内部安全，又重视外部安全 既重视国土安全，又重视国民安全 既重视传统安全，又重视非传统安全 既重视发展问题，又重视安全问题 既重视自身安全，又重视共同安全	政治安全、国土安全、军事安全 经济安全、文化安全、社会安全 科技安全、网络安全、生态安全 资源安全、核安全

在表1-1总体国家安全观的构成中，所要构建的国家安全体系是通过具体方面的国家安全来表现的，包括：政治安全、国土安全、军事安全、经济安全、文化安全、社会安全、科技安全、网络安全、生态安全、资源安全和核安全等11个方面。由此而言，总体国家安全观是由基本理念——"五大要素"、内涵外延——"五对关系"和安全体系——"11个方面"三个层次构成。所以，理解"总体国家安全观"时，应当从其分层次角度入手。

第三节　中国特色国家安全道路

一、坚持党的领导

第一，党的领导居于核心地位。我国《国家安全法》第4条规定，坚持党对国家安全工作的领导，建立集中统一、高效权威的国家安全领导体制。这个层面，表现的是公民安全与党的领导之间，是领导与总体保障的关系，以及通过建立集中统一、高效权威的国家安全领导体制，使公民安全，与社会安全和国家安全处于同一个国家安全体制之内，高效地运行。也就是说，坚持党对国家安全工作的绝对领导，是国家安全工作的根本政治原则。[①]

---

① 《总体国家安全观干部读本》编委会. 总体国家安全观干部读本［M］. 北京：人民出版社，2016：40.

第二，国安委是中央国家安全领导机构。我国《国家安全法》第 5 条规定，国安委作为党对国家安全领导的具体职能机构，负责国家安全工作的决策和议事协调，研究制定、指导实施国家安全战略和有关重大方针政策，统筹协调国家安全重大事项和重要工作，推动国家安全法治建设，是总体国家安全的主要责任主体。为此，国家维护和发展最广大人民的根本利益，保卫公民安全，创造良好生存发展条件和安定工作生活环境，保障公民的生命财产安全和其他合法权益。

第三，强化党对国家安全工作运行的监督。我国《国家安全法》第 15 条规定，国家坚持党的领导，维护中国特色社会主义制度，发展社会主义民主政治，健全社会主义法治，强化国家安全工作中的权力运行制约和监督机制，充分保障人民当家做主的各项权利。与此同时，在复杂的国家大背景下，要认真做好：防范、制止和依法惩治任何叛国、分裂国家、煽动叛乱、颠覆或者煽动颠覆人民民主专政政权的行为；防范、制止和依法惩治窃取、泄露国家秘密等危害国家安全的行为；防范、制止和依法惩治境外势力的渗透、破坏、颠覆、分裂活动等方面的工作，把国家安全工作推向深入。

二、保证政权安全和制度安全是首要任务

将国家安全明确列为"头等大事"，是习近平总书记在第一次国安委会议上讲话中特别强调的。而强调"保证国家安全是头等大事"意味着保证国家政权安全和制度安全则是首要任务。

国家政权安全，即国家政权不受威胁、没有危险的情形。要维持一个国家的生存和发展，国家政权要是处于不安全即受到威胁、有危险的状态，而且，这个国家又不能维护国家政权的持续存在的话，那么，国家安全是无从谈起的。

保证政权安全的前提是：国家经济的发展，社会文明进步和良好的社会秩序，从而，国家政局稳定，公民个体安全、社会安全和国家安全等处在同一个背景——国家安全之下。

为了维持良好的国家政权安全与制度安全环境，根据我国《国家安全法》第 17 条、第 18 条的规定，国家加强边防、海防和空防建设，采取一切必要的防卫和管控措施，保卫领陆、领水和领空安全，维护国家领土主权和海洋权益。同时，国家加强武装力量革命化、现代化、正规化建设，建设与保卫国家安全和发展利益需要相适应的武装力量；实施积极防御军事战略方针，防备和抵御侵略，制止武装颠覆和分裂；开展国际军事安全合作，实施联合国维和、国际救援、海上护航和维护国家海外利益的军事行动，维护国家主权、安全、领土完整、发展利益和世界和平。

所以，"保证国家安全是头等大事"，要增强忧患意识，做到居安思危，巩固党的执政地位，团结带领人民坚持和发展中国特色的社会主义经济、国防、文化和社会等事业。在国家安全和社会稳定有保障的前提下，要时刻牢记"保证国家政权安全和制度安全是首要任务"，让我国的政治体制、经济体制改革和发展，不断地推向前进。

三、以人民安全为宗旨

"人民安全"即公民个体不论是在国内或海外，其生命、财产等处于不受威胁、没

有危险的状态。这种安全属于一种个体安全或者私人安全范畴，因此，"以人民安全为宗旨"是指国家安全体系当中，要以人民安全为国家安全体系的基本依归，也就是说，国家安全要以公民为本（以人为本），一切为了人民，一切依靠人民，把公民个体安全的生命、财产不受威胁、没有危险等放到突出的地位。

所谓公民安全，是指作为国家公民的个人，在国内和海外时，其生命、财产等处于不受威胁、没有危险的状态，以及公民凭借自己和国家领事保护维持其安全能力的实际状态。在我国，国家安全的宗旨是"人民安全"，而"人民安全"与"公民安全"虽然只有一字之差，大多数场合区分并不明显。而在法律层面上，"人民"是政治术语，其对应的是"敌人"，而"公民"是法律术语，其对应的是"法人"和"外国人、无国籍人"等法律概念。从这个意义上看，本书作为一种学术见解，认为：国家安全意义上的"人民"应当与"公民"通用，因而"人民安全"即"公民安全"。①

"以人民安全为宗旨"，实际上强调的是国家安全的出发点和归宿，都是为了公民个体安全，由这种个体安全，聚集成社会安全和国家安全。由此而言，没有公民个体安全，就不会有群体安全或社会安全；而没有群体安全，必然就没有国家安全。

所以，"以人民安全为宗旨"，不但强调国家安全体系的建立和运行，要把保护公民安全放到首位，而且，更强调当公民的生命、财产等陷入受威胁、有危险的状态时，国家能够在第一时间内，提供安全保障，包括国家依法采取必要措施，保护海外中国公民、组织和机构的安全和正当权益，保护国家的海外利益不受威胁和侵害。② 由此而言，海外中国公民、组织和机构的安全利益，也属于国家重大利益的范畴，及时提供领事保护不仅是可能的，而且是理所当然的。

坚持以人民安全为宗旨，还意味着：国家安全依靠人民、服务人民是我国历史的一种必然选择。也就是说，人民安全高于一切。人民是国家安全工作的力量支持，人民安全是国家安全的根本保证。与此同时，保障人民安全是国家安全工作的根本任务，包括保障人民的生命和财产安全，保障人民生存发展的基本条件，以及保障人民安全稳定的社会环境等。

四、坚持共同安全

所谓共同安全，即世界各国能够共享国家安全和国家社会安全，从而全体国家共同处于不受威胁、没有危险的一种状态。在这里，"共同"不是某个国家的单一主体的安全，也不是某个国家在国家安全领域的某个或者某些方面的安全。因此，"共同安全"首先指向全体国家也就是国际社会整体。

坚持共同安全，是我国总体国家安全观的精华所在。1982 年，"裁军与安全问题独立委员会"（简称"裁军委"）率先提出"共同安全"的概念，认为：持久的安全只有在全体国家能够共享安全时，才能实现。在此基础上，欧洲学者提出了"复合安全共同体"等概念。我国的"共同安全"，是在打造国家安全"命运共同体"背景下，被

---

① "公民安全"的内涵和外延等，参见本书第二章第一节的分析和阐述。
② 《中华人民共和国国家安全法》，第 33 条。

习近平总书记以"共同、综合、合作、可持续的亚洲安全观","搭建地区安全和合作新架构""共建、共享、共赢的亚洲安全"等对"共同安全"加以阐释。[1] 明确了坚持共同安全，是走中国特色国家安全道路的必然要求，共同安全符合中国的根本利益，推动和平解决国际争端，推进国际安全领域和地区安全领域的合作，是党的十八大首次提出"要倡导人类命运共同体意识"的具体体现。

在某种意义上，共同安全是强调国家必须重视外部安全，对外求和平、求合作、求共赢、建设和谐世界。在重视自身安全的基础上，要重视他国的共同安全，积极打造命运共同体，推动各方朝着互利互惠、共同安全的目标相向而行。这种要求意味着，共同安全在其科学理念上，具有安全是普遍的、平等的和包容的性质，实现"各美其美，美人之美，美美与共，天下大同"的目标。

五、促进中华民族伟大复兴

我国改革和发展所处的内外环境、历史发展阶段和未来国家发展战略目标等，对国家安全提出了内在目标要求。

1. 我国是一个崛起中的社会主义大国。这意味着我国面临两大矛盾，一是国内的物质文化总体条件的持续改善，与人民对未来生活的期待值进一步增大，两者之间的矛盾；二是中国综合国力与国际影响力的持续提升，与相关国家对我国战略防范和牵制同步增加，这两者之间的矛盾。这种内外部矛盾让我们的国家安全无法照搬国际上已有的大国安全模式，只能走共同安全和有利于促进中华民族复兴的国家安全之路。

2. 国家安全是中华民族伟大复兴中国梦的重要保障。这个梦想的实现，需要国家富强、民族振兴、人民幸福，因此，国家安全的"内外三求"，才是维持国家安全的重要保证。所谓"内外三求"，即国家安全在对内，以求发展、求变革、求稳定为根本，在发展中，解决贫困人口脱贫、2亿多老年人的养老问题，以及经济结构调整问题；而国家安全在对外，以求和平、求合作、求共赢为战略，在保障国际和平的大背景下，推动双赢、共赢理念深入人心，摒弃零和游戏、你输我赢的旧思维，积极推动地区国家之间、域外国家之间的国家安全合作事宜的开展。

3. 国安委职能的积极发挥是民族复兴的重要保证。国安委职能主要是：推动军民融合深度发展，实现经济建设和国防建设协调发展。

可见，促进中华民族伟大复兴，不仅需要通过不断深化改革，努力解决国内外的各种矛盾和利益冲突，而且，也需要国家安全的"内外三求"能顺利实现，并在国安委的有效职责和职能的履行过程中，让每个公民产生更多的安全感。因此，要想促进中华民族伟大复兴，就需要每个公民在国家安全的大背景下，积极履行维护国家安全的义务和权利。

知识点 我国《国家安全法》第 77 条规定，公民和组织应当履行下列维护国

---

① 习近平：习近平谈治国理政［M］．北京：外文出版社，2014，354．

家安全的义务：（1）遵守宪法、法律法规关于国家安全的有关规定；（2）及时报告危害国家安全活动的线索；（3）如实提供所知悉的涉及危害国家安全活动的证据；（4）为国家安全工作提供便利条件或者其他协助；（5）向国家安全机关、公安机关和有关军事机关提供必要的支持和协助；（6）保守所知悉的国家秘密；（7）法律、行政法规规定的其他义务。任何个人和组织不得有危害国家安全的行为，不得向危害国家安全的个人或者组织提供任何资助或者协助。

第四节　公民安全感

一、公民安全感

所谓公民安全感，是指公民对于其生命、财产安全和生存环境因素没有危险和不受内外威胁的状态，以及保障持续安全状态的感受、体验和心理需求。按照心理学的解释，安全感是对可能出现的对身体或者心理的危险、风险的预感，以及个体在应对处理时的有力感或者无力感，主要表现为对待危险、风险的确定感和可控感。实际上，按照现在的时髦的说法，叫"存在感"或者安全存在感——一种对于安全的感觉，一种安全的心理体验。这种安全感，主要体现在：（1）精神层面即安全的心理体验；（2）物质层面即对物质享受的满足体验等。这两个方面的安全感，可以互相转换。

在理论上，认为人有八个方面的安全感需求：（1）情感的安全感；（2）身体的安全感；（3）社会关系的安全感；（4）法律的安全感；（5）收入的安全感；（6）福利的安全感；（7）房子的安全感；（8）生活环境的安全感等。有了这些安全感，人才能安心生活，踏实体验生活。从"公民安全"这门课的角度看，这八个方面的公民安全感其中的情感安全感、身体安全感属于生命层次的安全感，收入的安全感、福利的安全感和房子的安全感等属于财产层次的安全感；而社会关系的安全感、法律的安全感和生活环境的安全感等属于环境因素安全感范畴。

现实生活中，不时地检查门锁、坐靠里朝外的座位、打出租车坐后座、经常更换密码、取钱验钞、开灯睡觉、睡觉抱东西、家中预备应急物资、关心人事调动、渴望结婚、心里希望有个人保护自己等，都被认为是缺乏安全感的具体表现。人本主义心理学家马斯洛的需求层次理论中，把人的需求分为生理的需要、安全的需要、爱和归属的需要、尊重的需要和自我实现的需要等。其中，安全的需要居于第二层次。马斯洛认为，心理的安全感，是一种从恐惧和焦虑中脱离出来的信心、安全和自由的感觉，特别是满足一个人现在各种需要的感觉。所以，在马斯洛看来，安全感是决定心理健康的最重要的因素，可以被看作是心理健康的同义词。因此，培育公民安全感，实际上是让公民的心理健康，达到社会的最低标准要求。那些对于财产或者财富过度追求，或者随意对待自己和他人生命，或者不珍视生存环境因素的人，是需要培育和提升其公民安全感的人。

二、自然灾害救助与公民安全感维持

在自然灾害尤其是重大的自然灾害中，公民作为一种承灾体，其生命、财产和生存环境要素，可能在瞬间被强大的自然灾害能量所摧毁。于是，公民在成为灾民的同时，其安全感便以其亲友或者自身的受伤、致残甚至于死亡，以及家财尽毁和生存环境变得极其危险等情形，受到严重的威胁。

所以，自然灾害作为一种超常的能量或者毁灭性的力量，在制造灾民、灾区和灾情的同时，也在无情地摧毁公民的安全感，从而，对灾民的抢险救灾、临时安置和过渡安置，以及灾后重建就成为一种急迫需要。这种需要，从本质上看，便是恢复灾民的公民安全感，以及灾区的社会安全感。

在我国，国务院于 2010 年 7 月 8 日发布了《自然灾害救助条例》（2010 年 9 月 1 日施行）。包括：第一章总则，第二章救助准备，第三章应急救助，第四章灾后救助，第五章救助款物管理，第六章法律责任，第七章附则，共七章 35 条。这是一个公民安全感在自然灾害当中遇到重创的情况下，如何走出生命、财产和生存环境的威胁和危险状态的立法。它的目的，是为了规范自然灾害救助工作，保障受灾人员基本生活（第 1条）。为此，自然灾害救助工作遵循以人为本、政府主导、分级管理、社会互助、灾民自救的原则（第 2 条），实行各级政府行政领导负责制。国家减灾委员会负责组织、领导全国的自然灾害救助工作，协调开展重大自然灾害救助活动。国务院民政部门负责全国的自然灾害救助工作，承担国家减灾委员会的具体工作。国务院有关部门按照各自职责做好全国的自然灾害救助相关工作。县级以上地方政府或者政府的自然灾害救助应急综合协调机构，组织、协调本行政区域的自然灾害救助工作。县级以上地方政府民政部门负责本行政区域的自然灾害救助工作。县级以上地方政府有关部门按照各自职责做好本行政区域的自然灾害救助相关工作（第 3 条）。而村民委员会、居民委员会以及红十字会、慈善会和公募基金会等社会组织，依法协助人民政府开展自然灾害救助工作。国家鼓励和引导单位和个人参与自然灾害救助捐赠、志愿服务等活动（第 5 条）。各级政府应当加强防灾减灾宣传教育，提高公民的防灾避险意识和自救互救能力。村民委员会、居民委员会、企业事业单位应当根据所在地政府的要求，结合各自的实际情况，开展防灾减灾应急知识的宣传普及活动（第 6 条）。发生事故灾难、公共卫生事件、社会安全事件等突发事件，需要由县级以上政府民政部门开展生活救助的，参照本条例执行（第 33 条）。可见，我国的《自然灾害救助条例》，实际上是一部发挥各种突发事件应对性救助功能的法规，在这些突发事件中，公民安全感受挫后的恢复至为重要。在自然灾害中受损的公民安全感恢复过程时，应当做的工作如下：

第一，自然灾害救助准备工作。主要是：县级以上地方政府及其有关部门应当根据有关法律、法规、规章，上级政府及其有关部门的应急预案以及本行政区域的自然灾害风险调查情况，制定相应的自然灾害救助应急预案（第 8 条）。县级以上政府应当建立健全自然灾害救助应急指挥技术支撑系统，并为自然灾害救助工作提供必要的交通、通信等装备（第 9 条）。国家建立自然灾害救助物资储备制度，由国务院民政部门分别会同国务院财政部门、发展改革委员会等部门制定全国自然灾害救助物资储备规划和储备库规划，并组织实施。设区的市级以上政府和自然灾害多发、易发地区的县级政府应当根据自然灾害特点、居民人口数量和分布等情况，按照布局合理、规模适度的原则，设立自然灾害救助物资储备库（第10条）。县级以上地方政府应当根据当地居民人口数量和分布等情况，利用公园、广场、体育场馆等公共设施，统筹规划设立应急避难场所，并设置明显标志。启动自然灾害预警响应或者应急响应，需要告知居民前往应急避难场所的，县级以上地方政府或者政府的自然灾害救助应急综合协调机构应当通过广播、电视、手机短信、电子显示屏、互联网等方式，及时公告应急避难场所的具体地址和到达路径（第11条）。

第二，应急救助方面的工作。主要包括：县级以上政府或者政府的自然灾害救助应急综合协调机构应当根据自然灾害预警预报启动预警响应，采取下列措施：（1）向社会发布规避自然灾害风险的警告，宣传避险常识和技能，提示公众做好自救互救准备；（2）开放应急避难场所，疏散、转移易受自然灾害危害的人员和财产，情况紧急时，实行有组织的避险转移；（3）加强对易受自然灾害危害的乡村、社区以及公共场所的安全保障；（4）责成民政等部门做好基本生活救助的准备（第13条）。自然灾害发生并达到自然灾害救助应急预案启动条件的，县级以上政府或者政府的自然灾害救助应急综合协调机构应当及时启动自然灾害救助应急响应，采取下列措施：（1）立即向社会发布政府应对措施和公众防范措施；（2）紧急转移安置受灾人员；（3）紧急调拨、运输自然灾害救助应急资金和物资，及时向受灾人员提供食品、饮用水、衣被、取暖、临时住所、医疗防疫等应急救助，保障受灾人员基本生活；（4）抚慰受灾人员，处理遇难人员善后事宜；（5）组织受灾人员开展自救互救；（6）分析评估灾情趋势和灾区需求，采取相应的自然灾害救助措施；（7）组织自然灾害救助捐赠活动。对应急救助物资，各交通运输主管部门应当组织优先运输，等等（第14条）。

第三，灾后救助方面的工作。主要是：受灾地区人民政府应当在确保安全的前提下，采取就地安置与异地安置、政府安置与自行安置相结合的方式，对受灾人员进行过渡性安置。就地安置应当选择在交通便利、便于恢复生产和生活的地点，并避开可能发生次生自然灾害的区域，尽量不占用或者少占用耕地。受灾地区政府应当鼓励并组织受灾群众自救互救，恢复重建（第18条）。自然灾害危险消除后，受灾地区人民政府应当统筹研究制订居民住房恢复重建规划和优惠政策，组织重建或者修缮因灾损毁的居民住房，对恢复重建确有困难的家庭予以重点帮扶。居民住房恢复重建应当因地制宜、经济实用，确保房屋建设质量符合防灾减灾要求。受灾地区人民政府民政等部门应当向经审核确认的居民住房恢复重建补助对象发放补助资金和物资，住房城乡建设等部门应当为受灾人员重建或者修缮因灾损毁的居民住房提供必要的技术支持（第19条）。居民住房恢复重建补助对象由受灾人员本人申请或者由村民小组、居民小组提名。经村民委员会、居民委员会民主评议，符合救助条件的，在自然村、社区范围内公示；无异议或者经村民委员会、居民委员会民主评议异议不成立的，由村民委员会、居民委员会将评议意见和有关材料提交乡镇政府、街道办事处审核，报县级人民政府民政等部门审批（第20条）。自然灾害发生后的当年冬季、次年春季，受灾地区政府应当为生活困难的受灾人员提供基本生活救助。受灾地区县级人民政府民政部门应当在每年10月底前统计、评估本行政区域受灾人员当年冬季、次年春季的基本生活困难和需求，核实救助对象，编制工作台账，制定救助工作方案，经本级人民政府批准后组织实施，并报上一级政府民政部门备案（第21条）。

第四，救灾捐赠款物的使用。自然灾害救助款物专款（物）专用，无偿使用。定向捐赠的款物，应当按照捐赠人的意愿使用。政府部门接受的捐赠人无指定意向的款物，由县级以上人民政府民政部门统筹安排用于自然灾害救助；社会组织接受的捐赠人无指定意向的款物，由社会组织按照有关规定用于自然灾害救助（第24条）。自然灾害救助款物应当用于受灾人员的紧急转移安置，基本生活救助，医疗救助，教育、医疗等公共服务设施和住房的恢复重建，自然灾害救助物资的采购、储存和运输，以及因灾遇难人员亲属的抚慰等项支出（第25条）。受灾地区政府民政、财政等部门和有关社会组织应当通过报刊、广播、电视、互联网，主动向社会公开所接受的自然灾害救助款物和捐赠款物的来源、数量及其使用情况。受灾地区村民委员会、居民委员会应当公布救助对象及其接受救助款物数额和使用情况（第26条）。

可见，公民安全感在自然灾害中受到重创后，要恢复或者完全恢复，是一件非常困难和漫长的过程。在公民安全感恢复过程中，政府要做的事情很多，而且非常复杂，需要灾区政府、相关政府和中央政府认真、仔细和耐心地积极承担与完成。

第二章　公民安全与国家安全体系

第一节　公民安全及其构成

一、公民安全界定

在本书第一章第三节，作者对"公民安全"给了一个定义，这个定义并没有完全展开其内涵和外延的描述。事实上，公民安全，是指公民的生命、财产和生存环境因素等处于不受威胁、没有危险，以及公民保护与维持其安全的能力的一种事实状态。理论上，界定公民安全，应当考虑以下几个重要因素。

第一，公民安全的特征。公民安全的基本特征是一种个体安全，与此同时，也是一种以生命、财产和生存环境因素等为对象的安全事实状态。公民安全从属于国家安全、社会安全，是国家安全的一分子，也是社会安全的重要组成部分。也就是说，公民安全是一种可感知的安全，是以公民的生命无忧、财产有保障，以及生存环境因素安全为外观表征。

现实生活中，公民安全在《中华人民共和国宪法》（以下简称《宪法》）第 2 条规定上，是以政权安全为前提的，即社会主义制度是我国的根本制度，国家的一切权力属于人民。人民依照法律规定，通过各种途径和形式，管理国家事务，管理经济和文化事业，管理社会事务。也即"人民安全"是公民安全的基础，国家提倡爱祖国、爱人民、爱劳动、爱科学、爱社会主义的公德，在人民中进行爱国主义、集体主义和国际主义、共产主义的教育，进行辩证唯物主义和历史唯物主义的教育，反对资本主义的、封建主义的和其他的腐朽思想（第 24 条）。

我国《宪法》还规定，国家尊重和保障人权（第 33 条）。据此，公民享有重要的安全利益方面的权利，包括：（1）公民的人身自由不受侵犯。任何公民，非经人民检察院批准或者决定或者人民法院决定，并由公安机关执行，不受逮捕。禁止非法拘禁和以其他方法非法剥夺或者限制公民的人身自由，禁止非法搜查公民的身体（第 37 条）。（2）公民的人格尊严不受侵犯。禁止用任何方法对公民进行侮辱、诽谤和诬告陷害（第 38 条）。（3）公民的住宅不受侵犯。禁止非法搜查或者非法侵入公民的住宅（第 39 条）。（4）公民的通信自由和通信秘密受法律的保护。除因国家安全或者追查刑事犯罪的需要，由公安机关或者检察机关依照法律规定的程序对通信进行检查外，任何组织或者个人不得以任何理由侵犯公民的通信自由和通信秘密（第 40 条）等。当然，公民在享有重要的安全利益方面的权利的同时，也承担相应的法律义务。

第二，公民安全的内涵。把握公民安全的内涵，首先要了解公民安全的特有属性。那么，什么是公民安全的特有属性呢？公民安全的特有属性是"没有危险"。不过，单是没有外在威胁，并不是公民安全的特有属性；或者，单是没有内在的疾患，也不是公民安全的特有属性。所以，包括没有外在的威胁，以及没有内在的疾患两个方面的"没有危险"，才是公民安全的特有属性。

同时，也要强调："有危险"并不当然代表公民不安全，因为，有一种安全是虚假的——即公民安全处于危险状态而不知情或者虽然知情而不会应对。因而，只要"危险、威胁、隐患等"在人们的可控制的范围之内，便可以认为其是安全的。可见，"安全"一词，对于公民而言，可能会有一些不正确或者理解不完全的情形。例如，在工作和生活等各种环境中，各种危险因素可以说是无处不在的，比如驾车、乘飞机、操作设备等。但是，不能因此说，这些危险因素或者元素的存在，就等于不安全。这个时候，人们判断的安全只能是客观安全，而并没有包括主观安全。也就是说，在不安全的因素或者环境中，人们是否有安全意识，是否有对不安全因素的控制能力，即面对不安全因素时必需的相应的安全对策和安全措施落实能力？两者相结合，才是判断公民安全的科学角度与有效方法。

以防止烫伤为例来说明。烫伤是公民日常生活中，常常遇到的生活小事故。家庭生活中，最常见的是被热水、热油等烫伤，而在各种餐饮场所，最常见的是被茶水、咖啡和汤水烫伤等。那么，如何防止烫伤呢？仅以家庭生活中的常识为例：（1）从炉火上移动开水壶、热油锅的时候，应该戴上防烫手套或者用布衬垫壶把或者锅把，防止被直接烫伤。同时，移开火源或者端下的开水壶、热油锅，要放在人不易触碰到尤其是小孩碰不到的地方。（2）人们在烹饪尤其是炒菜、煎炸食品时，注意油的热反应，不能让小孩在跟前或者炉火周围玩耍打闹，以防被溅出的热油、热气或者食物、汤水等烫伤，包括打翻或者弄翻炉火被烧伤、烫伤等。（3）各种油类是易燃物或者低燃点物资，在高温下会发生剧烈燃烧或者爆燃现象，所以，厨房不能堆放汽油、酒精和其他易燃易爆物品，以防发生危险。在厨房做菜时，也要小心防止油温过高而起火；或者往油里加水不当，诱发油水沸爆现象而受伤。（4）家里的电熨斗、电暖器、微波炉、电烤箱等发热器具，在通电受热后，人们如果不注意，也会很容易被烫伤。因此，对于各种发热性器具，人们在使用中，应当特别小心和谨慎，尤其是不要随便去触摸通电后的这类发热器具，以免烫伤。

知识点 生活中，万一厨房油锅起火，人们千万不要惊慌失措，应该尽快用锅盖盖在锅上，然后，将油锅迅速从炉火上移开或者熄灭炉火，就会很快处置妥当。值得注意的是，油锅起火，千万不能用浇水的办法灭火。这种浇水灭火法，对于油类是不适用的。理由是，如果使用水类灭油火，很容易发生"热油冷水反应"——油火飞溅而扩大燃烧范围的现象。

可见，生活中，一杯开水也会将人烫伤，但我们不能因此说生活环境不安全。因此必须把生活环境的安全性评价，与人们处置不安全因素的能力密切地结合起来。于是，公民安全的内涵，就与公民对于不安全因素或者"有危险"之后的处置能力有内在的联系。

第三，公民安全的外延。公民安全的外延是安全规律，即社会安全管理的能力。所谓安全规律，即事故链规律，是指各种不安全事故的发生，沿着初始原因→间接原因→直接原因→事故发生→伤害出现的一般规律。这个规律，在安全管理上，被称为"事故链"原理。

> 知识点 所谓的事故锁链，是初始原因＋间接原因＋直接原因，向事故发生和伤害发生的下游传递。这是一个各种事故发生的原因传递链条，把传统文化、社会环境、人们的不安全行为或物的不安全状态，还有人们的各种失误，以及事故伤害等连接在一起了。事故链原理，就像多米诺骨牌，一旦第一张骨牌倒下，就会导致第二张、第三张直至第五张以后所有的骨牌连续倒下，最终导致事故的发生，出现相应的事故损失。

可见，公民安全的外延是安全文化，即社会安全管理能力，这是公民个体对待安全事故能力的集合。所以，一旦发生公民不安全事故或者情形时，如果社会中会有见义勇为者、职业责任者或者各类技能担当者，挺身而出进行救助或者施以援手的话，各种安全事故就可能被防止或者被阻止，这便是社会应对各种安全事故的能力，是一种社会保障能力的体现。

由前述分析可见，风险、危险和危机是需要管理的。而管理本身，涉及社会安全的方方面面，是一门事关社会管理能力高低、大小和强弱的大事，也是社会学和社会安全学的重要课题之一。而安全管理的对象是风险、危险和危机，政府管理的结果，要么是安全，要么是不安全即事故。因此，"安全的规律"确切地说，就是各种安全事故孕育、发生与控制、应对的规律，就是各种安全事故是怎么发生的，又是如何控制和应对的。事故是一系列安全事件发生的总后果。这些事件是一系列的，一件接一件发生的，就是所谓"一连串的事件"。按照"事故链"原理，公民安全事故，是某些环节在连续的时间内，出现了缺陷。于是，这些不止一个的缺陷，构成整个公民安全体系的失效，酿成了大祸——公民的生命、财产和生存环境因素等处于受威胁、有危险，以及公民保护与维持其安全的能力的事实状态，陷入不能有效控制或者去除事故威胁、危险的情形。

二、生命安全

公民的生命安全，不单是指公民的生命处于没有威胁、没有危险的状态，而且包括公民的情感安全、身体安全和社会关系安全等处于没有威胁、没有危险的内涵状态的情形。

《中华人民共和国民法典》（以下简称《民法典》）规定了公民享有生命权，生命安全和生命尊严受法律保护，任何组织或者个人不得侵害他人的生命权（《民法典》第1002条），表明公民的生命安全受法律保护。

与此同时，《民法典》的规定中，有维护公民"情感安全"的条款，即公民合法的婚姻关系中的情感，受法律保护。为此，配偶和任何其他人，都有义务保护合法的婚姻关系。第1041条规定："婚姻家庭受国家保护。实行婚姻自由、一夫一妻、男女平等的婚姻制度。"第1042条规定："禁止包办、买卖婚姻和其他干涉婚姻自由的行为。禁止借婚姻索取财物。禁止重婚。禁止有配偶者与他人同居。禁止家庭暴力。禁止家庭成员间的虐待和遗弃。"第1043条规定："夫妻应当互相忠实，互相尊重，互相关爱；家庭成员应当敬老爱幼，互相帮助，维护平等、和睦、文明的婚姻家庭关系。"

而公民身体安全，是指公民的身体包括身体健康、人身自由、隐私与个人信息，以及通信自由和通信秘密等不陷入威胁、危险，并出现受侵害、受损失或者受危害等的状态。具体是指：（1）人身自由，公民的人身自由不受侵犯，禁止非法拘禁和以其他方法非法剥夺或者限制公民的人身自由，禁止非法搜查公民的身体（《宪法》第37条）。（2）人格尊严，公民的人格尊严不受侵犯，禁止用任何方法对公民进行侮辱、诽谤和诬告陷害（《宪法》第38条）。（3）通信自由和通信秘密，公民的通信自由和通信秘密受法律的保护，除因国家安全或者追查刑事犯罪的需要，由公安机关或者检察机关依照法律规定的程序对通信进行检查外，任何组织或者个人不得以任何理由侵犯公民的通信自由和通信秘密（《宪法》第40条）。（4）身体权，公民的身体完整和行动自由受法律保护，任何组织或者个人不得侵害他人的身体权（《民法典》第1003条）。（5）健康权，公民的的身心健康受法律保护，任何组织或者个人不得侵害他人的健康权（《民法典》第1004条）。（6）隐私权，公民享有隐私权，任何组织或者个人不得以刺探、侵扰、泄露、公开等方式侵害他人的隐私权（《民法典》第1032条）。（7）个人信息保护，公民的个人信息受法律保护。任何组织或者个人需要获取他人个人信息的，应当依法取得并确保信息安全，不得非法收集、使用、加工、传输他人个人信息，不得非法买卖、提供或者公开他人个人信息（《民法典》第111条）。所以，公民的身体安全以生命安全为基础，是其抽象的精神剩余（人格尊严），以及具体的物质利益（身体健康、人身自由、身体隐私等）和关系利益（通信自由和通信秘密、人身关系隐私等）方面，受到严密保护而不受侵害威胁、没有危险的一种法律状态。

至于公民的社会关系安全，是指公民的社会关系方面，以符号性、精神性、人身性和关系利益为特征，不致使其陷入受到威胁，进入危险状态的公民安全情形。《民法典》在第四编、第五编中规定了若干层次的社会关系安全。主要有：（1）姓名权，公民享有姓名权，有权依法决定、使用、变更或者许可他人使用自己的姓名，但是不得违背公序良俗（《民法典》第1012条）。（2）肖像权，公民享有肖像权，有权依法制作、使用、公开或者许可他人使用自己的肖像（《民法典》第1018条）。（3）名誉权，公民享有名誉权，任何组织或者个人不得以侮辱、诽谤等方式侵害他人的名誉权（《民法典》第1024条）。（4）荣誉权，公民享有荣誉权，任何组织或者个人不得非法剥夺他人的荣誉称号，不得诋毁、贬损他人的荣誉（《民法典》第1031条）。（5）婚姻自主权，结婚应当男女双方完全自愿，禁止任何一方对另一方加以强迫，禁止任何组织或者个人加以干涉（《民法典》第1046条）。（6）受保护权，保护妇女、未成年人、老年人、残疾人的合法权益（《民法典》第1041条）。（7）平等权，夫妻在婚姻家庭中地位平等（《民法典》第 1055 条）。夫妻双方平等享有对未成年子女抚养、教育和保护的权利，共同承担对未成年子女抚养、教育和保护的义务（《民法典》第 1058 条）。夫妻对共同财产，有平等的处理权（《民法典》第 1062 条）。继承权男女平等（《民法典》第 1126 条）。(8) 收养的权益保护，收养应当遵循最有利于被收养人的原则，保障被收养人和收养人的合法权益（《民法典》第 1044 条）。收养人收养与送养人送养，应当双方自愿。收养八周岁以上未成年人的，应当征得被收养人的同意（《民法典》第 1104 条）。可见，社会安全最主要体现在符号性、精神性、人身性和关系利益等人身权、亲属权层面，要受到法律的保护。

三、财产安全

财产，是指公民依法拥有的金钱、物品、房屋、土地权益等物质财富的总称。在法律上，财产是与人身相对应的，因此，公民安全的第二部分的内容，是财产安全。财产按照所有权的法律属性，可以分为：(1) 公有财产。公有财产是属于公共利益主体即国家、集体所有的财产，即国有财产和集体财产。在我国，国家财产是公有财产的一种，具有神圣不可侵犯的属性。(2) 私有财产。私有财产是属于公民个人所有的财产。

我国《民法典》规定，私人对其合法的收入、房屋、生活用品、生产工具、原材料等不动产和动产享有所有权（第 266 条）。私人的合法财产受法律保护，禁止任何组织或者个人侵占、哄抢、破坏（第 267 条）。私有财产是公民生存和发展的重要前提。

知识点 我国《民法典》中，体现了国有财产专属所有和国有财产权利行使的法律特性。(1) 矿藏、水流、海域属于国家所有（《民法典》第 247 条）。(2) 无居民海岛属于国家所有，国务院代表国家行使无居民海岛所有权（《民法典》第 248 条）。(3) 城市的土地，属于国家所有。法律规定属于国家所有的农村和城市郊区的土地，属于国家所有（《民法典》第 249 条）。(4) 森林、山岭、草原、荒地、滩涂等自然资源，属于国家所有，但是法律规定属于集体所有的除外（《民法典》第 250 条）。(5) 法律规定属于国家所有的野生动植物资源，属于国家所有（《民法典》第 251 条）。(6) 无线电频谱资源属于国家所有（《民法典》第 252 条）。(7) 法律规定属于国家所有的文物，属于国家所有（《民法典》第 253 条）。(8) 国防资产属于国家所有。铁路、公路、电力设施、电信设施和油气管道等基础设施，依照法律规定为国家所有的，属于国家所有（《民法典》第 254 条）。可见，我国的国家专有财产颇多，而国家所有财产的所有权行使，也是非常特殊的。即：法律规定属于国家所有的财产，属于国家所有即全民所有。国有财产由国务院代表国家行使所有权。法律另有规定的，依照其规定（《民法典》第 246 条）。

所谓财产安全，是指公民拥有的金钱、物品、房屋、土地权益等物质财富，受到法律保护，没有威胁和不陷入危险状态的总称。在社会安全法层面，则主要是：

(1) 收入安全。收入安全，是指公民的基本生活收入，主要是工资薪金收入是可持续和有保障的。在我国，经常发生的农民工欠薪问题，以及相关企业事业单位因为陷入运营不佳，而拖欠职工工资等情况，都属于收入安全层面的受到威胁或者陷入危险的情形。

（2）福利安全。所谓福利安全，主要是指职工或者劳动者的劳动就业层面的福利待遇有保障，没有危险或者没有陷入无保障威胁的情形。所谓福利，即福利待遇，是指《中华人民共和国劳动法》（以下简称《劳动法》）所规定的劳动保障和社会保障待遇等。具体项目比较多，包括：基本月薪、综合补贴、年终奖金、销售奖金、奖励计划、医疗保险、退休金计划、其他保险（包括人寿保险、人身意外保险、出差意外保险等多种项目）、休假制度（在法定假日之外，还有带薪年假、探亲假、婚假、丧假等）等。国家规定的福利待遇，主要包括基本月薪、社会保险、其他保险和休假制度等，而其他的福利待遇，则主要是由劳动者任职的用人单位给付的，不是国家强制规定的福利范畴。福利待遇是指企业为保留与激励员工，采用的非现金形式的劳动报酬，包括：保险、实物、股票期权、培训、带薪假等。例如：针对随意侵害职工权益或者福利的现象，宁夏回族自治区成立了建筑劳务联合会，建筑劳务行业300多家成员单位抱团闯市场，为20万建筑领域进城务工人员找到了"娘家"；建立建筑劳务行业"政府主导、行业自律、社会监督"的三位一体监管体制，以规范劳务市场，提高从业人员职业技能，维护建筑劳务人员合法利益。[①]

（3）房子安全。所谓房子安全即房屋安全，是指公民的私有房屋作为其主要的不动产，依法受保护并不受威胁、没有危险的情形。在我国，房屋安全对于公民而言，是财产安全重要标志。其具体形态包括：房屋所有权安全、房屋功能安全和土地使用权期限安全等。其中，房屋所有权安全，强调房屋所有权的设定、取得、转让和流转等是有效的，是以等级为核心的。而房屋功能安全，则是在房屋的使用寿命期间，房屋的各项功能是正常的，不会致灾致害或者发生垮塌。

（4）物品安全。所谓物品安全，是指公民家中以合法收入和储蓄、生活用品、生产工具、原材料、投资及其收益等表现出来的物质性财产，没有威胁或者没有陷入危险的情形。现实生活中，物品安全往往表现为公民大量使用防盗门窗、保险柜和相关的安防或者技防措施等，主动保护自己的物品不被盗窃、侵害或者损坏等。只有物品安全，才会让人产生安全感和生产、生活环境的安全体验。因此，物品安全虽然事小，却事关重大，也就是说，只有积极预防不法侵害危及公民的财产安全行为和态度，才能有效避免物品安全出现威胁、危险症状。

第一，公民个体对付抢劫财物行为时，要有冷静应对的意识和能力。遇到抢劫财物行为应当做到：一是，提高警惕，注意观察，并及时识别；二是，选好熟悉、安全和人多的外出行走路线；三是，不在陌生人面前暴露自己的财富与行踪；四是，如果驾车，则要保持行车途中和住地的高度警惕，以防范财物出现安全问题；五是，万一遇到财物抢劫时，公民应当沉着冷静和应付：首先保命，其次在失财不可免时，得适度"配合"，以获得最大限度的证据，以利于破案；六是，及时报案，以便组织抓捕。

第二，公民面对他人偷窃财物的处理。当发现或者遇到他人偷窃公民的财物，我们

① 刘峰. 宁夏成立建筑劳务维权机构 [N]. 人民日报，2016-06-20（14）.

应当以什么态度来对待呢？（1）慎重处置。不要在自己一个人时，与偷窃团伙硬碰硬，而是要讲处置技巧和处置理性，既要处置偷窃行为，保护自己的财物安全，也要保护自己的生命和人身安全，不可为了财物安全而置生命和人身安全于危险境地。（2）依靠集体力量。面对偷窃行为，尤其是团伙型和犯罪型偷窃行为，既要积极制止违法犯罪行为，又要发挥集体和团队的力量，要讲团队合作，分工协作，增加与偷窃行为斗争的力度，从而最大限度保护受害人的利益。（3）注意策略，防止事态扩大。这就是要求在与偷窃行为做斗争时，一定要讲方式方法并注意控制事态，不可把与偷窃行为做斗争的事例，演化成公众事件。（4）自觉寻找证据。这是与偷窃行为做斗争的重要方法，任何时候不能忘记"人赃俱获"的重要法律意义。

第三，公民对形形色色诈骗的防范。公民在现实生活中，常常会遇到各种各样的钱财欺骗或者诈骗之术。他们利用人们贪图便宜、喜欢新奇和轻信盲从的心理与行为习惯，实施千奇百怪的骗术，让人们上当受骗。因此，面对各种各样、形形色色的诈骗招数，公民必须具备基本的防骗防诈能力，才能避免掉入骗子精心布置的骗局陷阱。这些基本招数或者防骗能力，主要是：（1）多学习观察。了解目前社会上的诈骗新套路、新方法和新动态，并对观察到的骗术，牢记于心。（2）不贪钱财、不图便宜与不求"馅饼"的"三不主义"。所谓"三不主义"的实质，就是不相信世间会有没有圈套的馅饼。（3）严密保护个人信息。个人信息方面的秘密，往往成为各种职业骗子最为"敏感"或者"最受青睐""最不惜重金求购"的对象。比如，手机号码、家里与办公室电话、家庭住址、身份证号、各种卡号与密码、邮件地址、健康信息、社会关系等信息，往往成为许多诈骗者利用的对象，所以，这方面的信息个人保护，就非常重要。（4）慎重交友与不感情用事。网络时代，利用各种网络平台交友和交友网站的联络功能，人们开始了有目的、无目的的各种各类的交友活动，在这种交往中，只要人们稍有不慎，便会被各种各样的商业骗招或者其他骗招所利用。对此，公民更不能轻易相信网络上的各种骗人招数，包括陷入疾病、绝境或者利用人们的善心、情感，设计各种"弱者同情"陷阱，让人们陷入其中。（5）多与家人和亲友联络。对于各种利用亲友、家人等熟悉者的手机、电话和QQ号、邮箱地址等，进行财物诈骗行为的，应当通过多与家人、亲友的及时联络和沟通，防范和控制这类骗招的得逞。（6）慎重对待他人的财物请求。这是一个基本的或者常识性的提议，因为，许多人往往面对他人编织的各种财物请求理由，缺乏基本的区分和辨别能力。比如，根据《中华人民共和国慈善法》第101条规定，以下募捐活动为违法行为。（1）不具有公开募捐资格的组织或者个人开展公开募捐的；（2）通过虚构事实等方式欺骗、诱导募捐对象实施捐赠的；（3）向单位或者个人摊派或者变相摊派的；（4）妨碍公共秩序、企业生产经营或者居民生活的。那么，今后针对这类行为，任何人都不能轻易相信其真实性、合法性和可监督性。

四、生存环境因素安全

生存环境对于公民而言，是其生存的基本条件。所谓生存环境，一般是指一切自然、社会和自我的客观存在。通常而言，则特指某个区域或公民个体所面对的特定社会型生存条件，如教育、就业、福利、医疗、卫生、法制和污染等的统称即社会环境。为了与后文的公民的环境安全相区别，这里称之为"公民的生存环境因素安全"，侧重点在于强调公民生存环境的社会性，是与教育、就业、福利、医疗、卫生和法制密切相关的生存要素的安全，是一种狭义的生存环境含义。而把"环境"这种我国《环境保护法》层面的生存要素区分出来，作为一种广义的生存环境界定和理解。

所以，公民的生存环境因素安全，也可以理解成公民的社会生活环境安全，即社会能提供给一个公民基本的教育、就业、福利、医疗、卫生和法制条件。这种条件，一方面，既是社会最低限度的公民生存环境型保障能力的表现，属于某种社会制度或者某种政权形态下基础性的人权保障范畴，具体表现出来，便是公民的受教育权、劳动权、最低社会保障权、医疗权、健康权（就医权、卫生环境权）等；另一方面，也是社会法制的体制、机制和法制效用形成的一种社会秩序，即法制环境是有效的，能够切实保障公民的各项法律上的权益，尤其是其安全利益诉求。这个层面的公民生存环境安全，应当说，是与一个国家的法制文明程度密切相关的。也就是说，一个国家的物质文明程度再高，如果法制文明程度太低，则其不能认定其当然会有效地保护公民的生存环境安全。

那么，怎样才能保证生活环境因素的安全呢？对于公民而言，首先，不能缺少生活、工作当中对生活环境安全的正规培训与能力养成，需要每个人以积极的态度，去认真面对我们的生活环境因素安全的保障能力，然后，自觉认真地通过训练养成这种能力。其次，每个人应当认真学习，准确了解社会的各项安全规定，自觉遵守各项生活中的社会安全规定，认真配合和落实社会的各项安全制度，这是每个公民应尽的法律义务。再次，每个人要通过接受义务教育和职业技能教育，以及正当渠道就业和获得社会福利，并注意积累社会生活安全知识，自觉接受相关职能机构对我们的生活环境因素安全技能与能力的监督。应当说，通过学习养成生活环境因素安全的能力与技能，也是对自己生命负责任的一种体现。

有一个故事：几个学者与一个老者同船共渡。学者们问老者是否懂得"什么是哲学"，老者连连摇头说不知道。学者们纷纷叹息道："那你已经失去了一半的生命。"就在这时，一个巨浪打来，小船被掀翻了，老者问道："你们会不会游泳啊"？学者们异口同声地说"不会。"老者叹了一口气，说："唉！那你们就失去了全部——整个的生命。"虽然，这只是个故事，其中，却蕴含了丰富的生存环境因素安全的哲理：大大小小、任何形态的灾难发生，对每个人来说，都是一种导致人们陷入危险或者生命、财产安全受威胁的状态。这个时候，灾害是不会区分陷入危险者的贫富贵贱身份，或者是否掌握了夸夸其谈的"什么是哲学"一类的"高大上"的学问的。在中国传统文化里，有"百无一用是书生"的说法，这种说法就是指出有些读书之人，只重视"坐而论道"而不重视"行而实践"，把所有的学问、知识和技能、能力，不是表现在"学以致用"上，而是表现在"炫耀卖弄"，是非常不可取的。

现在，随着生活水平的提高，生活中用电的地方越来越多。那么，安全用电便成为现代人文明生活的最基本的常识。主要是：（1）了解电源总开关位置、使用方法，学会在紧急情况下，以关断总电源进行处断的技巧。（2）不用手或导电物（如铁丝、钉子、别针等金属制品）接触、探试电源插座内部，也不用湿手触摸电器，不用湿布擦拭电器，以免遭到电击。（3）电器使用完毕后，应拔掉电源插头；插拔电源插头时不要用力拉拽电源线，而是应当把住插线板，然后拔出插头，以防电线绝缘层受损造成触电。如果电线的绝缘皮剥落，应及时更换新线或用绝缘胶布包好。（4）发现有人触电应设法及时关断电源，或用干燥的木棍等物将触电者与带电的电器分开，不能用手去直接救人。（5）不随意拆卸、安装电源线路、插座、插头、电灯泡等，要先关断电源，并在确保安全的情况下进行。可见，这个层面的"小儿科型"生活环境因素安全，是与我们的安全意识和安全技能密切相关的。所以，谁掌握了生活环境因素安全的必备知识和技能，谁才能真正为自己的生命、财产和健康安全保驾护航。

第二节　以人民安全为本位

一、公民的法律安全

安全规律告诉人们：安全从人们的意识和法制的体制、机制角度，可以分为主动安全与被动安全两种。前者，是指人们有意识地、主动积极地利用法律体制和机制即法制的社会效用，来保护、维护自己的生命、财产和健康等安全的情形。而后者，则是人们非主动积极地利用法律体制和机制即法制的社会效用保护、维护自己的生命、财产和健康等安全，而是发生各种安全事故之后，人们才采取措施进行补救的情形。因此，在法律上，通过立法可以很容易界定人们的生产、生活和工作等"不存在隐患""不存在威胁""不受威胁""不出事故"或者"不受侵害"，等等，但是，只是有这些规定，并不是法律安全的特有属性。理由是，所谓法律安全，是指安全法律规范变成人们现实的生产、生活和工作过程中，没有威胁、没有危险，并事实上确实没有发生危险或者出现威胁的情形。这种情形，实际上是法律规范发生效用，积极干预、控制和左右人们的各种行为，从而有效遏制各种各样的威胁、危险的外化表现。

例如，2016 年 6 月 12 日，美国佛罗里达州奥兰多市一家名为"脉动"（Pulse）的"同志"酒吧里，发生了大规模枪击案，共造成包括枪手在内 50 人死亡、53 人受伤（简称"脉动枪击案"）。这是美国历史上最严重的大规模枪击事件。死伤人数仅次于1999 年的"911 恐怖袭击事件"。数据显示，自 2015 年 1 月 1 日到 2016 年 6 月 12 日的528 天里，美国共发生 488 起 4 人以上伤亡的枪击事件，平均每天发生一起。这起大规模枪击案，再一次刺痛了美国的国家神经，尤其是美国人民的法律安全——美国社会对于"控枪法案"的热议。美国人口只占全球总人口约 5%，但是，美国公民却拥有全球公民拥有枪械的 42%，这是美国人民自独立战争以来，自卫权上升为持枪权即持枪为合法权利之后，枪支的易得性与使用的随意性，带给美国社会的法律安全问题。伴随着美国社会民众的普遍持枪、拥枪和用枪，在美国枪支法律、法案等无法有效控制人们的杀戮意愿时，必然导致美国枪击案四处频发。根据联合国毒品和犯罪问题办公室的统计，2009 年一年中，美国 60% 凶杀案与使用枪械有关。[1]

①② 数媒. 奥兰多枪击案——又一次刺痛了美国"神经"［EB/OL］. 财经杂志，http://www.v4.cc/News-1508468.html,最后访问时间：2016-06-21.

应当说，枪击案在美国 50 个州中绝大部分州都有发生，这类案件往往发生在学校、教堂、酒吧等人群密集场所，因此，伤亡情况都比较严重。资料显示，2015 年 1 月 1 日到 2016 年 6 月 12 日期间，美国加州发生枪击案 160 起、得克萨斯州 136 起和佛罗里达 133 起，仅这三州就达到了 429 起。[2] 所以，美国佛罗里达奥兰多这起大规模枪击案，不仅是再一次刺痛美国人的"法治神经"，也在质疑美国社会的法治文明程度中，在持枪权背后，是否就是对他人生命的肆意处断权？美国人权保护的现状，在公民持枪权的"坚不可摧"中，已经营造出法律安全的强烈疑问。

> **知识点** 法制的社会效用，是指法律制度实际发挥的社会效果。比如，我国《刑法》中，尽管规定不许杀人，杀人要被追究刑事责任，尤其是被判处死刑。但是，现实社会生活中，杀人案件还是时有发生，证明法律的禁止性规范的实际效果是有限的，不能有效控制和约束杀人者犯意的形成，以及杀人行为的实施。

安全规律的特有属性，就是通过立法制定法律规范，然后，严格执行法律规范并采取一系列的有效措施，控制各种引发事故、导致危险和带来威胁的事件发生，或者在发生之后，能在最短的时间里有效处置迅速控制和积极制止等。

换句话说，美国人民在独立战争过去几百年之后，以枪支推翻殖民统治和维护国家统一的使命早已完成，那么，究竟是什么原因让美国人民不舍得"放下枪"呢？笔者认为，美国公民普遍缺乏足够的社会安全感，是美国公民"拥枪自卫"文化的根源。人们误以为，有了枪会更安全或者"枪壮人胆"之后，什么都不用怕。其实，这种内心严重缺失的社会安全感，才是"头枕枪入眠"式"枪不离身"型"军人安全感"的根源所在。从军人需要枪作为武器到普通公民拥枪自卫意识的顽固演绎、固定和强化，虽然，美国警方拥有强大的处置和了断枪案事件的能力，但是，警方的"枪响才出击"的枪击案已然发生才处置的模式，显然是被动安全模式。加上美国公民顽强的"拥枪自卫"文化或者"拥枪自卫"文化对美国法治的扭曲，美国社会显然处于缺乏法律安全的基本条件——没有控枪统一立法，以及警方被动安全保护模式之下，于是，大大小小、形形色色的枪击案的发生，为美国社会的法律安全，涂抹上厚重的已经"陷入危险"或者必然"遭遇威胁"的尴尬境地。

法律安全的核心特征是，法律规范中涉及公民安全、社会安全和国家安全等内容的制度规范和法律条文，已经演化成现实社会中的具体社会现实，成为公民生活、生产和工作等活动基本准则，成为一种社会秩序和公民文明行为的一个重要组成部分。所以，法律安全的本质，是法律规范和法律制度、法律文化等结合在一起，成为公民在生活、生产和工作中自觉遵守的行为准则，甚至于基本信仰的重要组成部分。唯如此，法律安全就从法律效用角度解决了法律的功能与社会秩序之间的关系问题。

事实上，人们的生活中，形形色色的危险、威胁无处不在，这也就意味着，人民的生活中无处不需要安全。安全是"一种爱"——一种父母对外出儿女的牵挂，陌生人邂逅时彼此的关照；安全也是一种美——人们自觉地维系安全的行为过程中，一种规范娴熟的安全行为是美，而对安全知识和技能的熟练掌握，并在实际生活中运用自如是美。

另外，在任何意外或者发生灾害、灾难等异常情况下，能够运用正常心态和应变能力，从容地应对突变情况和突发事件等，更是一种行为美和能力美。这种美，会给社会带来秩序的力量，前进和进步的动力，法治文明的希望。

比如，为保证机动车乘坐安全，根据我国《道路交通安全法》等法律法规的规定，我们有许多需要注意的事项——法律安全事项应当掌握并熟练运用。主要是：（1）乘坐公共汽电车时，应当排队候车，按先后顺序上车，不要拥挤。上下车均应等车停稳以后，先下后上，要谦让，而不要争抢。（2）不把汽油、烟花爆竹等易燃易爆危险品带入机动车内。（3）车辆运行时，不把头、手、胳膊伸出窗外，以免被对面来车或路边树木等刮伤；也不能向车窗外扔杂物，以免伤及他人。（4）乘车时，有座位要坐稳扶好；没有座位时，要双脚自然分开，侧向站立，手应握紧扶手，以免车辆紧急刹车时摔倒。（5）乘坐小轿车、微型客车等机动车时，必须系好安全带。（6）尽量避免乘坐卡车、拖拉机；必须乘坐卡车、拖拉机时，不得站立在后车厢里或坐在车厢边板上。（7）不可站在机动车道上，招呼出租汽车，以免发生危险等。如果这些方面都做到了，而且做得很好的话，交通安全方面的实现，并不是一件困难的事。

二、公民的环境安全

所谓环境安全，是指与人类生活密切相关的各种自然条件和社会条件，没有威胁或者没有危险的状态。理论上，环境安全也是指国家维持环境质量和自然资源在正常水平，并且不受国家内部或外部力量的干扰和破坏，形成的公民环境安全、社会环境安全和国家环境安全的和谐统一的情形。环境安全既包括一个国家抗击各种环境风险的能力，也包括国家为保护环境和自然资源科学利用所确定的生态目标，以及为此目标而采取的有关环境政策和自然资源保护措施的总和。

有学者认为，环境安全包括人们生存、生活的生产技术性环境安全，以及社会政治性环境安全两种样态。广义上的环境安全，是指人类赖以生存发展的环境处于一种不受污染和破坏的安全状态，或者说人类和世界处于一种不受环境污染和环境破坏、威胁、危害的良好状态，表现出自然生态环境和人类生态意义上的生存和发展的风险大小。[①]环境安全是可持续发展观的一个核心，环境安全的本质，是满足全体人民的基本生存、生活和发展的需要，即维护环境安全正是不断满足人们的环境利益基本需要的一种体现。

对于公民而言，环境安全强调公民在生活中，大气、水、海洋、土地、矿藏、森林、草原、湿地等环境要素，以及野生生物、自然遗迹、人文遗迹、自然保护区、风景名胜区、城市和乡村等外在环境没有危险或者陷入威胁的情形。比如，雾霾灾害、水污染、海洋环境被破坏、土壤污染和土地沙化或者荒漠化等，就是生活环境不安全的典型表现。

在环境法学上，强调人类世界存在于自然环境这个大背景下，于是，人们的生存、生活和发展、进步等，必须以自然环境为基础和依托，所以，环境安全便是自然环境的

---

① 蔡守秋. 论环境安全问题 [J]. 安全与环境学报，2001（5）：28.

诸要素，没有危险或者不存在威胁公民生存、生活和生产、工作等因素。问题是，人们对于自然资源在利用时，往往不注意保护性利用而是掠夺性利用，甚至于造成自然资源的毁灭也在所不惜。应当说，这种非理性和污染型利用或者破坏型利用，是导致环境污染等第二环境问题发生或者环境恶变的根源。从这个意义上说，霾灾的根本原因不是别的，而是人们的各种需求及其满足，在结果上表现为太多的大气污染物的排放，以及因为这种大气污染物的肆意排放，必然使得大气的自净能力严重下降，继而必然导致严重的霾灾，以及呼吸道疾病比如"北京咳"的大面积爆发。

为此，我国《环境保护法》规定，保护自然环境是一项基本国策。国家采取有利于节约和循环利用自然资源，保护和改善环境，促进人与自然和谐的经济、技术政策和措施，使经济社会发展与环境保护相协调（第4条）；环境保护坚持保护优先、预防为主、综合治理、公众参与、损害担责的原则（第5条）；一切单位和个人都有保护环境的义务。地方各级政府应当对本行政区域的环境质量负责。企业事业单位和其他生产经营者应当防止、减少环境污染和生态破坏，对所造成的损害依法承担责任。公民应当增强环境保护意识，采取低碳、节俭的生活方式，自觉履行环境保护义务（第6条）；对各级政府而言，应当加大保护和改善环境、防治污染和其他公害的财政投入，提高财政资金的使用效益（第8条）；与此同时，国务院环境保护主管部门，对全国环境保护工作实施统一监督管理；县级以上地方政府环境保护主管部门，对本行政区域环境保护工作实施统一监督管理。而县级以上政府有关部门和军队环境保护部门，依照有关法律的规定对资源保护和污染防治等环境保护工作实施监督管理（第10条）。还有，各级政府应当加强环境保护宣传和普及工作，鼓励基层群众性自治组织、社会组织、环境保护志愿者开展环境保护法律法规和环境保护知识的宣传，营造保护环境的良好风气。教育行政部门、学校应当将环境保护知识纳入学校教育内容，培养学生的环境保护意识。新闻媒体应当开展环境保护法律法规和环境保护知识的宣传，对环境违法行为进行舆论监督（第9条）等。可见，环境安全本身是一个复杂的系统工程，涉及的主体、环境要素、制度设计和具体措施的落实等，都是非常重要的，然而，达到环境安全保护的综合效应，却需要各方面的积极配合才能实现。

《环境保护法》第12条规定，每年6月5日为环境日，就是为了公众环境安全意识的培育，以及社会环境安全文化的形成。自然规律是客观的，安全规律也是客观的，是不以人的主观意志为转移的。人类要在认识自然规律和安全规律的基础上，利用这些规律来发展自己，以谋求环境安全利益的最大化。为此，公民了解和认识国家环境标准，正确理解这些标准，就是非常必要的。

> **知识点** 在我国，环境安全领域的环境标准，分为国家环境标准、地方环境标准和国家环境保护局标准等。其中，国家环境标准包括国家环境质量标准、国家污染物排放标准（或控制标准）、国家环境监测方法标准、国家环境标准样品标准和

国家环境基础标准等。① 而地方环境标准，包括地方环境质量标准和地方污染物排放标准（或控制标准）。常用水、气和声环境标准主要有：

（1）水环境。主要是《污水综合排放标准》GB8978－1996，此标准按照污水排放去向，分年限规定了69种水污染物最高允许排放浓度及部分行业最高允许排水量。比如，COD一级标准值为120mg/l，有单独外排口的特殊石化装置的COD标准值按照一级：160mg/l，二级：250mg/l执行。2007年7月1日，国家标准委、卫生部联合发布《生活饮用水卫生标准》GB 5749－2006。该标准规定了生活饮用水水质卫生要求、生活饮用水水源水质卫生要求、集中供水单位卫生要求、二次供水卫生要求、涉及生活饮用水卫生安全产品卫生要求、水质监测和检验方法。本标准适用于城乡各类集中式供水的生活饮用水，也适用于分散式供水的生活饮用水。

（2）气环境。《环境空气质量标准》GB 3095－2012中，把大气环境按照环境空气功能区分成两类：一类区为自然保护区、风景名胜区和其他需要特殊保护的区域；二类区为居住区、商业交通居民混合区、文化区、工业区和农村地区等。例如，颗粒物（粒径小于等于2.5μm），一类区年平均15μg/m³、二类区年平均35μg/m³；而一类区24小时平均35μg/m³、二类区24小时平均75μg/m³。而颗粒物（粒径小于等于10μm），一类区年平均40μg/m³、二类区年平均70μg/m³；而一类区24小时平均50μg/m³、二类区24小时平均150μg/m³。②

（3）声环境。《声环境质量标准》GB3096－2008。在这个标准中，根据噪声敏感建筑物即医院、学校、机关、科研单位、住宅等需要保持安静的建筑物，以及突发噪声即突然发生，持续时间较短，强度较高的噪声。如锅炉排气、工程爆破等产生的较高噪声等，将声环境区分为五个功能区，即：0类声环境功能区，康复疗养区等特别需要安静的区域；一类声环境功能区，以居民住宅、医疗卫生、文化教育、科研设计、行政办公为主要功能，需要保持安静的区域；二类声环境功能区，以商业金融、集市贸易为主要功能，或者居住、商业、工业混杂，需要维护住宅安静的区域；三类声环境功能区，以工业生产、仓储物流为主要功能，需要防止工业噪声对周围环境产生严重影响的区域；四类声环境功能区，交通干线两侧一定距离之内，需要防止交通噪声对周围环境产生严重影响的区域。③ 其具体声环境标准，见表2－1。

---

① 《环境标准管理办法》（1999年1月5日），第3条。

② 《环境空气质量标准》GB 3095－2012，4.2环境空气功能区质量要求。

③ 四类声环境功能区包括4a类和4b类两种类型。4a类为高速公路、一级公路、二级公路、城市快速路、城市主干路、城市次干路、城市轨道交通（地面段）、内河航道两侧区域；4b类为铁路干线两侧区域。其中，交通干线指铁路（铁路专用线除外）、高速公路、一级公路、二级公路、城市快速路、城市主干路、城市次干路、城市轨道交通线路（地面段）、内河航道等。

表 2-1 环境噪声限值表　　　　　　　　　　　单位：dB

声环境功能区类别		时 段	
		昼 间	夜 间
0 类		50	40
一类		55	45
二类		60	50
三类		65	55
四类	4a	70	55
	4b	70	60

此外，我国的环境标准被分成：环境质量标准、污染物排放标准（或污染控制标准）、环境基础标准、环境方法标准、环境标准物质标准和环保仪器设备标准等六类。其中，环境质量标准，是指为了保障人群健康和社会物质财富，维护生态平衡而面对环境中有害物质及相关因素所做的限制性规定，往往是对污染物质的最高允许含量的要求。比如，我国已发布的环境质量标准有：（1）大气环境质量标准 GB3095-1996 代替 GB3095 - 82；（2）地面水环境质量 GB3838-2002 代替 GB3838-88 和 GB3838-83；（3）海水水质标准 GB3097-1997 代替 GB 3097-82；（4）渔业水质标准 GB11607-89；（5）农田灌溉水质标准 GB5084-85；（6）城市区域环境噪声标准 GB 3096-82 等。为了实现环境的质量控制目标，结合我国经济发展状况，以及技术条件和环境介质的具体特点，对排入环境的有害物质或有害因素作出了控制性和量化性规定。可见，公民环境安全的实现，是必须依赖国家环境法律法规，尤其是国家环境标准强有力的技术性支持的。

三、公民的安全感复位

所谓安全感，是指人们在社会生活中，所产生的稳定的不害怕的感觉或者心理体验。有时候，安全感是对可能出现的对人身或心理的危险、风险或者威胁的预感，以及公民个体在应对各种突发事件或者处于受到威胁、处于危险状态的无力感与有力感，主要表现为对其生活、生产和工作环境中存在的危险因素、威胁情形的确定感、可控感等。

在理论上，安全感是一种人的感觉、一种心理体验，是来自一个人的表现所带给另一个人的感觉；是一种让人可以放心、可以舒心、可以依靠、可以相信的言谈举止等方面表现带来的心理体验。是否能产生安全感，来自多方面的因素，有主观的和客观的。这里我们主要谈谈主观方面。要让对方产生安全感，首先要做的就是让对方相信自己。让对方相信自己这是一件不容易的事，你必须在言谈举止方面能够体现出来，比如：说话要算数，说得到做得到，做不到就不要乱承诺；经常说说心里话，说说你的想法，经常问候和关心一下对方的生活；无论多忙都不要不理对方，经常给对方一些惊喜；愿意为对方改掉你的不良习惯。物质上的安全感。如果想要真正地让对方放心，你还必须注意物质上的安全感，也就是说你必须让对方感到，生活所需是不用愁的，不用担心没有钱生活，这其实是一条相当重要的因素。

"家"对一般人而言，可以说是最容易让人产生安全感的地方，于是，就有了"宅在家"不愿外出的现象发生。现实生活中，安全感主要体现为两个方面的利益，即：一是精神层面的利益。当一个人在情感方面，从他人身上得不到足够的安全感时，便出现了所谓的担心、焦虑等不安的心理或者安全感受到侵害的感受，这种感受有时候会让人心神不宁、紧张异常或者极其焦虑。于是，有些人就转向追求物质方面的安全感，比如，疯狂购物等，来抵制精神或者情感方面的安全感缺失。这种精神性安全感的保持，需要人与人之间的充分沟通，以及彼此之间心理上的宽容。二是物质层面的利益。当一个人追求物质方面享受的时候，其物质需求得到最大限度满足时，其安全感就上升，反之，其物质需求得不到充分满足时，其安全感便相对下降。这时，他可能通过精神方面追求新的替代者，比如，去看电影或者听音乐会等，以弥补物质需求不能完全满足带来的安全感缺失。对于普通人而言，情感与物质两种层面的安全感，很难同时兼得。于是，通过婚姻或者缔结婚姻关系的方式，来提升自身的安全感，就成为大多数人最乐意采取的安全感提升方式。

当公民安全感受到严重挫折，如何让公民的社会安全感回归与复位，便成了极为重要的心理干预理论应用的基础。所谓心理干预，是指在心理学理论指导下有计划、按步骤地对一定对象的心理活动、个性特征或心理问题施加影响，使之发生朝向预期目标变化的过程。理论上讲，心理干预是一种非常重要的公民安全理论即安全感受到损伤以后，如何回归、恢复和复位的理论。这种理论的基础，是将安全感的丧失、受损或者减损，作为一种心理损伤，如同人的身体生病或者患疾病一样，进行有意识的"对应性治疗"和引导性干预后康复。

心理干预的手段，主要包括心理治疗、心理咨询、心理康复、心理危机干预等。而心理干预的具体方法，则包括健康促进、预防性干预、心理咨询和心理治疗等。所谓健康促进，是指在普通人群中建立良好的行为、思想和生活方式，其主要因素包括：（1）积极的心理健康调整，目标是保护抗应激损伤的能力，增强自我控制，促进个人发展；（2）危险因素转化，即对易感的人格因素或环境因素进行转化性消除；（3）保护因素，即对与危险因素相反的正面因素的保障。从而针对安全事故后的人格因素、行为方式或环境因素，进行心理的"修复性工作"，以恢复受损公民在各种突发事件如"脉动枪击案"事件中，受伤害或者损害的心理。其中，预防性干预，则是指有针对性地采取降低危险因素和增强保护因素的措施。包括使用普遍性干预、选择性预防干预、指导性预防干预三种方式，进行心理疏导。而心理咨询是指受过专业训练的咨询者依据心理学理论和技术，通过与心理损伤者建立良好的咨询关系，帮助其认识自己，克服心理困扰，充分发挥其个人潜能，促进其成长的过程。另外，心理治疗本身，是由受过专业训练的治疗者，在一定的程序中通过与心理损伤者的不断交流，在构成密切治疗关系的基础上，运用心理治疗的有关理论和技术，使其产生心理、行为甚至生理的变化，促进人格的发展和成熟，消除或缓解其心理损伤后的身心症状这样的心理干预过程。①

现实生活中，人们的不安全感，往往来自从小到大对安全的认知上。长辈们总是喋喋不休地告诫晚辈：什么样的工作安全、什么样的人或者对象安全、什么样的处事方式安全，等等。于是，许多人便朝着长辈们凭借经验给予的方向去寻觅安全感，结果，往往会发现：长辈们的教导，往往事与愿违或者出现安全感层面的错误。理由是：生活在别处，安稳在心中。但是，人们往往把目光放在安全感的"外部"即他人不安全，外面的世界不安全，所谓的"出门万事难""在家千般好"便是这种心态的一种具体描述。事实上，人们的社会安全感，应该首先来自人们的"内部"，即人的内心。在人的内心存放的安全感，是一个人对社会的正确认识，以及保持自己安全的能力。因为，安全感别人给不了你，而是我们必须自备。真正的安全感，只可能来自于一个地方，那就是人们的内心。有安全感的人，不一定占据着社会上最稳固的资源，但一定占据了这样的天赋——"不在乎有的，不惦记没的，不害怕失去的，不追求强扭的。觉得什么都是自己的，万一什么都不是了也无所谓。对得到适可而止，对失去心无畏惧。把自己料理好了，只要青山依旧在，管它几度夕阳红。"这句名言，正是网友对于安全感的精妙总结。

美国心理学家马斯洛和米特尔曼两人，提出了心理健康的十条公认为的"最经典的标准"：（1）充分的安全感；（2）充分了解自己，并对自己的能力作适当的估价；（3）生活的目标切合实际；（4）与现实的环境保持接触；（5）能保持人格的完整与和谐；（6）具有从经验中学习的能力；（7）能保持良好的人际关系；（8）适度的情绪表达与控制；（9）在不违背社会规范的条件下，对个人的基本需要作恰当的满足；（10）在不违背社会规范的条件下，能作有限的个性发挥。心理学家认为，人的心理健康包括：智力正常、情绪健康、意志健全、行为协调、人际关系良好、反应适度、心理特点符合年龄。可见，心理健康的人都能够做到善待自己，善待他人，适应环境，情绪正常，人格和谐五个方面。事实上，心理健康的人并非没有痛苦和烦恼，而是他们能适时地从痛苦和烦恼中解脱出来，积极地寻求改变不利现状的新途径。他们能够深切领悟人生冲突的严峻性和不可回避性，也能深刻体察人性的阴阳善恶。他们是那些能够自由、适度地表达、展现自己个性的人，并且和环境和谐地相处。他们善于不断地学习，利用各种资源，不断地充实自己。他们也会享受美好人生，同时也明白知足常乐的道理。他们不会去钻牛角尖，而是善于从不同角度看待问题。也就是说，公民安全感的回归，不在于有无遇到"脉动枪击案"一类的突发事件，而在于如何在这些事件的阴影中快速走出来，然后愉快地生活着。

---

① 心理危机干预的范围，面向普通心理损伤者人群，目标是促进其心理健康和幸福感回归，属于一级干预；而预防性干预针对心理损伤高危人群，目标是减少发生心理障碍的危险性，属于二级干预；心理治疗针对心理损伤者中已经出现心理障碍的个体，其目标是减轻障碍，则属于三级干预。

第三节　中国特色国家安全体系

一、国家安全的五大要素

所谓国家安全的"五大要素"，就是以人民安全为宗旨，以政治安全为根本，以经济安全为基础，以军事、文化、社会安全为保障，以促进国际安全为依托，走出一条中国特色国家安全道路。这里的"安全"包括：既重视外部安全，又重视内部安全；既重视国土安全，又重视国民安全；既重视传统安全，又重视非传统安全；既重视发展问题，又重视安全问题；既重视自身安全，又重视共同安全五个大方面。① 也就是说，国家安全的"五大要素"体现为"五大方面"的逻辑关系的巧妙构思。

应当说，习近平总书记提出的"总体国家安全观"，在党和国家历史上是前所未有的第一次，体现了大安全时代的一种国家安全大思路。同时，"总体国家安全观"是一个富有中国特色的安全概念。习近平总书记指出，"当前我国国家安全内涵和外延比历史上任何时候都要丰富，时空领域比历史上任何时候都要宽广，内外因素比历史上任何时候都要复杂，必须坚持总体国家安全观"。这从哲学辩证法和系统思维高度揭示了当代国家安全和国家安全工作的全面性、整体性和系统性。"总体国家安全观"至少是五个"总体"的统一，即内部安全与外部安全的"总体"、传统安全要素与非传统安全要素的"总体"、内部与外部两方面影响因素的"总体"、可以预见与难以预见各种风险的"总体"、统筹多方力量保障国家安全的"总体"等。不同方面有机统一在"总体国家安全观"和"一体的国家安全体系"之中。②

其中，"以人民安全为宗旨"就是要坚持以民为本、以人为本，坚持国家安全一切为了人民、一切依靠人民，真正夯实国家安全的群众基础。"以政治安全为根本"就是要坚持党的领导和中国特色社会主义制度不动摇，把制度安全、政权安全放在首要位置，为国家安全提供根本政治保证。"以经济安全为基础"就是要确保国家经济发展不受侵害，促进经济持续稳定健康发展，提高国家经济实力，为国家安全提供坚实物质基础。而"以军事、文化、社会安全为保障"，则是要注意这些领域面临的大量新情况新问题，遵循不同领域的特点规律，建立完善强基固本、化险为夷的各项对策措施，为维护国家安全提供硬实力和软实力保障。"以促进国际安全为依托"，就是要始终不渝走和平发展道路，在注重维护本国安全利益的同时，注重维护共同安全，推动建设持久和平、共同繁荣的和谐世界。国家安全的这五大要素，清晰反映了国家安全的内在逻辑关系。五大方面释放出了"五大信号"，即国家的安全发展要同时兼顾内外安全、国土与国民、传统与非传统、发展安全、自身与共同安全。这标志着以人民安全为宗旨，以政治安全为根本，以经济安全为基础的中国特色国家安全道路建设正式走上正轨，为经济

---

① 王家宏. 习近平"总体国家安全观"释放"五大信号"［EB/OL］. 中国共产党新闻网，http://cpc. people. com. cn/pinglun/n/2014/0417/c241220—24910066. html，最后访问时间：2016—06—15.

② 刘跃进. 论总体国家安全观的五个"总体"［J］. 学术前沿，2014（11）：14.

社会又好又快发展、社会和谐健康稳定提供坚强可靠的保证。

应当说，在日新月异的新形势下，在越来越复杂的国内外环境下，在人民对安全期盼越来越强烈的要求下，"总体国家安全观"应运而生，这既顺应了形势，也顺应了民意。在我国未来的发展中，我们有了更完善、更科学合理的国家安全体系和理论，有了更明确的依据和更可靠的保障，发展也就更有底了。所以，实现国家安全是求发展、求变革、求稳定、求平安、求和平、求合作、求共赢、求和谐的必要前提和保证，没有国家安全，发展、变革、稳定、和平等一切都是空谈，更不用说国家繁荣富强、人民安居乐业了。

"总体国家安全观"既是应对国际国内不稳定因素、打击敌对分子的重要法宝，又是保护政治、经济、军事、科技、文化、信息、生态、国土、资源等方面安全的重要武器。因此，"总体国家安全观"释放出了保护人民、保护国家、保护经济社会、保护信息科技、保护生态文化等安全的强烈信号，展现出了实现国家安全发展的强烈信心和决心。坚持"总体国家安全观"，走出一条中国特色国家安全道路，始终以安全为依托、以安全为抓手，不断探索出维护国家安全稳定的好思路、好方法、好路子，为实现国家安全稳定健康发展、实现中华民族伟大复兴而保驾护航。①

二、国家安全的五对关系

所谓"五对关系"，就是"总体国家安全观"之下，既重视外部安全，又重视内部安全；既重视国土安全，又重视国民安全；既重视传统安全，又重视非传统安全；既重视发展问题，又重视安全问题；既重视自身安全，又重视共同安全等五个层面的相对应的国家安全关系。据具有中国特色的国家安全学理论，国家安全是一个国家处于没有危险的客观状态，也就是指国家既没有外部的威胁和侵害也没有内部的混乱和疾患的客观状态。只有同时既免除外部威胁和侵害，又免除内部混乱和疾患，才能实现真正的国家安全。当下，我国的国家安全形势，内外因素比历史上任何时候都要复杂，可以说是内忧外患并存，内忧甚于外患，因而讲国家安全时，就不能只讲外部安全或对外安全问题，而必须更重视内部安全或对内安全问题。因此，习近平总书记在讲到"贯彻落实总体国家安全观"时，首先要求"必须既重视外部安全，又重视内部安全"，这体现了统一考虑外部安全和内部安全两个方面的重要思想，对认清我国当前国家安全形势，有效进行国家安全治理，具有重要意义。②

从安全规律角度看，总体国家安全观背景下的这五对关系，既是矛盾的关系，又是统一的关系；既是个别层面的关系，又是整体层面的关系。即：（1）既重视外部安全，又重视内部安全，强调外部安全与内部安全彼此联系，相互影响；（2）既重视国土安全，又重视国民安全，强调国土安全与国民安全存在有机的统一；（3）既重视传统安全，又重视非传统安全，强调传统安全威胁与非传统安全威胁相互影响，并在一定条件

---

① 王家宏. 习近平"总体国家安全观"释放"五大信号"［EB/OL］. 中国共产党新闻网，http://cpc.people.com.cn/pinglun/n/2014/0417/c241220-24910066.html. 最后访问时间：2016-06-15.

② 刘跃进. 论总体国家安全观的五个"总体"［J］. 学术前沿，2014（11）：15.

下可能相互转化；（4）既重视发展问题，又重视安全问题，强调发展和安全是一体之两面，只以其中一项为目标，两个目标均不可能实现；（5）既重视自身安全，又重视共同安全，强调全球化和相互依赖使得中国和世界的安全已密不可分。

也就是说，国家安全是一个不可分割的安全体系，每一对要素虽各有侧重，但是都必然、必须与其他要素相互联系、相互影响。前述五对关系，准确反映了辩证、全面、系统的国家安全理念，是对传统安全理念的超越。从整体上看，"五大要素"和"五对关系"是理解总体国家安全观的关键所在。为此，要求我们必须全面地、准确地理解总体国家安全观的丰富内涵，辩证地看待国家安全外延的创新发展，从全局和战略的高度审视国家安全问题，统筹好不同领域、不同性质的安全工作，形成维护国家安全的强大合力。

三、国家安全的"11＋1"个方面

2014年4月15日上午，习近平总书记主持召开中央国家安全委员会第一次会议，并发表重要讲话指出："既重视传统安全，又重视非传统安全，构建集政治安全、国土安全、军事安全、经济安全、文化安全、社会安全、科技安全、信息安全、生态安全、资源安全、核安全等于一体的国家安全体系"。总体国家安全观中，不仅包括这句话中的11个"安全"，还必须容纳"国民安全"这个最重要的要素。这样一来，总体国家安全观便是综合12个要素的"总体国家安全观"。

我国《国家安全法》中，对共12个要素的国家安全，分别进行了规定，即：

（1）政治安全。政治安全以坚持共产党的领导，维护中国特色社会主义制度，发展社会主义民主政治，健全社会主义法治，强化权力运行制约和监督机制，保障人民当家做主的各项权利为主导。防范、制止和依法惩治叛国、分裂国家等行为（第15条）。

（2）国民安全。国民安全即国家维护和发展最广大人民的根本利益，保卫人民安全，创造良好生存发展条件和安定工作生活环境，保障公民的生命财产安全和其他合法权益（第16条）；国家依法采取必要措施，保护海外中国公民、组织和机构的安全和正当权益，保护国家的海外利益不受威胁和侵害（第33条）。

（3）国土安全。国土安全即国家加强边防、海防和空防建设，保卫领陆、领水和领空安全，维护国家领土主权和海洋权益（第17条）。国土安全，根据我国《国家安全法》的规定，还包括民族地区安全。即国家坚持和完善民族区域自治制度，巩固和发展平等团结互助和谐的社会主义民族关系。坚持各民族一律平等，加强民族交往、交流、交融，防范、制止和依法惩治民族分裂活动，维护国家统一、民族团结和社会和谐，实现各民族共同团结奋斗、共同繁荣发展。

（4）军事安全。国家加强武装力量革命化、现代化、正规化建设，建设与保卫国家安全和发展利益需要相适应的武装力量；实施积极防御军事战略方针，防备和抵御侵略，制止武装颠覆和分裂；开展国际军事安全合作，实施联合国维和、国际救援、海上护航和维护国家海外利益的军事行动（第18条）。

（5）经济安全。经济安全即国家维护国家基本经济制度和社会主义市场经济秩序，健全预防和化解经济安全风险的制度机制，保障关系国民经济命脉的重要行业和关键领

域、重点产业、重大基础设施和重大建设项目以及其他重大经济利益安全（第19条）。还包括：①金融安全，即国家健全金融宏观审慎管理和金融风险防范、处置机制，加强金融基础设施和基础能力建设，防范和化解系统性、区域性金融风险，防范和抵御外部金融风险的冲击（第20条）。②粮食安全，即国家健全粮食安全保障体系，保护和提高粮食综合生产能力，完善粮食储备制度、流通体系和市场调控机制，健全粮食安全预警制度，保障粮食供给和质量安全（第22条）。

（6）文化安全。文化安全即国家坚持社会主义先进文化前进方向，继承和弘扬中华民族优秀传统文化，培育和践行社会主义核心价值观，防范和抵制不良文化的影响，掌握意识形态领域主导权，增强文化整体实力和竞争力（第23条）。

（7）社会安全。社会安全包括：国家加强防范和处置恐怖主义的能力建设，依法取缔恐怖活动组织和严厉惩治暴力恐怖活动（第28条）。国家健全有效预防和化解社会矛盾的体制机制，妥善处置公共卫生、社会安全等影响国家安全和社会稳定的突发事件，促进社会和谐，维护公共安全和社会安定（第29条）。

（8）科技安全。国家加强自主创新能力建设，加快发展自主可控的战略高新技术和重要领域核心关键技术，加强知识产权的运用、保护和科技保密能力建设，保障重大技术和工程的安全（第24条）；国家坚持和平探索和利用外层空间、国际海底区域和极地，增强安全进出、科学考察、开发利用的能力，加强国际合作，维护我国在外层空间、国际海底区域和极地的活动、资产和其他利益的安全（第32条）。

（9）信息安全。信息安全即国家建设网络与信息安全保障体系，提升网络与信息安全保护能力，加强网络和信息技术的创新研究和开发应用，实现网络和信息核心技术、关键基础设施和重要领域信息系统及数据的安全可控；防范、制止和依法惩治网络攻击、网络入侵、网络窃密、散布违法有害信息等网络违法犯罪行为，维护国家网络空间主权、安全和发展利益（第25条）。

（10）生态安全。生态安全即国家完善生态环境保护制度体系，加大生态建设和环境保护力度，划定生态保护红线，强化生态风险的预警和防控，妥善处置突发环境事件，保障人民赖以生存发展的大气、水、土壤等自然环境和条件不受威胁和破坏，促进人与自然和谐发展（第30条）。

（11）资源安全。资源安全即国家合理利用和保护资源能源，有效管控战略资源能源的开发，加强战略资源能源储备，完善资源能源运输战略通道建设和安全保护措施，加强国际资源能源合作，全面提升应急保障能力，保障经济社会发展所需的资源能源持续、可靠和有效供给（第21条）。

（12）核安全。核安全即国家坚持和平利用核能和核技术，加强国际合作，防止核扩散，完善防扩散机制，加强对核设施、核材料、核活动和核废料处置的安全管理、监管和保护，加强核事故应急体系和应急能力建设，防止、控制和消除核事故对公民生命健康和生态环境的危害，不断增强有效应对和防范核威胁、核攻击的能力（第31条）。

事实上，"人民安全"和"国民安全"两个概念，虽然可以根据需要在不同语境中选择不同的表述，但从理论上看，用"国民安全"比"人民安全"更为科学。再如，对于"国土安全"，10多年前就是这么用的，但是，现在倾向于使用更符合当代国家安全现实的"国域安全"这个概念。这是因为,当代国家的生存空间,已经超越了传统的领陆、领水、领空"三领"范围,也不局限于"三领"加上"底土"这样四个方面,而是还包括了与传统领土概念完全不同的网络空间、太空空间,以及更特殊的专属经济区。这样一来,国家安全的空间范围就包括了七个领域,即传统"国土安全"包括的领陆安全、领水安全、领空安全、底土安全,以及非传统的网域安全、天域安全、经济海域安全等。

再说"核安全",其实并不是与国民安全、国域安全、政治安全等处于同一个等级的安全要素,而是一个国家安全二级构成要素或三级构成要素,分别处于资源安全、军事安全、科技安全之下。理由是:(1)核作为一种自然资源,作为一种能源,它的安全是资源安全下的能源安全中的一种特殊能源安全;(2)核武器作为一种现代军事装备,它的安全又是军事安全所必然包括的内容,是军事安全下的二级安全要素;(3)核技术作为一种现代科学技术,它的安全也是科技安全的内容,具体属于"科技应用安全"的范畴,这便成为科技安全中的三级安全要素了。由此可见,从国家安全学理论研究出发看总体国家安全观,就会有更深入更科学的理解。[1]

需要特别强调,如今"国家安全"的内涵大大拓展,需要内外安全兼修,并且,首次提出"人民安全为宗旨""政治安全为根本"等深刻概念。这些变化,适应了中国崛起和社会转型的复杂现实,值得全社会认真关注并领会。我国舆论聚焦的安全问题,以个人生活领域的安全最为集中,比如,食品安全、水安全、空气安全、治安环境等,这些都被纳入我国国家安全的范畴。与此同时,食品安全、水安全、空气安全、治安环境等,并不是国民人身安全的全部。

社会公众是国家安全的最终受益者,也是国家安全不可缺场的维护者。近年来,国家安全的内外负面元素在增多,但正面力量的成长不断在对付、抵消负面元素的影响。而对维护国家安全,我们既要做,也要说,要在全社会形成一种强大的价值取向:维护国家安全光荣,损害国家安全可耻。唯有这样,国家安全才会是真正的铜墙铁壁。

---

① 刘跃进. 论总体国家安全观的五个"总体"[J]. 学术前沿,2014(11):17.

第三章 国际背景下的公民安全环境和国家安全战略

第一节 国家安全的国际背景

一、国家安全的历史性国际大背景

20世纪70年代以前，国际社会的安全理念，通常从对抗、遏制、均衡等角度，提供解决传统安全问题的思路。这种理念，往往会因一方把自己的安全措施解释为防御性的，而把另一方的措施解释为可能的威胁，为追求自身安全而增加其他国家的不安全感。由此而言，就必然会导致一方为自卫加强军备，却造成另一方的军备竞赛，造成不安全的地区环境，为了安全而导致不安全。20世纪70年代末，西方国家的政治家和学者，陆续提出和阐释了"新安全概念"。

1979年，勃兰特委员会即CDI发表题为《争取世界的生存》的报告，对"安全新概念"进行了定义，认为"一定要对安全提出一种新的、更全面的理解"，使其不仅仅限于军事方面，也要解决威胁人们的非军事问题。同一时期，来自帕尔梅安全与裁军委员会的报告提出了"共同安全"的概念，呼吁将"以军事为基础的安全观"转化为更广泛的，通过国际合作、非军事化、裁军等途径实现的"共同安全"。

> **知识点** 国际发展问题独立委员会（简称CDI），因其主席为当时的西德总理勃兰特，所以也称勃兰特委员会。CDI是在世界银行总裁麦克纳马拉的倡议下，于1977年12月9日在西德的金尼黑成立的。成立后的6年间，CDI召开了十几次会议；发表了两部研究报告：《南北关系——存活的纲领》（1980年）和《共同的危机》（1983年）；一本论文集《1978—1979年国际发展问题独立委员会背景论文选》（1981年）。CDI成员也四处游说以扩大影响，CDI关于全球发展战略的建议，日益引起世界各阶层人士的注意。这个非官方的国际性学术机构，是在世界问题成堆、南北关系日趋紧张的时代背景下诞生的。
>
> "关于裁军和安全问题独立委员会"（也称"帕尔梅委员会"），1980年9月，由瑞典前首相斯文·奥洛夫·约阿基姆·帕尔梅倡议下成立，帕尔梅任主席。1980年11月，帕尔梅作为联合国秘书长的特使调停两伊战争。1986年2月28日，帕尔梅在斯德哥尔摩一电影院观看影片回家时遇刺身亡。为纪念这位杰出的首相，斯

德哥尔摩市议会已将帕尔梅遇难的那条街改名为"奥洛夫·帕尔梅大街",并设立以他命名的瑞典"帕尔梅争取国际谅解和共同安全纪念基金"。

1991年,全球治理委员会在其《天涯成邻》的报告中,提出了"人民安全"和"全球安全"的概念,该报告对"安全的新概念"进行了详尽的阐述。来自欧洲的新安全观很快被联合国接受,对后来联合国安全观的变化产生了重大影响。40年冷战对峙结束后,联合国积极倡导从狭义的国际安全概念转向"全包容型安全概念"。

知识点 全球治理理论,即顺应世界多极化趋势而提出的旨在对全球政治事务进行共同管理的理论。该理论1990年由国际发展委员会主席勃兰特在德国提出。在国际治理体系里,诞生于英国霸权时期的原则——实力为基础,均势为前提,一直被沿用至今。1992年,28位国际知名人士发起成立了"全球治理委员会"(Commission on Global Governance),并由卡尔松和兰法尔任主席,该委员会于1995年发表《天涯成比邻》(Our Global Neighborhood)的研究报告,系统地阐述了全球治理的概念、价值以及全球治理同全球安全、经济全球化、改革联合和加强全世界法治的关系。

1993年2月22日,我国七届人大常委会30次会议通过《中华人民共和国国家安全法》(简称《国家安全法1993》),并当日公布施行。1994年5月10日,国务院审议通过《中华人民共和国国家安全法实施细则》(简称《国家安全法细则》)于1994年6月4日公布施行。《国家安全法1993》及《国家安全法细则》实施以来,为维护国家安全利益、维护社会政治稳定、防范制止和打击危害国家安全的行为,发挥了重要作用。但是,这个时候的国家安全,还是主要强调国家的政权安全、国土安全等,而人民安全等非传统安全,尚未完全纳入安全的框架。

1994年,联合国开发计划署在《人类发展报告》中,从经济安全、粮食安全、健康安全、环境安全、人身安全、社区安全和政治安全七大领域,全面、系统地阐述了"人类安全"的概念。2000年联合国千年首脑会议以来,联合国的安全概念与发展和人权联系在一起,被定义为"以人为中心的安全",强调不仅是国土的安全,而且是人民的安全;不仅是通过武力来实现的安全,而且是通过发展来实现的安全。

1996年,中国根据时代潮流和亚太地区特点,提出应共同培育一种新型的安全观念即新安全观,重在通过对话增进信任,通过合作促进安全。"新安全观"的核心应是互信、互利、平等、协作。其中,互信,是指超越意识形态和社会制度异同,摒弃冷战思维和强权政治心态,互不猜疑,互不敌视,各国应经常就各自安全防务政策以及重大行动展开对话与相互通报;互利,是指顺应全球化时代社会发展的客观要求,互相尊重对方的安全利益,在实现自身安全利益的同时,为对方安全创造条件,实现共同安全;平等,是指国家无论大小强弱,都是国际社会的一员,应相互尊重,平等相待,不干涉别国内政,推动国际关系的民主化;协作,是指以和平谈判的方式解决争端,并就共同关心的安全问题进行广泛深入的合作，消除隐患，防止战争和冲突的发生。[①] 1996 年，上海五国进程启动，中、俄、哈、吉、塔五国先后签署《关于在边境地区加强军事领域信任的协定》（简称《军事信任协定》）和《关于在边境地区相互裁减军事力量的协定》（简称《边境裁军协定》），通过友好协商妥善解决了历史遗留的边界问题，并率先提出打击恐怖主义、分裂主义和极端主义的鲜明主张。2001 年 6 月 15 日，上海合作组织成立，之后，六个成员国相继签署《打击恐怖主义、分裂主义和极端主义上海公约》（简称《上海公约》）和《上海合作组织成员国关于地区反恐怖机构的协定》（简称《上合反恐协定》），积极参与国际和地区反恐斗争，稳步推进区域经济合作，大力倡导不结盟、不对抗、不针对其他国家和地区的安全合作模式。[②]

我国"新安全观"，与联合国倡导的安全观有很多一致之处，即二者都强调以非军事手段，应对全球威胁，应对包括传统与非传统安全在内的综合安全问题。因此，我国"新安全观"中的"和谐社会""和谐世界"思想的提出，矫正了以往过于强调军事安全、经济发展的倾向，提升了对社会安全、个人安全及其他非军事领域安全问题的关注。"和谐社会""和谐世界"思想的提出，将以人为本、社会公正、尊重自然等理念带入我国的"新安全观"。

我国的"新安全观"是具有中国特色的国家安全观，与基于西方政治、文化及社会制度下产生的国家安全观不同。西方发达国家提倡的"新安全观"更强调个人自由与个人安全，强调超越主权的国际干预和基于统一价值观下的全球治理。我国的"新安全观"则强调和平共处五项原则，坚持不干涉内政原则。这是我国应对全球威胁和参与联合国等国际组织活动的指导原则。例如，尽管中国已经开始参与联合国的维持和平行动，但主张维和行动应该谨慎从事，尊重主权，并表明了参与维和行动的三项原则。与此同时，在实现安全的途径上，我国强调国家平等原则，强调国际关系的多元化、多样化和民主化。我国的"新安全观"倡导超越意识形态和政治制度的差异，尊重不同文明、不同社会制度和不同的发展道路，在竞争中取长补短，在求同存异中共同发展。显示出中国以尊重多样性为特点的新安全观。

知识点 中国参与联合国维和行动坚持联合国公认的三项原则：同意原则，维和行动只有征得有关各方的一致赞同才能实施；中立原则，维和行动是《联合国宪章》中规定的临时办法，并不妨碍有关当事国之权利、要求或立场；非武力原则，维和部队只有在自卫时方可使用武力。

近 10 多年来，我国的"新安全观"一直在不断丰富和发展。作为一个发展中国家，我国的新安全观与发达国家在优先考虑上有所不同。例如，对于发展中国家而言，"发展"仍然是首要问题，对中国而言，亦是如此。而"和谐社会"思想的提出，说明我国的新安全观已经转向更多关注社会安全问题，关注联合国《人类发展报告》中提到的环

---

① 《中方关于新安全观的立场文件》（2002 年 7 月 31 日）：三、政策。
② 《中方关于新安全观的立场文件》（2002 年 7 月 31 日）：四、实践。

境安全、社会安全、食品安全、健康安全等。

二、我国国家安全观调整的必然性

我国国家安全观的调整自 20 世纪 70 年代末就已经开始。和平与发展是当今时代的主题，要和平、求合作、促发展已经成为不可抗拒的历史潮流。当时，国际安全形势总体上继续趋向缓和。但是，恐怖活动、武器扩散、走私贩毒、环境污染、难民潮等跨国问题，也给国际安全造成了新的威胁。冷战结束后，多极化趋势在全球或地区范围内，在政治、经济等领域都有新的发展，世界上各种力量出现新的分化和组合。大国关系经历着重大而深刻的调整，各种伙伴关系逐渐向机制化方向发展，各国独立自主、联合自强、协调发展的意识正在加强。发展中国家总体实力增强，正在成为国际舞台上的一支重要力量。多极化趋势和经济全球化的持续发展，使国与国之间的相互依存和制约进一步加深，也有助于世界的和平、稳定与繁荣。维护世界和平的因素不断增长。经济安全在国家安全中的地位日益重要。在国际关系中，地缘政治、军事安全、意识形态因素仍然发挥着不可忽视的作用，但经济因素的作用更趋突出，国家间经济联系不断加强。以经济和科技为主的综合国力竞争进一步加剧，世界范围内围绕市场和资源等经济权益的斗争日趋激烈，经济全球化的加快和区域集团化的加深使一国的经济发展更容易受到外来因素的影响和冲击。因此，越来越多的国家把经济安全视为国家安全的一个重要方面，亚洲金融危机使经济安全问题更为突出，提出了经济全球化过程中各国政府加强协调、共迎挑战的新课题。亚太地区政治安全形势相对稳定，各国经济相互依存加深，以和平手段解决彼此的争端，注重寻求共同利益的汇合点，加强合作与协调正在成为本地区国家关系的主流。各种区域性和次区域性的多边合作不断发展，安全对话与合作正在多层次、多渠道展开。

历史证明，冷战时期以军事联盟为基础、以增加军备为手段的安全观念和体制不能营造和平。安全应当依靠相互之间的信任和共同利益的联系。通过对话增进信任，通过合作谋求安全，相互尊重主权，和平解决争端，谋求共同发展。要争取持久和平，必须摒弃冷战思维，培育新型的安全观念，摒弃以对抗求安全的思想，寻求维护和平的新方式。我国政府认为，这种观念和方式应包括以下几个方面：（1）各国应在相互尊重主权和领土完整、互不侵犯、互不干涉内政、平等互利、和平共处五项原则基础上建立国与国之间的关系；（2）各国应在经济领域加强互利合作，相互开放，消除经贸交往中的不平等现象和歧视政策，逐步缩小国家之间的发展差距，谋求共同繁荣；（3）各国应通过对话与合作增进相互了解与信任，谋求以和平方式解决国家间的分歧和争端，这是确保和平与安全的现实途径。我国高度重视本地区的安全、稳定、和平与发展，其亚太安全战略有 3 个目标，即：（1）中国自身的稳定与繁荣；（2）周边地区的和平与稳定；（3）与亚太各国开展对话与合作。

我国明确提出并在国际社会积极倡导"新安全观"，是在 20 世纪 90 年代中期尤其是新千年开始以后。进入 21 世纪，国际局势正在发生深刻变化。恐怖主义、毒品、艾滋病、海盗、非法移民、环境安全、经济安全、信息安全等非传统安全问题突出，使国际和地区安全环境出现新的特点，给各方带来新的挑战。非传统安全问题的最大特征是，它们多为跨国、跨地区的问题，对各国的稳定造成普遍危害。开展非传统安全合作，应坚持尊重主权、互不干涉内政原则，树立以互信、互利、平等、协作为核心的新安全观，以互信求安全，以互利求合作。①世界多极化和经济全球化的趋势在曲折中发展，科技进步日新月异，综合国力竞争日趋激烈。人类面临着新的发展机遇和挑战，但是，和平与发展仍是当今时代的主题。世界各国经济相互依存加深，全球和区域经济合作组织的作用增强，经济安全更加受到重视。发展经济和科技，增强综合国力，是各国的主要战略趋向。大国之间既相互借重、合作，又相互制约、竞争。

2001年6月15日，中国、俄罗斯、哈萨克斯坦、吉尔吉斯斯坦、塔吉克斯坦、乌兹别克斯坦六国成立"上海合作组织"。在上合组织成立大会的讲话，以及2000年9月6日联合国千年首脑会议的发言中，江泽民重申应当"建立以互信、互利、平等、合作为核心"的新安全观主张。②

在2001年美国"911"恐怖袭击事件发生后，大国关系协调与合作的一面上升。广大发展中国家积极推动建立公正合理的国际新秩序，为促进世界的和平与发展发挥着重要作用。比如，亚太经济合作组织（APEC）向更加紧密的合作迈进。以东盟与中国、日本、韩国（10+3）为主渠道的东亚合作更加务实。中国与东盟就十年内建立自由贸易区达成共识，启动在非传统安全领域的全面合作，湄公河流域开发合作即将全面展开；南海地区形势基本稳定，有关各方签署了《南海各方行为宣言》。但是，亚太地区仍然存在不稳定因素。历史遗留的传统安全问题尚未消失，却又出现新的安全情况，非传统安全问题在一些国家日趋突出。恐怖主义、分裂主义、极端主义势力对地区安全的危害短期内难以根除。当今世界安全威胁呈现多元化、全球化的趋势，各国在安全上的共同利益增多。通过对话增进相互信任，通过合作促进共同安全，树立互信、互利、平等和协作的新安全观，是当今时代发展的要求。

上合组织是在"上海五国"机制基础上成立的区域性多边合作组织，它弘扬互信、互利、平等、协商、尊重多样文明、谋求共同发展的上海精神，积极推动建立公正合理的国际政治经济新秩序，促进了地区安全与稳定。2002年5月，中国向东盟地区论坛高官会议提交"关于加强非传统安全领域合作的中方立场文件"；2002年7月，中国向东盟地区第九届论坛外长会议提交"中国关于新安全观的立场文件"，强调应共同培育一种新型的安全观念，通过对话增进信任，通过合作促进安全。2002年8月6日，中国政府正式发表《中国关于新安全观的立场》，全面系统地阐述了中国以"互信、互利、平等、协作"为核心，在新形势下的安全观念和政策主张，成为中国新安全观形成的标志。③中国新安全观的特点是：从内涵上看，体现了安全的综合性；从目标上看，寻求共同安全；从手段上看，以合作促安全。上海合作组织、与东盟的安全合作是中国新安全观的成功实践。④在地区安全合作方面，我国同亚太各国开展对话与合作，在平等参

---

① 《关于加强非传统安全领域合作的中方立场文件》（2002年5月29日）：一、非传统安全问题逐渐突出的形势。

② 江泽民. 在联合国千年首脑会议上的讲话［N］. 人民日报，2000—09—07（1）.

③ 刘国新. 论中国新安全观的特点及其在周边关系中的运用［J］. 当代中国史研究，2006（1）：4.

④ 刘国新. 中国新安全观的形成及实践［J］. 思想理论教育导刊，2006（1）：63.

与、协商一致、求同存异、循序渐进基础上，开展多层次、多渠道、多形式的地区安全对话与合作。比如，中国努力推动上海合作组织形成与发展，继续支持和参加东盟地区论坛（ARF）、亚洲相互协作与信任措施会议（CICA）、亚太安全合作理事会（CSCAP）、东北亚合作对话会（NEACD）等多边安全对话与合作进程。2002 年 11 月，中国与东盟发表《关于非传统安全领域合作联合宣言》，启动中国与东盟在非传统安全领域的全面合作。

2009 年 9 月 23 日，第 64 届联合国大会一般性辩论在纽约联合国总部举行。胡锦涛出席会议，并发表题为《同舟共济，共创未来》的演讲，阐述"互信、互利、平等、协作"的"新安全观"，强调既要维护本国安全，又要尊重别国安全关切，促进人类共同安全。理由是：安全不是孤立的、零和的、绝对的，没有世界和地区的和平稳定，就没有一国安全稳定。要用更广阔的视野审视安全，维护世界和平稳定。

在人类历史上，各国安全从未像今天这样紧密相连。安全不是孤立的、零和的、绝对的，没有世界和地区和平稳定，就没有一国安全稳定。我国坚持联合国宪章宗旨和原则，坚持用和平方式解决地区热点问题和国际争端，反对任意使用武力或以武力相威胁。支持联合国在国际安全领域继续发挥重要作用。坚决反对一切形式的恐怖主义、分裂主义、极端主义，不断深化国际安全合作。主张全面禁止和彻底销毁核武器，建立无核武器世界。国际社会应该切实推进核裁军进程，消除核武器扩散风险，促进核能和平利用及其国际合作。

当今世界正处在大发展大变革大调整时期，和平、发展、合作的时代潮流更加强劲。世界多极化、经济全球化深入发展，多边主义和国际关系民主化深入人心，开放合作、互利共赢成为国际社会广泛共识，国与国相互依存更加紧密。同时，国际金融危机影响仍在持续，世界经济复苏前景还不明朗，全球失业和贫困人口数量上升，发展不平衡更加突出，气候变化、粮食安全、能源资源安全、公共卫生安全等全球性问题进一步显现，恐怖主义、大规模杀伤性武器扩散、跨国有组织犯罪、重大传染性疾病等非传统安全威胁依然存在，一些热点问题长期得不到解决，地区局部冲突此起彼伏，国际形势中的不稳定不确定因素给世界和平与发展带来严峻挑战。面对前所未有的机遇和挑战，国际社会应该继续携手并进，我国政府则秉持和平、发展、合作、共赢、包容理念，推动建设持久和平、共同繁荣的和谐世界，为人类和平与发展的崇高事业不懈努力。

三、从新国家安全观到总体国家安全观的发展

应当说，当传统和非传统安全问题交织，而非传统安全威胁日益严重时，一个国家的国家安全便进入到一个新的层面上。纵观世界，一些地区热点趋于缓和，国家之间的区域安全合作逐步深入，国际反恐斗争取得进展，信息、能源、金融、环境安全领域的国际合作增强，打击跨国犯罪、防止严重传染性疾病蔓延和进行减灾救灾的国际努力不断强化。但是，天下仍不太平，地缘、民族和宗教等冲突同政治经济矛盾相互作用，局部战争和武装冲突时有发生，国际恐怖势力活动频繁。

尤其是产生恐怖主义的根源难以从根本上消除，反对恐怖主义将是国际社会的一项长期艰巨的任务。在这样一个多元多样又相互依存的世界中，我国国家安全也面临着各

种新的挑战。经济全球化趋势发展带来的风险和挑战、长期存在的单极和多极矛盾，都对我国的国家安全具有重大的影响。所以，加强地区安全合作，坚持与邻为善、以邻为伴，奉行睦邻、安邻、富邻的周边外交政策，积极推动亚太地区安全对话合作机制的建设，就非常必要。而高度重视与各国在非传统安全领域的合作，主张采取综合措施，标本兼治，共同应对非传统安全威胁，则是我国新安全观之后，面临的重大调整。

建设一个持久和平、共同繁荣的和谐世界，是世界各国人民的共同心愿，也是中国走和平发展道路的崇高目标。而和谐世界应该是民主的世界、和睦的世界、公正的世界、包容的世界，具体包括：（1）坚持民主平等，实现协调合作；（2）坚持和睦互信，实现共同安全；（3）坚持公正互利，实现共同发展；（4）坚持包容开放，实现文明对话。也就是维护文明的多样性和发展模式的多样化，协力构建各种文明兼容并蓄的和谐世界。①

我国的国家安全仍面临不容忽视的挑战，即：在国家安全问题上，国内和国际因素关联性增强，传统和非传统安全因素相互交织，维护国家安全的难度在加大。比如，少数国家炒作"中国威胁论"，加强对中国的战略防范与牵制；周边复杂而敏感的历史和现实问题，仍对中国的安全环境产生影响。所以，我国依据发展与安全相统一的安全战略思想，对内努力构建社会主义和谐社会，对外积极推动建设和谐世界，谋求国家综合安全和世界持久和平；统筹发展与安全、内部安全与外部安全、传统安全与非传统安全，维护国家主权、统一和领土完整，维护国家发展利益，维护国家发展的重要战略机遇期；努力构建互利共赢的合作关系，促进与其他国家的共同安全。

国际安全形势更加复杂。恐怖主义、经济安全、气候变化、核扩散、信息安全、自然灾害、公共卫生安全、环境恶化、跨国犯罪等全球性挑战对各国安全威胁明显增大。传统与非传统安全问题交织，国内与国际安全问题互动，传统安全观念和机制难以有效应对当今世界的诸多安全威胁和挑战。同时，我国面临的安全挑战更加多元和复杂："台独"等分裂势力及其分裂活动仍是和平发展的最大障碍和威胁，维护国家领土主权、海洋权益任务重，恐怖主义的现实威胁存在，能源资源、金融、信息、自然灾害等非传统安全问题仍然存在。美国违反中美三个联合公报原则，严重损害中美关系和两岸关系和平发展。面对纷繁复杂的安全形势，我国高举和平、发展、合作的旗帜，坚持综合安全、合作安全、共同安全的理念，奉行互信、互利、平等、协作的新安全观，全面维护国家政治、经济、军事、社会、信息等各领域安全，与世界各国一道共同营造和平稳定、平等互信、合作共赢的国际安全环境。

尤其是在地区安全合作方面，我国政府始终是积极的倡导和践行者。2004年，在中方积极倡导下，东盟地区论坛安全政策会议正式创办，成为该论坛国防官员参与级别最高的对话机制。2010年5月，我国在第七次东盟地区论坛安全政策会议上，提出加强非传统安全合作问题研究、推动务实性合作等倡议。2010年10月，参加首届东盟防长扩大会，提出了加强地区安全对话与合作的倡议和主张。近年来，多次主办中国与东盟防务与安全对话、东盟与中日韩武装部队非传统安全合作论坛、东盟地区论坛武装部

---

① 《中国的和平发展道路》（2005年12月）：五、建设持久和平与共同繁荣的和谐世界。

队参与国际救灾法律规程建设研讨会等。自 2007 年以来，我国每年派出高级别防务官员出席在新加坡举行的香格里拉对话会，阐述中国国防政策和地区安全合作主张。

我国加快推进以改善民生为重点的社会建设，不断夯实社会和谐的民生基础。推进社会体制改革，建立健全基本公共服务体系，创新社会管理机制，提高社会管理水平，完善收入分配制度和社会保障体系，努力使全体人民学有所教、劳有所得、病有所医、老有所养、住有所居，形成社会和谐人人有责、和谐社会人人共享的生动局面，使发展成果惠及全体人民。中国倡导互信、互利、平等、协作的新安全观，寻求实现这种新安全观下的伟大目标。即：（1）注重综合安全；（2）追求共同安全，建立公平有效的共同安全机制；（3）促进合作安全，反对动辄使用武力或以武力相威胁。①

全球性挑战成为世界主要威胁。人类共同安全问题日益突出，恐怖主义、大规模杀伤性武器扩散、金融危机、严重自然灾害、气候变化、能源资源安全、粮食安全、公共卫生安全等攸关人类生存和经济社会可持续发展的全球性问题日益增多，导致任何国家都不可能单独解决这些问题，国际社会必须携手应对。同时，世界多极化发展进程难以阻挡，新兴市场国家、区域集团和亚洲等地区力量不断发展壮大，各类非国家行为体迅速成长，借助经济全球化和社会信息化拓展影响，成为各国和国际舞台上的重要力量。国际社会应该超越国际关系中陈旧的"零和博弈"，超越危险的冷战、热战思维，超越曾把人类一次次拖入对抗和战乱的老路，要以命运共同体的新视角，以同舟共济、合作共赢的新理念，寻求多元文明交流互鉴的新局面，寻求人类共同利益和共同价值的新内涵，寻求各国合作应对多样化挑战和实现包容性发展的新道路。中国走和平发展的道路，正是在这一时代大背景下的必然选择。②

世界多极化、经济全球化、社会信息化深入发展，国际社会日益成为你中有我、我中有你的命运共同体，和平、发展、合作、共赢是不可阻挡的时代潮流。但是，作为一个发展中大国，我国仍然面临多元复杂的安全威胁，遇到的外部阻力和挑战逐步增多，生存安全问题和发展安全问题、传统安全威胁和非传统安全威胁相互交织，维护国家统一、维护领土完整、维护发展利益的任务艰巨繁重。

国际和地区局势动荡、恐怖主义、海盗活动、重大自然灾害和疾病疫情等都可能对国家安全构成威胁，海外能源资源、战略通道安全以及海外机构、人员和资产安全等海外利益安全问题凸显。世界新军事革命深入发展，武器装备远程精确化、智能化、隐身化、无人化趋势明显，太空和网络空间成为各方战略竞争新的制高点，战争形态加速向信息化战争演变。世界主要国家积极调整国家安全战略和防务政策，加紧推进军事转型，重塑军事力量体系。军事技术和战争形态的革命性变化，对国际政治军事格局产生重大影响，对我国军事安全带来新的严峻挑战。对此，我国政府白皮书中，国家安全问题的统计数据，可以说明国家安全越来越受到中央政府的重视。

我国政府从 1991 年开始发布第 1 件政府白皮书，此后 26 年间，即 1991 年至 2016 年 6 月 30 日间，共发布 104 件政府白皮书，平均年发布 4 件。非常具有说明价值的是：

---

① 《中国的和平发展》（2011 年 9 月）：三、中国和平发展的对外方针政策。
② 《中国的和平发展》（2011 年 9 月）：四、中国和平发展是历史的必然选择。

20 世纪 90 年代（1991—2000 年）发布了 27 件政府白皮书；而 21 世纪前十年前（2001—2010 年）增加到 42 件，2010 年后（2011—2016 年 6 月）就已经达到了 35 件。也就是说，进入 21 世纪后，我国政府发布了 77 件政府白皮书，而这些政府白皮书中，涉及国家安全的，就有 20 件，年均比例为 29.98%。这类白皮书包含的内容，主要有：军事、国防、核政策、和平发展、航天、互联网和领土等国家安全的核心内容，足见我国政府对国家安全的高度重视。在这样的大背景下，我国政府于 2015 年 7 月 1 日颁行了新版《国家安全法》，把总体国家安全观变成了维护总体国家安全，以及履行国际责任和义务的法律规范。

在新版《国家安全法》之下，面对复杂的国家安全局面，我国政府承担的国际社会的安全维护职责层面，主要包括：（1）参与联合国维和行动，履行安理会授权，致力于和平解决冲突，促进发展和重建，维护地区和平与安全；（2）积极参加国际灾难救援和人道主义援助，派遣专业救援力量赴受灾国救援减灾，提供救援物资与医疗救助，加强救援减灾国际交流，提高遂行任务能力和专业化水平；（3）忠实履行国际义务，根据需要继续开展亚丁湾等海域的护航行动，加强与多国护航力量交流合作，共同维护国际海上通道安全；（4）广泛参与地区和国际安全事务，推动建立突发情况通报、军事危险预防、危机冲突管控等机制。随着国力不断增强，中国军队将加大参与国际维和、国际人道主义救援等行动的力度，在力所能及范围内承担更多国际责任和义务，提供更多公共安全产品，为维护世界和平、促进共同发展作出更大贡献。[①]

第二节　公民安全环境

一、公民安全的国内环境

公民安全是一个系统性的概念，这个概念之下，围绕的是公民的人身安全、财产安全和社会环境安全等。应当说，这个层面上的安全，是一种系统性的安全。而不是某一个方面或者某一类背景下的安全，这种安全本身，作为一种公共品，首先是由当地政府以社会服务的方式提供给社会公众的。换句话说，安全与公民的生活、工作、人身、财产和所处的社会环境息息相关。对于公民个体而言，掌握必备的生活、工作、人身、财产和所处的社会环境安全知识和技能，提高防范常识，则是每一个公民的责任。

由上述界定可以看出，公民安全的国内环境，是指公民在国内或者域内时，其人身、财产和社会环境没有危险、不受威胁的一种状态。在这里，"国内"的范围界定比较好理解，即一国之内或者受国家主权管辖之下。而"域内"，则是一个空间地域和国家主权同时兼具的概念，包含了广义上的主权范围，比如，具有国家主权管辖的驻外使领馆、民用航空器、民用船舶等，以及因为国家主权管辖历史遗留问题而导致的争议领土等。在这里，域内的概念与国内的概念含义相同，但是"域内"概念比国内更专业化一些。

---

① 《中国的军事战略》（2015 年 5 月）：六、军事安全合作，

公民安全的国内环境，具体表现在家庭安全（"一静安全"）、旅行安全、交通安全（"二动安全"）、"三禁"即禁毒、禁赌和禁止酗酒，以及"四防"即防盗、防抢、防骗、防火等一系列公民安全防范的社会环境、政府保护环境和个体能力条件等，主要表现在生活安全、校园安全、交通安全、防性骚扰和性侵害、饮食安全等内容。

（一）家庭安全

所谓家庭安全，是指家庭生活环境安全和家庭财产安全等，即在居家的场所或者自己的家中，做到防范火灾、生活事故处置和防范家中财物被盗等方面，做到没有危险或者不受威胁，或者能够在家庭生活中，有效处置家庭安全事故，及时恢复良好的生活秩序和条件的情形。事实上，许多时候，在我们日常生活中，大量使用电器、燃气不当，以及少年儿童不懂得用电用火安全、火灾逃生，以及救助常识，还有遇到入室抢劫、家中被盗等，并且，各种家庭暴力事件安全救助和安全自救等能力的不足，常常导致家庭生活事件，酿成重大的安全事故或者重大的财产损失事件。在这方面，以家用电器使用的防火为例，许多人对各种家用电器的安全使用常识，了解并不多。比如，现在家用电器种类繁多，从其工作原理来看，大致可分为电热式（如电热炉、电烤箱、热水器、电饭锅、电热毯、驱蚊器等）、非电热式（如电视机、录像机、电冰箱、洗衣机、空调机等）两大类，电热式家用电器发生火灾的频率较高，原因之一是用户使用不当。还有，家庭生活肯定要用火，但是，家庭用火不当或者失误，常引起家庭火灾。尤其是家中有人吸烟，烟火虽小，但其表面温度一般在200℃～300℃，中心温度可达700℃～800℃，一般的可燃物（纸张、棉花、木材等）的燃点都在130℃～350℃，低于烟头的温度，很容易发生火灾。例如，1994年11月27日，辽宁阜新市歌舞厅中，有人在座椅下的破洞内塞进一个未熄灭的香烟头，引发大火。最终导致238人死亡以及几千万元人民币的财产损失。所以，遇到家庭火灾时，一方面要及时正确处置，或者正确报警；另一方面，则要有家庭火灾应急预案，从家庭成员的火场逃生技能上下功夫。

知识点 电热式电器的防火措施：（1）购买电热炉具时，应买合格产品；（2）电热炉具在使用过程中，应有人看护；（3）电炉、电热壶在使用时，其下方的台面必须为不燃材料制作。附近不得有可燃物质存放；（4）注意电热炉具的功率和导线型号的匹配，防止由于导线过负荷而发热融化，引起火灾；（5）接、插部分保持接触良好，并保持干燥；（6）防止电热炉具余热接触可燃物引起火灾。

火灾分为五类，应使用相应的灭火器材：一类火灾，指含碳固体可燃物，如木材、棉毛、麻、纸张等燃烧的火灾。可用水型灭火器、泡沫灭火器、干粉灭火器、卤代烷灭火器；二类火灾，指甲、乙、丙类液体，如汽油、煤油、柴油、甲醇等燃烧的火灾，可用干粉灭火器、泡沫灭火器、卤代烷灭火器；三类指可燃烧气体，如煤气、天然气、甲烷等燃烧的火灾，可用干粉灭火器、卤代烷灭火器；四类指可燃的活泼金属，如钾、钠、镁等燃物的火灾，可用干沙式铸铁粉末；五类指带电物体燃烧的火灾，可用二氧化碳、干粉、卤代烷灭火器（禁止用水）。

正确报火警的基本方法：失火后报火警，要讲清楚火灾的准确位置，即市、区、县、街道的门牌号码，并说明燃烧物质，以及有无爆炸物品、楼层、是否有人被围困、火势大小等基本情况，最后，要把报警人姓名和报警电话号码告诉对方，以便后续联系。

家庭火灾安全应急预案：（1）头脑里要有一张清单，明白家里房间的一切可能逃生的通道或出口。例如门、窗、天窗、阳台等。应该想到每间卧室至少有两个出口，就是说，除了门外，窗户能作为紧急出口使用。知道几条逃生路线，就可以在主要通道被堵时，走别的路线求生。（2）平时要让你的家庭成员，尤其是儿童了解门锁结构和怎样开窗户，一个被钢丝钉固定的纱窗就会使窗户不能成为紧急出口。要让儿童知道，在危急关头，可以用椅或其他坚硬的东西砸碎窗户玻璃。（3）绘一张住宅平面图，用特殊标志标明所有的门窗，表明每一条逃生路线，注明每一条路线上可能遇到的障碍，画出住宅的外部特征，标明逃生后家庭成员的集合地点。（4）让家庭成员牢记下列逃生规则：①睡觉时把卧室门关好，这样可以抵御热浪和浓烟的侵入、延缓火势的蔓延。假如你必须从这个房间跑到另一个房间方能逃生，到另一个房间后应随手关门。②在开门之前先摸一下门，如果门已发热或者有烟从门缝中渗透进来，切不可开门，而应准备走第二条逃生路线。假如门不热，也只能小心翼翼地打开少许并迅速通过，通过后立即重新关上。因为门大开时会跑进许多氧气，这样即使是快要熄灭的火也会骤然重新猛烈燃烧起来。③假如出口通道被浓烟堵住，并且没有其他路线可走，要贴近地面的"安全带"。匍匐前进通过浓烟弥漫的走廊和房间，千万不可站着走动。④不要为穿衣服和取贵重物品而浪费时间，没有任何东西值得冒生命危险。⑤如果你的衣服着火了，应立即脱掉或躺下就地打滚。若有人带着火惊慌失措地乱跑，应将其放倒让他滚来滚去，直至火焰熄灭。⑥一旦到集合地点，要马上清点人数，看看还有谁滞留在屋内。同时，不要让任何人重返屋内，寻找和救援工作最好由专业消防人员去做。（5）要把住宅平面图和逃生规则贴在家中显眼的地方，使所有家庭成员都能经常看到。不仅如此，至少每半年要进行一次家庭消防演习，让每个人都把逃生方案和原则熟悉一遍，并按既定逃生路线走一遍，反复训练是从火灾中脱险的关键。上述方案虽然麻烦点，但请记住：只有这样，你的生命才能在火灾中延续。

家庭安全的另一个层面，是生活安全，包括：

1. 洗澡时突然晕倒的急救。有的人，在洗澡时常会出现心慌、头晕、四肢乏力等现象，严重时会跌倒在浴堂，产生外伤。这种现象也叫"晕塘"，"晕塘"者多有贫血症状。因为，洗澡时水蒸气使皮肤至细血管开放，血液集中到皮肤，影响全身血液循环引起的。也可因洗澡前数小时未进餐、血糖过低引起。对应的急救措施是：当出现"晕塘"情形时不必惊慌，要立即将"晕塘"者撤离浴室躺下，并喝一杯热水慢慢就会恢复正常。如果情形较为严重，也要放松休息，取平卧位，最好用身边可取到的书、衣服等把腿垫高。待稍微好一点后，应把窗户打开通风，用冷毛巾擦身体，从颜面擦到脚趾，然后穿上衣服，头向窗口，休息后会很快恢复。

2. 食物中毒后的急救。食物中毒的最初症状是胃部不舒服、想吐，且愈来愈严重，经过很久，就会开始呕吐；此外，还有下痢、体温增高及头痛等症状。出现这些症状，最好马上就医。若是出外旅行，临时找不到医师，唯一的办法是，使胃中的食物全部吐出来，并尽可能地多喝冷开水，甚至可以将手指伸入喉咙，以诱导呕吐，来清除胃中食物。

3. 煤气中毒急救。煤气中毒主要指一氧化碳中毒和液化石油气、管道煤气、天然气中毒，前者多见于冬天用煤炉取暖，门窗紧闭，排烟不良时，后者常见于液化灶具漏泄或煤气管道漏泄等。煤气中毒时病人最初感觉为头痛、头昏、恶心、呕吐、软弱无力，当他意识到中毒时，常挣扎下床开门、开窗，但一般仅有少数人能打开门，大部分病人迅速发生抽筋、昏迷，两颊、前胸皮肤及口唇呈樱桃红色，如救治不及时，可很快呼吸抑制而死亡。煤气中毒依其吸入空气中所含一氧化碳的浓度判断中毒时间的长短，常分三型。

知识点 （1）轻型：中毒时间短，血液中碳氧血红蛋白为 10%—20%。表现为中毒的早期症状，头痛眩晕、心悸、恶心、呕吐、四肢无力，甚至出现短暂的昏厥，一般神志尚清醒，吸入新鲜空气，脱离中毒环境后，症状迅速消失，一般不留后遗症。（2）中型：中毒时间稍长，血液中碳氧血红蛋白占 30%—40%，在轻型症状的基础上，可出现虚脱或昏迷。皮肤和黏膜呈现煤气中毒特有的樱桃红色。如抢救及时，可迅速清醒，数天内完全恢复，一般无后遗症状。（3）重型：发现时间过晚，吸入煤气过多，或在短时间内吸入高浓度的一氧化碳，血液碳氧血红蛋白浓度常在 50% 以上，病人呈现深度昏迷，各种反射消失，大小便失禁，四肢厥冷，血压下降，呼吸急促，会很快死亡。一般昏迷时间越长，预后越严重，常留有痴呆、记忆力和理解力减退、肢体瘫痪等后遗症。

家庭中如发生煤气中毒，采取的主要措施是：（1）立即打开门窗，移病人于通风良好、空气新鲜的地方，注意保暖。查找煤气漏泄的原因，排除隐患；（2）松解衣扣，保持呼吸道通畅，清除口鼻分泌物，如发现呼吸骤停，应立即行口对口人工呼吸，并作心脏体外按压；（3）立即进行针刺治疗，取穴为太阳、列缺、人中、少商、十宣、合谷、涌泉、足三里等。轻、中度中毒者，针刺后可以逐渐苏醒；（4）立即给氧，有条件应立即转医院高压氧舱室作高压氧治疗，尤适用于中、重型煤气中毒患者，不仅可使中毒者苏醒，还可使后遗症减少；（5）立即静脉注射 50% 葡萄糖液 50 毫升，加维生素 C 500～1000毫克。轻、中型病人可连用 2 天，每天 1～2 次，不仅能补充能量，而且有脱水之功，早期应用可预防或减轻脑水肿。

4. 烧烫伤事故的救护。烧烫伤害可根据受伤皮肤深度，分为 3 度。（1）一般烧烫伤害的紧急救护。发生烫伤、烧伤时，应沉着冷静，若周围无其他人员时，应立即自救。首先把烧着或被沸液浸渍的衣服迅速脱下，若一时难以脱下时，应就地到水龙头下或水池（塘）边，用水浇或跳入水中，周围无水源时，应用手边的材料灭火，防止火势扩散。自救时切忌乱跑，也不要用手扑打火焰，以免引起面部、呼吸道和双手烧伤。（2）小面积或轻度烧烫伤的紧急救护。立即将伤肢用自来水冲淋或浸泡在冷水中，以降低温度减轻疼痛与肿胀，如果局部烧烫伤伤口处较脏或被污染时，可用肥皂水冲洗，但不可用力擦洗；如果眼睛被烧伤，应将面部浸入冷水中，并做睁眼、闭眼活动，浸泡时间至少在10分钟以上。如果是身体躯干烧伤，无法用冷水浸泡时，可用冷湿毛巾冷敷患处。患处冷却后，用灭菌纱布或干净布覆盖包扎。视情况待其自愈或转送医院作进一步治疗。不要用紫药水、红药水、消炎粉等药物处理。（3）大面积或重度烧伤紧急处理。局部冷却后对创面覆盖包扎。包扎时要稍加压力，紧贴创面，包扎时范围要大一些，防止污染伤口；注意保持呼吸道畅通；注意及时对休克伤员抢救；注意处理其他严重损伤，如止血、骨折固定等；在救护的同时迅速转送医院治疗。

> **知识点** 1度：仅为表皮烫伤，表现为局部干燥、微红肿、无水泡、有灼痛和感觉过敏。2度：伤及表皮的真皮层、局部红肿，且有大小不等的水泡为浅2度。皮肤发白或棕色，感觉迟钝，温度较低，为深2度。3度：为全皮层皮肤烧烫伤，有的深达皮下脂肪、肌层，甚至骨骼。

（二）校园安全

大学校园，是一个人群密集和各种教学实验、图书资料和博物馆等密集的综合性场所。这些场所，由于人群的密集，而容易导致各种各样的安全事故。其中，火灾、盗窃等，是大学校园里，经常发生的事故灾害。因此，大学应当建立有24小时四级值班应急处置系统，每天由学院领导、总值班、保卫部门、保安人员在校值班，处理各类突发性的校园安全事件。有紧急突发事件立即求助值班室、学院传达室或保卫处。大学校园安全，事关大学生的人身、财物安全，事关学校事业的发展。因此，维护大学校园的安全，离不开大学生的主动关心和积极参与。为了使大学生们学会和使用恰当的方式防范校园内各种可能出现的安全问题。具体建议如下：

1. 防止火灾。防止火灾发生的关键，是做好火灾预防工作。只要认真贯彻实施消防法规，自觉遵守消防安全管理规定，才能有效预防火灾的发生。包括：学生宿舍防火；教室、实验室、图书馆防火；体育馆、报告厅、学生活动中心防火；山林草坪防火等。在遇到火灾险情时，一定要冷静处置，否则，很可能出现伤亡。例如，上海某大学学生602寝室违规使用"热得快"，引燃易燃物，在火灾中，4名女生跳楼死亡。

2. 防范校园盗窃。盗窃案在大学校园发生的各类案件中，约占90%以上的比例。对于大学生来说，最重要的防盗方法是加强防范意识和防范技能。大学生在宿舍和教室的财物防盗，主要是做到以下几点：一是最后离开教室或宿舍的同学，要关好窗户锁好门；二是不要留宿外来人员；三是发现形迹可疑的人应提高警惕、多加注意；四是积极参加安全值班，协助学校有关部门共同做好安全防范工作；五是注意保管好自己的各种钥匙，不能随便借给他人或乱丢乱放。几种易盗物品的防盗方法：第一，现金及银行信用卡。现金数额较大时，应及时存入银行并加密码。密码应选择容易记忆且又不易解密的数字，千万不要选用自己的出生日期等容易被人解密的数字做密码。特别要注意的是，存折、信用卡等不要与自己的身份证、学生证等证件放在一起，更不应将密码写在纸上与存折一起存放，以防盗窃分子一起盗走后冒领。第二，各类有价证卡。各类有价证卡应贴身存放，密码一定要注意保密，不要告诉他人。如果参加体育锻炼等活动，应将各类有价证卡锁在抽屉或箱子里并保管好钥匙。第三，自行车。买新车一定要到有关部门办理登记手续。自行车要安装防盗车锁，养成随停随锁的习惯。骑车去公共场所应将车停在存车处。自行车一旦丢失，应立即到学校保卫部门或当地派出所报案，并提供有效证件、证明及其他有关情况，以便及时查找。第四，贵重物品。如手提电脑、手机、黄金饰品等，较长时间不用时，应带回家中或托给可靠的人代为保管。人离开宿舍时，一定要锁在抽屉或箱里以防被盗丢失。

3. 防范校园打架和欺凌现象。有的大学生在与同学相处时，讲团结、讲礼貌、讲文明、讲道德的习惯没有完全确立起来。比如，同学之间因生活琐事（如食堂打饭、图书馆占座、球场运动等）发生矛盾时，不冷静克制，没有学会容忍，不是"退一步海阔天空"，而是感情冲动，拳脚相加。发现有同学打架时，不是积极劝阻，而是袖手旁观，甚至于火上加油。在学术讨论或者学习过程中，因持不同观点，或遇有老乡受欺侮时，不是理性地积极劝阻和以包容之心处理问题，而是推波助澜，或者以"约架"的方式打群架或者械斗。还有，个别大学生在同学聚会时，大量饮酒，酒后寻衅滋事。

（三）交通安全

交通安全即参与交通活动的过程，不出现交通事故危险的情形。交通安全的主要外观特征，是不发生各种各样的交通事故。为了做到交通安全，必须具备相应的交通安全常识和安全技能。主要是：

1. 交通标线。道路上，用各种各样颜色划定的线条，便是"交通标线"。道路中间长长的黄色或白色直线，叫"车道中心线"，是用来分隔来往车辆，使它们互不干扰。中心线两侧的白色虚线，叫"车道分界线"，它规定机动车在机动车道上行驶。非机动车在非机动车道上行驶。在路口四周有一根白线是"停止线"。红灯亮时，各种车辆应该停在这条线内。马路上用白色平等线像斑马纹那样的线条组成的长廊就是"人行横道线"，行人在这里过马路比较安全。对大学生而言，一定要有交通标线即交通法律法规的意识。

2. 隔离设施。道路上，各种交通隔离设施主要有：行人护栏和隔离墩或绿化隔离带。行人护栏，是用来保护行人安全，防止行人横穿马路走入车行道和防止车辆驶入人行道的一种设施。而隔离墩或绿化隔离带，则是设在车行道上用来隔离机动车与非机动车或来往车辆的。高速公路或者专用道路，往往采用隔离栏或者隔离墙等措施，分隔行人和车行道。

知识点 行人非法进入车行道，发生交通事故分四种情况处理：（1）在高速上发生类似交通事故，如果机动车驾驶人明显不存在过错行为，而碰撞又无法避免的情况，原则上机动车驾驶人不承担事故责任。但出于人道主义的考虑，法律上有规定，机动车一方仍要承担交强险上不超过10%（浙江省的标准1.2万元）的赔偿责任。但是行人如果是故意行为，比如说寻死，那么机动车驾驶人就无须承担任何的赔偿责任。（2）有证据证明，机动车当事人有避免事故的客观条件而未及时采取避险措施，或存在影响安全驾驶的违法行为（如超速、违法变道、跟车距离过近等）最终导致行人死亡的，则将根据机动车驾驶人的过错行为对事故发生所起的作用以及过错的严重程度，确定机动车驾驶人的相应责任（考虑到行人上高速是严重的违法行为，目前很少有机动车负主要责任的判定）。在这种情况下，12万交强险全部赔付，另外剩下的赔付按照机动车驾驶人的事故责任比例进行分担，如果商业险不够赔付的，则就需要自己掏腰包了。（3）如果遇到行人被车辆撞倒后被多次碾压，则要根据整个过程中各方当事人对行人的伤害所起作用和其严重程度来确定各方当事人在事故中的责任。（4）如果肇事后，驾车逃逸。那么按照事故逃逸，驾驶人要负事故主要责任。不过，如果有证据证明对方有过错的，责任可以相应减轻（在高速上的行人事故，基本可以证明行人有过错）。参见：徐建国. 机场快速路发生惨烈车祸，行人走上高速被撞后遭多车碾压［EB/OL］. 浙江在线，http://zjnews. zjol. com. cn/system/2014/01/23/019826541. shtml. 最后访问时间：2016－06－19.

3. 交通信号灯。在繁忙的城市十字路口，四面都悬挂着红、黄、绿三色交通信号灯。红绿灯是国际统一的交通信号灯，其中，红灯是停止信号，绿灯是通行信号。红灯亮，禁直行或左转弯，在不碍行人和车辆情况下，允许车辆右转弯；绿灯亮，准许车辆直行或转弯；而黄灯亮时，车辆应停在路口停止线或人行横道线以内，已经通过停止线或人行横道的，继续通行；黄灯闪烁时，警告车辆注意安全。所以，人车分流，行人和机动车必须各行其道。同时，"行人要安全走路"，要遵守交通规则，增强自我保护意识，不能在车前车后急穿马路。

4. 汽车的"内轮差"。汽车依靠前轮来转向，随着前轮的转动，汽车车身也逐渐改变方向。不过，汽车前后两只轮子不是走在同一条弧线上，而是有一定距离差别的，这个差距称"内轮差"。如果离转弯的汽车太近，很可能被后轮撞倒压伤。所以在通过马路时，除了注意来往直行的车辆外，还要注意避让转弯行驶的车辆。当看到"方向灯"闪亮时，人离车辆远一些，否则容易被车尾撞倒，发生伤亡事故。

（四）防性骚扰与性侵害

积极防范，避免发生性骚扰与性侵害，需要专门的应对知识，也需要应对技巧。

1. 筑起思想防线，提高识别能力。应当消除虚荣和贪图小便宜的心理。对陌生异性的馈赠和邀请应婉言拒绝，以免因小失大。要谨慎待人处事，对于不相识的异性，不要随便说出自己的真实情况。对自己特别热情的异性，不管是否相识都要倍加注意。一旦发现某异性对自己不怀好意，甚至有越轨行为，一定要勇于拒绝、大胆反抗，并及时向有关领导和保卫部门报告，以便及时加以制止。

2. 行为端正，态度明朗。如果自己行为端正，坏人便无机可乘。若自己态度暧昧，模棱两可，对方就会增加幻想。在拒绝对方的要求时，要讲明道理，耐心说服，一般不宜嘲笑挖苦。大学同学之间终止恋爱关系后，不能结怨成仇人，在节制不必要往来的同时，仍可保持一般正常往来关系。参加社交活动与异性单独交往时，要理智地有节制地把握好自己，尤其应注意不能过量饮酒。

3. 学会用法律保护自己。对于那些失去理智、纠缠不清的无赖或违法犯罪分子，千万不要惧怕他们的要挟和讹诈。要大胆揭发其阴谋或罪行，及时报告，学会依靠组织和运用法律武器保护自己。

4. 学点防身术，提高自我防范能力。防身时要把握时机，出奇制胜，狠准快地出击其要害部位，即使不能制服对方，也可制造逃离险境的机会。要注意设法在案犯身上留下印记或痕迹，以备追查、辨认案犯时作为证据。

（五）饮食安全

饮食安全，看似简单，实则非常复杂。因为饮食不干净，或者不注意养成良好的饮食习惯，那么，就会带来食物中毒、身体健康受损或者陷入危险境地。为此，具体建议是：

1. 养成良好的饮食习惯。吃东西时，不要狼吞虎咽；吃东西时，不要同时做别的事情，更不要相互追逐、打闹；一日三餐定时定量，不暴饮暴食。

2. 养成吃东西以前洗手的习惯。人的双手每天干这干那，接触各种各样的东西。会沾染病菌、病毒和寄生虫卵。吃东西以前认真洗净双手，才能减少"病从口入"的可能。

3. 生吃瓜果要洗净。瓜果蔬菜在生长过程中不仅会沾染病菌、病毒、寄生虫卵，还有残留的农药、杀虫剂等，如果不清洗干净，不仅可能染上疾病，还可能造成农药中毒。

4. 不随便吃野菜、野果。野菜、野果的种类很多，其中，有的含有对人体有害的毒素，缺乏经验的人很难辨别清楚，只有不随便吃野菜、野果，才能避免中毒，确保安全。

5. 不吃腐烂变质的食物。食物腐烂变质，就会味道变酸、变苦，散发出异味儿，这是因为细菌大量繁殖引起的，吃了这些食物会造成食物中毒。

6. 不随意购买、食用街头小摊贩出售的劣质食品、饮料。这些劣质食品、饮料往往卫生质量不合格，食用、饮用存在危害健康的风险。

7. 在商店购买食品、饮料，要特别注意是否标明生产日期和保质期，不购买过期食品饮料。

8. 不喝生水。水是否干净，仅凭肉眼很难分清，清澈透明的水也可能含有病菌、病毒，喝开水最安全。我国尚没有全面的直饮水技术，自来水不能直接饮用。

可见，公民安全的国内环境，包括公民的生活安全、工作安全和生产安全，以及家庭生活安全，大学生的大学校园安全等。这种安全的维护，需要公民自身的安全知识、安全技能。事实上，公民的国内安全环境，是一个需要每个人积极参与和维护的安全生存、生活和生产环境。

二、公民安全的国际环境

公民安全的国际环境，是指公民离开本国或者域内到达外国或者境外时，其生命、人身和财产安全不陷入危险或者不受威胁的生活、旅行和出行方便、顺利、愉快的环境的总和。这种国际环境，是一个国家对外形象和对待外国人、无国籍人国家政策及法律的综合表现。应当说，公民安全的国际环境，不是一个国家的问题，是整个国际社会的问题。由此而言，对进入外国的本国公民而言，有些国家或者地区的国际环境相对安全些，相比之下，有些国家或者地区的国际环境要差很多。

资料显示，我国公民年出境数量已突破 1 亿人次，成为海外最大的流动群体。两万多家中国企业、数百万中国同胞生活和工作在世界各地。也就是说，境外中国公民和企业数量迅猛增长，而与此同时，境外安全形势日趋严峻复杂，各种突发事件时有发生，这使得涉及我国公民和企业的安全事件日益增多。单是 2015 年里，我国在全球范围内就处理了近 6 万起涉及中国公民权益与安危的领事保护案件，外交部全球领事保护与服务应急呼叫中心 12308 热线累计接听并处理来电十几万次。例如：

（1）2015 年初，也门安全形势急剧恶化，3 月底，外交部、国防部等有关部门及中国驻也门、亚丁、吉布提等使领馆紧急行动，从也门安全撤离中国公民 613 人。中国在亚丁湾、索马里海域执行护航任务的海军舰艇编队也赶赴也门，执行撤侨任务（这是中国首次动用军舰撤侨）。

（2）2015 年 4 月，尼泊尔发生特大地震，导致当地房屋倒塌、通讯中断，加德满都国际机场一度关闭，大量中国旅客滞留。在外交部、民航局、军方和中国驻尼泊尔使馆多方共同努力配合下，中国政府共调派数十架飞机，安全接回滞留在加德满都机场的 5685 名中国公民。中国驻尼泊尔使馆还协调尼泊尔军方和救援机构，协助在尼泊尔受困的中国公司的中方员工等数百人安全转移并妥善安置。

（3）2015 年里，中国成功营救出在海外被绑架劫持的近 20 名同胞。从局势动荡的利比亚、埃及、中非，到发生自然灾害的日本、尼泊尔，"中国脚步"走到哪里，"中国保护"就竭力跟到哪里。从波士顿爆炸案、韩亚空难、巴黎恐怖袭击等突发事件，到丢失护照、遭遇抢劫这样时有发生的案件，可见我国政府为保护海外同胞所付出的努力。[①]

不过，我国公民安全的国际保护也面临着严峻的国际环境。由于国际环境不同于国内环境，我国公民安全在公民进入他国或者地区之后，是受制于当地的公民安全环境的。

三、公民海外安全保障——领事保护

公民进出国境后，抵达外国或者非领土性地区，便立即失去国内的公民安全环境性保护，而马上进入当地国家和政府的主权、法律和外交保护之下。然而，外国政府的主权保护、法律制约和外交保护等，毕竟不是公民安全的国内保护。公民安全的国内保护和国际保护存在重大差异。即：（1）主权背景不同。所谓主权背景不同，是指国家的性质和运作理念，尤其是对海外公民的保护政策存在明显的差别。比如，我国是社会主义国家，对于我国企业和我国公民的海外保护就高度重视，相比之下，一些国家对于公民的海外保护，就不像我国政府这样重视。（2）保护标准有差异。所谓保护标准，是指对公民保护采用全

---

① 郝亚琳，王慧慧，崔文毅. 2015，中国继续为海外公民安全保驾护航 [EB/OL]. 新华网，http://news. xinhuanet. com/world/2015-12/23/c_1117558517. htm. 最后访问时间：2016-06-19.

方位保护，还是采用低标准保护，即只有在公民海外遇到生命财产安全重大困难和麻烦时，才给予保护，在国与国之间存在着很大的区别。（3）保护方法有差异。所谓保护方法方面的差异，是指公民在海外遇到各种各样的重大安全问题时，是采用外交、军事、政治和经济手段并用，还是只单独采用军事手段，往往在效果上是存在很大差异的。需要特别强调，理论上，一个国家保护海外公民安全的总体原则是：假定其公民会在海外受到公正待遇，但是，如果遭遇不公且在当地得不到救济，则保留对那些国家实行干涉的权利。这即是说，除非当事国政府没有办法对其被害、被劫持公民提供保护或者救济，或无法让其公民受到公正的待遇，那么，公民所属国家才能够进行干涉，包括军事干预。所以，一般情况下，保护公民安全不能采用军事干预的手段。

随着我国在全球政治、经济、文化、安全等地位全方位的崛起，我国参与世界事务的规模不断扩大、方式不断增多。比如，2011年10月5日上午，我国的"华平号"和"玉兴8号"两艘商船，在湄公河金三角水域遭遇武装分子的袭击。"华平号"上的6名我国船员和"玉兴8号"上的7名我国船员共13人，全部遇难。成为震动国内和国际社会的"湄公河惨案"。案发后，我国相继派联合工作组和公安部领导赴泰配合泰方开展工作。很快，案件侦破工作取得重大进展：中国、老挝、缅甸、泰国四国警方很快查明，湄公河"金三角"地区特大武装贩毒集团首犯糯康及其骨干成员与泰国个别不法军人勾结，策划、分工实施了"10·5"案件。此后，中、老、缅、泰四国执法部门进一步密切合作与配合，彻查案件真相，成功抓获糯康、桑康、依莱、扎西卡、扎波、扎拖波等"湄公河惨案"主要犯罪嫌疑人。2012年9月20日，湄公河惨案主犯糯康等人在中国受审；11月6日，中国法院一审判处湄公河惨案主犯糯康死刑。2013年3月1日，2011年"10·5"湄公河惨案四名罪犯糯康、桑康·乍萨、依莱、扎西卡在云南昆明，被依法执行死刑，给了遇害者家属和国际社会一个负责任的交代。

所谓领事保护，是指我国公民、法人的合法权益在所在国受到侵害时，我国驻当地使、领馆依法向驻在国有关当局反映有关要求，敦促对方依法公正、妥善处理，从而维护海外我国公民、法人的合法权益。（1）实施领事保护的主体是我国政府，在国外是驻外大使馆或者领事馆。目前，我国有260多个驻外使领馆，都是实施领事保护的主体。（2）领事保护的内容，是海外我国公民、法人在海外的合法权益。合法权益主要包括：人身安全、财产安全、合法居留权、合法就业权，法定社会福利、人道主义待遇等，以及当事人与我国驻当地使领馆保持正常联系的权利等。（3）领事保护的方式，主要是依法依规，向驻在国反映有关要求，敦促公平、公正、妥善地处理。依据的法规，主要包括公认的国际法原则、有关国际公约、双边条约或协定以及中国和驻在国的有关法律等。

"中国护照的含金量不仅仅在于它能帮你免签去多少个国家和地区，更在于危急时刻来临时，祖国能带你回家！"2015年3月在也门的中国人成功回国后，广大网友纷纷转发的这句话，是身为我国公民的自豪，也是"外交为民"最好的写照。与此同时，我国领事保护的手段也不断与时俱进，从之前"被动应对"到"应对"与"预防"并重。目前，我国已建立境外我国公民和机构安全保护工作部际联席会议机制，全力处置各类涉及的重大突发领事保护（简称"领保"）案件。我国外交部还设立"全球领事保护与服务应急呼叫中心"，24 小时在线响应。外交部领事司还通过升级我国领事服务网、发送安全提醒手机短信、开通微信公号"领事直通车"、举办领保宣传活动、编发领保手册等方式，加强海外安全预警，普及海外安全常识，有效提升我国公民海外安全风险防范意识和能力。一些现代通信手段的应用也大大提高了领事保护的效率。例如，2015年 4 月 25 日 14 时 11 分在尼泊尔（北纬 28.2 度，东经 84.7 度）发生 8.1 级大地震之后，领事保护热线电话、微信群等发挥了重要作用——地震发生后头五天，12308 电话接通量暴增 10 倍，包括港澳台同胞在内的近 2000 人向热线求助；地震发生后不到两小时，领事保护中心就建立起一个与国内外企业公民连通的微信群。这些措施为领事保护工作人员第一时间了解分布在尼泊尔各地的零散我国公民信息提供了极大帮助。

随着我国进一步加快对外开放的步伐，走出国门的我国公民数量仍会持续增加，"海外中国"的规模还将不断扩大。我国政府正继续加快推进海外民生工程建设，全力为我国公民及企业在海外的合法利益与生命财产安全保驾护航。

第三节　国家安全战略

一、国家安全宏观战略

所谓国家安全战略，是指关于国家安全的综合性的指导方略，是运用综合国力维护国家安全利益的总体构想，既包括传统的军事战略，也包括政治、经济、科技、文化、信息、资源、生态等各方面设计国家安全问题的筹划。[①] 国家安全战略，是维护国家安全的指导方针或者国家政策，其内容主要有：（1）影响国家安全战略的因素。主要包括国家安全利益、国家实力、战略环境、战略文化和安全观等。（2）国家安全战略的构成因素。主要包括战略目标、战略方针和原则、战略能力、战略途径等。（3）国家安全战略的政策、涉及政策的程序、机制和体制等。（4）国家安全战略的实施。主要包括战略目标的分解、战略阶段的划分、战略途径的选择和战略实力的动员，以及战略能力的运用等。（5）国家安全战略的调整，主要是国家安全战略的充实、完善以及转换的原因和条件等。各国制定并实施国家安全的战略目标有共性，即保障国家的领土、主权完整，维护国家政治稳定，确保国家经济科技发展利益不受侵害，做好战争准备和非传统安全领域的斗争准备，增强抵御各种安全威胁的能力。[②]

最初的国家安全，主要是外部安全，即国土安全（含领水领空）、技术安全、经济安全这些传统安全领域，而对内部安全，即社会安全、自然环境安全等，也就是生态安全和公民安全这些非传统领域的国家安全，有所忽略。新中国成立后很长时间里，我国政府的政策话语中并没有使用"国家安全战略"这个概念，而是一直使用"国防政策"这个词，因此，国防部发表的政策白皮书也叫国防白皮书。国内安全即非传统安全问题提示我们，我国的国家安全战略，只有国际政治和对外政策的观念是远远不够的。国内

---

① 乔晓阳. 中华人民共和国国家安全法释义 [M]. 北京：法律出版社，2016：24.
② 乔晓阳. 中华人民共和国国家安全法释义 [M]. 北京：法律出版社，2016：25.

问题和对内政策研究，是国家安全战略的首要问题。包括国家治理和国内减贫问题、社会福利政策问题，以及新型城镇化过程中的各种复杂的社会矛盾的处理问题等，是需要系统性、根本性和长久性解决的重大国家安全战略问题。

我国的国家安全战略，在"国防政策"时代即美苏"冷战"战略年代，是国土安全、技术安全和经济安全战略。我国的国防政策是防御性的，基本目标是巩固国防，抵御外敌侵略，捍卫国家领土、领空、领水主权和海洋权益，维护国家统一和主权安全。为此，我国单方面实行一系列裁减军备的措施：大幅度裁减军队员额，例如1985年5月，中国军队裁减员额100万人；维持低水平国防支出；严格管制敏感材料、技术及军事装备的转让；全面实行国防科技工业的军转民等。此后，我国政府发布的白皮书，从政治、经济、政策、社会等方面，分层面关注国家安全。由于我国坚定不移地奉行防御性的国防政策，坚持国防建设服从和服务于国家经济建设，加强国际和地区安全合作，积极参与国际军备控制与裁军进程，所以经济安全在国家安全中的地位日益重要。

长期以来，我国的国防政策以国家的根本利益为出发点，服从和服务于国家的发展战略和安全战略。我国紧紧抓住并充分利用21世纪头20年的重要战略机遇期，坚持发展与安全的统一，努力提高国家战略能力，运用多元化的安全手段，应对传统和非传统安全威胁，谋求国家政治、经济、军事和社会的综合安全；而公民安全也进入到国家安全的保护范畴。我国国家安全战略的基本定位是：坚定不移地走和平发展道路，努力实现和平的发展、开放的发展、合作的发展、和谐的发展。即：(1)争取和平的国际环境发展自己，又以自身的发展促进世界和平；(2)依靠自身力量和改革创新实现发展，同时坚持实行对外开放；(3)顺应经济全球化发展趋势，努力实现与各国的互利共赢和共同发展；(4)坚持和平、发展、合作，与各国共同致力于建设持久和平与共同繁荣的和谐世界，等等。

可见，从重视国防这种传统国家安全，到重视和平发展和公民安全，再到开放发展、合作发展以及和谐发展，我国的国家安全战略发生了根本性的改变。我国面临长期、复杂、多元的安全威胁与挑战，主要是生存安全与发展安全、传统安全威胁与非传统安全威胁、国内安全问题与国际安全问题交织互动。其中，面对发达国家在经济科技军事等方面占优势的态势，以及外部战略防范和牵制，还有分裂势力和敌对势力的干扰破坏，使得我国在维护社会稳定方面，面临诸多新情况新问题。因此，我国国防政策包括：(1)维护国家安全统一，保障国家发展利益；(2)实现国防和军队建设全面协调可持续发展；(3)加强以信息化为主要标志的军队质量建设；(4)贯彻积极防御的军事战略方针；(5)坚持自卫防御的核战略；(6)营造有利于国家和平发展的安全环境等。我国实行积极防御的军事战略，在战略上坚持防御、自卫和后发制人的原则。根据国家安全需求和经济社会发展水平，实施国防和军队现代化建设"三步走"的发展战略，有计划有步骤地推进国防和军队现代化建设的国家安全战略。

从宏观角度看，国际社会在开放与合作中发展，在危机与变革中前行。共同分享发展机遇，共同应对各种挑战，已成为各国的广泛共识。因此，同舟共济、互利共赢，是实现人类共同发展繁荣的必由之路。我国的前途命运与世界的前途命运更加密不可分。面对共同的机遇和挑战，我国坚持互信、互利、平等、协作的"新安全观"，主张用和平方式解决地区热点问题和国际争端，反对任意使用武力或以武力相威胁，反对侵略扩张，反对霸权主义和强权政治。按照和平共处五项原则开展对外军事交往，发展不结盟、不对抗、不针对第三方的军事合作关系，推动建立公平有效的集体安全机制和军事互信机制。坚持开放、务实、合作的理念，深化国际安全合作，加强与主要国家和周边国家的战略协作和磋商，加强与发展中国家的军事交流与合作，参加联合国维和行动、海上护航、国际反恐合作和救灾行动。支持按照公正、合理、全面、均衡的原则，实现有效裁军和军备控制，维护全球战略稳定。这成为我国新安全观指导下的国家宏观安全战略。

我国国家安全内涵和外延比历史上任何时候都要丰富，时空领域比历史上任何时候都要宽广，内外因素比历史上任何时候都要复杂，必须坚持总体国家安全观，统筹内部安全和外部安全、国土安全和国民安全、传统安全和非传统安全、生存安全和发展安全、自身安全和共同安全。实现国家战略目标，贯彻总体国家安全观，对创新发展军事战略、有效履行军队使命任务提出了新的需求。要适应维护国家安全和发展利益的新要求，更要注重运用军事力量和手段营造有利战略态势，为实现和平发展提供坚强有力的安全保障；适应国家安全形势发展的新要求，不断创新战略指导和作战思想，确保能打仗、打胜仗；适应世界新军事革命的新要求，高度关注应对新型安全领域挑战，努力掌握军事竞争战略主动权；适应国家战略利益发展的新要求，积极参与地区和国际安全合作，有效维护海外利益安全；适应国家全面深化改革的新要求，坚持走军民融合式发展道路，积极支持国家经济社会建设，坚决维护社会大局稳定，使军队始终成为党巩固执政地位的中坚力量和建设中国特色社会主义的可靠力量。[①]

我国坚持走和平发展的道路，坚持防御性的国防政策，坚持互信、互利、平等、协作的新安全观，坚持与邻为善、以邻为伴的周边外交方针和睦邻、安邻、富邻的周边外交政策，践行亲、诚、惠、容周边外交理念，形成了国家安全战略以总体国家安全观为指导方针，以"两个一百年"和中华民族伟大复兴为中长期目标，以政治安全、国土安全、军事安全、经济安全、文化安全、社会安全、科技安全、信息安全、生态安全、资源安全、核安全等重点领域的国家安全政策、工作任务和措施为内容的国家安全战略。

二、国家安全战略规划

2015 年 1 月 23 日，中央政治局会议审议通过了《国家安全战略纲要》，制定和实施《国家安全战略纲要》，不但可以有效维护国家安全的迫切需要，而且也是完善中国特色社会主义制度、推进国家治理体系和治理能力现代化的必然要求。《国家安全战略纲要》强调，国家安全是安邦定国的重要基石。必须毫不动摇坚持中国共产党对国家安全工作的绝对领导，坚持正确义利观，实现全面、共同、合作、可持续安全，在积极维

---

① 中国军队主要担负以下战略任务：应对各种突发事件和军事威胁，有效维护国家领土、领空、领海主权和安全；坚决捍卫祖国统一；维护新型领域安全和利益；维护海外利益安全；保持战略威慑，组织核反击行动；参加地区和国际安全合作，维护地区和世界和平；加强反渗透、反分裂、反恐怖斗争，维护国家政治安全和社会稳定；担负抢险救灾、维护权益、安保警戒和支援国家经济社会建设等任务。参见《中国的军事战略》（2015－05）：二、军队使命和战略任务。

护我国利益的同时，促进世界各国共同繁荣。运筹好大国关系，塑造周边安全环境，加强同发展中国家的团结合作，积极参与地区和全球治理，为世界和平与发展作出应有贡献。与此同时，《国家安全战略纲要》规定，必须坚持集中统一、高效权威的国家安全工作领导体制。要加强国家安全意识教育，努力打造一支高素质的国家安全专业队伍。

《国家安全战略纲要》的主要内容：（1）在新形势下维护国家安全，必须坚持以总体国家安全观为指导，坚决维护国家核心和重大利益，以人民安全为宗旨，在发展和改革开放中促安全，走中国特色国家安全道路。（2）要做好各领域国家安全工作，大力推进国家安全各种保障能力建设，把法治贯穿于维护国家安全的全过程。（3）坚持正确义利观，实现全面、共同、合作、可持续安全，在积极维护我国利益的同时，促进世界各国共同繁荣。（4）运筹好大国关系，塑造周边安全环境，加强同发展中国家的团结合作，积极参与地区和全球治理，为世界和平与发展作出应有贡献。[①]

三、国家安全战略实施

2015 年 1 月 23 日，政治局会议审议通过的《国家安全战略纲要》，是我国首份国家安全战略纲要，是继国家安全委员会成立以来，我国国家安全领域的又一件大事。《国家安全战略纲要》的实施，落实在具体政策、方法、路径和措施等各方面。

例如，在今日世界，互联网安全问题日益突出，成为各国普遍关切的问题。有效维护互联网安全是互联网管理的重要范畴，是保障国家安全、维护社会公共利益的必然要求。互联网是国家重要基础设施，我国境内的互联网属于我国主权管辖范围，我国的互联网主权应受到尊重和维护。公民及在我国境内的外国公民、法人和其他组织在享有使用互联网权利和自由的同时，应当遵守我国法律法规、自觉维护互联网安全。为维护互联网安全，我国《刑法》、全国人大《关于维护互联网安全的决定》（简称《网络安全决定》）、《治安管理处罚法》、《电信条例》、《计算机信息系统安全保护条例》（简称《信息安全条例》）、《互联网信息服务管理办法》（简称《互联网办法》）、《计算机信息网络国际联网安全保护管理办法》（简称《国际联网办法》）等法律法规都有相应规定。

为了更好地维护网络空间主权，积极主动应对境内外的网络攻击和破坏，更进一步强化国家维护网络安全的措施，我国《网络安全法》在相关条款中，增加了抵御境内外网络安全威胁、保护关键信息基础设施安全、惩治网络违法犯罪、维护网络空间秩序等内容。国家也制定并不断完善网络安全战略，明确保障网络安全的基本要求和主要目标，提出重点领域的网络安全政策、工作任务和措施。

2014 年 3 月 24 日，习近平总书记在荷兰海牙第三届核安全峰会上介绍了中国的核安全观。2015 年 1 月 15 日，在我国核工业创建 60 周年之际，习近平总书记指出，核工业是国家安全重要基石。为此，我国在《民用核安全设备监督管理条例》（2007 年 7 月 4 日，简称《核安全条例》）基础上，制定了《国家核应急预案》（简称《核应急预案》），并于发布《中国的核应急》（简称《核应急》）白皮书。2015 年 7 月，我国《国家安全法》实施后，进一步强调加强核事故应急体系和应急能力建设。与这些法律法规

---

① 储信艳. 政治局会议通过《国家安全战略纲要》[N]. 新京报，2015－01－24（A04）.

相配套，政府相关部门制定相应的部门规章和管理制度，相关机构和涉核行业制定技术标准。

我国高度重视核应急的预案和法制、体制、机制（简称"一案三制"）建设，通过法律制度保障、体制机制保障，建立健全国家核应急组织管理体系。主要包括：（1）加强全国核应急预案体系建设。《核应急预案》对核应急准备与响应的组织体系、核应急指挥与协调机制、核事故应急响应分级、核事故后恢复行动、应急准备与保障措施等作了全面规定。（2）加强核应急法制建设。我国基本形成国家法律、行政法规、部门规章、国家和行业标准、管理导则于一体的核应急法律法规标准体系。（3）加强核应急管理体制建设。我国核应急实行国家统一领导、综合协调、分级负责、属地管理为主的管理体制。（4）加强核应急机制建设。我国实行由一个部门牵头、多个部门参与的核应急组织协调机制。在国家层面，设立国家核事故应急协调委员会，由政府和军队相关部门组成，同时，设立国家核事故应急办公室，承担国家核事故应急协调委员会日常工作。各省（区、市）层面，设立核应急协调机构，并由核设施营运单位设立核应急组织。[①]

我国参照国际先进标准，汲取国际成熟经验，结合国情和核能发展实际，制定了控制、缓解、应对核事故的工作措施。主要包括：（1）实施纵深防御。设置五道防线，前移核应急关口，多重屏障强化核电安全，防止事故与减轻事故后果。同时，设置多道实体屏障，确保层层设防，防止和控制放射性物质释入环境。（2）实行分级响应。参照国际原子能机构核事故事件分级表，根据核事故性质、严重程度及辐射后果影响范围，确定核事故级别。核应急状态分为应急待命、厂房应急、场区应急、场外应急，分别对应Ⅳ级响应、Ⅲ级响应、Ⅱ级响应、Ⅰ级响应。（3）部署响应行动。核事故发生后，各级核应急组织根据事故性质和严重程度，实施以下全部或部分响应行动。即：迅速缓解控制事故；开展辐射监测和后果评价；组织人员实施应急防护行动；实施去污洗消和医疗救治；控制出入通道和口岸；加强市场监管与调控；维护社会治安；发布权威准确信息；做好国际通报与申请援助等。按照国际原子能机构《及早通报核事故公约》（简称《及早通报公约》）要求，做好向国际社会的通报。并按照《核事故或辐射紧急情况援助公约》（简称《核援助公约》）的要求，视情况向国际原子能机构和国际社会申请核应急救援。（4）建立健全国家核应急技术标准体系。即建立包括设置核电厂应急计划区、核事故分级、应急状态分级、开展应急防护行动、实施应急干预原则与干预水平等完整系统的国家核应急技术标准体系，为组织实施核应急准备与响应提供基本技术指南。（5）加强应急值班。建立核应急值班体系，各级核应急组织保持 24 小时值班备勤。在国家核事故应急办公室设立核应急国家联络点，负责核应急值班，及时掌握国内核设施情况，保持与国际原子能机构信息畅通。[②]

知识点 "五道防线"包括：（1）保证设计、制造、建造、运行等质量，预防偏离正常运行；（2）严格执行运行规程，遵守运行技术规范，使机组运行在限定的

---

① 《中国的核应急》（2016—01）：三、核应急"一案三制"建设。
② 《中国的核应急》（2016—01）：五、核事故应对处置主要措施。

安全区间以内，及时检测和纠正偏差，对非正常运行加以控制，防止演变为事故；（3）如果偏差未能及时纠正，发生设计基准事故时，自动启用电厂安全系统和保护系统，组织应急运行，防止事故恶化；（4）如果事故未能得到有效控制，启动事故处理规程，实施事故管理策略，保证安全壳不被破坏，防止放射性物质外泄；（5）在极端情况下，如果以上各道防线均告失效，立即进行场外应急响应行动，努力减轻事故对公众和环境的影响。

结合《中国的军事战略》白皮书，我国在军事方面，施行积极防御战略的方针，促进我国军事力量的建设和发展，并在为军事斗争而做好准备的前提下，开展军事安全的合作，把《国家安全战略纲要》中规定的国家安全战略方针、措施和具体工作，都落到实处，以实现全面、共同、合作、可持续安全的国内、国际两个方面良性互动的国家安全。并参照国际先进标准，汲取国际成熟经验，结合国情和核能发展实际，制定了控制、缓解、应对核事故的工作措施。

第四章　安全度与安全感

第一节　公民安全度

一、安全度的定义

安全度是指免于危险的客观程度，即可以度量一个人免于危险或者可以达到安全的程度，或者安全的量化程度。安全度可以简单分成高度、中度和低度等。我国自然灾害应急工作中，通过"一案三制"来进行积极应对，就是通过制定自然灾害应急预案，增加三个层面的安全度。即：

（1）制度层面的安全度。有了应急预案，遇到各种危险尤其是自然灾害等方面的应急预案启动条件启动后，按照应急预案形成的体制、机制和法制，制度层面的安全预期，就会以应急预案的具体应对措施表现出来，体现出制度的安全维护力量。

（2）行为层面的安全度。主要是指群体或者整体应对自然灾害的行为力量，可以形成抵御自然灾害即防灾抗灾和救灾的力量，并以具体的防灾救灾和灾害应对的措施体现出来。比如，任何重大的自然灾害中，我国社会公众都会以军队的出现为灾害应对安全度的基础，并以军人群体直接的抢险救灾行为，表现出对抢险救灾的高安全度的心理体验，或者精神支撑。

（3）个体体验方面的安全度。例如，我国旅游业发展过程中，旅游安全事件增加了旅游安全风险，让旅游者的旅游安全度降低。旅游目的地和旅游者都要有旅游风险的抵抗力，最大限度地规避或者减少风险入侵，促进目的地旅游系统安全健康地运行。[①]

安全度高，才能有很高的安全感。这也就是说，安全度与安全感之间，存在内在的逻辑关系。因此，在国家安全问题上，公民的安全度评价，以及安全感培育，就成为我国《国家安全法》第 14 条专门规定"每年 4 月 15 日"为"国家安全教育日"的根本原因。

---

① 邹广水. 目的地旅游安全度评价及时空格局——基于全国 31 个省会城市的统计数据［J］. 中国软科学，2016（2）：56.

二、网络空间的安全度——"C3 安全峰会"的界定

C3 即 Cyber（网际）、Cloud（云）、Communication（通信），象征在网络所构建的生活、生产空间框架内，"立体、可控、可视"的安全新机制问题，成为现代网络社会的重要问题。2016 年 8 月 5 日至 6 日，"C3 安全峰会"在成都世纪城国际会展中心召开。这次大会以"安全可控，御未来"为主题，理念是云安全技术的发展，给网络防护带来新的契机，建立在"云开放平台"上的动态威胁感与威胁情报的共享机制，以及在"云数据中心"基础设施中，实现动态威胁防御的智能联动，有助于企业用户快速知悉隐蔽的安全威胁，进而提升威胁应对与风险控制能力，让企业用户可以享"御"——控制网络安全的未来风险。对于公民个人而言，网络生活依赖相关企业这种营利性法人或者非法人组织的时候，企业面对"云开放平台"的动态威胁感与"云数据中心"基础设施中的安全威胁的应对，必然给公民个人带来个人信息和隐私数据方面的安全感与安全保障。

应当说，网络技术给人类社会中的个体即公民个人，以及群体即营利性法人或者非法人组织等带来了又一次行为变革。这种变革，借助实施"互联网＋"行动计划、大数据战略，不仅深入到人们的生活、生产和管理活动的方方面面，成为人们学习、工作、生活的新空间，以及获取公共服务的新平台，而且，也在深刻地改变着我国 7 亿网民的行为观念、行为方式和行为文化，直接影响着人们的信息安全、生命安全、财产安全以及社会的经济安全、技术安全和国家领土安全、主权安全和政治安全、文化安全，还有国际政治、经济、文化、社会、生态、军事等领域。在这种大背景下，保障网络安全，必然成为世界各个国家和地区人们的基本共识，以及上升为国家网络安全的战略高度。

2016 年 4 月 19 日，在"网络安全和信息化工作座谈会"上，习近平总书记强调："要积极推动核心技术成果转化，推动强强联合、协同攻关，探索组建产学研用联盟，突破核心技术"，"推动网信事业发展，让互联网更好造福人民"，"提高侵权代价和违法成本"，"企业要重视数据安全"，等等。从世界范围看，网络安全威胁和风险日益突出，并日益向政治、经济、文化、社会、生态、国防等领域传导渗透。特别是，国家关键信息基础设施面临较大风险隐患，网络安全防控能力薄弱，难以有效应对国家级、有组织的高强度网络攻击。这对世界各国都是一个难题，我国当然也不例外。例如，金融、能源、电力、通信、交通等领域的关键信息基础设施，是经济社会运行的神经中枢，是网络安全的重中之重，也是可能遭到重点攻击的目标。这当中，APT 攻击、信息窃取、数据泄漏，而"物理隔离"的防线可被跨网入侵，电力调配指令可被恶意篡改，金融交易信息可被窃取，这些都是重大风险隐患。所以，目前大国网络安全的博弈，不单是技术博弈，还是理念博弈、话语权博弈和治理能力的博弈。[①] 第二届世界互联网大会上，我国提出了全球互联网发展治理的"四项原则""五点主张"，其中，倡导尊重网络主权、构建网络空间命运共同体，赢得了世界绝大多数国家赞同。就我国互联网发展的现状看，一些涉及国家利益、国家安全的数据，很多掌握在互联网企业手里，企业负有保

---

① 习近平. 在网络安全和信息化工作座谈会上的讲话 [N]. 人民日报，2016-04-26（02）.

护这些数据安全的义务和责任。

知识点 APT 攻击，即高级持续性威胁（Advanced Persistent Threat，简称 APT）或者攻击，这种攻击威胁着企业的数据安全。APT 是黑客以窃取核心资料为目的，针对客户所发动的网络攻击和侵袭行为，是一种蓄谋已久的"恶意商业间谍威胁"。这种行为往往经过长期的经营与策划，并具备高度的隐蔽性。APT 的攻击手法，在于隐匿自己，针对特定对象，长期、有计划性和组织性地窃取数据，这种发生在数字空间的偷窃资料、搜集情报的行为，就是一种"网络间谍"的行为。APT 入侵客户的途径，主要包括：（1）以智能手机、平板电脑和 U 盘等移动设备为目标和攻击对象，继而入侵企业信息系统的方式；（2）社交工程的恶意邮件是许多 APT 攻击成功的关键因素之一。随着社交工程攻击手法的日益成熟，邮件几乎真假难辨。从一些受到 APT 攻击的大型企业可以发现，这些企业受到威胁的关键因素都与普通员工遭遇社交工程的恶意邮件有关；（3）利用防火墙、服务器等系统漏洞，继而获取访问企业网络的有效凭证信息，是使用 APT 攻击的另一重要手段。

2015 年 12 月 16 日至 18 日，第二届世界互联网大会在浙江省桐乡市乌镇举行。大会的主题是"互联互通·共享共治——共建网络空间命运共同体"。在这次大会上，习近平总书记提出了"四项原则"，即：尊重网络主权、维护和平安全、促进开放合作、构建良好秩序。"五点主张"是：（1）加快全球网络基础设施建设，促进互联互通；（2）打造网上文化交流共享平台，促进交流互鉴；（3）推动网络经济创新发展，促进共同繁荣；（4）保障网络安全，促进有序发展；（5）构建互联网治理体系，促进公平正义。

需要强调的是：成都是我国的信息安全产业基地，有 110 多家包括亚信安全等一批网络安全龙头企业，形成了覆盖信息安全、产品制造、系统集成，拥有四川大学、电子科大等 30 多所科研院所，处于国内信息安全的第一梯队。因此，成都被国务院定位为国家中心城市，是西部经济对外交往中心，也是国务院批准的西部首个自主示范区。成都市高度重视信息安全发展，围绕打造信息安全第一层，出台了一系列具体政策。首次"C3 安全峰会"的召开，便是成都市政府及相关部门高度重视网信安全的具体表现。网络安全关系国家安全，没有国家安全，老百姓的个人安全也无从谈起。所以，今天的网络安全问题不仅是国家安全问题，做好网络安全工作也不仅是中央网信办及其他国家部门的责任，而是越来越多地成为各级政府、广大企业、广大网民的共同的责任。可以说，网络攻击、网络传播暴力恐怖信息、网络诈骗、窃取网民个人信息，以及网络黄赌毒等违法犯罪活动的多发，已成为影响国家安全和社会稳定，事关经济发展和人民群众工作生活的重大突出问题。为此，研究建设网络安全态势感知和通报预警平台，全力维护网络社会安全和秩序，就成为公民安全度维持的重要任务。

网络安全产业是网络安全国家战略的重要基石，脱离了网络安全，信息化的稳步推进则有成为空中楼阁的危险。那么，在"C3 安全峰会"上，提高的"网络安全可控"

靠什么？网络安全再平衡作为拟态防御的技术抓手，基于架构内生机制解决"开放环境"软硬构件不可控、不可信的问题。由此而言，产业与技术后全球化时代的发展趋势，不再成为网络空间安全的主要威胁，已经证明"拟态防御技术"可消除贸易自由化，在网络安全领域的壁垒，使"后门工程"和"恶意利用漏洞"的行动，失去了威胁和震慑的作用。所以，"拟态防御内生机理"可以从根本上改变网络空间攻防不对称，颠覆利用先有技术和卖方市场优势，实时网络安全领域信息单向透明战略的行动基础。各个层面具有普适性、立体化、集约化、渗透性的方法。中国工程院沈昌祥院士认为，面对网络空间安全问题，以前封堵查杀被动防护的方式已经过时了，可信免疫的计算方式需要采取主动、从根本上解决。作为一边计算、一边防护的新的计算模式，可信计算的计算结果全程可测可控、不被干扰，是一个防御与运算并行的免疫计算模式。通过主动识别、主动控制、主动报警，从体系结构、操作行为、资源配置、数据存储、策略管理等各个环节实现免疫模式，为安全管理中心构筑主动防御、安全可信的科学保障体系。[①]

知识点 2013 年 9 月 23 日，拟态安全防御技术在上海通过了科技部组织的，以中国工程院院士金怡濂为组长的专家组验收。这项拟态安全防御技术由中国工程院院士、拟态安全主动防御技术创始人、国家数字交换系统工程技术研究中心（MDSC）主任邬江兴先生创建。邬院士被誉为"中国程控交换机之父"。网络空间"易攻难守"，网络空间安全的防御面临着严峻挑战。所谓拟态计算关键核心技术，即以拟态计算机动态的可变性、靠变结构、软硬件结合计算，然后针对用户不同的应用需求，拟态计算机可通过改变自身结构以提高网络安全防御效能的技术。经测试表明，拟态计算机的典型应用的能效，比一般计算机可提升十几倍到上百倍，高效能特点显著。在我国，拟态安全防御技术取得的重大突破，为网络安全防御提出了新思路，能够有效降低未知漏洞和后门带来的安全风险。

三、公民安全度的界定与分类

公民的安全度，是社会给予公民提供的，以社会生活、生产和管理为背景的公民免于危险或者可以达到安全的程度或者安全的量化程度。对公民这种安全度的理解，一方面，要站在公民的主题角度观察和分析，因为公民是公民安全度的主体因素，其安全是公民免于危险或者不受威胁的状态；另一方面，公民安全度不是公民本身自带的，而是社会环境尤其是社会制度的一种产物，是社会制度能够给公民的生命、财产和人身、社会关系，在今天尤其是信息安全等，提供积极保障，而使公民不陷入各种危险或者安全威胁的状态。

---

① 佚名. C3 安全峰会都讲了些啥？ ［EB/OL］. IT168 企业级网，http://mt.sohu.com/20160805/n462806407.shtml. 最后访问时间：2016-08-07.

公民安全度的类型，在分成个体安全度、群体安全度和社会安全度，高度安全度、中度安全度和低度安全度，以及有形安全度、无形安全度和网络安全度等情形时，必须考虑公民与社会，个体与国家、政府的关系，以及公民对物质世界、对精神世界和网络空间等分层次、分类型和分形态的不同安全度需求。

第二节　公民安全获得感与公民安全感

一、公民安全获得感的定义

所谓公民安全获得感，是指公民在生活、生产和社会管理活动中，对自身生命安全、财产安全和社会环境安全等的"取得""得到"和"获取"等心理感受的情形。这种"获得感"，本表示获取某种利益后，心理上所产生的满足感。因此，公民安全获得感，即是公民安全利益能够得到，以及得到这种安全利益之后，获得的心理满足感。

当然，"获得感"可以等同于"满足感"，但是，却有别于"幸福感"。理由是，一方面，"获得感"强调一种实实在在的某种利益上的"得到"。如果不讲"获得"而一味强调幸福，就容易流于空泛或者不着边际。比如，公民的"安全获得感"就是公民安全利益的"得到""取得"或者"获取"，而不是空泛的自我陶醉或者"空泛的幸福"；另一方面，"获得感"的提出，使公民得到的"利好"即"安全利益上的好处"有了进行指标衡量的可能，比如安全度制度的衡量等，而幸福是不可衡量的。所以，在当下的中国，"获得感"更加贴近民生、体贴民意、体味民心。这种安全利益层面的"获得感"，一般来说，能够消解或者化解公民心中的紧张、不安或者安全危险感，而直接转化为幸福感。让社会公众更多地获得，尤其是获得安全感，也是一种激发市场活力、培育新的消费增长点的一种机会。

例如医疗，社会公众都希望得到更高水准的诊疗、保健和医疗救治，这就呼吁各级政府在医改时建设更多好的医院，建立完善的医疗网络，提供更人性化的医疗服务，比如，鼓励建设好社区医院、鼓励家庭医生出诊，以及鼓励有更好的养老医疗和医疗知识的普及等，就可以有效消除医患关系的紧张，消除"医闹"和三甲医院的医疗资源过度消费，带给社会公众的医疗不安全感。

可见，公民安全的"获得感"，包含着"给"与"得"的辩证法。对于各级政府来说，要改变单纯"给予"，或者投入了就一定要马上见到回报的急功近利心态。把公民安全感的"获得感"的"获得"首先变成长线投入，然后，让社会公众以"感受""感知"和"感悟"等方式，逐步获得层次丰富的社会安全感。加上，"获得感"不仅是物质层面的，也有精神层面的，既有看得见的，也有看不见的。所以，"获得感"首先是要感受到改革带来的物质生活水平的提高。比如，人民群众有房住，收入增加，能接受优质教育，能看得起病，养老有保障等，这些都是看得见摸得着的"获得感"。而在精神层面，要让每个人有梦想、有追求，同时活得更有尊严、更体面，能够享受公平公正的同等权利，等等。因此，公民安全获得感，要求公民的生命、财产和社会环境等，有秩序、有安宁和有满足的易得、易守和易于保持。

2016年5月31日，教育部、国家语委发布的《中国语言生活状况报告（2016）》中，"获得感"也入选十大新词语言，[①] 虽然，这个"中国语言生活状况"中的热词"获得感"并未直接说"公民安全获得感"，但是，按照习近平总书记对"获得感"一词的定义域解读，公民安全获得感无疑是包含在其中的。2015年中国语言生活状况出现的新事物、新概念、新状况，这一年中社会公众安全心理，以及生活观念上悄然发生的变化，作为这些社会变化的记录仪和显微镜，"年度新词语"集中体现了这一年的语言变化以及社会安全环境的变化状况。尤其是，2015年的年度网络流行用语"获得感"，也反映了一年来网民对社会生活中公民安全感的关注与感悟，是认识社会、感悟社会、理解社会，特别是公民安全度的一个重要窗口。

二、公民安全度的获得路径：公民安全的积极获得与消极获得

（一）公民安全度的获得与路径

公民安全度的存在，是需要获得路径的。历史上，那些关于安全的发明、法规与组织诞生的背后，都是一部人类对其身心进行自救或者安全感的自我保护，或者安全度的获取路径的探索历史。[②] 通过对72个历史节点中，人类安全度的工具性或者机构、措施性发明，以及法制制度性的安排，可以发现：公民安全获得感不是通过自身的生活、生产或者管理活动，自动获得的，而是必须凭借物质性代表物或者精神性代表物，以客观实在的存在而获得的。其中，公民安全的积极获得，是指公民通过工具性或者物质性的安全措施，防护安全事故或者增添自己的安全度。而公民安全的消极获得，则是公民依赖国家立法或者官方的保护措施，防护安全事故或者获得安全感的情形，具体分析如后文。

（二）工具性或者机构对策型安全度代表物：公民安全度的积极获得

公民安全度的积极获得主要是通过工具或机构对策等形式，下面例举部分代表。

1. 锁。中国人用锁保持自己的安全感，已有几千年的历史。最早的锁是木锁，在距今5000年的仰韶文化遗址中曾被发现。汉朝出现的铜制三簧锁，一直沿用到20世纪50年代。

2. 养老院。我国养老院的雏形，可以追溯到夏殷时代，唐代出现"悲田院"，由佛教寺庙负责管理，标志着我国养老院制度形成。这是一种老年人"老有所依"安全感的

---

① 即：（1）十大新词语：互联网＋、众创空间、获得感、非首都功能、网约车、红通、小短假、阅兵蓝、人民币入篮、一照一码等；（2）十大流行语：抗战胜利70周年、互联网＋、难民、亚投行、习马会、巴黎恐怖袭击事件、屠呦呦、四个全面、大众创业万众创新、互联互通共享共治；（3）十大网络用语：重要的事情说三遍、世界那么大，我想去看看、你们城里人真会玩、为国护盘、明明可以靠脸吃饭却偏偏靠才华、我想静静、吓死宝宝了、内心几乎是崩溃的、我妈是我妈、主要看气质等。资料来源：曾瑞鑫. 教育部、国家语委发布《中国语言生活状况报告（2016）》[EB/OL]. 中国网，http://www.china.com.cn/education/2016-05/31/content_38570420.htm. 最后访问时间：2016-08-09.

② 谭山山. 维持安全感的72个历史节点：人类安全史 [J]. 新周刊，2013-05 第394期：108.

制度。

3. 盔甲。盔甲据说是夏朝帝杼发明的。盔甲是冷兵器时代人们用以保护躯体的重要器具，火器普及之后，它的功能也就自然逐渐衰落了。

4. 长城。世界上最著名的防御工程，是中国的长城。长城在春秋战国时期已开始修筑，见《诗经·小雅·出车》："天子命我，城彼朔方。"以秦、汉、明三时期长城的规模为最大。

5. 城堡。源于公元 9 世纪～10 世纪的欧洲，是私人安全感需求的产物。简言之，城堡是具有武装的私人住宅，垛墙、塔楼、护城河等防御工事则与之配套。欧洲最著名的城堡，应该非伦敦塔莫属。

6. 保险。最早的保险，可以追溯到古希腊、罗马时代。1347 年 10 月 23 日，热那亚商人签发的船舶航运保险契约，是迄今发现的最古老的保险单。现代社会，在我国，所在单位按《中华人民共和国社会保险法》的要求为员工缴纳"五险"，是对一个靠谱公司、事业单位的基本要求。

7. 消防队。1023 年，北宋创立了"军巡铺"，是世界上最早的消防队。"每坊巷三百步许，有军巡铺房一所，铺兵五人"，消防器材有"大小桶、麻搭、斧锯、梯子、火叉、大索、铁猫儿之类"，以备在发生火灾时进行施救。

8. 孤儿院。1247 年，慈幼局创立于临安（今杭州），宋理宗诏曰："朕尝令天下诸州置慈幼局……必使道路无啼饥之童。"慈幼局是世界上最早的官办孤儿院。

9. 路灯。1650 年以前，欧洲各大城市仍未出现公共照明。城市公共照明，解决的是城市街道夜晚行走的安全感问题。到了 17 世纪晚期，越来越多的城市争相设置公共照明：巴黎（1667 年）、阿姆斯特丹（1669 年）、柏林（1682 年）、伦敦（1683 年）、维也纳（1688 年）等。

10. 警察局。1658 年，阿姆斯特丹成立 8 人地方保安组织，这可能是世界上最早出现的警察组织。1829 年，创立的伦敦警察厅，则是世界上最早的警察机关。

11. 大马路。直到 18 世纪，直线形通衢大道才成为欧洲都市设计的标准。此前，欧洲城市的街巷，狭窄、弯曲、黑暗，随时可能有意外发生。修建大马路不仅为了美观，也有更多的安全考虑因素。

12. 保险柜。发源于欧洲，已有 1000 年历史。英国 Chubb 公司于 1833 年注册了防盗保险柜专利，Chubb 也几乎成为保险柜的代名词。

13. 护士。1860 年，南丁格尔用 4400 英镑创建了世界上第一所正规护士学校，专职护士得以出现。护士出现前，护理工作是由女修道士来执行的。

14. 交通灯。1868 年，英国机械工程师德·奈特将铁路上的安全信号灯，安装在伦敦国会大厦前的广场上，这就是城市里最早的交通信号灯。

15. 口罩。1897 年，德国病理学专家莱德奇发现，病人伤口的感染与细菌在空气中的传播有关，于是建议医护人员在手术时戴口罩。20 世纪初，西班牙流感肆虐，普通人群被要求戴口罩抵御病菌，由此，口罩成为生活必备品。

16. 创可贴。20 世纪初，因为新婚太太烹饪时总是不小心割到手，美国人埃尔·迪克森发明了创可贴。据说全世界每年要用掉 10 亿个创可贴，难怪它被评为"20

世纪影响生活的十大发明"之一。

17．头盔。一战时，法军首先研发出了钢盔。有资料显示，在二战期间，头盔至少保护了 7 万美军士兵的生命。而在摩托车、赛车、橄榄球等运动项目和建筑、采矿等生产领域，头盔是必不可少的安全防护工具。

18．青霉素。1928 年，英国细菌学家亚历山大·弗莱明发现了青霉素的效用。它是第一种被人类发现的抗生素，战争时期，因为紧缺，更因为它的奇效，在黑市上成为硬通货。

19．防火梯。1938 年 1 月 1 日起实施的"纽约市建筑法"规定，建筑外墙需安装铁制防火梯。《蒂凡尼的早餐》中赫本住的就是带防火梯的公寓，1968 年该规定被废除。

20．斑马线。20 世纪 50 年代初在伦敦最早出现，此后，成为世界通行的保护行人的交通规则。披头士 1969 年发行的专辑 Abbey Road，使伦敦艾比路上的斑马线，成为世界上最著名的斑马线，一个重要的文化地标。

21．安全气囊。1952 年，美国人约翰·赫特利特发明了安全气囊。不过，要到汽车碰撞安全标准在美国通过，并规定 1995 年以后的汽车都装备安全气囊之后，它的作用才得到了确认。

22．安全带。1958 年，世界上第一款三点式安全带，是供职于沃尔沃公司的美国人尼·波林发明的。1963 年，沃尔沃开始在自产汽车中装配安全带，并将这一成果免费提供给其他厂商使用。

23．密码。一般认为，20 世纪 60 年代麻省理工学院建造的大型分时计算机 CTSS 最早采用了密码。123456、password 和 12345678 在最常用，也是最弱智的密码榜单上总排前三位。

24．防弹车。1963 年肯尼迪总统遇刺身亡后，"安全性"成为政要用车的第一或者说是唯一要素，下一任总统使用的就是装甲专家改装的防弹车。美国总统专车号称"可以抵御一颗小行星的直接撞击"。

25．防弹衣。1969 年，前美国海军士兵，后在底特律经营比萨店的理查德·戴维斯被人持枪抢劫，促使他开始研发防弹衣。这一发明，拯救了成千上万人的生命。

26．屏蔽门。世界上最早安装玻璃屏蔽门的铁路系统是法国 VAL 的里尔地铁，时为 1983 年。2002 年年底投入运营的广州地铁 2 号线安装了屏蔽门，是内地最早使用屏蔽门的地铁。

27.110。1986 年 1 月 10 日，广州市公安局在全国率先开通"110"电话报警服务台。记住 110、119、120、122 等紧急电话及拨打方法，是一个城市市民的基本生存技能。

28．防火墙。20 世纪 80 年代，最早的防火墙几乎与路由器同时出现。你不需要懂它是怎么运作的，只需要知道，有了它，网络未必 100％安全；但没有它，那网络就100％不安全。

29．防盗网。20 世纪 80 年代末是防盗网的高速发展期，在广州的普及率甚至达到90％以上。2001 年广州实施"三年一中变"，统一拆除全市防盗网，一度引起市民的强烈反弹。

30. 防盗门。20 世纪 80 年代，重庆美心公司率先开发出栅栏形防盗门。此后，防盗门迅速在全国"传播"。一般交楼时会预装一道防盗门，不放心的住户再加一道甚至两道防盗门。

31. 家庭防盗系统。20 世纪 80～90 年代启用。这玩意儿看似高科技，其实漏洞不少。比如说密码，越方便你记的密码（生日、结婚纪念日等）越容易被破解。

32. 杀毒软件。1989 年，世界上第一款杀毒软件 McAfee 诞生。除非你永不上网，否则，你对杀毒软件总会有需求。

33. 防身喷雾器。从迈克尔·康奈利 1997 年根据真实案例创作的小说《行李箱之曲》来看，至少在 20 世纪 90 年代，防身喷雾器已经成为美国警方的常备安保器材。

34. 应急避难场所。我国"地震应急避难场所及配套设施"国家标准于 2008 年 12 月实施。但实际上，很多人没有听说过"应急避难场所"，更不知道离自己最近的避难场所在哪里。

35. 地震应急包。2011 年的"311 东日本大地震（里氏 9 级）"，引发人们对地震等自然灾害应急自救的重视。在日本，不论在家里还是办公室，人人都备有应急包。这种东西一般不会用到，关键是自救意识即自我安全意识的培养。

36. 安全锤。2012 年的"7·21"特大暴雨，导致一名北京车主在广渠门桥下的车内溺亡。之后，网上汽车安全锤的销量激增，甚至，有商家广告曰："北京买家买二送一"。

"吃一堑长一智"，是公民积极性通过工具性或者物质性保障途径，获取安全感的重要经验。在这方面，古今中外的各个国家的人们，发明发现增强其安全度或者安全感的技术、方法或者路径非常之多。这么多的发明发现或者积极应对措施，是公民安全度的积极获得途径，是值得大力肯定的。

（三）法律制度性安全度代表物

通过法律制度性设计或者安排，公民也能获得全社会性或者公众型安全感。下面列举部分能够给人带来安全度增加的法律制度供给：

1. 《消费者权益保护法》（简称《消法》）。我国《消法》1993 年 10 月 31 日通过，1994 年 1 月 1 日实施，2013 年 10 月 25 日修订，2014 年 3 月 15 日实施，是我国公民最为熟知的基本法律之一。

2. 《劳动法》。我国《劳动法》是劳动者的权利保障之书，我国《劳动法》于 1994 年 7 月 5 日通过，1995 年 1 月 1 日施行。2007 年 6 月 29 日，我国《劳动合同法》通过，自 2008 年 1 月 1 日施行。2012 年 12 月 28 日，我国《劳动合同法》修改通过，自 2013 年 7 月 1 日施行。历史上，1802 年英国通过《学徒健康和道德法》，是现代劳动立法的开端。1864 年，英国颁布适用于一切大工业的"工厂法"。1901 年英国制定《工厂和作坊法》，对劳动时间、工资给付日期、地点，以及建立以生产额多少为比例的工资制等详细规定。德国 1839 年颁布《普鲁士工厂矿山条例》。法国 1806 年制定"工厂法"，1841 年颁布《童工、未成年工保护法》，1912 年制定《劳工法》。1918 年德国颁布《工作时间法》，明确规定对产业工人实行 8 小时工作制，还颁布《失业救济法》《工人保护法》《集体合同法》等；美国 1935 年颁布《国家劳工关系法》(《华格纳法》)，规定工人有组织工会和工会有代表工人同雇主订立集体合同的权利。1938 年颁布《公平劳动标准法》，规定工人最低工资标准和最高工作时间限额，以及超过时间限额的工资支付办法。苏俄 1918 年颁布《劳动法典》，1922 年重新颁布《俄罗斯联邦劳动法典》，体现了工人阶级地位的转变和国家对劳动和劳动者的态度。

3. 完美标识计划。20 世纪 90 年代末开始在欧美国家实施。优质食品实行"原产地保护"，除注明产地外，还被要求明确注明其营养成分，消费者可以便捷地判断出产品是否健康。1999 年 7 月 30 日，我国"国家质量技术监督局"颁行《原产地域产品保护规定》，1999 年 8 月 17 日施行。2005 年 5 月 16 日，国家质量监督检验检疫总局通过《地理标志产品保护规定》(共六章 28 条)，取代《原产地域产品保护规定》，自 2005 年 7 月 15 日施行。

4. 有机食品安全性。20 世纪 90 年代末，中国开始发展有机食品。尽管不断有专家表示有机食品未必环保、安全，但并不妨碍它在很多人心目中成为"安全食品"的代名词。

> **知识点** 有机食品 (Organic Food) 也叫生态食品或生物食品等。"有机食品"是国际上对无污染天然食品比较统一的提法，它通常来自于有机农业生产体系，根据国际有机农业生产要求和相应的标准生产加工的。除有机食品外，国际上还把一些派生的产品如有机化妆品、纺织品、林产品或有机食品生产而提供的生产资料，包括生物农药、有机肥料等，经认证后统称"有机产品"。

5.《每周质量报告》。创办于 2003 年的一档调查节目，始终致力于产品质量和食品安全领域的调查报道，以打假除劣扶优，推动质量进步为第一诉求，是我国电视新闻界质量新闻领域的旗帜性节目。《每周质量报告》是中央电视台新闻频道唯一一档以消费者为核心收视人群的新闻专题节目。节目以消费者为核心收视人群，关注人与质量的关系，关注消费者的物质诉求和精神诉求，在关注产品质量的同时，还在人的生存质量、服务质量、生活质量、消费环境质量和经营环境质量等方面给予关注，凸显大质量观、净化消费环境、提高生活质量。正是因为假货的泛滥，造就了它的火爆。主持人经常被拦住追问：什么东西还能吃吗？[①]

6.《农民工维权手册》。2005 年发布，列明农民工应享受的 39 项基本权利，并指导农民工如何维权。《法律帮助一点通：农民工维权手册》，作者：王变，时代出版传媒股份有限公司、黄山书社 2010 年 10 月出版，通篇采用问答的形式，简明扼要，一看就懂。先是对问题作简要解释，再精选生活中的实际案例进行评析，然后通过"一点通"予以要点归纳，以案说法。

---

① 这个问题，节目主持人不能回答。相信任何人也不敢做权威性的回答。因为食品安全问题本身，事关重大，不是一个个体行为问题，也不是一个群体行为问题，而是一个国家整体性的制度建设和构造的问题。

7.《保安服务管理条例》。2009 年 9 月 28 日，我国《保安服务管理条例》由国务院第 82 次常务会议通过，共九章 52 条，2010 年 1 月 1 日施行，其第 2 条规定的保安服务公司可提供随身护卫服务。

三、公民安全感：公民安全度＋公民安全获得感

如果有人问：你有安全感吗？你所在的城市安全吗？你该如何问答这个问题呢？

这个问题涉及两个层面：一是公民的安全度问题，就是前文所讨论的是积极获得安全感，还是消极获得安全感的问题；二是公民安全获得感的有与无、大与小、高与低、多与少或者能与否等问题。

在我国，传统的"养儿防老"观念，当代人看重的票子房子车子，年轻人憧憬"好多好多爱"和"好多好多钱"的愿景，在大环境下，都无法抹去其内心的不安或者紧张感。既然，安全感不会从天上掉下来，那就得自己争取，积极地应对令人不安的环境因素，成为自己安全感的自救者。也就是说，既然人人需要安全感，那么，就可以先寻找规避危险或者让自己陷入受威胁境地的方法或者途径。比如，认真的读书学习，不能指望通过考试作弊混过学分，或者逃脱挂科的风险。其次，全面掌握规避危险或者让自己陷入受威胁境地的技巧和逃生能力。比如，当驴友露营在山中，而山洪来临时，就要首先逃命，然后在生命无虞之时，才能抢救财物。这是基本的逃生技巧，而那种"舍命不舍财"的方法，有时候会让驴友财命皆失。再次，当规避危险或者让自己陷入受威胁境地变成不可能时，积极应对或者面对，才是唯一正确的路径。比如，当我们买到对健康有害的食品时，我们就应当对食品掺杂、染色、污染或掺入有害粉末等的营销行为的根源，有所认识和了解：顾客对于食品的色彩、观感、味觉等的艳丽、好看和味道好的消费需求，恰恰是食品掺杂、染色、污染或掺入有害粉末等不法行为的根源。为此，除了退换等补救方法之外，学会食品掺杂、染色、污染或掺入有害粉末等的识别方法，以及降低对食品的色彩、观感、味觉等的不良偏好的依赖，才是增强食品安全感的关键所在。

在这里，就出现了一个词语组合，即"公民安全度＋公民安全获得感"。这个词语组合，强调的是，公民安全度和公民安全获得感本身，可以分解成个体层次、群体层次和整体层次。在这个三个层次的关系中，个体层次的公民安全感，离不开群体层次的公民安全感，而群体层次的公民安全感，更离不开整体层次的公民安全感。

再比如，信息安全这块蛋糕有多大？据中国报告网《中国信息安全市场现状观察及投资前景评估报告（2013—2017）》披露：2006 年至 2010 年全球信息安全市场规模从440.71 亿美元增至 695.31 亿美元，平均复合增长率为 12.07％。4 年时间里，我国信息安全产品市场规模从 55.38 亿元成长为 109.63 亿元，年均复合增长率为 18.62％。到 2013 年我国信息安全产品的市场规模增长到 186.51 亿元。而这一系列的数据背后隐藏着无数个漏洞和病毒侵入。2011 年被篡改的网站有 36612 个，被公开的疑似泄露数据库 26 个，涉及账号、密码信息 2.78 亿条。其中，网银用户成为黑客攻击的主要目标。这些冷冰冰让人生畏的数据，决定了信息安全这块大蛋糕的做法与尺寸。信息安全行业有老三样：杀毒软件、防火墙、IDS。但市场占有率最高的是杀毒软件，其次就是

防火墙——这两个基本必备。在这躺着也会中枪的年代，信用卡被复制异地刷卡的新闻不绝于耳，银行为了防盗刷现象，开始用 IC 金融卡来代替磁条卡。网银的身份认证从 U 盾升级成动态令牌，再到今天的挑战式应答令牌。但越安全使用起来越不方便，会受到很多的限制。①

所以，公民安全感的建设，有赖于全社会的共识、共建和共同参与。正如"5·12"汶川大地震、"4·20"芦山大地震中，我国广大民众对灾区及灾民"爱人如己"般的救援帮助那样，我们是能做成公民安全感的大蛋糕的。在汶川大地震、芦山大地震那种情境下，你会感觉到正能量的澎湃力量，没有什么灾难尤其是自然灾害能把中国人打垮，没有什么坏消息、恶信息或者负能量等，能夺走我国公民的社会安全感。② 因此，未雨绸缪，积极应对和顺势而为，才是把公民个体安全感，提升为公民群体安全感以及公民整体安全感的关键。

2016 年 8 月 6 日的成都"C3 安全峰会"，由大会亚信安全作为主办方，亚信安全一直致力于为运营商提供核心业务支撑系统，但存在技术上的短板，亚信安全采用了引进消化吸收的方式，并逐渐形成"自主研发+引进吸收"的创新模式。为了实现网络安全，没有一个企业能够单打独斗，提供全面的服务，因此，亚信安全也在大力建设网络安全生态圈的发展策略。建设网络强国和国家信息化发展，离不开网络生态治理和网络空间安全的建设，而"坚不可摧"的战略目标，同样离不开政产学研用的协同创新。作为实质性的政产学研用联合举措，在"C3 安全峰会"上，成都市人民政府与亚信安全联合宣布"亚信（成都）网络安全产业技术研究院"（简称"网安研究院"）正式成立。

"网安研究院"的主要任务，包括建设国际一流的云安全、大数据安全、网络空间平安城市和工业互联网安全四大实验室，以及安全态势感知平台、高级威胁调查取证中心等，在 Cyber（网际）、Cloud（云）、Communication（通信）层面，构建未来网络安全的方向科学结构，象征着由网络所构建的生活、生产空间框架内，"立体""可控""可视"的网络安全新机制的架构。同时，"网安研究院"还会与高校院所开展深度合作，建立长效协同创新合作机制，并成立网络安全产业发展投资基金，全面支持初创期的高校研发团队或创业企业，孵化具有市场前景优势项目，打造国际一流的公共技术服务平台。可以期待的是，"网安研究院"会将网络安全领域的拟态安全防御技术变成产品和网络安全服务的利器，从而，让公民网络安全的个体安全感，迅速升华为公民网络安全的群体安全感，以及公民网络安全的整体安全感。

---

① 汪璐. 信息安全：越安全越束缚 [J]. 新周刊，2013—05 第 394 期：91.
② 新周刊编辑部. 安全感：一个谁也绕不过去的问题 [J]. 新周刊，2013—05 第 394 期：42.

第三节 全民国家安全教育日

一、公民国家安全感

理论上，公民安全感的获得，是以其安全需求的满足为条件的。这个时候，公民安全感往往是公民的个体安全感，是以其自身的安全利益得到最大化的保障、保护和保证为条件的。事实上，这种安全感只是一种微观安全感或者个人安全感，并不能等同于一个社区、一个单位或者一个阶层的群体安全感即中观安全感，更不能等同于一个行政区域或者以及政府辖区的公民整体安全感，或者国家层面的公民国家安全感即宏观安全感。

由此而言，公民国家安全观的概念就被引入了进来。所谓公民国家安全观，是指公民的个体安全因为其依赖性，而对社区安全、社会安全以及政府、国家整体层面的安全的一种看法、认识或者感受的总称。因此，家庭经济生活、婚姻与家庭、少年儿童成长和教育，以及日常生活与社会适应等方面，是公民国家安全观的主要来源之处。2012年8月5日，北京大学中国社会科学调查中心完成了《中国民生发展报告2012》。调查显示，全国62.3%的16岁以上人口处于在婚状态，未婚人口为31.2%。未婚男性比未婚女性多7%左右。分析显示，在婚和未婚人口比例都较高，离婚和同居比例较低，说明我国婚姻稳定性较强。虽然夫妇与子女同住仍为最主要的家庭形态，但"空巢"家庭比例迅速上升，势必带来养老、家庭服务、情感关怀等问题。此外，家庭代际结构也发生了变化，2代户（父母和子女同住）家庭占比最高，四世同堂家庭仅占1.9%。[①] 这说明，我国公民的婚姻与家庭安全感状况，正在发生重大改变。

上海交通大学舆情研究实验室社会调查中心与社会科学文献出版社《中国民生调查报告（2014）》（民调蓝皮书）中，"家庭和睦""身体健康""个人收入"成为影响幸福感的三大要素，在我国11个中心城市，包括5个国家中心城市（北京、天津、上海、广州、重庆）及6个国家区域中心城市（沈阳、南京、武汉、深圳、成都、西安），有效样本共计2200个。调查结果显示，受访者对于自己幸福感评价的平均分为7.38分（满分10分），87.5%受访者对自己幸福感评价在6分及以上。受访者非常认同"生活是美好的"和"对未来充满信心"这两种说法，均分分别为4.2和4.17，高于满意度中间值3分；受访者比较认同"目前生活与所期望的大致相符"和"对自己生活感到满意"，均分分别为3.41和3.52；不太认同"您目前的生活条件特别好"，均分为2.73，低于满意度中间值3分。调查还发现，"家庭和睦"成为我国公民幸福感来源的主要支撑，49.6%的受访者选择家庭和睦作为幸福第一要素，90.9%受访者视其为幸福前三位要素之一。其次为身体健康，34.9%受访者选择此作为幸福第一要素，73.3%受访者视其为幸福前三位要素之一。23%的受访者选择个人收入，21.7%的受访者选择朋友关系

---

① 王东亮.《中国民生发展报告2012》发布［N］. 北京日报，2012-08-06. 网页地址：http://www.cmr. com. cn/html/zyfz/hyzx/yx/7213. html.

作为幸福感第三要素。①

而在食品安全问题调查 1050 个有效样本中，结果显示，32.9％的受访居民对所在城市食品安全情况不太放心或很不放心。假冒伪劣、违规使用添加剂、农药残留物超标是受访居民最担心的三类食品安全问题。68.0％的受访居民认为食品安全最大的隐患存在于生产加工环节。32.0％的受访居民遇到过食品安全问题，其中以过期食品仍在销售、假冒伪劣、卫生不达标情况为甚。由此而言，受访居民对政府食品安全监管工作的整体满意度较低，46.9％的受访居民表示对政府相关工作不太满意或很不满意。三线城市对政府食品安全监督工作的满意程度最高，二线城市次之，一线城市最低。45.2％的受访居民认为政府执法不严、监管不力是食品安全问题突出的最主要原因。食品安全关系群众身体健康，政府部门应加大对食品安全问题的监督和管理力度。调查显示，受访者最主要的食品安全信息获取渠道为电视，63.6％的受访居民选择电视为其主要的食品安全信息获取渠道；其次是网络，50.2％的受访居民选择此项。受访居民表示会采取多种措施防范食品安全问题，如 89.0％的受访居民表示会查看食品的生产日期，69.9％的受访居民选择去正规场所购买食品。但当自身遭遇食品安全问题时，维权意识薄弱，遇到食品安全问题的受访居民中 79.4％的受访居民自认倒霉，没有采取任何维权措施，主要原因是不相信投诉等措施会解决问题，以及认为投诉需要太多时间和精力。因此，提高消费者的食品安全知识水平，提升居民维权意识，在一定程度上有利于保障食品安全。② 可见，任何时候，公民安全感都应当与公民的国家安全观密切相关，也就是说，个体型的公民国家安全观应当不断上升为群体型的公民国家安全观，尤其是整体型的公民国家安全，才能让公民国家安全观变成与国家安全观等量齐观的安全度，或者安全获得感层面的东西。

二、公民国家安全教育

（一）我国公民国家安全教育情况

自 1993 年 2 月 22 日第七届全国人大常委会第 30 次会议通过我国第一部《国家安全法》以来，随着我国经济体制改革的进一步深化，我国社会结构的不断发展，国家安全形势发生了巨大变化，维护国家安全的任务和要求，也随之发生了巨大变化。国家安全不仅关乎国家政权的兴亡、国家领土的安危，也关乎每个公民切身的安全利益；维护好国家安全，既能保护国家利益，也能保护公民的个体利益，而一旦国家安全受损，则公民个体就有可能付出巨大的代价。所以，维护国家安全，每个公民别拿自己当局外人。也就是说，维护国家安全，就是为了维护"最广大人民的根本利益"。因此，维护国家安全，需要发挥每个公民的力量，打一场"人民战争"——从公民国家安全意识的形成，到公民国家安全义务的明确，再到这些义务的履行，以及遇到危害国家安全的违

---

① 李玉、胡言午. 民调蓝皮书《中国民生调查报告（2014）》发布［EB/OL］. 中国社会科学网，http://www.cssn.cn/gd/gd_rwhd/gd_zxjl_1650/201405/t20140519_1175897.shtml. 最后访问时间：2016-08-09.

② 李玉、胡言午. 民调蓝皮书《中国民生调查报告（2014）》发布［EB/OL］. 中国社会科学网，http://www.cssn.cn/gd/gd_rwhd/gd_zxjl_1650/201405/t20140519_1175897.shtml. 最后访问时间：2016-08-09.

法行为，要学会斗争和防范，为此，开展公民国家安全教育，非常必要。

所谓公民国家安全教育，是指各级政府和国家安全维护的责任人，对公民进行国家安全意识、国家安全观念、国家安全知识和自觉维护国家安全为目的的，一切影响公民的身心发展的社会实践活动。根据不同的需要，可以在不同范围内，对公民进行不同形式、不同内容、不同程度的国家安全教育活动。比如，针对在校学生这个群体，就可以分成小学生国家安全教育、中学生国家安全教育、大学生（含硕士研究生、博士研究生）国家安全教育等。2015年7月1日，我国新《国家安全法》公布施行，其第14条规定：每年4月15日为全民国家安全教育日。2016年4月15日是我国首个"全民国家安全教育日"。

对于设立全民国家安全教育日的意义，有学者认为，包括：（1）有利于贯彻落实习近平总书记提出的"总体国家安全观"。公众广泛参与全民国家安全教育日，将获得弘扬总体国家安全观的良好效果。（2）有利于提高政府和社会公众维护国家安全的法律意识。我国《国家安全法》以"总体国家安全观"作为指导思想，规定了一系列不同于传统国家安全观的国家安全制度，将国家安全的内涵扩展到政治、经济、文化和社会各领域，突出强调了维护国家安全不仅仅是专门机关的任务，而是所有国家机关、社会组织和公民的义务和职责。通过全民国家安全教育日的一系列活动，可以让政府和社会公众有效地了解国家安全法提出的各项要求，从而强化责任意识，提高大家维护国家安全的能力。（3）有利于增强国家安全法普法宣传的效果。国家安全法设立全民国家安全教育日，是为了集中地向社会公众传播国家安全方面的知识，便于在短时间内起到良好的宣传效果，让更多的社会公众接触和了解到国家安全方面的法律知识，特别是懂得如何依法履行自身的维护国家安全方面的职责和义务；尤其是，任何个人和组织不得有危害国家安全的行为，不得向危害国家安全的个人或者组织提供任何资助或者协助。由此可见，《国家安全法》确立全民国家安全教育日，其中最重要的实践意义，就是要动员政府和全社会共同参与到维护国家安全的各项工作中来。①

《左传》云："居安思危，思则有备，有备无患。"由于国家安全是国家生存和发展最基本、最重要的前提，增强忧患意识，做到居安思危，是我们治党治国必须始终坚持的一个重大原则。因此，必须牢固树立总体国家安全观，加强全民国家安全教育，提高全民国家安全意识，形成全体人民自觉维护国家安全的生动局面，为实现中华民族伟大复兴的中国梦提供坚强保障。加强对社会公众的国家安全教育，提高全民国家安全意识，这是世界上很多国家的通行做法。当今世界各国都十分重视对青少年的国家安全意识教育，将其视为国民素质教育的重要组成部分，是一项重要的社会性工程。比如，美国注重环境熏染作用，通过政党政治活动宣扬爱国主义，经常举行"落日仪式""国殇日"纪念活动，三军军乐团表演等，提醒人们居安思危；而瑞士《民防法》有效确保了国家安全观念的树立，以后又几经修改并补充了与之配套的17种法律、法规，既确保了全民国家安全教育与战备工作的实施，又促进了国家安全教育的落实。

---

① 莫纪宏. 新华网评：设立全民国家安全教育日的多重意义（"关注国家安全"系列评论之三）［EB/OL］. 新华网，http://news.sohu.com/20160415/n444325305.shtml. 最后访问时间：2016-08-09.

要增强全民国家安全意识，依法维护国家安全。所谓国家安全意识教育，就是要提高全体公民的国家主权意识、国家利益意识和安全防范观念，能够在国家安全方面体现出正确的公民世界观、道德观和政治观。应该看到，与经济快速发展形成对比，我国公民的国家安全意识教育相对滞后。维护国家安全要坚持国家安全一切为了人民、一切依靠人民，真正夯实国家安全的群众基础。为此，必须动员全社会的力量，通过国家安全观教育、爱国主义教育、主权意识教育、公民国家责任教育、法律意识教育等方式，牢固树立起国家利益和国家安全高于一切的民族集体认同，将国家安全教育纳入国民教育体系和公务员教育培训体系，扩大国家安全意识教育的社会覆盖面，积极应对信息时代挑战，培育公民的网络信息安全意识等有效措施，增强全社会的国家安全意识，依法维护国家安全。[①]

（二）公民国家安全教育的参照系

为了提升全社会的国家安全意识，我国《国家安全法》第 14 条将每年 4 月 15 日规定为"全民国家安全教育日"，就是要通过加强国家安全新闻宣传和舆论引导，通过多种形式开展国家安全宣传教育活动，并把国家安全教育纳入国民教育体系和公务员教育培训体系，增强全民国家安全意识，从而形成良好的全民国家安全能力。在西方国家，国家安全无小事，其对国民的教育中，国家安全教育也是非常重要的一环。

1. 美国。专门制定了《国家安全法》《普通军训与兵役法》《国家安全教育法》等一系列法律法规，为国家安全教育提供了组织、人力、物力保障。1947 年，美国时任总统杜鲁门签署了《国家安全法》，世人熟知的五角大楼、国家安全委员会、中央情报局等机构都是这部法律的产物。

2. 俄罗斯。法律规定，20 岁至 70 岁的公民，均需接受法定的国防教育，同时还规定，16 岁至 60 岁的男性和 16 岁至 55 岁的女性，均需接受民防义务训练，对大中学校的学生，则根据《宪法》把国家安全教育和训练列为正式课程，并把军训成绩记入学分。

3. 英国。从 2011 年开始所有中小学日常全面实行"绿十字互联网安全守则"教育，以提升学生的网络分辨能力和抗诱惑力，暑期则组织参观军营等夏令营活动，以引起中学生对国家安全保卫工作的兴趣，增强学生的防患意识，吸引青年学生参军。

4. 德国。学校没有专门开设国防教育课程，但会定期邀请德军派人到校介绍国家安全情况，与学生讨论有关问题。

5. 瑞士。在各地普遍成立军官与士兵协会、公民协会、射击协会等官方或半官方的国家安全教育机构，同时，编发《民防手册》，从小孩到老人都人手一册，做到人人皆知。

6. 日本。日本是一个岛国，且多发地震，各地常以资源匮乏、防御困难等因素为背景，组织防灾抗灾教育和能源紧张演练活动，培养国民的危机意识和忧患意识。

7. 以色列。行军教育是以色列国家安全教育的特色之一。公民从小学开始，学校

---

① 马怀德. 在全社会夯实国家安全观［N］. 解放军报，2015-04-14（7）

就组织"用脚去认识以色列"的活动，通过这种融合历史传统的爱国主义和国防教育形式不断增强民族凝聚力。[①]

应当说，这七个国家对于国家安全教育的重视，不只是依靠口头上的重视来体现的。更多的是体现在具体的内容方面，将国家安全教育纳入国民教育体系和公务员教育培训体系，让依法增强全民国家安全意识，成为国家安全能力的重要组成部分。

（三）对学生的国家安全教育

2016 年 4 月 15 日，是我国《国家安全法》颁行后首个全民国家安全教育日。有学者建议，借助全民国家安全教育日的契机，给小学生们一次深刻的安全知识普及教育。其建议的具体内容包括：

1. 学会辨别身份。主要包括：（1）向小学生解释清楚出门在外，谁是危险的陌生人，谁是相对安全的人，遇到危险时可向谁求助。（2）设立家庭联络暗号，在没有对准接头暗号时，小学生坚决不跟着他人走。（3）培养小学生的警觉意识，即鼓励小学生相信自己的直觉并做出及时的反应，不要单独接受陌生人的求助，抵御陌生人的物质诱惑等。

2. 出门结伴而行。小学生不选择偏僻、杂乱的道路，家长可以给小学生佩戴定位手环等；上学路上车水马龙的街道，是交通意外事故的高发地，但很多的危险可以有意识的避开，孩子独自出门，家长要教会小学生做到：（1）认清交通标识。遵守交通规则，红灯停，绿灯行，黄灯亮时要当心。（2）学会礼让慢行。乘坐交通工具、过马路时不要"争先恐后"，拒绝乘坐无牌、无运营证、超载车辆。（3）不做低头一族。在路上，切记不要和小伙伴嬉戏打闹，多注意观察周边环境，不做低头族。

3. 独自当家勿忘安全第一。不要以为孩子回到家后就没有危险了，"熊孩子"的创造力和想象力总能超乎你的想象。即：（1）普及家里潜在危险常识。告诉小学生必要的电器知识，向小学生现场模拟刀具、煤气、攀爬窗台可能带来的严重后果。（2）鼓励孩子说"不"。有人敲门时，问清缘由，并与父母联系核实确认，谨防骗局，绝不轻易给陌生人开门。（3）学会应对突发事件。即要教会小学生拨打紧急电话，锻炼其清楚的描述自身所处的危险状况的能力。

4. 零食无限诱惑的辨别与选择。放学路上，小学生很难抵挡路边摊上舌尖的诱惑，小卖部里的"五"毛钱零食的诱惑，春夏是传染病的高发期，食物卫生是家长不得不重视的大问题。具体包括：（1）划分零食等级。给孩子的零食划分为可经常食用、适当食用、限制食用等级，从小灌输教育不吃不干净、腐败变质、超过保质期、包装破损的食品。（2）观看制作过程。让小学生了解、观看垃圾食品的制作过程，真正了解不能吃的原因是什么。（3）合理分配零花钱。控制孩子手中日常的零花钱，从小培养理财规划意识。[②]

国家安全制度是构筑中国梦的根基，国家安全则是圆梦的前提。失去了国家安全的

---

① 廖航. 关于国家安全法你知道多少？[N]. 解放军报，2015—04—14（7）

② 佚名. 全民国家安全教育日，你知多少［EB/OL］. 中青在线，http://news. sohu. com/20160413/n444098094. shtml. 最后访问时间：2016—08—09.

堤防，实现国家的长治久安便无从谈起。国家安全维系着国家的政治、经济和文化等命脉，而国家安全观则关乎国运的兴衰。我国经济的快速发展已令世界瞩目，但是，公民国家安全意识教育却相对滞后，亟须大力营造良好的学习宣传氛围，不断增强全民国家安全意识，形成维护国家安全的强大社会共识。只有切实把总体国家安全观转化为维护国家安全的实际行动，真正从思想上筑起国家安全的"防火墙"，中国梦的梦想航船，才能始终沿着正确的方向乘风破浪，直抵中华民族伟大复兴的彼岸。[①]

①　黄旭. 筑牢共同维护国家安全的思想之堤［N］. 解放军报，2015—04—14（7）

第五章 公民、组织的国家安全义务和权利

第一节 国家安全与公民义务

一、国家安全立法

十一届三中全会决定，把党和国家的工作重点转移到经济建设上来，实行改革开放政策，从此我国进入了一个新的历史时期。改革开放以来，我国经济的发展和人民生活水平的提高，举世瞩目。国家安定、社会稳定是改革开放和经济建设顺利进行的保证。有效地防止和惩治危害国家安全的违法犯罪行为，是我国顺利进行改革开放和经济建设的一个必要条件和重要保证。

因此亟须制定维护国家安全的专门的法律，即制定我国《国家安全法》。关于《国家安全法》立法的必要性，梳理如下：

1. 制定《国家安全法》，是维护国家安全和利益的需要。境外间谍情报机关和其他敌对势力对我国进行政治渗透、颠覆分裂、情报窃密、勾连策反、行政破坏活动的范围不断扩大，方式也更加多样化。国内极少数敌对分子，也极力寻求境外间谍情报机关和其他敌对势力的支持；还有一些人出于个人私利，出卖国家利益，给境外间谍情报机关和其他敌对势力以可乘之机。这种复杂情况，要求对什么是危害国家安全的行为，如何予以制裁，作出新的明确规定。这样才能既防范、制止危害国家安全的行为，又保护公民及境外人员的合法权益、正当活动和中外正常交往，为加快改革开放和经济建设提供良好的法制环境。

2. 制定《国家安全法》，是具体贯彻宪法规定的公民维护国家安全和利益的义务的需要。在我国长期处于和平环境和中外交往日益增多的情况下，有些单位、有些干部、群众国家安全意识淡薄了，警惕性有所松懈，有的甚至是非不分，一些有损于国家安全、妨碍国家安全工作进行的不正常现象时有发生。我国《宪法》规定，公民"有维护祖国的安全、荣誉和利益的义务，不得有危害祖国的安全、荣誉和利益的行为"。这一规定需要制定专门法律作出具体规定，才能贯彻落实。

3. 制定《国家安全法》，是加强和保障国家安全机关顺利开展工作的需要。国家安全工作需要各方面的支持、协助和配合，构成综合防线。但由于各方面的原因，有时工作得不到应有的支持，使国家安全受到损害，急需要通过立法明确规定国家安全机关及有关部门的职责、义务，以保证国家安全工作顺利进行。

4. 制定《国家安全法》，是健全社会主义法制的需要。党和国家高度重视法制建设，各项工作，各个环节都要做到有法可依。国家安全工作更需要较为完善的法律依据和保障。世界大多数国家都十分重视加强国家安全方面的立法，运用法律武器维护国家的安全和利益。我们要吸收借鉴外国有益的经验，健全我国国家安全法制。

1983 年 7 月，国家安全部（Ministry of State Security of the People's Republic of China，MSS）成立后，即组织力量着手研究国家安全工作的立法问题。[①] 1987 年成立起草小组，在大量调查研究、反复论证、修改的基础上，并吸收借鉴了外国有益的经验，草案经过反复修改，于 1990 年 4 月将征求意见稿发送中央有关部委征求意见。普遍认为制定这样一部法律很有必要，并提出了很好的修改意见和建议。先后曾多次向全国人大内务司法委员会、人大常委会法制工作委员会的领导汇报了起草情况，得到了具体的指导和帮助。在此期间，还征求了法律界一些专家的意见。根据各方面的意见，先后经过 15 次比较大的修改，于 1990 年 12 月将这个法律的送审稿正式上报国务院。之后，国务院法制局将该法草案发各省、自治区、直辖市和国务院各有关部委、军队以及民主党派，广泛征求意见，并多次召开座谈会，听取有关部门和一些专家的意见，又经过了反复修改和各方面的协调。草案从我国实际情况出发，集中了各方面的意见和建议，总结了长期积累的经验，同时也吸收借鉴了外国一些好的做法。于 1992 年 12 月 8 日提交国务院常务会议审议通过。

总而言之，制定我国《国家安全法》，有利于保证改革开放和经济建设的顺利进行，推动国家安全工作更有效地服从于、服务于党的基本路线提供安全保障，在隐蔽战线上充分发挥人民民主专政职能的作用。[②]

为了切实落实国家安全工作实行专门机关与人民群众相结合的原则，发挥机关、团体和其他组织以及公民在维护国家安全方面的重要作用，我国《国家安全法草案》根据我国《宪法》第 54 条的规定，对机关、团体和其他组织以及公民维护国家安全方面应尽的义务，作了具体规定。作出这些规定，是十分必要的。世界许多国家都有类似规定，作为社会主义国家的机关、团体和其他组织以及公民，履行维护国家安全的义务，更是责无旁贷。同时，《国家安全法草案》又具体规定了公民维护国家安全、协助国家安全机关工作，受法律保护，并有权对国家安全机关及其工作人员实行监督。[③]

1993 年 2 月 22 日，第七届全国人大常委会第 30 次会议正式通过了《中华人民共和国国家安全法》（简称《国家安全法 1993》），当日公布并自公布日施行。2014 年 11 月 1 日，十二届全国人大常委会第十一次会议审议通过了《中华人民共和国反间谍法》，相应废止了《国家安全法 1993》。

---

① 中华人民共和国国家安全部（简称"国家安全部"），于 1983 年 7 月，由中共中央原调查部整体、公安部政治保卫局，以及中央统战部部分单位、国防科工委部分单位合并而成。

② 贾春旺. 关于《中华人民共和国国家安全法（草案）》的说明——1992 年 12 月 22 日在第七届全国人民代表大会常务委员会第 29 次会议上（1992 年 12 月 22 日），序言。

③ 贾春旺. 关于《中华人民共和国国家安全法（草案）》的说明——1992 年 12 月 22 日在第七届全国人民代表大会常务委员会第 29 次会议上（1992 年 12 月 22 日），四、关于机关、团体和其他组织以及公民维护国家安全的义务和权利。

2015 年 7 月 1 日，第十二届全国人民代表大会常务委员会第十五次会议审议通过了新一部《中华人民共和国国家安全法》（简称《国家安全法 2015》），并于公布之日起施行。《国家安全法 2015》有七章，即第一章总则、第二章维护国家安全的任务、第三章维护国家安全的职责、第四章国家安全制度、第五章国家安全保障、第六章公民、组织的义务和权利、第七章附则，共 84 条。

《国家安全法》对公民国家安全义务的梳理，是继我国《宪法》第 33 条"任何公民享有宪法和法律规定的权利，同时必须履行宪法和法律规定的义务"规定的强化或者细化。也就是说，我国《宪法》第二章规定的公民基本义务，是系列性的公民国家安全义务，包括：（1）不得损害国家利益的义务。即"中华人民共和国公民在行使自由和权利的时候，不得损害国家的、社会的、集体的利益和其他公民的合法的自由和权利"（第 51 条）。（2）维护国家统一民族团结的义务。即"中华人民共和国公民有维护国家统一和全国各民族团结的义务"（第 52 条）。（3）保守国家秘密的义务。即"中华人民共和国公民必须遵守宪法和法律，保守国家秘密，爱护公共财产，遵守劳动纪律，遵守公共秩序，尊重社会公德"（第 53 条）。（4）维护国家安全和不得危害国家安全的义务和权利。即"中华人民共和国公民有维护祖国的安全、荣誉和利益的义务，不得有危害祖国的安全、荣誉和利益的行为"（第 54 条）。可见，任何公民和组织，都没有危害国家安全的权利，而只有维护和保护国家安全的义务和权利，不得实施危害国家安全的行为。在这里，"危害国家安全的行为"在广义上，还包括外部军事入侵、国内敌对分子和敌对势力制造动乱、叛乱等。

我国的《国家安全法 2015》中，其突出亮点有：（1）确立以总体国家安全观为指导思想。即《国家安全法》第 3 条规定，国家安全工作应当坚持总体国家安全观。（2）突出强调以人民安全为宗旨。我国《国家安全法》第 3 条规定，国家安全工作以人民安全为宗旨。（3）首次界定"国家安全"的定义。即《国家安全法》第 2 条明确规定，国家安全是指国家政权、主权、统一和领土完整、人民福祉、经济社会可持续发展和国家其他重大利益相对处于没有危险和不受内外威胁的状态，以及保障持续安全状态的能力。（4）确立了国家安全领导体制。我国《国家安全法》第 4 条规定，坚持中国共产党对国家安全工作的领导，建立集中统一、高效权威的国家安全领导体制。（5）首次提出"网络空间主权"这一概念。我国《国家安全法》第 25 条规定，加强网络管理，防范、制止和依法惩治网络攻击、网络入侵、网络窃密、散布违法有害信息等网络违法犯罪行为，维护国家网络空间主权、安全和发展利益。（6）首次规定"全民国家安全教育日"。我国《国家安全法》第 14 条规定，每年 4 月 15 日为全民国家安全教育日。

二、公民和组织的国家安全义务和权利

我国《国家安全法 2015》第六章对公民、组织维护国家安全的义务和权利进行了规定。具体条款是第 77 条、78 条，内容包括：（1）防范和制止危害国家安全行为的义务。即机关、人民团体、企业事业组织和其他社会组织应当对本单位的人员进行维护国家安全的教育，动员、组织本单位的人员防范、制止危害国家安全的行为（第 78 条）。（2）遵守法律规定的义务。即遵守宪法、法律法规关于国家安全的有关规定（第 77 条

第 1 款）。（3）报告义务。即及时报告危害国家安全活动的线索（第 77 条第 2 款）。（4）提供证据的义务。即如实提供所知悉的涉及危害国家安全活动的证据（第 77 条第 3 款）。（5）协助义务。即为国家安全工作提供便利条件或者其他协助（第 77 条第 4 款）；向国家安全机关、公安机关和有关军事机关提供必要的支持和协助（第 77 条第 5 款）。（6）保密义务。即保守所知悉的国家秘密（第 77 条第 6 款）。（7）不危害国家安全的义务。即任何个人和组织不得有危害国家安全的行为，不得向危害国家安全的个人或者组织提供任何资助或者协助（第 77 条）。

其中，防范和制止危害国家安全行为的义务，属于机关、团体和其他组织应当对本单位的人员进行维护国家安全教育范畴，其作用是动员、组织本单位的人员防范、制止危害国家安全的行为发生，这就是所谓的国家安全危害行为的防范义务。至于协助义务，分成各层次。

（1）抽象协助义务。是针对国家安全机关的工作而言的，在国家安全机关及其工作人员工作时，公民和组织应当为其工作提供便利条件或者其他协助，具体是什么样的工作便利条件或者其他协助，只有在具体场合作具体判断。

（2）具体协助义务。分成：第一，报告义务。发现危害国家安全的行为，公民应当及时报告，属于命令型积极作为义务。第二，不得拒绝的义务。遇到国家安全机关及其工作人员职务工作，需要协助时，公民或组织不得拒绝，属于命令型消极不作为义务。第三，保密义务。保守所知悉的国家秘密，是任何公民和组织的基本义务，属于"必须得为义务"范畴。第四，不应得为义务。主要是：任何个人和组织不得有危害国家安全的行为，不得向危害国家安全的个人或者组织提供任何资助或者协助（第 77 条）。

（3）违法检控义务。这种义务，其实是公民和组织，对于国家安全机关及其工作人员超越职权、滥用职权和其他违法行为，有权进行检举、控告。属于我国《宪法》第 41 条规定的公民的基本权利范畴。即我国公民对于任何国家机关和国家工作人员，有提出批评和建议的权利；对于任何国家机关和国家工作人员的违法失职行为，有向有关国家机关提出申诉、控告或者检举的权利，但是不得捏造或者歪曲事实进行诬告陷害。对于公民的申诉、控告或者检举，有关国家机关必须查清事实，负责处理。任何人不得压制和打击报复。由于国家机关和国家工作人员侵犯公民权利而受到损失的人，有依照法律规定取得赔偿的权利。

三、国家安全与公民义务和权利的关系

在国家安全和公民义务与权利之间，存在着一个内在的联系。那就是：国家安全依赖公民国家安全义务的自觉承担与积极履行。如果任何一个公民，在面对国家安全的大是大非面前，只考虑自己的个体利益或者不顾国家的整体利益或者总体利益的话，不但很容易成为实施危害国家安全行为的行为人，而且，很容易造成让国内外的敌对势力作为一种被诱惑对象，采用各种诱惑手段拉下水，从而危害国家安全。

面对国家安全，一个合格的公民，都应当自觉同危害国家安全的行为做斗争，这是我国《宪法》第 54 条对公民的基本义务要求，即我国公民有维护国家的安全、荣誉和利益的义务，不得有危害国家的安全、荣誉和利益的行为。同时按照社会主义核心价值

观的"爱国、敬业、诚实、友善"的要求，在工作岗位上积极认真主动负责地工作，既可以实现其自身价值，又可以为国家安全添砖加瓦。公民应该坚守本心，坚守为人和做合格公民的底线，严格履行我国《国家安全法》第六章规定的公民义务。

我国《国家安全法》是把公民作为国家安全的核心对象加以规定的。其中，"国家安全"概念中的"人民福祉"和"全民国家安全教育日"之间，是有内在的必然联系的。那就是：公民安全——人民福祉——全民安全教育——公民义务履行——国家安全——公民安全。

第二节　"三反法"中的公民义务

一、《反分裂国家法》中的公民义务

所谓"三反法"，是指我国《反分裂国家法》《反恐怖主义法》《反间谍法》等三个法律的合称。在我国，"三反法"的立法，是通过一个较长时间才完成的。这个立法过程本身，也是总体国家安全观形成的过程。

我国《反分裂国家法》于 2005 年 3 月 14 日第十届全国人大第 3 次会议通过，当日公布施行，共 10 条。《反分裂国家法》标志着中国开始用法律方式来处理国家统一的事务，它为维护国家主权和领土完整提供了法律上的依据，对于反对和遏制"台独"分裂势力，推动两岸和平统一具有重大意义。它的出台凝聚了中国共产党新的执政经验，并体现出了高度的政治智慧。《反分裂国家法》是一部充满着和平、宪政、法治和人权精神的法律。

我国《反分裂国家法》中的公民国家安全义务，主要有 5 个方面，即：（1）维护国家主权和领土完整（第 2 条）；（2）完成国家统一大业是全体中国人民的神圣职责（第 4 条）；（3）以和平方式实现国家统一（第 5 条）；（4）维护台湾海峡地区和平稳定（第 6 条）；（5）和平统一可能性丧失时采取非和平方式及必要措施支持义务（第 8 条）。

二、《中华人民共和国反恐怖主义法》中的公民义务

恐怖主义已成为影响世界和平与发展的重要因素。在这一背景下，恐怖主义对我国国家安全、政治稳定、经济社会发展、民族团结和公民生命安全的威胁不容忽视。全国人大及其常委会高度重视反恐怖主义法律制度建设。我国《刑法》《刑事诉讼法》《反洗钱法》《人民武装警察法》等法律，对恐怖活动犯罪的刑事责任、惩治恐怖活动犯罪的诉讼程序、涉恐资金监控等作了规定。2011 年 10 月，全国人大常委会通过了《关于加强反恐怖工作有关问题的决定》（简称《反恐怖决定》）。此外，我国还缔结、参加了一系列国际反恐怖主义条约。随着反恐怖主义斗争形势的发展，反恐怖主义法律制度建设面临着新的情况和要求：（1）党中央从维护国家安全的高度出发，对加强反恐怖主义工作作出了一系列重大决策部署，我国在防范和打击恐怖活动中也取得了一些成功经验，有必要通过制定反恐怖主义法，以法律的形式确定下来；（2）现行法律对反恐怖主义有关工作作了规定，但分散在不同的法律文件中，需要进一步规范完善；（3）反恐怖主义

工作的体制机制还存在一些迫切需要通过立法解决的问题。据此，根据总体国家安全观的要求，在现有法律规定的基础上，制定一部我国专门的《反恐怖主义法》是非常必要的。

2014 年 4 月，由国家反恐怖工作领导机构牵头，公安部会同全国人大常委会法制工作委员会、国务院法制办、国家安全部、工业和信息化部、人民银行、武警总部等部门成立起草小组，组成专班，着手起草我国《反恐怖主义法》。在起草过程中，多次深入一些地方调查研究，召开各种形式的研究论证会，听取各方面意见，并反复征求中央国家安全委员会办公室、各有关单位、地方和专家学者的意见，同时还研究借鉴国外的有关立法经验，形成了《中华人民共和国反恐怖主义法（草案）》（简称《反恐怖主义法草案》）。[①] 我国《反恐怖主义法草案》立足于当前和今后一段时期反恐怖主义的斗争需要，规定了反恐怖主义工作的体制机制，明确了反恐怖主义工作领导机构和有关部门的职责任务；规定了反恐怖主义必要的手段和措施，并注意平衡与法治、保障人权的关系，整部《反恐怖主义法草案》共十章 106 条。2015 年 12 月 27 日，第十二届全国人大常委会第 18 次会议通过了我国《反恐怖主义法》（2016 年 1 月 1 日实施），正式颁行的我国《反恐怖主义法》共 10 章 97 条。我国《反恐怖主义法》第 3 条规定中，对涉及恐怖主义的一系列概念或者名词，做了界定。

（1）恐怖主义。"恐怖主义"是指通过暴力、破坏、恐吓等手段，制造社会恐慌、危害公共安全、侵犯人身财产，或者胁迫国家机关、国际组织，以实现其政治、意识形态等目的的主张和行为。

（2）恐怖活动。"恐怖活动"是指恐怖主义性质的下列行为：①组织、策划、准备实施、实施造成或者意图造成人员伤亡、重大财产损失、公共设施损坏、社会秩序混乱等严重社会危害的活动的；②宣扬恐怖主义，煽动实施恐怖活动，或者非法持有宣扬恐怖主义的物品，强制他人在公共场所穿戴宣扬恐怖主义的服饰、标志的；③组织、领导、参加恐怖活动组织的；④为恐怖活动组织、恐怖活动人员、实施恐怖活动或者恐怖活动培训提供信息、资金、物资、劳务、技术、场所等支持、协助、便利的；⑤其他恐怖活动。

（3）恐怖活动组织。"恐怖活动组织"，是指 3 人以上为实施恐怖活动而组成的犯罪组织。

（4）恐怖活动人员。"恐怖活动人员"，是指实施恐怖活动的人和恐怖活动组织的成员。

（5）恐怖事件。"恐怖事件"，则是指正在发生或者已经发生的造成或者可能造成重大社会危害的恐怖活动。

我国《反恐怖主义法》在第二章规定了"恐怖活动组织和人员的认定"规则，并在后面的各章中，以第三章安全防范、第四章情报信息、第五章调查、第六章应对处置、

---

① 郎胜. 关于《中华人民共和国反恐怖主义法（草案）》的说明——2014 年 10 月 27 日在第十二届全国人民代表大会常务委员会第 11 次会议上［EB/OL］. 中国人大网，http://law. npc. gov. cn/FLFG/flfgByID. action? flfgID=35625982&showDetailType=QW&zlsxid=23. 最后访问时间：2016—09—02.

第七章国际合作和第八章保障措施等章节，进行了系统规定。国家将反恐怖主义纳入国家安全战略，综合施策，标本兼治，加强反恐怖主义的能力建设，运用政治、经济、法律、文化、教育、外交、军事等手段，开展反恐怖主义工作。国家反对一切形式的以歪曲宗教教义或者其他方法煽动仇恨、煽动歧视、鼓吹暴力等极端主义，消除恐怖主义的思想基础（第4条）；反恐怖主义工作坚持专门工作与群众路线相结合，防范为主、惩防结合和先发制敌、保持主动的原则（第5条）；反恐怖主义工作应当依法进行，尊重和保障人权，维护公民和组织的合法权益。在反恐怖主义工作中，应当尊重公民的宗教信仰自由和民族风俗习惯，禁止任何基于地域、民族、宗教等理由的歧视性做法（第6条）；国家设立反恐怖主义工作领导机构，统一领导和指挥全国反恐怖主义工作。设区的市级以上地方政府设立反恐怖主义工作领导机构，县级政府根据需要设立反恐怖主义工作领导机构，在上级反恐怖主义工作领导机构的领导和指挥下，负责本地区反恐怖主义工作（第7条）；公安机关、国家安全机关和人民检察院、人民法院、司法行政机关以及其他有关国家机关，应当根据分工，实行工作责任制，依法做好反恐怖主义工作。中国人民解放军、中国人民武装警察部队和民兵组织依照本法和其他有关法律、行政法规、军事法规以及国务院、中央军事委员会的命令，并根据反恐怖主义工作领导机构的部署，防范和处置恐怖活动。有关部门应当建立联动配合机制，依靠、动员村民委员会、居民委员会、企业事业单位、社会组织，共同开展反恐怖主义工作（第8条）。

我国《反恐怖主义法》规定的反恐怖主义的公民义务，主要是：（1）不参与义务；（2）协助、配合义务；（3）报告义务等。即：任何单位和个人都有协助、配合有关部门开展反恐怖主义工作的义务，发现恐怖活动嫌疑或者恐怖活动嫌疑人员的，应当及时向公安机关或者有关部门报告（第9条）；对在中华人民共和国领域外对中华人民共和国国家、公民或者机构实施的恐怖活动犯罪，或者实施的中华人民共和国缔结、参加的国际条约所规定的恐怖活动犯罪，中华人民共和国行使刑事管辖权，依法追究刑事责任（第11条）。同时，我国《反恐怖主义法》第九章法律责任（第79条～第96条，共18条）的前四条，主要是针对公民个体参与恐怖主义活动的法律责任。即：

1. 对恐怖活动依法追究刑事责任。任何公民组织、策划、准备实施、实施恐怖活动，宣扬恐怖主义，煽动实施恐怖活动，非法持有宣扬恐怖主义的物品，强制他人在公共场所穿戴宣扬恐怖主义的服饰、标志，组织、领导、参加恐怖活动组织，为恐怖活动组织、恐怖活动人员、实施恐怖活动或者恐怖活动培训提供帮助的，依法追究刑事责任（第79条）。

2. 对轻微恐怖活动的处罚。任何公民参与下列活动之一，情节轻微，尚不构成犯罪的，由公安机关处10日以上15日以下拘留，可以并处1万元以下罚款：（1）宣扬恐怖主义、极端主义或者煽动实施恐怖活动、极端主义活动的；（2）制作、传播、非法持有宣扬恐怖主义、极端主义的物品的；（3）强制他人在公共场所穿戴宣扬恐怖主义、极端主义的服饰、标志的；（4）为宣扬恐怖主义、极端主义或者实施恐怖主义、极端主义活动提供信息、资金、物资、劳务、技术、场所等支持、协助、便利的（第80条）。

3. 对极端主义活动的处罚。任何公民利用极端主义，实施下列行为之一，情节轻微，尚不构成犯罪的，由公安机关处5日以上15日以下拘留，可以并处1万元以下罚款：（1）强迫他人参加宗教活动，或者强迫他人向宗教活动场所、宗教教职人员提供财物或者劳务的；（2）以恐吓、骚扰等方式驱赶其他民族或者有其他信仰的人员离开居住地的；（3）以恐吓、骚扰等方式干涉他人与其他民族或者有其他信仰的人员交往、共同生活的；（4）以恐吓、骚扰等方式干涉他人生活习俗、方式和生产经营的；（5）阻碍国家机关工作人员依法执行职务的；（6）歪曲、诋毁国家政策、法律、行政法规，煽动、教唆抵制人民政府依法管理的；（7）煽动、胁迫群众损毁或者故意损毁居民身份证、户口簿等国家法定证件以及人民币的；（8）煽动、胁迫他人以宗教仪式取代结婚、离婚登记的；（9）煽动、胁迫未成年人不接受义务教育的；（10）其他利用极端主义破坏国家法律制度实施的（第81条）。

4. 对窝藏、包庇行为的处罚。任何公民明知他人有恐怖活动犯罪、极端主义犯罪行为，窝藏、包庇，情节轻微，尚不构成犯罪的，或者在司法机关向其调查有关情况、收集有关证据时，拒绝提供的，由公安机关处10日以上15日以下拘留，可以并处1万元以下罚款（第82条）。

三、《反间谍法》中的公民义务

2014年11月1日，第十二届全国人大常委会第11次会议通过《中华人民共和国反间谍法》（共5章40条；当日发布施行，简称《反间谍法》），包括：第一章总则、第二章国家安全机关在反间谍工作中的职权、第三章公民和组织的义务和权利、第四章法律责任和第五章附则等。

我国《反间谍法》规定，所谓间谍行为，是指下列行为：（1）间谍组织及其代理人实施或者指使、资助他人实施，或者境内外机构、组织、个人与其相勾结实施的危害中华人民共和国国家安全的活动；（2）参加间谍组织或者接受间谍组织及其代理人的任务的；（3）间谍组织及其代理人以外的其他境外机构、组织、个人实施或者指使、资助他人实施，或者境内机构、组织、个人与其相勾结实施的窃取、刺探、收买或者非法提供国家秘密或者情报，或者策动、引诱、收买国家工作人员叛变的活动；（4）为敌人指示攻击目标的；（5）进行其他间谍活动的（第38条）。反间谍工作坚持中央统一领导，坚持公开工作与秘密工作相结合、专门工作与群众路线相结合、积极防御、依法惩治的原则（第2条）。国家安全机关是反间谍工作的主管机关。公安、保密行政管理等其他有关部门和军队有关部门按照职责分工，密切配合，加强协调，依法做好有关工作（第3条）。反间谍工作应当依法进行，尊重和保障人权，保障公民和组织的合法权益（第5条）。境外机构、组织、个人实施或者指使、资助他人实施的，或者境内机构、组织、个人与境外机构、组织、个人相勾结实施的危害中华人民共和国国家安全的间谍行为，都必须受到法律追究（第6条）。

在我国《反间谍法》中，公民的反间谍活动的义务，分两个层次：一是维护国家安全的义务（第4条）；二是反间谍活动的系列义务，即第三章"公民和组织的义务和权利"（第19条~第26条）规定的义务。

1. 防范义务。机关、团体和其他组织应当对本单位的人员进行维护国家安全的教育，动员、组织本单位的人员防范、制止间谍行为（第19条）。

2. 协助义务。公民和组织应当为反间谍工作提供便利或者其他协助。因协助反间谍工作，本人或者其近亲属的人身安全面临危险的，可以向国家安全机关请求予以保护。国家安全机关应当会同有关部门依法采取保护措施（第 20 条）；在国家安全机关调查了解有关间谍行为的情况、收集有关证据时，有关组织和个人应当如实提供，不得拒绝（第 22 条）。

3. 报告义务。公民和组织发现间谍行为，应当及时向国家安全机关报告；向公安机关等其他国家机关、组织报告的，相关国家机关、组织应当立即移送国家安全机关处理（第 21 条）。

4. 保密义务。任何公民和组织都应当保守所知悉的有关反间谍工作的国家秘密（第 23 条）。

5. 不得持有义务。任何个人和组织都不得非法持有属于国家秘密的文件、资料和其他物品（第 24 条）；任何个人和组织都不得非法持有、使用间谍活动特殊需要的专用间谍器材。专用间谍器材由国务院国家安全主管部门依照国家有关规定确认（第 25 条）。

6. 检举控告权利。任何个人和组织对国家安全机关及其工作人员超越职权、滥用职权和其他违法行为，都有权向上级国家安全机关或者有关部门检举、控告。受理检举、控告的国家安全机关或者有关部门应当及时查清事实，负责处理，并将处理结果及时告知检举人、控告人。对协助国家安全机关工作或者依法检举、控告的个人和组织，任何个人和组织不得压制和打击报复（第 26 条）。

第三节　《国家安全法》中公民的义务和权利

一、公民的国家安全维护义务

我国《国家安全法》第 11 条规定，我国公民有维护国家安全的责任和义务。中国的主权和领土完整不容侵犯和分割。维护国家主权、统一和领土完整是包括港澳同胞和台湾同胞在内的全中国人民的共同义务。这一点，不但有我国《宪法》第 46 条明确规定，也为我国社会主义核心价值观所明确肯定。除此之外，我国《国家安全法》第六章公民、组织的义务和权利（第 77 条～第 83 条）专章规定了公民的国家安全义务。其中，我国《国家安全法》第 77 条为公民国家安全义务的专条。即：公民应当履行维护国家安全的系列义务，具体包括：（1）遵守宪法、法律法规关于国家安全的有关规定（保护国家安全义务）；（2）及时报告危害国家安全活动的线索（报告义务）；（3）如实提供所知悉的涉及危害国家安全活动的证据（证据提交义务）；（4）为国家安全工作提供便利条件或者其他协助（协助义务 1）；（5）向国家安全机关、公安机关和有关军事机关提供必要的支持和协助（协助义务 2）；（6）保守所知悉的国家秘密（保密义务）；（7）法律、行政法规规定的其他义务。除此之外，我国《国家安全法》第 77 条第二款还规定了两项"不应得为义务"：（1）任何公民不得有危害国家安全的行为；（2）任何公民不得向危害国家安全的个人或者组织提供任何资助或者协助。

维护国家安全需要构筑人民防线和社会堤坝。人民是历史的创造者，也是国家安全的维护者。国家安全的根基在人民、力量在人民、血脉在人民，人民对国家的认同和支持，是维护国家安全的不竭动力。维护国家安全人人可为、时时可为。公民可以通过各种方式为维护国家安全贡献智慧和力量。例如，2012 年的时候，黄运来这位海南省的渔民，在近海捕鱼时捞到一枚"鱼雷"。他当场用手机拍下照片后，发给了海南省国家安全厅的工作人员。经查，这枚所谓的"鱼雷"是一个缆控水下机器人，造型轻便，性能先进，功能强大，既能搜集我方重要海域内各类环境数据，又能探测获取我方海军舰船活动的动向，实现近距离侦察和情报收集任务。这件事提醒人们，公民承担和履行维护国家安全的义务，需要公民有很强的义务意识和督促公民履行维护国家安全义务的机制。只有这样，公民才能像黄运来那样，正确、积极、有效地履行一个公民对国家安全的维护义务。[①]

当然，基于国家安全保护工作的需要，在国家安全工作中，需要采取限制公民权利和自由的特别措施时，应当依法进行，并以维护国家安全的实际需要为限度（第 83条），不能超过法定限度实施限制公民权利和自由的措施。

二、公民维护国家安全行为的保护——公民维护国家安全的权利

我国《国家安全法》第六章公民、组织的义务和权利大部分条款，即第 78 条～第83 条专章规定的公民国家安全义务内容比较多，要求比较复杂。具体内容涵盖面广，主要是：（1）公民的国家安全意识培育。即机关、人民团体、企业事业组织和其他社会组织，包括社区、居民委员会和村民委员会等，应当对本单位的人员进行维护国家安全的教育，动员、组织本单位的人员切实实施防范、制止危害国家安全的行为（第 78条）。（2）组织配合义务。企业事业组织根据国家安全工作的要求，应当配合有关部门采取相关安全措施（第 79 条）。（3）支持行为受保护与安全保护请求权。公民和组织支持、协助国家安全工作的行为受法律保护。因支持、协助国家安全工作，本人或者其近亲属的人身安全面临危险的，可以向公安机关、国家安全机关请求予以保护。公安机关、国家安全机关应当会同有关部门依法采取保护措施（第 80 条）。（4）损失补偿请求权。公民和组织因支持、协助国家安全工作导致财产损失的，按照国家有关规定给予补偿；造成人身伤害或者死亡的，按照国家有关规定给予抚恤优待（第 81 条）。（5）检举、控告的权利。公民和组织对国家安全工作有向国家机关提出批评建议的权利，对国家机关及其工作人员在国家安全工作中的违法失职行为有提出申诉、控告和检举的权利（第 82 条）。

国家安全是个人安全的屏障，没有国，就没有家；近代以来帝国主义强加于中国人民的历次屈辱战争告诉我们：没有国家安全，就谈不上社会安定，更谈不上个人幸福。[②] 因此，我国《国家安全法》通过设置公民维护国家安全的权利，来保持公民在国家安全方面利益的平衡。公民支持国家安全的行为受保护与安全保护请求权、损失补偿

---

① 《总体国家安全观干部读本》编委会. 总体国家安全观干部读本［M］. 北京：人民出版社，2016 年版：248～251.

② 周斌. 公民维护国家安全行为受法律保护［EB/OL］. 法制网，http://finance.sina.com.cn/sf/news/2016－04－15/091227279.html. 最后访问时间：2016－09－02

请求权和检举、控告的权利等，是非常重要的基本权利。有了这些权利，并通过公民维护国家安全的权利保障机制，给予充分的保护，那么，公民的国家安全保护义务履行意识，就会成为公民维护国家安全的自觉行动。

三、公民危害国家安全行为的刑事处罚

（一）危害国家安全罪

1. 背叛国家罪。勾结外国，危害中国的主权、领土完整和安全的，处无期徒刑或者 10 年以上有期徒刑。与境外机构、组织、个人相勾结，犯前款罪的，依照前款规定的背叛国罪处罚（《刑法》第 102 条）。

2. 分裂国家罪、煽动分裂国家罪。组织、策划、实施分裂国家、破坏国家统一的，对首要分子或者罪行重大的，处无期徒刑或者 10 年以上有期徒刑；对积极参加的，处 3 年以上 10 年以下有期徒刑；对其他参加的，处 3 年以下有期徒刑、拘役、管制或者剥夺政治权利。煽动分裂国家、破坏国家统一的，处 5 年以下有期徒刑、拘役、管制或者剥夺政治权利；首要分子或者罪行重大的，处 5 年以上有期徒刑（《刑法》第 103 条）。

3. 武装叛乱、暴乱罪。组织、策划、实施武装叛乱或者武装暴乱的，对首要分子或者罪行重大的，处无期徒刑或者 10 年以上有期徒刑；对积极参加的，处 3 年以上 10 年以下有期徒刑；对其他参加的，处 3 年以下有期徒刑、拘役、管制或者剥夺政治权利。策动、胁迫、勾引、收买国家机关工作人员、武装部队人员、人民警察、民兵进行武装叛乱或者武装暴乱的，依照前款的规定从重处罚（《刑法》第 104 条）。

4. 颠覆国家政权罪、煽动颠覆国家政权罪。组织、策划、实施颠覆国家政权、推翻社会主义制度的，对首要分子或者罪行重大的，处无期徒刑或者 10 年以上有期徒刑；对积极参加的，处 3 年以上 10 年以下有期徒刑；对其他参加的，处 3 年以下有期徒刑、拘役、管制或者剥夺政治权利。以造谣、诽谤或者其他方式煽动颠覆国家政权、推翻社会主义制度的，处 5 年以下有期徒刑、拘役、管制或者剥夺政治权利；首要分子或者罪行重大的，处 5 年以上有期徒刑（《刑法》第 105 条）。

5. 资助危害国家安全犯罪活动罪。境内外机构、组织或者个人资助境内组织或者个人实施本章第 102 条、第 103 条、第 104 条、第 105 条规定之罪的，对直接责任人员，处 5 年以下有期徒刑、拘役、管制或者剥夺政治权利；情节严重的，处 5 年以上有期徒刑（《刑法》第 107 条）。

6. 投敌叛变罪。投敌叛变的，处 3 年以上 10 年以下有期徒刑；情节严重或者带领武装部队人员、人民警察、民兵投敌叛变的，处 10 年以上有期徒刑或者无期徒刑（《刑法》第 108 条）。

7. 叛逃罪。国家机关工作人员在履行公务期间，擅离岗位，叛逃境外或者在境外叛逃，危害中国国家安全的，处 5 年以下有期徒刑、拘役、管制或者剥夺政治权利；情节严重的，处 5 年以上 10 年以下有期徒刑。掌握国家秘密的国家工作人员犯前款罪的，依照前款的规定从重处罚（《刑法》第 109 条）。

8. 间谍罪。有下列间谍行为之一，危害国家安全的，处 10 年以上有期徒刑或者无

期徒刑；情节较轻的，处 3 年以上 10 年以下有期徒刑：（1）参加间谍组织或者接受间谍组织及其代理人的任务的；（2）为敌人指示轰击目标的（《刑法》第 110 条）。

9. 为境外窃取、刺探、收买、非法提供国家秘密、情报罪。为境外的机构、组织、人员窃取、刺探、收买、非法提供国家秘密或者情报的，处 5 年以上 10 年以下有期徒刑；情节特别严重的，处 10 年以上有期徒刑或者无期徒刑；情节较轻的，处 5 年以下有期徒刑、拘役、管制或者剥夺政治权利（《刑法》第 111 条）。

10. 资敌罪。战时供给敌人武器装备、军用物资资敌的，处 10 年以上有期徒刑或者无期徒刑；情节较轻的，处 3 年以上 10 年以下有期徒刑（《刑法》第 112 条）。

上述危害国家安全罪行中，除《刑法》第 103 条第二款、第 105 条、第 107 条、第 109 条外，对国家和人民危害特别严重、情节特别恶劣的，可以判处死刑。同时，可以并处没收财产（第 113 条）。

（二）破坏社会主义市场经济秩序罪

主要是走私罪，走私罪是个"大罪"，包括的种类繁多。在我国《刑法》第 151 条规定的"走私罪"包括：（1）走私武器、弹药罪；（2）走私核材料罪；（3）走私假币罪；（4）走私文物罪；（5）走私贵重金属罪；（6）走私珍贵动物、珍贵动物制品罪；（7）走私国家禁止进出口的货物、物品罪等。

我国《刑法》第 151 条具体规定是：走私武器、弹药、核材料或者伪造的货币的，处 7 年以上有期徒刑，并处罚金或者没收财产；情节较轻的，处 3 年以上 7 年以下有期徒刑，并处罚金。走私国家禁止出口的文物、黄金、白银和其他贵重金属或者国家禁止进出口的珍贵动物及其制品的，处 5 年以上有期徒刑，并处罚金；情节较轻的，处 5 年以下有期徒刑，并处罚金。走私珍稀植物及其制品等国家禁止进出口的其他货物、物品的，处 5 年以下有期徒刑或者拘役，并处或者单处罚金；情节严重的，处 5 年以上有期徒刑，并处罚金。单位犯本条规定之罪的，对单位判处罚金，并对其直接负责的主管人员和其他直接责任人员，依照本条各款的规定处罚。

（三）妨害社会管理秩序罪

1. 非法获取国家秘密罪、非法持有国家绝密、机密文件、资料、物品罪。以窃取、刺探、收买方法，非法获取国家秘密的，处 3 年以下有期徒刑、拘役、管制或者剥夺政治权利；情节严重的，处 3 年以上 7 年以下有期徒刑。非法持有属于国家绝密、机密的文件、资料或者其他物品，拒不说明来源与用途的，处 3 年以下有期徒刑、拘役或者管制，并处或者单处罚金；情节严重的，处三年以上七年以下有期徒刑，并处罚金（《刑法》第 282 条）。

2. 非法生产、销售专用间谍器材、窃听、窃照专用器材罪。非法生产、销售窃听、窃照等专用间谍器材的，处 3 年以下有期徒刑、拘役或者管制，并处或者单处罚金；情节严重的，处三年以上七年以下有期徒刑，并处罚金（《刑法》第 283 条）。

3. 非法使用窃听、窃照专用器材罪。非法使用窃听、窃照专用器材，造成严重后果的，处 2 年以下有期徒刑、拘役或者管制（《刑法》第 284 条）。

4. 非法侵入计算机信息系统罪、非法获取计算机信息系统数据、非法控制计算机信息系统罪，提供侵入、非法控制计算机系统程序、工具罪。违反国家规定，侵入国家事务、国防建设、尖端科学技术领域的计算机信息系统的，处 3 年以下有期徒刑或者拘役。违反国家规定，侵入前款规定以外的计算机信息系统或者采用其他技术手段，获取该计算机信息系统中存储、处理或者传输的数据，或者对该计算机信息系统实施非法控制，情节严重的，处 3 年以下有期徒刑或者拘役，并处或者单处罚金；情节特别严重的，处 3 年以上 7 年以下有期徒刑，并处罚金（《刑法》第 285 条）。

5. 破坏计算机信息系统罪。违反国家规定，对计算机信息系统功能进行删除、修改、增加、干扰，造成计算机信息系统不能正常运行，后果严重的，处 5 年以下有期徒刑或者拘役；后果特别严重的，处 5 年以上有期徒刑。违反国家规定，对计算机信息系统中存储、处理或者传输的数据和应用程序进行删除、修改、增加的操作，后果严重的，依照前款的规定处罚。故意制作、传播计算机病毒等破坏性程序，影响计算机系统正常运行，后果严重的，依照第一款的规定处罚（《刑法》第 286 条）。

6. 组织、利用会道门、邪教组织或者利用迷信破坏国家法律，组织组织、利用会道门、邪教组织或者利用迷信致人重伤、死亡罪。组织、利用会道门、邪教组织或者利用迷信破坏国家法律、行政法规实施的，处三年以上七年以下有期徒刑，并处罚金；情节特别严重的，处七年以上有期徒刑或者无期徒刑，并处罚金或者没收财产；情节较轻的，处三年以下有期徒刑、拘役、管制或者剥夺政治权利，并处或者单处罚金。组织、利用会道门、邪教组织或者利用迷信蒙骗他人，致人重伤、死亡的，依照前款的规定处罚。犯第一款罪又有奸淫妇女、诈骗财物等犯罪行为的，依照数罪并罚的规定处罚（《刑法》第 300 条）。

7. 组织他人偷越国（边）境罪。组织他人偷越国（边）境的，处 2 年以上 7 年以下有期徒刑，并处罚金；有下列情形之一的，处 7 年以上有期徒刑或者无期徒刑，并处罚金或者没收财产：(1) 组织他人偷越国（边）境集团的首要分子；(2) 多次组织他人偷越国（边）境或者组织他人偷越国（边）境人数众多的；(3) 造成被组织人重伤、死亡的；(4) 剥夺或者限制被组织人人身自由的；(5) 以暴力、威胁方法抗拒检查的；(6) 违法所得数额巨大的；(7) 有其他特别严重情节的。犯前款罪，对被组织人有杀害、伤害、强奸、拐卖等犯罪行为，或者对检查人员有杀害、伤害等犯罪行为的，依照数罪并罚的规定处罚（《刑法》第 318 条）。

8. 运送他人偷越国（边）境罪。运送他人偷越国（边）境的，处 5 年以下有期徒刑、拘役或者管制，并处罚金；有下列情形之一的，处 5 年以上 10 年以下有期徒刑，并处罚金：(1) 多次实施运送行为或者运送人数众多的；(2) 所使用的船只、车辆等交通工具不具备必要的安全条件，足以造成严重后果的；(3) 违法所得数额巨大的；(4) 有其他特别严重情节的。在运送他人偷越国（边）境中造成被运送人重伤、死亡，或者以暴力、威胁方法抗拒检查的，处 7 年以上有期徒刑，并处罚金。犯前两款罪，对被运送人有杀害、伤害、强奸、拐卖等犯罪行为，或者对检查人员有杀害、伤害等犯罪行为的，依照数罪并罚的规定处罚（《刑法》第 321 条）。

（四）危害国防利益罪

1. 破坏武器装备、军事设施、军事通信罪，过失损坏武器装备、军事设施、军事通信罪。破坏武器装备、军事设施、军事通信的，处 3 年以下有期徒刑、拘役或者管制；破坏重要武器装备、军事设施、军事通信的，处 3 年以上 10 年以下有期徒刑；情节特别严重的，处 10 年以上有期徒刑、无期徒刑或者死刑。过失犯前款罪，造成严重后果的，处 3 年以下有期徒刑或者拘役；造成特别严重后果的，处 3 年以上 7 年以下有期徒刑。战时犯前两款罪的，从重处罚（《刑法》第 369 条）。

2. 战时拒绝、逃避征召、军事训练罪，战时拒绝、逃避服役罪。预备役人员战时拒绝、逃避征召或者军事训练，情节严重的，处 3 年以下有期徒刑或者拘役。公民战时拒绝、逃避服役，情节严重的，处 2 年以下有期徒刑或者拘役（《刑法》第 376 条）。

3. 战时故意提供虚假敌情罪。战时故意向武装部队提供虚假敌情，造成严重后果的，处 3 年以上 10 年以下有期徒刑；造成特别严重后果的，处 10 年以上有期徒刑或者无期徒刑（《刑法》第 377 条）。

4. 战时造谣扰乱军心罪。战时造谣惑众，扰乱军心的，处 3 年以下有期徒刑、拘役或者管制；情节严重的，处 3 年以上 10 年以下有期徒刑（《刑法》第 378 条）。

5. 战时窝藏逃离部队军人罪。战时明知是逃离部队的军人而为其提供隐蔽处所、财物，情节严重的，处 3 年以下有期徒刑或者拘役（《刑法》第 379 条）。

6. 战时拒绝、故意延误军事订货罪。战时拒绝或者故意延误军事订货，情节严重的，对单位判处罚金，并对其直接负责的主管人员和其他直接责任人员，处 5 年以下有期徒刑或者拘役；造成严重后果的，处 5 年以上有期徒刑（《刑法》第 380 条）。

7. 战时拒绝军事征用罪。战时拒绝军事征收、征用，情节严重的，处 3 年以下有期徒刑或者拘役（《刑法》第 381 条）。

第六章　国家安全制度

第一节　国家安全制度

一、国家安全制度与工作机制

"制度"一词，最一般的含义，是指要求人们共同遵守的办事规程或行动准则，是实现某种功能和特定目标的社会组织乃至整个社会的一系列规范体系。"制度"的第一含义，是指要求成员共同遵守的、按一定程序办事的规程。汉语中"制"有节制、限制的意思；"度"有尺度、标准的意思。这两个字结合起来，表明制度是节制人们行为的尺度。

所谓国家安全制度，是指国家安全按照总体国家安全观的目标设计的，国家安全工作的具体运行方式的一系列法律法规和政策等的规范体系。在我国，《国家安全法》第4条~第5条规定，坚持中国共产党对国家安全工作的领导，建立集中统一、高效权威的国家安全领导体制。由中央国家安全领导机构负责国家安全工作的决策和议事协调，研究制定、指导实施国家安全战略和有关重大方针政策，统筹协调国家安全重大事项和重要工作，推动国家安全法治建设。

在我国《国家安全法》第四章第一节第44条~第50条和其他几节中，规定了由中央国家安全领导机构实行统分结合、协调高效的国家安全制度与工作机制。具体包括10项国家安全制度与工作机制[①]：（1）国家安全重点领域工作协调机制。国家建立国家安全重点领域工作协调机制，统筹协调中央有关职能部门推进相关工作。（2）国家安全督查责任追究机制。国家建立国家安全工作督促检查和责任追究机制，确保国家安全战略和重大部署贯彻落实。（3）国家安全战略实施机制。各部门、各地区应当采取有效措施，贯彻实施国家安全战略。（4）国家安全跨部门会商工作机制。国家根据维护国家安全工作需要，建立跨部门会商工作机制，就维护国家安全工作的重大事项进行会商研判，提出意见和建议。（5）国家安全协同联动机制。国家建立中央与地方之间、部门之间、军地之间以及地区之间关于国家安全的协同联动机制。（6）国家安全决策咨询机制。国家建立国家安全决策咨询机制，组织专家和有关方面开展对国家安全形势的分析研判，推进国家安全的科学决策。（7）国家安全情报信息制度。这是我国《国家安全

---

① 乔晓阳. 中华人民共和国国家安全法释义 [M]. 北京：法律出版社，2016，222.

法》第四章国家安全制度第二节情报信息（第51条～第54条）规定的国家安全情报信息收集、研判和使用制度。（8）国家安全风险预防、评估和预警制度。这是我国《国家安全法》第四章国家安全制度第三节风险预防、评估和预警（第55条～第58条）规定的应对各领域国家安全风险预案制度。（9）国家安全审查监管制度。这是我国《国家安全法》第四章国家安全制度第四节审查监管（第59条～第61条）规定的国家安全审查和监管的制度和机制。（10）国家安全危机管控制度。这是我国《国家安全法》第四章国家安全制度第五节危机管控（第62条～第68条）规定的统一领导、协同联动、有序高效的国家安全危机管控制度。

本章"国家安全制度"这一章的内容，涵盖了我国《国家安全法》第二章～第五章共四章即第15条～第76条（共62条）的规定内容，这些内容占全部84条款的73.81%，容量最大、内容最为丰富。理解我国的国家安全制度时，应当认真阅读《国家安全法》第二章—第五章这四章的具体规定和制度设计与安排。

二、国家安全制度中的"六大机制"

（一）国家安全制度与工作机制基本要求

中央国家安全领导机构实行统分结合、协调高效的国家安全制度与工作机制，这是国家安全制度与工作机制的基本要求和目标设定。2014年1月24日，中共中央政治局会议明确规定，中央国家安全委员会遵循"集中统一、科学谋划、统分结合、协调行动、精干高效"的原则开展工作。

所谓"统分结合"是指国家安全的事权在中央，国家安全工作必须高度集中，统于中央指挥。我国《国家安全法》第4条、第5条规定，坚持中国共产党对国家安全工作的领导，建立集中统一、高效权威的国家安全领导体制。中央国家安全领导机构负责国家安全工作的决策和议事协调，研究制定、指导实施国家安全战略和有关重大方针政策，统筹协调国家安全重大事项和重要工作，推动国家安全法治建设。这当中，是在国家安全事务上，各个责任主体分兵把口，各负其责。也就是说，在我国实行条块结合的行政管理体制之下，各部门对本系统业务即"条条"、各地区对其辖区事务即"块块"负有领导或者指导的职能，都是维护国家安全的责任主体，承担其具体职责。在我国，必须"条条""块块"结合即"统分结合"，才能有效实现维护国家安全的总体目标。

至于"协调高效"，是指协调行动，国家安全保障机制运转高效。我国《国家安全法》第45条、第48条和第49条规定，国家建立国家安全重点领域工作协调机制，统筹协调中央有关职能部门推进相关工作；并根据维护国家安全工作需要，建立跨部门会商工作机制，就维护国家安全工作的重大事项进行会商研判，提出意见和建议。与此同时，国家建立中央与地方之间、部门之间、军地之间以及地区之间关于国家安全的协同联动机制，一旦遇到国家安全重大事务，就进行积极协调，发挥高效运作的效果。

（二）国家安全重点领域工作协调机制

所谓国家安全重点领域，是指对国家安全具有决定意义或者重要影响的领域。根据我国《国家安全法》第15条、第17条～第20条的规定，在我国，国家安全的重点领域是：（1）政治安全（第15条）。包括中国共产党的领导，中国特色社会主义制度，国家统一，防范、制止和依法惩治境外势力的渗透、破坏、颠覆、分裂活动等。（2）领土安全（第17条）。包括领陆、领水和领空方面的国家领土主权和海洋权益等。（3）军事安全（第18条）。包括武装力量、军事战略、国际军事安全合作等。（4）经济安全（第19条）。包括基本经济制度和社会主义市场经济秩序，重要行业和关键领域、重点产业、重大基础设施和重大建设项目经济利益，以及金融安全（第20条）即金融风险防范、处置机制，金融基础设施和能力，系统性、区域性金融风险等。

国家安全重点领域的工作协调机制，是指中央有关职能部门之间的国家安全重点领域工作的一种由牵头部门负责，相关部门积极配合和协助的业务协调机制。我国《国家安全法》第46条规定，国家建立国家安全重点领域工作协调机制，统筹协调中央有关职能部门推进相关工作。

（三）国家安全督查责任追究机制

所谓国家安全督查责任追究机制，是指国家安全工作督促落实、检查效果和对国家安全战略和重大部署贯彻落实不力，依法追究责任单位或者责任人员法律责任的一种国家安全工作运行机制。我国《国家安全法》第46条规定，国家建立国家安全工作督促检查和责任追究机制，确保国家安全战略和重大部署贯彻落实。这当中，督促检查工作，是我国各级政府工作的重要组成部分，是各级政府全面履行职责的重要环节，也是落实国家安全工作的重要保障。2014年8月，国务院办公厅印发《关于进一步加强政府督促检查工作的意见》（简称《政府督查工作意见》），要求各级政府健全完善常态化的政府督促检查工作机制。（1）统筹协调机制；（2）分级负责机制；（3）协同配合机制；（4）动态管理机制等。应当说，这些常态化的政府督查工作机制，实际上就是要建构政府职能部门积极主动履行职责，主动积极配合和协调工作职能，提高政府部门的工作效能，体现"为人民服务"和"对人民负责"的服务型政府即"人民政府"的本质。

根据《政府督查工作意见》，督查工作制度包括了5项制度：（1）限期报告制度；（2）调查复核制度；（3）情况通报制度；（4）责任追究制度；（5）督查调研制度等。可见，督察制度和责任追究制度是相互关联的。那就是，如果国家安全工作督查出了问题，就一定要追究相应的责任。这样一来，督查的效力就通过责任追究和责任承担来体现。所以，追究责任是国家安全督查工作的重要一环。其目的，是"确保国家安全战略和重大部署贯彻落实"的效果。

（四）国家安全战略实施机制

所谓国家安全战略实施机制，是指各部门、各地区采用"1+N合作机制"和其他有效措施，落实和实施国家安全战略的一种工作合作机制。我国《国家安全法》第6条规定，国家制定并不断完善国家安全战略，全面评估国际、国内安全形势，明确国家安全战略的指导方针、中长期目标、重点领域的国家安全政策、工作任务和措施。由此而言，国家安全战略一旦制定，就要认真贯彻落实和实施，而"不断完善国家安全战略"，则要求各部门、各地区必须采用"1+N合作机制"，并以其他有效措施，保障国家安全战略的不断完善和系统全面地落实和实施。

各部门、各地区落实和实施国家安全战略的方式，主要是：

（1）制定法律法规和部门规章、规范性文件等，这是所谓的"法治方式"。中央政治局 2015 年 1 月 23 日召开会议，审议通过了《国家安全战略纲要》。在《国家安全战略纲要》中提出要"把法治贯穿于维护国家安全的全过程"。全国人大常委会通过并颁行《国家安全法》，在第 6 条、第 47 条专门规定了"制定和实施国家安全战略"条款，就是这种法治方式的第一步。

（2）制定本领域、本系统的安全战略，细化目标、分解任务，使之更具有针对性和可操作性，即所谓的"细化方式"。① 例如，2015 年 5 月 26 日，国务院新闻办发布的《中国的军事战略白皮书》中写道：中国同世界的命运紧密相连、息息相关，世界繁荣稳定是中国的机遇，中国和平发展也是世界的机遇。中国将始终不渝走和平发展道路，奉行独立自主的和平外交政策和防御性国防政策，反对各种形式的霸权主义和强权政治，永远不称霸，永远不搞扩张。中国军队始终是维护世界和平的坚定力量。建设巩固国防和强大军队是中国现代化建设的战略任务，是国家和平发展的安全保障。

军事战略是筹划和指导军事力量建设和运用的总方略，服从服务于国家战略目标。站在新的历史起点上，中国军队适应国家安全环境新变化，紧紧围绕实现中国共产党在新形势下的强军目标，贯彻新形势下积极防御军事战略方针，加快推进国防和军队现代化，坚决维护国家主权、安全、发展利益，为实现"两个一百年"奋斗目标和中华民族伟大复兴的中国梦提供坚强保障。中国军队主要担负以下战略任务：应对各种突发事件和军事威胁，有效维护国家领土、领空、领海主权和安全；坚决捍卫祖国统一；维护新型领域安全和利益；维护海外利益安全；保持战略威慑，组织核反击行动；参加地区和国际安全合作，维护地区和世界和平；加强反渗透、反分裂、反恐怖斗争，维护国家政治安全和社会稳定；担负抢险救灾、维护权益、安保警戒和支援国家经济社会建设等任务。贯彻新形势下军事战略方针，必须紧紧围绕实现中国共产党在新形势下的强军目标，以国家核心安全需求为导向，着眼建设信息化军队、打赢信息化战争，全面深化国防和军队改革，努力构建中国特色现代军事力量体系，不断提高军队应对多种安全威胁、完成多样化军事任务的能力。②

（3）制定工作计划或者工作方案，列出进度表，明确责任人，组织人力、武力、财力予以贯彻落实，即所谓的"工作方式"。这是大多数部门和地区贯彻落实国家安全战略的方式。应当说，不管采取何种方式，要确保国家安全战略真正地贯彻实施，加强工作督查和责任追究是必需的。对此，我国《国家安全法》第 46 条已经作出了明确的规定。③

（五）国家安全跨部门会商工作机制

所谓国家安全跨部门会商工作机制，是指对国家安全重大事项，通过跨部门的会商

---

① 乔晓阳. 中华人民共和国国家安全法释义［M］. 北京：法律出版社，2016，234.

② 国务院新闻办. 中国的军事战略（2015 年 5 月 26 日），前言，二、军队使命和战略任务，四、军事力量建设发展. 国新网，http://www.scio.gov.cn/zfbps/ndhf/2015/Document/1435161/1435161.htm. 最后访问时间：2016－09－03.

③ 乔晓阳. 中华人民共和国国家安全法释义［M］. 北京：法律出版社，2016，234.

制度以协调工作步骤和工作安排的一种部门合作机制。会商制度，在我国，指的是涉及跨区域、跨部门的重大事项时，需要提请党委、政府研究协调处理或作出决策的事项，由主办单位形成相关汇报材料，及时向有关领导汇报，并由有关领导召集相关职能部门集体磋商处理或者解决的一种工作制度。

我国《国家安全法》第48条规定，国家根据维护国家安全工作需要，建立跨部门会商工作机制，就维护国家安全工作的重大事项进行会商研判，提出意见和建议。在这里，国家根据维护国家安全工作的需要，建立的跨部门会商工作制度，主要是对国家安全重大事项会商的时间、对象、专题、原则、形式、结果等，以开会等的形式，共同研究、商讨并给出结论的一种工作制度。这种工作制度，是国家机关工作中常见的工作方法之一，凡是以可以互相交流、各自表达意见的方式，能够解决相关工作事项的共识、合作与配合的方式，都可以成为会商的具体表现形式。会商的具体方式包括：（1）现场会议；（2）通讯会议；（3）文件流转征求意见；（4）电话沟通；（5）电子邮件沟通等。具体目的是通过"会商研判，提出意见和建议"，其中"会商"是"共同商量，使得意见达成共识、达成一致"（适用民主集中制），而"研判"则是"各部门充分发表意见，穷尽各种可能性，作出走向、趋势预测性分析"（不适用民主集中制）。

在我国，根据各级政府机关的运行经验，会商制度分为：定期会商和不定期会商。前者则又分为月度会商、季度会商、半年会商和年度会商等四种。而根据会商的主题，会商则分为例行会商和专题会商。一般而言，定期会商主要是例行会商，而不定期会商多为专题会商。还有，会商制度可以其对象的层级分为高层会商、中层会商和基层会商等。应当注意的是，会商制度或者会商机制主要是同一级政府部门之间的"跨部门"进行会商，如果是上下级政府部门之间，则不叫会商，而应当叫"协同联动"，这是我国《国家安全法》第49条规定的；另外，在国家安全重点领域的协调机制，也不是"会商机制"而是"统筹协调机制"，这是我国《国家安全法》第45条规定的，读者对此应当注意区别。

（六）国家安全协同联动机制

所谓国家安全协同联动机制，是指在维护国家安全过程中，中央与地方之间、部门之间、军地之间，以及地区之间互相协调、联合行动和互相配合协作的一种工作机制。这是一个与国家安全重点领域工作协调机制、国家安全督查责任追究机制、国家安全战略实施机制、国家安全跨部门会商工作机制和国家安全决策咨询机制等五大机制相关联的一个工作机制，共同构成我国国家安全制度运行的"六大机制"，是"六大机制"中不可缺失的一个工作机制。

"协同"强调的是，在维护国家安全的过程中，中央与地方之间、部门之间、军地之间，以及地区之间必须分工合作、协同一致，联手开展维护国家安全的各种活动或者具体行动。其目的，就是使每一个担负国家安全维护义务或者职责、职能的部门、人员和其他各种参与主体，都成为国家安全维护机制的一部分，在具体活动和行动中，通力协助、互相协调和配合，克服部门之间、单位之间和地区之间，甚至于上下级之间的"组织结构分解力"，从而形成国家安全工作的合力。在"协同联动"中，协同是过程和手段，而联动是目的和结果。

在我国，最早确立协同联动机制的，是我国《突发事件应对法》的规定。即：国家建立统一领导、综合协调、分类管理、分级负责、属地管理为主的应急管理体制（第4条）；突发事件发生后，履行统一领导职责或者组织处置突发事件的政府应当针对其性质、特点和危害程度，立即组织有关部门，调动应急救援队伍和社会力量，依照本章规定和有关法律、法规、规章的规定，采取应急处置措施（第48条）；履行统一领导职责或者组织处置突发事件的人民政府，必要时可以向单位和个人征用应急救援所需设备、设施、场地、交通工具和其他物资，请求其他地方政府提供人力、物力、财力或者技术支援，要求生产、供应生活必需品和应急救援物资的企业组织生产、保证供给，要求提供医疗、交通等公共服务的组织提供相应的服务。履行统一领导职责或者组织处置突发事件的政府，应当组织协调运输经营单位，优先运送处置突发事件所需物资、设备、工具、应急救援人员和受到突发事件危害的人员（第52条）；履行统一领导职责或者组织处置突发事件的人民政府，应当按照有关规定统一、准确、及时发布有关突发事件事态发展和应急处置工作的信息（第53条）。

尤其是，我国《国防动员法》第3条规定，国家加强国防动员建设，建立健全与国防安全需要相适应、与经济社会发展相协调、与突发事件应急机制相衔接的国防动员体系，增强国防动员能力。并在我国《国防动员法》第二章"组织领导机构及其职权"中规定，国家国防动员委员会在国务院、中央军事委员会的领导下，负责组织、指导、协调全国的国防动员工作，国防动员委员会的办事机构承担本级国防动员委员会的日常工作，依法履行有关的国防动员职责；国家决定实施国防动员后，由国务院、中央军事委员会授权的机构负责组织指挥国防动员的实施。这些规定，有利于加强国防动员工作的集中统一领导，为有关各方履职尽责、协调一致地抓好国防动员工作提供了法律依据。在我国《反恐怖主义法》第8条第3款中，规定"有关部门应当建立联动配合机制，依靠、动员村民委员会、居民委员会、企业事业单位、社会组织，共同开展反恐怖主义工作"，就使得这个国家安全"协同联动机制"，更加鲜活而明晰了。

（七）国家安全决策咨询机制

所谓国家安全决策咨询机制，是指针对国家安全的重大问题或者国家安全形势，在进行决策之前或者决策过程中，组织专家和有关方面的智囊人士，进行国家安全事项的分析和研判，从而为决策者提供决策参考意见的一种工作机制。这是我国《国家安全法》第50条规定的内容。这种国家安全决策咨询机制，是一种国家智库制度的产物。所谓国家智库制度，是指以公共政策为研究对象，以影响政府决策为研究目标，以公共利益为研究导向，以社会责任为研究准则的专业研究机构，对相关重大问题和事项，经过研究提出研究结论，提供给决策者参考的一种人力资源使用制度。

知识点 智库，也叫智囊团，主要是指以公共政策为研究对象，以影响政府决策为研究目标，以公共利益为研究导向，以社会责任为研究准则的专业研究机构。中国智库是国家"软实力"和"话语权"的重要组成部分，对政府决策、企业发展、社会舆论与公共知识传播具有深刻影响。从组织形式和机构属性上看，智库既可以是具有政府背景的公共研究机构，也可以是不具有政府背景或具有准政府背景的私营研究机构；既可以是营利性研究机构，也可以是非营利性机构。我国的分类：第一类党政军智库；第二类社会科学院（简称"社科院"）；第三类高校智库；第四类民间智库。

在我国，之所以需要国家安全决策咨询机制，是因为国家安全不仅是治国理政的头等大事，关乎国家治理体系和治理能力的有无的大问题，而且也是提高国家安全决策的科学化水平的核心问题。2015 年 1 月 20 日，中共中央办公厅、国务院办公厅印发《关于加强中国特色新型智库建设的意见》（简称《中国智库建设意见》）中强调，智力资源是一个国家、一个民族最宝贵的资源。中国特色新型智库，是党和政府科学民主依法决策的重要支撑。决策咨询制度是我国社会主义民主政治建设的重要内容；也是国家治理体系和治理能力现代化的重要内容；还是国家软实力的重要组成部分。

国家安全决策咨询机制的具体内容包括：（1）在坚持中国共产党领导的前提下，坚持中国特色的社会主义方向，以遵法守纪为基础，以维护国家利益和人民利益为根本出发点，立足我国国情，提出充分体现中国特色、中国风格、中国气派的咨询建议；（2）围绕维护国家安全的重大任务和重大战略课题，开展前瞻性、针对性、储备性的政策、措施和对策研究，提出专业化、建设性、切实管用的咨询建议，着力提高综合研判和战略谋划能力；（3）坚持科学精神，鼓励大胆探索。坚持求真务实，理论联系实际，强化问题意识，提倡不同学术观点、不同政策建议的切磋争鸣、平等讨论，积极建言献策，创造有利于专家学者和智库发挥作用，积极健康向上的良好环境。① 在此基础上，让国家安全领域的决策，越来越科学。

早在 2004 年 9 月 19 日，《中共中央关于加强党的执政能力建设的决定》（简称《加强执政能力决定》）第五部分中规定，改革和完善决策机制，推进决策的科学化、民主化。完善重大决策的规则和程序，通过多种渠道和形式广泛集中民智，使决策真正建立在科学、民主的基础之上。对涉及经济社会发展全局的重大事项，要广泛征询意见，充分进行协商和协调；对专业性、技术性较强的重大事项，要认真进行专家论证、技术咨询、决策评估；对同群众利益密切相关的重大事项，要实行公示、听证等制度，扩大人民群众的参与度。建立决策失误责任追究制度，健全纠错改正机制。有组织地广泛联系专家学者，建立多种形式的决策咨询机制和信息支持系统。由此而言，我国国家安全决策咨询机制的建立和运行，是必然的和理所当然的。

三、国家安全情报信息制度

所谓情报，是指被传递的知识或事实，是知识的再激活，是运用一定的媒体（载体），越过空间和时间传递给特定用户，解决科研、生产中的具体问题所需要的特定知识和信息。关于情报的概念，有多种定义方法。有学者用拆字的方法，将"情报"两字拆开，解释为"有情有报告就是情报"；也有学者从情报搜集的手段来给其下定义，说

---

① 乔晓阳. 中华人民共和国国家安全法释义 [M]. 法律出版社，2016，240.

情报是通过秘密手段搜集来的、关于敌对方外交军事政治经济科技等信息；还有学者从情报处理的流程来给其下定义，认为情报是被传递、整理、分析后的信息。情报的定义，是情报学中一个最基本的概念，它是构建情报学理论体系的基石，是情报学科建设的基础，对情报工作产生直接的影响。情报究竟是什么，时至今日，国内外对情报定义仍然是众说纷纭。

据学者统计，如今国内外对情报的定义数以百计，不同的情报观对情报有不同的定义，主要的三种情报观对情报的解释是：（1）军事情报观。如"军中集种种报告，并预见之机兆，定敌情如何，而报于上官者"（1915 年版《辞源》），"战时关于敌情之报告，曰情报"（1939 年版《辞海》），"获得的他方有关情况以及对其分析研究的成果"（1989年版《辞海》），情报是"以侦察的手段或其他方式获取有关对方的机密情况"。（2）信息情报观。如情报是"被人们所利用的信息""被人们感受并可交流的信息""情报是指含有最新知识的信息""某一特定对象所需要的信息，叫作这一特定对象的情报"等。（3）知识情报观。如《牛津英语词典》把情报定义为"有教益的知识的传达"，"被传递的有关情报特殊事实、问题或事情的知识"，英国的情报学家 B·C·布鲁克斯认为："情报是使人原有的知识结构发生变化的那一小部分知识"。苏联情报学家 A·H·米哈依洛夫所采用的情报定义："情报——作为存贮、传递和转换的对象的知识"。日本《情报组织概论》一书的定义为："情报是人与人之间传播着的一切符号系列化的知识"。我国情报学界也提出了类似的定义，有代表性的是："情报是运动着的知识。这种知识是使用者在得到知识之前是不知道的"，"情报是传播中的知识"，"情报就是作为人们传递交流对象的知识"。[①]

情报是为实现主体某种特定目的，有意识地对有关的事实、数据、信息、知识等要素进行劳动加工的产物。目的性、意识性、附属性和劳动加工性是情报最基本的属性，它们相互联系、缺一不可，情报的其他特性则都是这些基本属性的衍生物。另一种观点认为，情报具有三个基本属性：知识性、传递性、效用性，此外，情报还具有社会性、积累性、与载体的不可分割性以及老化等特性。把"情报"和"信息"放在一起，共同构成了"情报信息"，并在它的前面加上"国家安全"的定语，那么，国家安全情报信息，是指国家安全方面的情况与信息的一种总和，按照我国《国家安全法》第 54 条的规定，具有及时性、准确性和客观性等"三性"。

所谓国家安全情报信息制度，是指国家安全情报信息的搜集、处理、研判和使用，以及信息报送、发布和共享的一种工作协调制度。我国《国家安全法》规定，国家健全统一归口、反应灵敏、准确高效、运转顺畅的情报信息收集、研判和使用制度，建立情报信息工作协调机制，实现情报信息的及时收集、准确研判、有效使用和共享（第 51条）。与此同时，国家安全机关、公安机关、有关军事机关根据职责分工，依法搜集涉及国家安全的情报信息。国家机关各部门在履行职责过程中，对于获取的涉及国家安全的有关信息应当及时上报（第 52 条）。为了有效地开展国家安全工作，开展情报信息工作，应当充分运用现代科学技术手段，加强对情报信息的鉴别、筛选、综合和研判分析

---

① 王卓，谢呈华. 信息、情报、知识定义辨析［J］. 情报杂志，1999（3）：15.

（第53条）。并且，情报信息的报送，应当及时、准确、客观，不得迟报、漏报、瞒报和谎报（第54条）。在我国《国家安全法》第四章第二节"情报信息"的规定中，虽然只有6条规定，但是其具体要求却非常高：第一，国家健全统一归口、反应灵敏、准确高效、运转顺畅的情报信息收集、研判和使用制度；第二，建立情报信息工作协调机制；第三，实现情报信息的及时收集、准确研判、有效使用和共享；第四，依法搜集涉及国家安全的情报信息并应当及时上报；第五，充分运用现代科学技术手段，对情报信息的鉴别、筛选、综合和研判分析；第六，情报信息的报送应当及时、准确、客观，不得迟报、漏报、瞒报和谎报等。

根据我国《反恐怖主义法》第四章情报信息和第六章应对处置的规定，有关恐怖活动的信息搜集和报送、发布，因为涉及国家安全，均有专门的要求。即：（1）反恐怖主义情报信息搜集。国家反恐怖主义工作领导机构建立国家反恐怖主义情报中心，实行跨部门、跨地区情报信息工作机制，统筹反恐怖主义情报信息工作。有关部门应当加强反恐怖主义情报信息搜集工作，对搜集的有关线索、人员、行动类情报信息，应当依照规定及时统一归口报送国家反恐怖主义情报中心。地方反恐怖主义工作领导机构应当建立跨部门情报信息工作机制，组织开展反恐怖主义情报信息工作，对重要的情报信息，应当及时向上级反恐怖主义工作领导机构报告，对涉及其他地方的紧急情报信息，应当及时通报相关地方（第43条）。（2）安全防范信息的提供。有关部门对于在本法第三章规定的安全防范工作中获取的信息，应当根据国家反恐怖主义情报中心的要求，及时提供（第46条）。国家反恐怖主义情报中心、地方反恐怖主义工作领导机构以及公安机关等有关部门应当对有关情报信息进行筛查、研判、核查、监控，认为有发生恐怖事件危险，需要采取相应的安全防范、应对处置措施的，应当及时通报有关部门和单位，并可以根据情况发出预警。有关部门和单位应当根据通报做好安全防范、应对处置工作（第47条）。（3）恐怖事件处置信息发布。恐怖事件发生、发展和应对处置信息，由恐怖事件发生地的省级反恐怖主义工作领导机构统一发布；跨省、自治区、直辖市发生的恐怖事件，由指定的省级反恐怖主义工作领导机构统一发布。任何单位和个人不得编造、传播虚假恐怖事件信息；不得报道、传播可能引起模仿的恐怖活动的实施细节；不得发布恐怖事件中残忍、不人道的场景；在恐怖事件的应对处置过程中，除新闻媒体经负责发布信息的反恐怖主义工作领导机构批准外，不得报道、传播现场应对处置的工作人员、人质身份信息和应对处置行动情况（第63条）。

四、国家安全风险预防、评估和预警制度

所谓国家安全风险预防、评估和预警制度，是指国家依据国家安全风险的防控与应急预案，根据国家安全评估与研判结论，对已经发生或者有可能发生的国家安全事件发出警报或者警示应对的一种工作制度。这种制度的建立，有助于我国各类国家安全主体，积极开展国家安全风险的预防、评估和预警、警示工作。把国家安全风险的预防、评估和预警，纳入日常工作的系统之内。我国《突发事件应对法》第二章"预防与应急准备"部分，对突发事件的风险预防、评估和预警制度，通过突发事件应急预案体系加以明确并细化。具体包括：

（1）国家建立健全突发事件应急预案体系。国务院制定国家突发事件总体应急预案，组织制定国家突发事件专项应急预案；国务院有关部门根据各自的职责和国务院相关应急预案，制定国家突发事件部门应急预案。地方各级人民政府和县级以上地方各级人民政府有关部门根据有关法律、法规、规章、上级人民政府及其有关部门的应急预案以及本地区的实际情况，制定相应的突发事件应急预案。应急预案制定机关应当根据实际需要和情势变化，适时修订应急预案。应急预案的制定、修订程序由国务院规定（第17条）。应急预案应当根据本法和其他有关法律、法规的规定，针对突发事件的性质、特点和可能造成的社会危害，具体规定突发事件应急管理工作的组织指挥体系与职责和突发事件的预防与预警机制、处置程序、应急保障措施以及事后恢复与重建措施等内容（第18条）。

（2）建立健全安全管理制度。所有单位应当建立健全安全管理制度，定期检查本单位各项安全防范措施的落实情况，及时消除事故隐患；掌握并及时处理本单位存在的可能引发社会安全事件的问题，防止矛盾激化和事态扩大；对本单位可能发生的突发事件和采取安全防范措施的情况，应当按照规定及时向所在地人民政府或者人民政府有关部门报告（第22条）。县级以上政府应当整合应急资源，建立或者确定综合性应急救援队伍。政府有关部门可以根据实际需要设立专业应急救援队伍。县级以上政府及其有关部门可以建立由成年志愿者组成的应急救援队伍。单位应当建立由本单位职工组成的专职或者兼职应急救援队伍。县级以上政府应当加强专业应急救援队伍与非专业应急救援队伍的合作，联合培训、联合演练，提高合成应急、协同应急的能力（第26条）。县级政府及其有关部门、乡级政府、街道办事处应当组织开展应急知识的宣传普及活动和必要的应急演练。居民委员会、村民委员会、企业事业单位应当根据所在地政府的要求，结合各自的实际情况，开展有关突发事件应急知识的宣传普及活动和必要的应急演练。新闻媒体应当无偿开展突发事件预防与应急、自救与互救知识的公益宣传（第29条）。各级各类学校应当把应急知识教育纳入教学内容，对学生进行应急知识教育，培养学生的安全意识和自救与互救能力。教育主管部门应当对学校开展应急知识教育进行指导和监督（第30条）。

（3）物质支持。国务院和县级以上地方各级人民政府应当采取财政措施，保障突发事件应对工作所需经费（第31条）。国家建立健全应急物资储备保障制度，完善重要应急物资的监管、生产、储备、调拨和紧急配送体系。设区的市级以上人民政府和突发事件易发、多发地区的县级人民政府应当建立应急救援物资、生活必需品和应急处置装备的储备制度。县级以上地方各级人民政府应当根据本地区的实际情况，与有关企业签订协议，保障应急救援物资、生活必需品和应急处置装备的生产、供给（第32条）。国家建立健全应急通信保障体系，完善公用通信网，建立有线与无线相结合、基础电信网络与机动通信系统相配套的应急通信系统，确保突发事件应对工作的通信畅通（第33条）。国家鼓励、扶持具备相应条件的教学科研机构培养应急管理专门人才，鼓励、扶持教学科研机构和有关企业研究开发用于突发事件预防、监测、预警、应急处置与救援的新技术、新设备和新工具。

我国《国家安全法》对国家安全风险预防、评估和预警制度作了具体规定：国家制定完善应对各领域国家安全风险预案（第 55 条）；国家建立国家安全风险评估机制，定期开展各领域国家安全风险调查评估。有关部门应当定期向中央国家安全领导机构提交国家安全风险评估报告（第 56 条）；国家健全国家安全风险监测预警制度，根据国家安全风险程度，及时发布相应风险预警（第 57 条）；对可能即将发生或者已经发生的危害国家安全的事件，县级以上地方政府及其有关主管部门应当立即按照规定向上一级政府及其有关主管部门报告，必要时可以越级上报（第 58 条）。其中，国家安全风险预案的制定，可以参照我国《突发事件应对法》的相关规定处理。而国家安全风险评估制度在建立后，则应当及时、准确、严谨、科学的开展国家安全风险评估，辅助国家安全决策指导，做好维护各个领域国家安全的工作。

需要强调，国家安全风险报告制度中，定期向中央国家安全领导机构提交国家安全风险评估报告，是一种必然要求。因此，有关部门应当定期向中央国家安全领导机构提交相应的国家安全风险调查评估等类型的报告书。建立这一制度的主要目的，是保证中央国家安全领导机构能全面、准确掌握各领域国家安全风险评估情况，并根据汇总的风险评估报告，综合研判、统筹协调、科学决策。[1]

五、国家安全审查监管制度

所谓国家安全审查监管制度，是指对影响或者可能影响国家安全的外商投资、特定物项和关键技术、网络信息技术产品和服务、涉及国家安全事项的建设项目，以及其他重大事项和活动，进行国家安全层面的审核查验，并以法定方式进行监督管理的一种工作制度。我国《国家安全法》第四章"国家安全制度"第四节对国家安全审查与监管制度，作出了具体规定。即：国家建立国家安全审查和监管的制度和机制，对影响或者可能影响国家安全的外商投资、特定物项和关键技术、网络信息技术产品和服务、涉及国家安全事项的建设项目，以及其他重大事项和活动，进行国家安全审查，有效预防和化解国家安全风险（第 59 条）；中央国家机关各部门依照法律、行政法规行使国家安全审查职责，依法作出国家安全审查决定或者提出安全审查意见并监督执行（第 60 条）；省、自治区、直辖市依法负责本行政区域内有关国家安全审查和监管工作（第 61 条）。

根据我国《国家安全法》第 59 条的规定，国家建立国家安全审查和监管的制度和机制，对涉及国家安全事项的建设项目进行国家安全审查，有效预防和化解国家安全风险。那么，中央国家机关各部门如何行使国家安全审查职责呢？我国《国家安全法》第 60 条规定，中央国家机关各部门依照法律、行政法规行使国家安全审查职责，依法作出国家安全审查决定或者提出安全审查意见并监督执行。包含两层含义：（1）中央国家机关各部门依法直接对涉及国家安全的事项作出审查决定；（2）中央国家机关各部门通过明确有关审查标准和程序要求，领导或指导本系统的基层部门，依法对涉及国家安全的事项作出审查决定。

那么，地方国家机关应如何行使国家安全审查职责？我国《国家安全法》第 61 条规定，省、自治区、直辖市有关部门依法负责本行政区域内有关国家安全审查和监管工

---

[1] 乔晓阳. 中华人民共和国国家安全法释义 [M]. 北京：法律出版社，2016，257.

作，要依照本部门法定职责开展，并严格遵守法定的范围、条件、程序，对于具体事项是否符合国家安全审查标准，如果中央部门有明确规定的，要严格按照本领域的相关规定执行。同时，省、自治区、直辖市依法负责本行政区域内有关国家安全审查和监管工作，还要结合本地国家安全的实际状况来依法开展具体工作。

应当说，国家安全审查和监管制度本身，是从源头上预防和化解国家安全风险的重要举措。国家安全审查的具体范围包括：（1）外商投资；（2）特定物项和关键技术；（3）网络信息技术产品和服务；（4）涉及国家安全事项的建设项目；（5）其他重大事项和活动等。

六、国家安全危机管控制度

所谓国家安全危机管控制度，是指在统一领导、协同联动、有序高效的国家安全体制之下，对发生危及国家安全的重大事件，依法启动应急预案，或者宣布紧急状态、战争状态或者进行全国总动员、局部动员等，采取相应的管控处置措施，对公民或者组织的权利加以限制，并对危机事件发生、发展、管控处置及善后情况统一向社会发布的一项工作制度。我国《国家安全法》在第四章"国家安全制度"第五节"危机管控"（第62条~第68条）专门对国家安全危机管控制度进行了具体规定。

建立健全国家安全危机管控制度，根据我国《国家安全法》第62条的规定，是国家安全制度中的重要内容。而国家安全危机的范畴，在国家安全重大事件发生后，是以三种类型表现出来的。即：战争、国防动员和紧急状态等。对国家安全的三种危机状态，国家必须要采取特别措施和处置手段，进行严厉的管理和控制。因此，这一制度，对于预警、防范、应对、掌控国家安全危机，能够起到更具全局性、稳定性和长期性的支撑作用。其中，国家安全危机管控制度的基本要求，分成三个层次：（1）"统一指挥"。就是国家安全危机管控，要依法服从统一指挥，不能各部门、各地方自行其是，中央国家安全领导机构要在国家安全危机管控工作中，依法开展有关统一决策指挥工作，各部门、各地方要按照统一指挥，立足本部门职能和本地方实际，依法履行职责，形成维护国家安全的整体合力。（2）"协同联动"，就是各相关部门、相关地方在危机管控工作中要相互配合、密切协作，既注重相互协调配合，从全局、整体出发开展工作，又注重相互联系沟通，形成维护国家安全的有机整体。（3）"有序高效"，这是对整个危机管理流程的效率要求，是指应对国家安全危机和采取相应管控措施要符合有关法律法规和规范性文件、政策的流程和要求，有序开展，并注重效率，确保有关危机管控措施及时执行、落实到位，实现预期管控效果。

知识点 紧急状态，是指发生或者即将发生特别重大突发事件，需要国家机关行使紧急权力予以控制、消除其社会危害和威胁时，有关国家机关按照宪法、法律规定的权限决定，并宣布局部地区或者全国实行的一种临时性的严重危急状态。紧急状态在性质上是一种非常法律状态。在紧急状态下，各国的法律都有相应规定，政府可以采取特别措施，来限制社会成员一定的行动，政府还有权强制有关公民有偿提供一定劳务或者财物，社会成员也有义务配合政府紧急状态下采取的措施，来应对和解除突发事件。对"紧急状态",虽然各国名义不一,类似提法包括"紧急情况""戒严状态""战争状态"等,但基本内涵都无本质区别,所指的是一种重大突发性事件在一定范围和时间内所形成的危机状态,国家的发展存亡受到现实而迫在眉睫的危机,正常法律程序无法解决,此时,需要国家机关采取超过平常法治范围的特别措施才能遏制威胁,减少损害,恢复秩序。自 1985 年以来,为了应对各种危机,世界上已经有 80 多个国家实施过紧急状态。

那么,发生危及国家安全的重大事件时,如何实施国家安全危机管控呢?我国《国家安全法》第 63 条~第 68 条规定了具体规则和要求,即:(1)发生危及国家安全的重大事件,中央有关部门和有关地方根据中央国家安全领导机构的统一部署,依法启动应急预案,采取管控处置措施;(2)发生危及国家安全的特别重大事件,需要进入紧急状态、战争状态或者进行全国总动员、局部动员的,由全国人民代表大会、全国人民代表大会常务委员会或者国务院依照宪法和有关法律规定的权限和程序决定;(3)国家决定进入紧急状态、战争状态或者实施国防动员后,履行国家安全危机管控职责的有关机关依照法律规定或者全国人大常委会规定,有权采取限制公民和组织权利、增加公民和组织义务的特别措施;(4)履行国家安全危机管控职责的有关机关依法采取处置国家安全危机的管控措施,应当与国家安全危机可能造成的危害的性质、程度和范围相适应;有多种措施可供选择的,应当选择有利于最大程度保护公民、组织权益的措施;(5)根据国家安全危机的信息报告和发布机制的要求,在国家安全危机事件发生后,履行国家安全危机管控职责的有关机关,应当按照规定准确、及时报告,并依法将有关国家安全危机事件发生、发展、管控处置及善后情况统一向社会发布;(6)国家安全威胁和危害得到控制或者消除后,应当及时解除管控处置措施,做好善后工作。

其中,我国《国家安全法》第 65 条、第 66 条规定中,涉及公民安全的国家安全危机管控制度中的特别规定,即:(1)国家决定进入紧急状态、战争状态或者实施国防动员后,履行国家安全危机管控职责的有关机关依照法律规定或者全国人民代表大会常务委员会规定,有权采取限制公民和组织权利、增加公民和组织义务的特别措施。(2)国家安全危机管控机关依法采取处置国家安全危机管控措施时,有多种措施可供选择的,应当选择有利于最大程度保护公民、组织权益的措施。这时依法处置危机管控事项时,优先保护公民合法权益原则的体现。

一般而言,当发生危及国家安全的重大事件时,履行国家安全危机管控职责的有关机关,启动应急预案,采取管控处置措施一旦开始,必然对公民的合法权益要给予相应的限制,比如正常出行的自由权,随身携带居民身份证件接受查验的义务,以及在实行禁止出入的区域、道路设施等,不能通行和出入等。还有,某些应急状态下,可能发生影响日常生活的市场供应短缺、生命线工程事故,以及公民的言论、行为和活动限制,等等。在这种情况下,公民应当接受限制,自觉遵守应急预案实施状态各种应急措施的限制和约束。而一旦国家安全危机管控有关机关决定实施紧急状态、战争状态或者实施国防动员后,其依法采取的限制公民权利、增加公民义务的特别措施,公民应当无条件遵守和执行,不可采取对抗态度、行为或者行动。否则,会被依法采取紧急措施加以处置。而应当特别强调的是：这个时候的紧急处置措施，往往与正常状态下的处置措施，有很大的不同。也就是，紧急处置措施的程序和做法，可能与正常状态下，有天壤之别。因此，我国《国家安全法》第66条规定，履行国家安全危机管控职责的有关机关依法采取处置国家安全危机的管控措施，应当与国家安全危机可能造成的危害的性质、程度和范围相适应；有多种措施可供选择的，应当选择有利于最大程度保护公民、组织权益的措施。这本身就是对履行国家安全危机管控职责的有关机关限制公民权利的行为，依法作出的一种明确限制。

第二节　国家安全保障

一、国家安全的法制保障

所谓国家安全的法制保障，是指通过健全国家安全保障体系和国家安全法律制度体系，从而增强维护国家安全的能力的情形。在这里，"法制保障"的基本含义包括：（1）国家安全的总体保障体系；（2）国家安全法律制度体系；（3）国家安全的保障措施体系，主要是有法律法规和政策固定下的具体保障措施等。

在我国，保障措施是确保法律得到实施的重要条件。截至2015年12月，我国制订了244部法律，但是只有20多部法律对保障措施进行了专章规定，如《国防动员法》《国防教育法》《武装警察法》《传染病防治法》等。虽然，没有进行专章规定的，一般在总则或者其他部分以相关条款，加以规定。[①] 但是，客观地说，有保障措施专章规定的法律，不到8.2%（实际为8.1967%），实在是有点少。这种状况，反映了我国立法当中，立法技术和国家法制保障能力方面，存在着较大的不尽如人意的地方。当然，我国《国家安全法》第69条规定，国家健全国家安全保障体系，增强维护国家安全的能力，是一种借鉴成功立法经验的做法。不过，这是一条总体保障措施，强调"国家健全国家安全保障体系"，这一规定是法制保障（第70条）、财政保障（第71条）、物资保障（第72条）、科技保障（第73条）和人才保障（第74条）的基础。

我国《国家安全法》第70条规定，国家健全国家安全法律制度体系，推动国家安全法治建设。早在1993年，第七届全国人大常委会第30次会议，就通过了我国第一部《国家安全法》。总体来看，我国的国家安全立法数量较多，据统计，涉及国家安全的法律法规达到190多部，其中数十部主要规范国家安全问题；内容广泛，覆盖政治安全、国土安全、军事安全、经济安全、文化安全、社会安全、科技安全、网络安全、生态安全、资源安全、核安全等领域；形式多样，既有宪法、法律，也有行政法规、地方性法规、地方政府规章和部门规章，已初步搭建起我国国家安全法律制度框架。[②]

我国的国家安全立法，分成：（1）宪法。比如，我国《宪法》第28条关于"国家维护社会秩序，镇压叛国和其他危害国家安全的犯罪活动，制裁危害社会治安、破坏社

---

① 乔晓阳. 中华人民共和国国家安全法释义［M］. 法律出版社，2016，302.

② 乔晓阳. 中华人民共和国国家安全法释义［M］. 法律出版社，2016，305.

会主义经济和其他犯罪的活动，惩办和改造犯罪分子"的规定。（2）法律。比如，我国《刑法》第二编　分则"第一章危害国家安全罪"的规定。法律当中，当然应当包含我国的《国家安全法》《反间谍法》《反分裂国家法》和《反恐怖主义法》等专门立法。（3）相关法律中的国家安全条款。这种情况比较多见，我国约有190多部涉及国家安全的立法，其中的绝大多数就属于这种情况。需要特别说明的是，我国《国家安全法》第75条规定，国家安全机关、公安机关、有关军事机关开展国家安全专门工作，可以依法采取必要手段和方式，有关部门和地方应当在职责范围内提供支持和配合。有关国家专门机关的立法，也属于与国家安全有关的国家立法，这些立法的具体规定，可能更多涉及国家机关的活动规则和程序，以及工作措施等，具有很强的操作性。另外，我国《国家安全法》第76条还规定，国家加强国家安全新闻宣传和舆论引导，通过多种形式开展国家安全宣传教育活动，将国家安全教育纳入国民教育体系和公务员教育培训体系，增强全民国家安全意识。这类规范，在相关涉及国家安全的立法中，还有很多，也属于国家安全立法中的"法制保障"范畴。

二、国家安全的财政保障与物资保障

国家安全的维护，需要大量的经济投入，以及各种类型的投入，包括人、财、物等资源的大量投入等。一般来说，经费和装备是保障和维护国家安全的物质基础，在各项保障措施中居于物质性基础地位。所以，维持国家安全的投入多少和投入的强度，往往与国家的财力有关，也与国家的重视程度高低有密切关系。但是，把国家安全的财政保障，专门列入法律的并不多见。尤其是关于维护国家安全的物资保障等。因为从国家安全投入的方面来看，包括了国家安全基础设施，国家安全工作所需物质、设备、器械、科技研发、人才培养、制度建设等。要做好国家安全工作，这些物质保障必须先行，否则，很多工作就难以开展。因此，我国《国家安全法》第71条规定，国家加大对国家安全各项建设的投入，保障国家安全工作所需经费和装备。但是，该如何投入，具体的国家安全工作的经费来源怎样保障呢？

在我国，国家安全工作所需经费的来源，属于中央和地方财政预算范畴。我国的财政预算的法律规范，除了要求国家安全工作经费要列入财政预算之外，关键是要根据维护国家安全的需要，进行预算调整。我国《国防法》规定，国家保障国防事业的必要经费。国防经费的增长应当与国防需求和国民经济发展水平相适应（第39条）。

在我国，根据现行相关立法的规定，国家安全工作经费筹措和使用的原则是：（1）中央和地方共同出资原则。维护国家安全是一种国家行为，中央是国家安全工作经费来源的主体；按照守土有责原则，地方也应当承担与其责任相适应的经费，分别列入中央和地方财政预算。（2）高效使用和节约原则。要重视国家安全工作的投入产出，高效合理使用，绝不能以国家安全为借口盲目投入，要杜绝浪费。（3）突出重点原则。特别是从中央层面讲，应当把维护国家安全的经费主要投向重点地区和重点领域，抓住国家安全工作的主要矛盾，把国家安全工作经费用在刀刃上。[①]

---

① 乔晓阳. 中华人民共和国国家安全法释义［M］. 法律出版社，2016，309～310.

我国《国家物资储备管理规定》（简称《物资储备规定》）第2条～第6条规定，国家建立物资储备制度，适应国家安全和发展战略需要，服务国防建设，应对突发事件，参与宏观调控。所谓国家储备物资，是指由中央政府储备和掌握的，国家安全和发展战略所需的关键性矿产品、原材料、成品油以及具有特殊用途的其他物资。国家储备物资是国家财政资金的实物形态，所有权属于国家，任何组织和个人不得以任何方式侵占、破坏和挪用。国家储备物资实行目录管理，明确品种和规模，定期评估，动态调整。确定国家储备物资的品种和规模，应当综合考虑下列因素：（1）国家发展战略需要；（2）国内外资源状况；（3）供应风险和经济风险情况；（4）需要考虑的其他因素。国家发展改革委负责国家物资储备工作。国家发展改革委国家物资储备局（简称"储备局"）及其所属储备物资管理局、办事处具体履行国家物资储备管理和监督职责。财政部负责国家物资储备财政管理及相关行政事业单位国有资产管理，配合国家发展改革委开展国家物资储备有关工作。

需要特别说明，我国的维护国家安全工作的进行，在夯实物质基础方面，还有一个国家安全战略物资储备制度。所谓"战略物资储备"，是指国家在平时有计划的建立的对国计民生和国家安全具有重要影响的物质资料的储存和积蓄，并以储备库即在一定的地点，采取一定的物资储存的方式，把相关的国家安全需要的应急物资加以储备的一种机制。在这种机制里，可以采取实物存储型物资储备，比如各种国家安全工作需要的装备等；也可以采取代储备型物资储备。比如，某些涉及重大国家安全事件中，使用的急救和特殊药品等，就可以以选定一定数量的制药企业或者药品销售企业等，作为药品的生产、储备和调用、提取的仓储型基地；还可以采取某种国家采购的信托性体制，把需求订单或者紧急调拨订单，委托给这样的信托受托企业，让其完成政府购买国家安全工作物资的具体任务。

我国《物资储备规定》第2章"国家储备物资的收储、动用、轮换"（第7条～第15条）规定，国家发展改革委会同财政部等部门拟订国家物资储备发展规划，报国务院审批；储备局建立监测预警制度，为国家储备物资收储、动用等提供决策支撑；国家发展改革委依据国家物资储备发展规划等，会同财政部等部门拟订年度国家储备物资收储计划，报国务院审批。储备局依据国务院批准的年度国家储备物资收储计划组织实施；发生下列情形，储备局向国家发展改革委、财政部提出动用建议，报国务院审批：（1）应对特别重大、重大突发事件确需的；（2）宏观调控确需的；（3）法律、行政法规规定或者国务院决定动用的其他情形。储备局拟订国家储备物资动用预案，做好动用国家储备物资的准备；国家发展改革委会同财政部建立国家储备物资轮换机制，明确轮换条件、程序等。储备局按照轮换机制，根据国家物资储备发展规划确定的品种、规模调整方案以及储存时间、品质状况等拟订年度及中长期国家储备物资轮换计划，经批准后组织实施；国家储备物资的收储、动用、轮换，一般应当通过市场化方式进行。国家规定或经国务院批准必须实行定向收储、定向动用、定向轮换的除外；国家储备物资入库一般实行送货到库制，出库一般实行到库提货制；交通运输部门组织有关港航、铁路、公路运输企业优先安排国家储备物资的装卸和运输；国家储备物资的收储、轮换计划应当与部门预算相衔接。经财政部依法核定后，国家储备物资轮换和动用发生的盈余上缴中央财政，亏损由中央财政补贴。

与此同时，我国《国防动员法》第 33 条规定，国家实行适应国防动员需要的战略物资储备和调用制度；我国《突发事件应对法》第 32 条规定，国家建立健全应急物资储备保障制度，完善重要应急物资的监管、生产、储备、调拨和紧急配送体系。从各国战略物资储备的实践来看，战略储备物资主要包括：粮食、棉花、布料、药品、食盐、燃料、钢铁、有色金属、木材、橡胶、纸张、机械设备、武器弹药、运输工具等。国家安全战略物资储备的原则，包括：（1）服从国家安全需要，同时兼顾经济效益，不应造成浪费；（2）尽量做到足量够用，但也要符合国情和发展阶段，不要盲目追求数量；（3）即要确保种类齐全，同时也要突出重点；（4）布局要合理，确保调用物资能快速抵达使用现场。战略物资储备的布局要做到既安全又方便动用，一般应选择在不易受到战争破坏和有完善交通设施的地区，可采用国家储备、军队储备、企业储备等多种方式进行存储。[①] 所以，我国《国家安全法》第 72 条规定，承担国家安全战略物资储备任务的单位，应当按照国家有关规定和标准对国家安全物资进行收储、保管和维护，定期调整更换，保证储备物资的使用效能和安全。

三、国家安全的科技保障与人才保障

我国《国家安全法》第 73 条规定，鼓励国家安全领域科技创新，发挥科技在维护国家安全中的作用。这是我国《国家安全法》第 24 条"国家加强自主创新能力建设，加快发展自主可控的战略高新技术和重要领域核心关键技术，加强知识产权的运用、保护和科技保密能力建设，保障重大技术和工程的安全"规定的延续。只是，所涉及的重心不同。前者强调国家安全领域的科技创新，而后者是强调所有科技领域的创新，是国家知识产权发展战略背景下，将科技安全作为国家安全在非传统领域安全的一个重要组成部分。对于国家安全的科技创新而言，早在我国《促进科技成果转化法》（简称《成果转化法》）中，就有明确而系统的规定。即：

第一，所谓科技成果，是指通过科学研究与技术开发所产生的具有实用价值的成果。而所谓科技成果转化，是指为提高生产力水平而对科技成果所进行的后续试验、开发、应用、推广直至形成新技术、新工艺、新材料、新产品，发展新产业等活动（第 2 条）。

第二，科技成果转化活动，应当有利于加快实施创新驱动发展战略，促进科技与经济的结合，有利于提高经济效益、社会效益和保护环境、合理利用资源，有利于促进经济建设、社会发展和维护国家安全。与此同时，科技成果转化活动应当尊重市场规律，发挥企业的主体作用，遵循自愿、互利、公平、诚实信用的原则，依照法律法规规定和合同约定，享有权益，承担风险。科技成果转化活动中的知识产权，受法律保护。当然，科技成果转化活动，应当遵守法律法规，维护国家利益，不得损害社会公共利益和他人合法权益（第 3 条）。

第三，对具有重要价值的科技成果转化项目，国家通过政府采购、研究开发资助、

---

① 乔晓阳. 中华人民共和国国家安全法释义［M］. 北京：法律出版社，2016，311.

发布产业技术指导目录、示范推广等方式予以支持：（1）能够显著提高产业技术水平、经济效益或者能够形成促进社会经济健康发展的新产业的；（2）能够显著提高国家安全能力和公共安全水平的；（3）能够合理开发和利用资源、节约能源、降低消耗以及防治环境污染、保护生态、提高应对气候变化和防灾减灾能力的；（4）能够改善民生和提高公共健康水平的；（5）能够促进现代农业或者农村经济发展的；（6）能够加快民族地区、边远地区、贫困地区社会经济发展的（第12条）。

第四，国家对科技成果转化合理安排财政资金投入，引导社会资金投入，推动科技成果转化资金投入的多元化（第4条）。国务院和地方各级政府应当加强科技、财政、投资、税收、人才、产业、金融、政府采购、军民融合等政策协同，为科技成果转化创造良好环境。地方各级人民政府根据本法规定的原则，结合本地实际，可以采取更加有利于促进科技成果转化的措施（第5条）。

第五，国家鼓励科技成果首先在中国境内实施。中国单位或者个人向境外的组织、个人转让或者许可其实施科技成果的，应当遵守相关法律、行政法规以及国家有关规定（第6条）。国家为了国家安全、国家利益和重大社会公共利益的需要，可以依法组织实施或者许可他人实施相关科技成果（第7条）。国务院科学技术行政部门、经济综合管理部门和其他有关行政部门依照国务院规定的职责，管理、指导和协调科技成果转化工作。地方各级人民政府负责管理、指导和协调本行政区域内的科技成果转化工作（第8条）。

当然，在我国《成果转化法》之外，我国《反间谍法》第16条规定，国家安全机关根据反间谍工作需要，可以会同有关部门制定反间谍技术防范标准，指导有关部门落实反间谍技术防范措施，对存在隐患的部门，经过严格的批准手续，可以进行反间谍技术防范检查和检测。而我国《反恐怖主义法》规定，电信业务经营者、互联网服务提供者应当为公安机关、国家安全机关依法进行防范、调查恐怖活动提供技术接口和解密等技术支持和协助（第18条）；公安机关、国家安全机关、军事机关在其职责范围内，因反恐怖主义情报信息工作的需要，根据国家有关规定，经过严格的批准手续，可以采取技术侦察措施。依照前款规定获取的材料，只能用于反恐怖主义应对处置和对恐怖活动犯罪、极端主义犯罪的侦查、起诉和审判，不得用于其他用途（第45条）；国家鼓励、支持反恐怖主义科学研究和技术创新，开发和推广使用先进的反恐怖主义技术、设备（第77条）；就非常具有针对性和可操作性。

还有，我国《国防法》规定，国家创造有利的环境和条件，加强国防科学技术人才培养，鼓励和吸引优秀人才进入国防科研生产领域，激发人才创新活力。国防科学技术工作者应当受到全社会的尊重。国家逐步提高国防科学技术工作者的待遇，保护其合法权益（第36条）。

另外，我国《突发事件应对法》规定，国家鼓励公民、法人和其他组织为人民政府应对突发事件工作提供物资、资金、技术支持和捐赠（第34条）；国家鼓励、扶持具备相应条件的教学科研机构培养应急管理专门人才，鼓励、扶持教学科研机构和有关企业研究开发用于突发事件预防、监测、预警、应急处置与救援的新技术、新设备和新工具（第36条）；履行统一领导职责或者组织处置突发事件的人民政府，必要时可以向单位和个人征用应急救援所需设备、设施、场地、交通工具和其他物资，请求其他地方人民政府提供人力、物力、财力或者技术支援，要求生产、供应生活必需品和应急救援物资的企业组织生产、保证供给，要求提供医疗、交通等公共服务的组织提供相应的服务。履行统一领导职责或者组织处置突发事件的人民政府，应当组织协调运输经营单位，优先运送处置突发事件所需物资、设备、工具、应急救援人员和受到突发事件危害的人员（第 52 条）。

当然，我国《国家安全法》第 74 条还规定，国家采取必要措施，招录、培养和管理国家安全工作专门人才和特殊人才。这是维护国家安全的人才保障的基本规则。根据维护国家安全工作的需要，国家依法保护有关机关专门从事国家安全工作人员的身份和合法权益，加大人身保护和安置保障力度。为此，我国《国防法》第七章"国防教育"专门规定，国家通过开展国防教育，使公民增强国防观念、掌握国防知识、发扬爱国主义精神，自觉履行国防义务。普及和加强国防教育是全社会的共同责任（第 40 条）；国防教育贯彻全民参与、长期坚持、讲求实效的方针，实行经常教育与集中教育相结合、普及教育与重点教育相结合、理论教育与行为教育相结合的原则（第 41 条）；国务院、中央军事委员会和省、自治区、直辖市人民政府以及有关军事机关，应当采取措施，加强国防教育工作。一切国家机关和武装力量、各政党和各社会团体、各企业事业单位都应当组织本地区、本部门、本单位开展国防教育。学校的国防教育是全民国防教育的基础。各级各类学校应当设置适当的国防教育课程，或者在有关课程中增加国防教育的内容。军事机关应当协助学校开展国防教育。教育、文化、新闻、出版、广播、电影、电视等部门和单位应当密切配合，采取多种形式开展国防教育（第 42 条）；各级人民政府应当将国防教育纳入国民经济和社会发展计划，保障国防教育所需的经费（第 41 条）。应当说，我国《国防法》的这些规定，在国家安全尤其是国防安全的人才保障上，已经是非常具体而且明确了，措施是非常得力的。

第三节　维护国家安全的任务与职责

一、维护传统国家安全

维护国家安全是我国中央国家机关和地方国家机关的共同任务，我国《国家安全法》第二章"维护国家安全的任务"（第 15 条～第 34 条）和第三章"维护国家安全的职责"（第 35 条～第 43 条）对维护传统国家安全和非传统国家安全的任务，作出了具体规定。

所谓传统国家安全，是指国家军事、政治和国土等方面的安全。传统安全，是国际关系的基本主题，一般指与国家之间军事行为有关的冲突层面的国家安全。"传统安全"概念是国际关系理论中的一个核心概念。在国际关系结构中，每个国家都自主地行使其主权，但不应有凌驾于他国之上的权威或者主权。任何国家不能恣意妄为，国家行为也会受到外部力量（主要是其他国家的行为）的制约，国家依靠内部的力量维护自身内部的安全，以及对外的国家和民族独立。实际上，国家的实力、地理位置、人口资源等因素，影响着国家的能力和外交政策的导向，有时候国际社会的外部力量，很难对一些军事势力强大的国家，进行有效的制约。因此，二战以后，才有了联合国以及一系列的国际组织，来维护基本的国际社会的秩序。

"传统安全"是与新安全领域相对应的一个概念。一般意义上，传统安全主要是指一个国家的领土安全、人民的生命安全，以及国家政权的安全等。在现代社会中，国家经济的安全也被认为是一个新的安全领域，因而，才出现了"传统安全"这个概念。讲"传统安全"这个概念的时候，往往是把它与"威胁"对比而言的，传统安全意义上的"威胁"，主要是指国家面临的军事威胁以及威胁国际安全的军事因素。按照这种"威胁"程度的大小，可以划分为军备竞赛、军事威慑和战争三类。其中，战争又有世界大战、全面战争与局部战争，国际战争与国内战争，常规战争与核战争，等等。事实上，传统安全威胁由来已久，但是，人们把军事威胁称为传统安全威胁，是在国家安全概念和新安全观提出以后的事了。

1943 年，美国专栏作家李普曼首次提出了"国家安全"（National Security）一词。美国学界把国家安全界定为"有关军事力量的威胁、使用和控制"，几乎变成了"军事安全"的同义语。20 世纪 70 至 80 年代以来，人们便把以"军事安全"为核心的安全观，称为"传统安全观"，把军事威胁称为"传统安全威胁"，把军事威胁以外的安全威胁称为"非传统安全威胁"。在这里，"传统安全观"即"传统的国家安全观"，是指在一个相当长的历史时期内，可以说是自有国家以来到"冷战"结束这样一个时期内的各种安全思想和观点。它不仅包括了近代以来特别是现代以来，各种国家理论和国际关系理论中的安全观点，如理想主义理论中的安全观、现实主义理论中的安全观等，而且，也应该包括古代的各种国家安全观，如中国古代儒家①、道家、法家、兵家等不同思想体系中，存在的有关国家安全的思想，在古希腊柏拉图、亚里士多德等思想家的国家理论中，存在的有关国家安全的思想，在《孙子兵法》《理想国》等著作中体现出来的国家安全思想，等等。传统安全威胁是伴随国家的出现而发展起来的，如民族矛盾、宗教冲突、领土争端、资源纠纷、意识形态的对立等。这些矛盾如果处理不好，就会导致国家之间的政治、经济、外交乃至军事上的全面对抗，直至爆发武装冲突。冷战期间，世界上发生了数百场战争，其中，大多数是由传统安全问题引起的。

冷战结束后，随着世界多极化和经济全球化的不断发展，国际形势发生了深刻变化。传统安全威胁虽然没有完全消除，但是，影响相对下降，这是国际局势总体上不断走向缓和的一个重要原因。与此同时，在这一大背景下，由于各种国际矛盾的存在和世界发展的不平衡性，一些非传统安全因素日渐突出。除了日益猖獗的国际恐怖主义威胁和南北差距日渐拉大的贫困问题外，类似亚洲金融危机那样，在一夜之间即导致某一地区多个国家经济几近崩溃的经济安全问题，黑客攻击国际计算机网络、窃取数据、破坏网络运转等信息安全问题，国际难民问题，艾滋病、SARS、寨卡病毒等重大传染性疾病蔓延传播，导致生命财产重大损失的公共卫生安全问题，越境走私、贩毒、偷渡、非法移民等跨国犯罪问题，污染严重、环境恶化、生物多样性受到威胁等生态安全问题，

---

① 《周易·系辞下》载：子曰："危者，安其位者也。亡者，保其存者也。乱者，有其治者也。是故君子安而不忘危，存而不忘亡，治而不忘乱，是以身安而国家可保也。《易》曰：'其亡，其亡，系于苞桑。'"

还有核泄漏的国际违纪问题等，都在非传统安全领域对世界和平与稳定构成了新的现实威胁，向全人类发起了挑战。我国维护传统领域国家安全的法律制度安排，主要是我国《国家安全法》第二章维护国家安全的任务（第15条~第18条）中的规定。

1. 维护国家政治安全和国家主权安全。我国坚持中国共产党的领导，坚持中国特色社会主义制度，发展社会主义民主政治，健全社会主义法治，强化权力运行制约和监督机制，保障人民当家做主的各项权利。国家防范、制止和依法惩治任何叛国、分裂国家、煽动叛乱、颠覆或者煽动颠覆人民民主专政政权的行为；防范、制止和依法惩治窃取、泄露国家秘密等危害国家安全的行为；防范、制止和依法惩治境外势力的渗透、破坏、颠覆、分裂活动（第15条）。

2. 保障公民的生命财产安全。国家维护和发展最广大人民的根本利益，保卫人民安全，创造良好生存发展条件和安定工作生活环境，保障公民的生命财产安全和其他合法权益（第16条）。

3. 维护国家领土主权和海洋权益安全。国家加强边防、海防和空防建设，采取一切必要的防卫和管控措施，保卫领陆、领水和领空安全，维护国家领土主权和海洋权益（第17条）。

4. 维护军事安全。国家加强武装力量革命化、现代化、正规化建设，建设与保卫国家安全和发展利益需要相适应的武装力量；实施积极防御军事战略方针，防备和抵御侵略，制止武装颠覆和分裂；开展国际军事安全合作，实施联合国维和、国际救援、海上护航和维护国家海外利益的军事行动，维护国家主权、安全、领土完整、发展利益和世界和平（第18条）。

二、维护非传统国家安全

非传统安全（non-traditional security，简称NTS）又称"新的安全威胁"，是指人类社会过去没有遇到或很少见过的安全威胁，即近些年逐渐突出的，发生在战场之外的种类繁多复杂的安全威胁。20世纪70年代，世界上已有学者对人类社会面临的非军事灾难进行了预警，成为非传统安全理念的萌芽。1983年，美国著名国际政治经济学家R.乌尔曼在《国际安全》季刊上发表《重新定义安全》一文，明确提出国家安全以及国际安全概念应予扩大，使之包容非军事性的全球问题，如资源、环境、人口问题等。1989年初，J.T.马修斯在《外交》季刊发表同样题为"重新定义安全"的文章，强调国家安全和国际安全必须将世界资源、环境和人口问题包括进来。1994年，K.布斯和P.范勒在《国际事务》上撰文提出，安全领域应向人的安全和全球安全横向扩展，安全主体可从民族国家向上、下两个层次纵向延伸，包括诸如贫穷、流行性传染病、政治不公正、自然灾害、有组织犯罪、失业等。2003年，伦敦政治经济学院B.布赞在《新安全论》中提出五个相互关联的安全领域：包括军事安全、政治安全、经济安全、社会安全和环境安全。2011年9月，我国国务院新闻办发表《中国的和平发展》白皮书，对日益突出的人类共同的安全问题进行了归纳：包括恐怖主义、大规模杀伤性武器扩散、金融危机、严重自然灾害、气候变化、能源资源安全、粮食安全、公共卫生安全等，将以上日益增多的关系人类生存和经济社会可持续发展的全球性挑战问题，作为世界的主要安全威胁。

从 21 世纪开始，"非传统安全"概念也开始逐步出现在我国的官方文件中。2001 年 6 月 15 日，中国、俄罗斯、哈萨克斯坦、吉尔吉斯斯坦、塔吉克斯坦、乌兹别克斯坦等六国元首在上海签署了《打击恐怖主义、分裂主义和极端主义上海公约》（简称《上海公约》），提出了全球和地区非传统安全领域的重大问题。2002 年 5 月，我国政府向东盟地区论坛高官会议提交《关于加强非传统安全领域合作的中方立场文件》，对上合组织倡导的"互信、互利、平等、协作"新安全观进行了诠释，这是较早正式使用"非传统安全"一词的中国政府文件。2002 年 11 月，第六次中国与东盟领导人会议发表了《中国与东盟关于非传统安全领域合作联合宣言》，成为世界上继《上海公约》之后，非传统领域地区合作的又一次成功会议。2002 年 11 月 8 日，中共十六大报告中，分析了"非传统安全"的新情况："传统安全威胁和非传统安全威胁的因素相互交织，恐怖主义危害上升。霸权主义和强权政治有新的表现。民族、宗教矛盾和边界、领土争端导致的局部冲突时起时伏"，"非传统安全"一词，开始出现在党的正式报告中。2004 年 9 月 19 日，十六届四中全会通过《中共中央关于加强党的执政能力建设的决定》中明确提出要"确保国家的政治安全、经济安全、文化安全和信息安全"，"确保国防安全"，对传统安全与非传统安全领域进行了新的概括。2006 年 10 月 11 日，十六届六中全会通过《中共中央关于构建社会主义和谐社会若干重大问题的决定》中，再次强调了四大安全领域，即"确保国家政治安全、经济安全、文化安全、信息安全"。

非传统安全威胁使世界各国都意识到必须打破地域界限并建立全球性协调一致的双边与多边合作治理模式。2011 年 4 月，美国政府正式发布了《网络空间可信身份国家战略》。阐述了美国政府意图在现有技术和标准的基础上，建立"身份生态体系"，实现相互信任的网络环境，促进网络健康发展。2011 年 6 月，在伦敦召开的第二届全球网络安全峰会对此展开深入探讨，在此基础上，美国东西方研究所、微软公司等于 2012 年 6 月共同推出了《面向网络安全的互联网健康发展模式》的全球倡议报告。2012 年 5 月，第五次中日韩领导人会议关于提升全方位合作伙伴关系的"联合宣言"中，指出了三方就应对潜在的大规模地震、海啸和火山爆发开展合作的重要性，定期会晤机制及三方在传染性及非传染性疾病防控、食品安全、临床试验、紧急情况准备与应对、与卫生有关的千年发展目标等方面开展务实合作的重要性。2012 年 6 月，我国与阿富汗共同签署了关于建立战略合作伙伴关系的联合宣言，双方商定加强两国安全领域交流与合作，共同打击恐怖主义、非法移民、非法贩运武器和毒品等跨境威胁活动，加强情报交流和边境管控，加强预防传染病、防灾减灾等非传统安全领域合作。2012 年 6 月，我国与俄罗斯共同发表了关于进一步深化平等信任的中俄全面深化战略协作伙伴关系的联合声明，其中指出，在安全领域，以平等和互信为基础开展合作，建立公平有效机制维护共同、平等、不可分割的安全。2012 年 6 月，我国与哈萨克斯坦共同发布了联合宣言，双方将进一步加强反恐情报交流和反恐行动协调，开展网络、计算机和信息安全领域合作，扩大边防和执法安全合作。①

非传统安全问题，具有的主要特点是：（1）跨国性。绝大多数非传统安全威胁并不是一个国家独自面临的问题，而是在一个国家受到安全压力的同时，对其他国家也构成了不同程度的威胁，甚至波及整个地区或演变成全球性的问题。（2）不确定性。即威胁的来源不确定。多数非传统安全威胁的主体不是主权国家，而是一些组织或群体乃至个人行为。如当今日益猖獗的国际恐怖主义活动，就是一个典型的例子。（3）突发性。非传统安全威胁变化快，流动性大。在经济全球化不断发展，世界人口快速大量流动的条件下，有些安全隐患一旦出现蔓延之势，控制的难度和风险就迅速增大。（4）相互转化性。非传统安全威胁与传统安全威胁之间并没有明确的界限，也没有不能逾越的鸿沟。非传统安全威胁长期积累，在一定时期内得不到有效控制，在一定条件下可能导致国家之间的冲突或战争，最终走向以传统军事手段解决的道路。现在，以多边军事合作解决特定的非传统安全问题，成为许多国家的首选。此外，非传统安全问题的特点还有：（1）动态性；（2）主权性；（3）协作性等，应对非传统安全问题，需要加强国际合作，旨在将这些非传统安全威胁的危害减少到最低限度。非传统安全问题涉及的领域主要是：（1）网络安全；（2）公共卫生安全；（3）恐怖主义；（4）跨国犯罪；（5）严重自然灾害；（6）核安全等。我国《国家安全法》第二章维护国家安全的任务（第15条～第18条）中，对非传统领域国家安全的任务，进行了系统规定，并在第34规定"国家根据经济社会发展和国家发展利益的需要，不断完善维护国家安全的任务"。这些系统性规定主要是：

1. 维护国家经济安全。维护国家基本经济制度和社会主义市场经济秩序，健全预防和化解经济安全风险的制度机制，保障关系国民经济命脉的重要行业和关键领域、重点产业、重大基础设施和重大建设项目以及其他重大经济利益安全（第19条）。

2. 维护国家金融安全。健全金融宏观审慎管理和金融风险防范、处置机制，加强金融基础设施和基础能力建设，防范和化解系统性、区域性金融风险，防范和抵御外部金融风险的冲击（第20条）。

3. 维护国家资源安全。合理利用和保护资源能源，有效管控战略资源能源的开发，加强战略资源能源储备，完善资源能源运输战略通道建设和安全保护措施，加强国际资源能源合作，全面提升应急保障能力，保障经济社会发展所需的资源能源持续、可靠和有效供给（第21条）。

4. 维护国家粮食安全。健全粮食安全保障体系，保护和提高粮食综合生产能力，完善粮食储备制度、流通体系和市场调控机制，健全粮食安全预警制度，保障粮食供给和质量安全（第22条）。

5. 维护国家文化安全。坚持社会主义先进文化前进方向，继承和弘扬中华民族优秀传统文化，培育和践行社会主义核心价值观，防范和抵制不良文化的影响，掌握意识形态领域主导权，增强文化整体实力和竞争力（第23条）。

---

① 佚名. 非传统安全［EB/OL］. 360百科，http：//baike. so. com/doc/6306041－6519584. html. 最后访问时间：2016－09－03.

6. 维护国家技术安全。加强自主创新能力建设，加快发展自主可控的战略高新技术和重要领域核心关键技术，加强知识产权的运用、保护和科技保密能力建设，保障重大技术和工程的安全（第24条）。

7. 维护国家网络安全。家建设网络与信息安全保障体系，提升网络与信息安全保护能力，加强网络和信息技术的创新研究和开发应用，实现网络和信息核心技术、关键基础设施和重要领域信息系统及数据的安全可控；加强网络管理，防范、制止和依法惩治网络攻击、网络入侵、网络窃密、散布违法有害信息等网络违法犯罪行为，维护国家网络空间主权、安全和发展利益（第25条）。

8. 维护国家民族团结。国家坚持和完善民族区域自治制度，巩固和发展平等团结互助和谐的社会主义民族关系。坚持各民族一律平等，加强民族交往、交流、交融，防范、制止和依法惩治民族分裂活动，维护国家统一、民族团结和社会和谐，实现各民族共同团结奋斗、共同繁荣发展（第26条）。

9. 维护国家宗教安全。依法保护公民宗教信仰自由和正常宗教活动，坚持宗教独立自主自办的原则，防范、制止和依法惩治利用宗教名义进行危害国家安全的违法犯罪活动，反对境外势力干涉境内宗教事务，维护正常宗教活动秩序。国家依法取缔邪教组织，防范、制止和依法惩治邪教违法犯罪活动（第27条）。

10. 打击恐怖极端主义。国家反对一切形式的恐怖主义和极端主义，加强防范和处置恐怖主义的能力建设，依法开展情报、调查、防范、处置以及资金监管等工作，依法取缔恐怖活动组织和严厉惩治暴力恐怖活动（第28条）。

11. 维护社会安全。健全有效预防和化解社会矛盾的体制机制，健全公共安全体系，积极预防、减少和化解社会矛盾，妥善处置公共卫生、社会安全等影响国家安全和社会稳定的突发事件，促进社会和谐，维护公共安全和社会安定（第29条）。

12. 维护国家生态安全。完善生态环境保护制度体系，加大生态建设和环境保护力度，划定生态保护红线，强化生态风险的预警和防控，妥善处置突发环境事件，保障人民赖以生存发展的大气、水、土壤等自然环境和条件不受威胁和破坏，促进人与自然和谐发展（第30条）。

13. 维护核安全。坚持和平利用核能和核技术，加强国际合作，防止核扩散，完善防扩散机制，加强对核设施、核材料、核活动和核废料处置的安全管理、监管和保护，加强核事故应急体系和应急能力建设，防止、控制和消除核事故对公民生命健康和生态环境的危害，不断增强有效应对和防范核威胁、核攻击的能力（第31条）。

14. 维护国家国际利益。国家坚持和平探索和利用外层空间、国际海底区域和极地，增强安全进出、科学考察、开发利用的能力，加强国际合作，维护我国在外层空间、国际海底区域和极地的活动、资产和其他利益的安全（第32条）。

15. 维护海外利益安全。依法采取必要措施，保护海外中国公民、组织和机构的安全和正当权益，保护国家的海外利益不受威胁和侵害（第33条）。

三、法定主体维护国家安全的职责

在我国，维护国家安全既是中央和地方的共同责任，也是党政军的共同责任。根据我国《宪法》第三章国家机构的规定，全国人大及其常委会、国家主席、国务院、中央军委、中央国家机关各部门、地方各级人大和地方各级政府包括民族自治机关、香港和澳门两个特别行政区，以及法院和检察院等，都依法承担维护国家安全的职责。在我国《国家安全法》第三章维护国家安全的职责（第 35 条~第 43 条）规定了中央维护国家安全的具体职责。

1. 全国人大及其常委会维护国家安全的职责。全国人大依照宪法规定，决定战争和和平的问题，行使宪法规定的涉及国家安全的其他职权。全国人大常务委员会依照宪法规定，决定战争状态的宣布，决定全国总动员或者局部动员，决定全国或者个别省、自治区、直辖市进入紧急状态，行使宪法规定的和全国人民代表大会授予的涉及国家安全的其他职权（第 35 条）。根据我国《宪法》第 62 条的规定，全国人大的职权包括：（1）修改宪法；（2）监督宪法的实施；（3）制定和修改刑事、民事、国家机构的和其他的基本法律；（4）选举国家主席、副主席；（5）根据国家提名，决定国务院总理的人选；根据国务院总理的提名，决定国务院副总理、国务委员、各部部长、各委员会主任、审计长、秘书长的人选；（6）选举中央军事委员会主席；根据中央军事委员会主席的提名，决定中央军事委员会其他组成人员的人选；（7）选举最高人民法院院长；（8）选举最高人民检察院检察长；（9）审查和批准国民经济和社会发展计划和计划执行情况的报告；（10）审查和批准国家的预算和预算执行情况的报告；（11）改变或者撤销全国人民代表大会常务委员会不适当的决定；（12）批准省、自治区和直辖市的建置；（13）决定特别行政区的设立及其制度；（14）决定战争和和平的问题；（15）应当由最高国家权力机关行使的其他职权。[①] 在全国人大的职权当中，第 14 项职权就是"决定战争和和平的问题"的职权。

而根据我国《宪法》第 67 条的规定，全国人大常委会的职权包括：（1）解释宪法，监督宪法的实施；（2）制定和修改除应当由全国人大制定的法律以外的其他法律；（3）在全国人大闭会期间，对全国人大制定的法律进行部分补充和修改，但是不得同该法律的基本原则相抵触；（4）解释法律；（5）在全国人大闭会期间，审查和批准国民经济和社会发展计划、国家预算在执行过程中所必须作的部分调整方案；（6）监督国务院、中央军委、最高人民法院和最高人民检察院的工作；（7）撤销国务院制定的同宪法、法律相抵触的行政法规、决定和命令；（8）撤销省、自治区、直辖市国家权力机关制定的同宪法、法律和行政法规相抵触的地方性法规和决议；（9）在全国人大闭会期间，根据国务院总理的提名，决定部长、委员会主任、审计长、秘书长的人选；（10）在全国人大闭会期间，根据中央军委主席的提名，决定中央军委其他组成人员的人选；（11）根据最高人民法院院长的提请，任免最高人民法院副院长、审判员、审判委员会委员和军事法院院长；（12）根据最高人民检察院检察长的提请，任免最高人民检察院副检察长、检察员、检察委员会委员和军事检察院检察长，并且批准省、自治区、直辖市的检察院

---

① 我国《宪法》第 63 条规定，全国人大有权罢免下列人员：（1）中华人民共和国主席、副主席；（2）国务院总理、副总理、国务委员、各部部长、各委员会主任、审计长、秘书长；（3）中央军事委员会主席和中央军事委员会其他组成人员；（4）最高人民法院院长；（5）最高人民检察院检察长。

检察长的任免；（13）决定驻外全权代表的任免；（14）决定同外国缔结的条约和重要协定的批准和废除；（15）规定军人和外交人员的衔级制度和其他专门衔级制度；（16）规定和决定授予国家的勋章和荣誉称号；（17）决定特赦；（18）在全国人大闭会期间，如果遇到国家遭受武装侵犯或者必须履行国际共同防止侵略的条约的情况，决定战争状态的宣布；（19）决定全国总动员或者局部动员；（20）决定全国或者个别省、自治区、直辖市的戒严；①（21）全国人民代表大会授予的其他职权。可见，全国人大常委会维护国家安全的职权主要是：（1）战争状态决定权；（2）全国总动员或者局部动员决定权；（3）全国或者个别省、自治区、直辖市紧急状态决定权等。

2. 国家主席维护国家安全的职责。国家主席根据全国人大的决定和全国人大常委会的决定，宣布进入紧急状态，宣布战争状态，发布动员令，行使宪法规定的涉及国家安全的其他职权（第36条）。根据我国《宪法》第80条、第81条的规定，国家主席的职权包括：（1）根据全国人大的决定和全国人大常委会的决定，公布法律，任免国务院总理、副总理、国务委员、各部部长、各委员会主任、审计长、秘书长，授予国家的勋章和荣誉称号，发布特赦令，发布戒严令，宣布战争状态，发布动员令；（2）国家主席代表中华人民共和国，接受外国使节；根据全国人大常委会的决定，派遣和召回驻外全权代表，批准和废除同外国缔结的条约和重要协定。2004年3月14日，第十届全国人大第2次会议通过我国《宪法修正案》中，我国《宪法》第80条规定的"国家主席发布戒严令"修改为"国家主席宣布进入紧急状态"，而我国《宪法》第81条则增加国家主席"进行国事活动"的规定。

3. 国务院维护国家安全的职责。国务院根据宪法和法律，制定涉及国家安全的行政法规，规定有关行政措施，发布有关决定和命令；实施国家安全法律法规和政策；依照法律规定决定省、自治区、直辖市的范围内部分地区进入紧急状态；行使宪法法律规定的和全国人大及其常委会授予的涉及国家安全的其他职权（第37条）。根据我国《宪法》第89条的规定，国务院的职权包括：（1）根据宪法和法律，规定行政措施，制定行政法规，发布决定和命令；（2）向全国人民代表大会或者全国人民代表大会常务委员会提出议案；（3）规定各部和各委员会的任务和职责，统一领导各部和各委员会的工作，并且领导不属于各部和各委员会的全国性的行政工作；（4）统一领导全国地方各级国家行政机关的工作，规定中央和省、自治区、直辖市的国家行政机关的职权的具体划分；（5）编制和执行国民经济和社会发展计划和国家预算；（6）领导和管理经济工作和城乡建设；（7）领导和管理教育、科学、文化、卫生、体育和计划生育工作；（8）领导和管理民政、公安、司法行政和监察等工作；（9）管理对外事务，同外国缔结条约和协定；（10）领导和管理国防建设事业；（11）领导和管理民族事务，保障少数民族的平等权利和民族自治地方的自治权利；（12）保护华侨的正当的权利和利益，保护归侨和侨眷的合法的权利和利益；（13）改变或者撤销各部、各委员会发布的不适当的命令、指

---

① 2004年3月14日，第十届全国人大第2次会议通过我国《宪法修正案》。《宪法修正案》第26条规定，我国《宪法》第67条全国人大常委会职权第20项"（二十）决定全国或者个别省、自治区、直辖市的戒严"修改为"（二十）决定全国或者个别省、自治区、直辖市进入紧急状态"。

示和规章；（14）改变或者撤销地方各级国家行政机关的不适当的决定和命令；（15）批准省、自治区、直辖市的区域划分，批准自治州、县、自治县、市的建置和区域划分；（16）依照法律规定决定省、自治区、直辖市的范围内部分地区进入紧急状态；（17）审定行政机构的编制，依照法律规定任免、培训、考核和奖惩行政人员；（18）全国人民代表大会和全国人民代表大会常务委员会授予的其他职权。

4. 中央军委维护国家安全的职责。中央军委领导全国武装力量，决定军事战略和武装力量的作战方针，统一指挥维护国家安全的军事行动，制定涉及国家安全的军事法规，发布有关决定和命令（第 38 条）。我国《国防法》第 13 条～第 14 条规定，中央军事委员会领导全国武装力量，行使下列职权：（1）统一指挥全国武装力量；（2）决定军事战略和武装力量的作战方针；（3）领导和管理中国人民解放军的建设，制定规划、计划并组织实施；（4）向全国人大或者全国人大常委会提出议案；（5）根据宪法和法律，制定军事法规，发布决定和命令；（6）决定中国人民解放军的体制和编制，规定总部以及军区、军兵种和其他军区级单位的任务和职责；（7）依照法律、军事法规的规定，任免、培训、考核和奖惩武装力量成员；（8）批准武装力量的武器装备体制和武器装备发展规划、计划，协同国务院领导和管理国防科研生产；（9）会同国务院管理国防经费和国防资产；（10）法律规定的其他职权。国务院和中央军事委员会可以根据情况召开协调会议，解决国防事务的有关问题。会议议定的事项，由国务院和中央军事委员会在各自的职权范围内组织实施。

5. 中央国家机关各部门维护国家安全的职责。中央国家机关各部门按照职责分工，贯彻执行国家安全方针政策和法律法规，管理指导本系统、本领域国家安全工作（第 39 条）。对于这一点，除了我国《国家安全法》的规定外，我国相关法律也都有具体规定。即：（1）我国《反间谍法》第 3 条规定，国家安全机关是反间谍工作的主管机关。公安、保密行政管理等其他有关部门和军队有关部门按照职责分工，密切配合，加强协调，依法做好有关工作。（2）我国《反恐怖主义法》第 8 条规定，公安机关、国家安全机关和人民检察院、人民法院、司法行政机关以及其他有关国家机关，应当根据分工，实行工作责任制，依法做好反恐怖主义工作。中国人民解放军、中国人民武装警察部队和民兵组织依照本法和其他有关法律、行政法规、军事法规以及国务院、中央军事委员会的命令，并根据反恐怖主义工作领导机构的部署，防范和处置恐怖活动。有关部门应当建立联动配合机制，依靠、动员村民委员会、居民委员会、企业事业单位、社会组织，共同开展反恐怖主义工作。（3）我国《反洗钱法》第 4 条规定，国务院反洗钱行政主管部门负责全国的反洗钱监督管理工作。国务院有关部门、机构在各自的职责范围内履行反洗钱监督管理职责。国务院反洗钱行政主管部门、国务院有关部门、机构和司法机关在反洗钱工作中应当相互配合。这一条规定的进一步延伸是：我国《反恐怖主义法》第 24 条规定，国务院反洗钱行政主管部门、国务院有关部门、机构依法对金融机构和特定非金融机构履行反恐怖主义融资义务的情况进行监督管理。国务院反洗钱行政主管部门发现涉嫌恐怖主义融资的，可以依法进行调查，采取临时冻结措施。

6. 地方维护国家安全的职责。我国是一个统一的、单一制的国家，但是，同时也是一个有 56 个民族、5 个民族自治区，东中西部经济和社会发展很不平衡的国家。为此，我国《宪法》第 3 条第 3 款规定了"中央和地方的国家机构职权的划分，遵循在中央的统一领导下，充分发挥地方的主动性、积极性的原则"的国家行政体制架构。我国《国家安全法》第 40 条规定，地方各级人大和县级以上地方各级人大常委会在本行政区域内，保证国家安全法律法规的遵守和执行。地方各级政府依照法律法规规定管理本行政区域内的国家安全工作。香港特别行政区、澳门特别行政区应当履行维护国家安全的责任。

根据我国《地方各级人民代表大会和地方各级人民政府组织法》（简称《地方组织法》）第 4 条、第 8 条、第 44 条、第 54 条、第 55 条的规定，地方各级人大都是地方国家权力机关；县级以上的地方各级人大及其人大常委会的首要职权，是在本行政区域内，保证宪法、法律、行政法规和上级人大及其常委会决议的遵守和执行，保证国家计划和国家预算的执行；地方各级人民政府是地方各级人大的执行机关，是地方各级国家行政机关；地方各级人民政府对本级人大和上一级国家行政机关负责并报告工作。县级以上的地方各级政府在本级人大闭会期间，对本级人大常委会负责并报告工作。全国地方各级政府都是国务院统一领导下的国家行政机关，都服从国务院；地方各级政府必须依法行使行政职权。所以，我国《地方组织法》第 59 条规定，县级以上的地方各级政府行使下列职权：（1）执行本级人大及其常委会的决议，以及上级国家行政机关的决定和命令，规定行政措施，发布决定和命令；（2）领导所属各工作部门和下级政府的工作；（3）改变或者撤销所属各工作部门的不适当的命令、指示和下级政府的不适当的决定、命令；（4）依照法律的规定任免、培训、考核和奖惩国家行政机关工作人员；（5）执行国民经济和社会发展计划、预算，管理本行政区域内的经济、教育、科学、文化、卫生、体育事业、环境和资源保护、城乡建设事业和财政、民政、公安、民族事务、司法行政、监察、计划生育等行政工作；（6）保护社会主义的全民所有的财产和劳动群众集体所有的财产，保护公民私人所有的合法财产，维护社会秩序，保障公民的人身权利、民主权利和其他权利；（7）保护各种经济组织的合法权益；（8）保障少数民族的权利和尊重少数民族的风俗习惯，帮助本行政区域内各少数民族聚居的地方依照宪法和法律实行区域自治，帮助各少数民族发展政治、经济和文化的建设事业；（9）保障宪法和法律赋予妇女的男女平等、同工同酬和婚姻自由等各项权利；（10）办理上级国家行政机关交办的其他事项。虽然，没有直接提及国家安全维护方面的职责，但是基于地方政府"守土有责"的我国《地方组织法》基本原则，各级地方政府当然负有维护国家安全不可推卸的职责。

需要特别强调，我国《国家安全法》第 11 条第 2 款规定，中国的主权和领土完整不容侵犯和分割。维护国家主权、统一和领土完整是包括港澳同胞和台湾同胞在内的全中国人民的共同义务。显而易见，我国的香港特区政府、澳门特区政府自然负有维护国家安全的职责。我国《香港特别行政区基本法》第 23 条规定，香港特别行政区应自行立法禁止任何叛国、分裂国家、煽动叛乱、颠覆中央人民政府及窃取国家机密的行为，禁止外国的政治性组织或团体在香港特别行政区进行政治活动，禁止香港特别行政区的政治性组织或团体与外国的政治性组织或团体建立联系。我国《澳门特别行政区基本法》第 23 条规定，澳门特别行政区应自行立法禁止任何叛国、分裂国家、煽动叛乱、颠覆中央人民政府及窃取国家机密的行为，禁止外国的政治性组织或团体在澳门特别行政区进行政治活动，禁止澳门特别行政区的政治性组织或团体与外国的政治性组织或团体建立联系。

7. "两院"维护国家安全的职责。所谓"两院"，在我国是指人民法院和人民检察院。我国《国家安全法》第41条规定，人民法院依照法律规定行使审判权，人民检察院依照法律规定行使检察权，惩治危害国家安全的犯罪（第41条）。我国《宪法》第128条、第129条、第131条、第133条～第136条、第138条和第140条规定：（1）人民法院是国家的审判机关。国家设立最高人民法院、地方各级人民法院和军事法院等专门人民法院。人民法院依照法律规定独立行使审判权，不受行政机关、社会团体和个人的干涉。最高人民法院对全国人大和全国人大常委会负责。地方各级人民法院对产生它的国家权力机关负责。（2）人民检察院是国家的法律监督机关。国家设立最高人民检察院、地方各级人民检察院和军事检察院等专门人民检察院。人民检察院依照法律规定独立行使检察权，不受行政机关、社会团体和个人的干涉。最高人民检察院对全国人大和全国人大常委会负责。地方各级人民检察院对产生它的国家权力机关和上级人民检察院负责。（3）人民法院、人民检察院和公安机关办理刑事案件，应当分工负责，互相配合，互相制约，以保证准确有效地执行法律。

8. 专门机关维护国家安全的职责。所谓专门机关，在维护国家安全概念下，是指国家安全机关、公安机关和军事机关等。为此，我国《宪法》第28条、第29条规定，国家维护社会秩序，镇压叛国和其他危害国家安全的犯罪活动，制裁危害社会治安、破坏社会主义经济和其他犯罪的活动，惩办和改造犯罪分子。中华人民共和国的武装力量属于人民。它的任务是巩固国防，抵抗侵略，保卫祖国，保卫人民的和平劳动，参加国家建设事业，努力为人民服务。

所以，我国《国家安全法》第9条规定，维护国家安全，应当坚持预防为主、标本兼治，专门工作与群众路线相结合，充分发挥专门机关和其他有关机关维护国家安全的职能作用，广泛动员公民和组织，防范、制止和依法惩治危害国家安全的行为。而我国《国家安全法》第39条又规定，中央国家机关各部门按照职责分工，贯彻执行国家安全方针政策和法律法规，管理指导本系统、本领域国家安全工作。我国《国家安全法》第42条规定，国家安全机关、公安机关依法搜集涉及国家安全的情报信息，在国家安全工作中依法行使侦查、拘留、预审和执行逮捕以及法律规定的其他职权。有关军事机关在国家安全工作中依法行使相关职权。

比如，根据我国《刑事诉讼法》第二编第二章侦查（第115条、第116条、第118条、第119条、第123条）的规定，对于国家安全方面的刑事案件，专门机关办理时，应当遵守的程序规范是：（1）公安机关对已经立案的刑事案件，应当进行侦查，收集、调取犯罪嫌疑人有罪或者无罪、罪轻或者罪重的证据材料。对现行犯或者重大嫌疑分子可以依法先行拘留，对符合逮捕条件的犯罪嫌疑人，应当依法逮捕。（2）公安机关经过侦查，对有证据证明有犯罪事实的案件，应当进行预审，对收集、调取的证据材料予以核实。（3）讯问犯罪嫌疑人必须由人民检察院或者公安机关的侦查人员负责进行。讯问的时候，侦查人员不得少于2人。犯罪嫌疑人被送交看守所羁押以后，侦查人员对其进行讯问，应当在看守所内进行。对不需要逮捕、拘留的犯罪嫌疑人，可以传唤到犯罪嫌疑人所在的市、县内的指定地点或者到他的住处进行讯问，但是应当出示人民检察院或者公安机关的证明文件。（4）对在现场发现的犯罪嫌疑人，经出示工作证件，可以口头传唤，但应当在讯问笔录中注明。传唤、拘传持续的时间不得超过12小时；案情特别重大、复杂，需要采取拘留、逮捕措施的，传唤、拘传持续的时间不得超过24小时。不得以连续传唤、拘传的形式变相拘禁犯罪嫌疑人。传唤、拘传犯罪嫌疑人，应当保证犯罪嫌疑人的饮食和必要的休息时间。（5）侦查人员在讯问犯罪嫌疑人的时候，可以对讯问过程进行录音或者录像；对于可能判处无期徒刑、死刑的案件或者其他重大犯罪案件，应当对讯问过程进行录音或者录像。录音或者录像应当全程进行，保持完整性。

9. 国家机关及工作人员维护国家安全的职责。我国《国家安全法》第11条第1款规定，中华人民共和国公民、一切国家机关和武装力量、各政党和各人民团体、企业事业组织和其他社会组织，都有维护国家安全的责任和义务。毫无疑问，国家机关及其工作人员维护国家安全，那是职责所在。比如，我国《公务员法》第12条规定，公务员应当履行下列义务：（1）模范遵守宪法和法律；（2）按照规定的权限和程序认真履行职责，努力提高工作效率；（3）全心全意为人民服务，接受人民监督；（4）维护国家的安全、荣誉和利益；（5）忠于职守，勤勉尽责，服从和执行上级依法作出的决定和命令；（6）保守国家秘密和工作秘密；（7）遵守纪律，恪守职业道德，模范遵守社会公德；（8）清正廉洁，公道正派；（9）法律规定的其他义务。因此，公务员在公务行为中，严格依法履责，维护国家安全就是其应尽的职责。为此，我国《国家安全法》第43条、第83条则规定，国家机关及其工作人员在履行职责时，应当贯彻维护国家安全的原则。在国家安全工作中，需要采取限制公民权利和自由的特别措施时，应当依法进行，并以维护国家安全的实际需要为限度。国家机关及其工作人员在国家安全工作和涉及国家安全活动中，应当严格依法履行职责，不得超越职权、滥用职权，不得侵犯个人和组织的合法权益。

如果国家机关及工作人员在履行维护国家安全职责过程中，超越职权、滥用职权，侵犯了公民或者组织的合法权益，则应当依法承担法律责任。对此，我国《国家安全法》第82条规定，公民和组织对国家安全工作有向国家机关提出批评建议的权利，对国家机关及其工作人员在国家安全工作中的违法失职行为有提出申诉、控告和检举的权利。对给公民个人或者组织造成损失的，公民或者组织可以依法请求国家赔偿。我国《国家赔偿法》规定，受害的公民、法人和其他组织有权要求赔偿。[①] 受害的公民死亡，其继承人和其他有扶养关系的亲属有权要求赔偿。受害的法人或者其他组织终止的，其权利承受人有权要求赔偿（第6条）；行政机关及其工作人员行使行政职权侵犯公民、法人和其他组织的合法权益造成损害的，该行政机关为赔偿义务机关。两个以上行政机关共同行使行政职权时侵犯公民、法人和其他组织的合法权益造成损害的，共同行使行政职权的行政机关为共同赔偿义务机关。法律、法规授权的组织在行使授予的行政权力

---

① 我国《国家赔偿法》第5条规定，属于下列情形之一的，国家不承担赔偿责任：（1）行政机关工作人员与行使职权无关的个人行为；（2）因公民、法人和其他组织自己的行为致使损害发生的；（3）法律规定的其他情形。

时侵犯公民、法人和其他组织的合法权益造成损害的，被授权的组织为赔偿义务机关。受行政机关委托的组织或者个人在行使受委托的行政权力时侵犯公民、法人和其他组织的合法权益造成损害的，委托的行政机关为赔偿义务机关。赔偿义务机关被撤销的，继续行使其职权的行政机关为赔偿义务机关；没有继续行使其职权的行政机关的，撤销该赔偿义务机关的行政机关为赔偿义务机关（第7条）；经复议机关复议的，最初造成侵权行为的行政机关为赔偿义务机关，但复议机关的复议决定加重损害的，复议机关对加重的部分履行赔偿义务（第8条）。

我国《国家赔偿法》第3条、第4条规定，行政机关及其工作人员在行使行政职权时有下列侵犯人身权情形之一的，受害人有取得赔偿的权利：（1）违法拘留或者违法采取限制公民人身自由的行政强制措施的；（2）非法拘禁或者以其他方法非法剥夺公民人身自由的；（3）以殴打、虐待等行为或者唆使、放纵他人以殴打、虐待等行为造成公民身体伤害或者死亡的；（4）违法使用武器、警械造成公民身体伤害或者死亡的；（5）造成公民身体伤害或者死亡的其他违法行为。同时，行政机关及其工作人员在行使行政职权时有下列侵犯财产权情形之一的，受害人有取得赔偿的权利：（1）违法实施罚款、吊销许可证和执照、责令停产停业、没收财物等行政处罚的；（2）违法对财产采取查封、扣押、冻结等行政强制措施的；（3）违法征收、征用财产的；（4）造成财产损害的其他违法行为（第4条）。

下编

第七章　传统安全

第一节　政治安全

一、政治安全的定义

所谓政治安全，是指政治主体在政治意识、政治需要、政治内容、政治活动等方面，免于内外各种因素侵害和威胁而没有危险的客观状态。更简洁的定义是：政治安全就是在政治方面免于内外各种因素侵害和威胁的客观状态。政治安全是相对于经济、科技、文化、社会、生态等其他领域的安全而言的，政治安全的主体是国家。政治安全强调国家主权、领土、政权、政治制度、意识形态等方面免受各种侵袭、干扰、威胁和危害的一种客观状态。这种状态，在我国表现为：对外保持国家的主权独立、领土完整；对内保持人民民主专政政权和社会主义政治制度的稳固，马克思主义主流意识形态占据主导地位，以及社会整体上的稳定。在我国，国家安全环境中，政治安全的核心是党的领导的有效性、权威性及其执政地位的稳定性。

理论上，政治安全往往与政治风险（Political Risk）紧密联系在一起。所谓政治风险，是指完全或部分由政府官员行使权力和政府组织的行为而产生的不确定性。政府的不作为或直接干预也可能产生政治风险。政治风险也指企业因一国政府或人民的举动而遭受损失的风险。政治风险常常分为两大类：宏观政治风险和微观政治风险。所谓宏观政治风险，是指对一国之内的所有对象都有潜在影响的风险，如"恐怖活动""内战"或"军事政变"等；所谓微观政治风险，是仅对特定企业、产业或投资类型产生影响的风险，如设立新的监管机构或对本国内的特殊企业征税。另外，当地业务合作伙伴如果被政府发现有不当行为，也会对本企业产生不利的影响，等等。有时候，从政治风险的结果看，还可以把政治风险分为影响财产所有权的风险和仅影响企业正常业务收益的风险两类。所谓影响财产所有权的风险，是指导致外国企业或投资者失去资产所有权或投资控制权的政治方面的变化性风险，如国有化或强制性没收财产等；而所谓影响企业正常业务收益的风险，是指导致减少外国企业或投资者经营收入或投资回报的政治方面改变的风险，如外国企业所得税的税率的调整等。研究表明，站在外国企业或外国投资者角度看，绝大多数政治风险属于微观政治层次的问题，并且，更多地涉及外国企业或投资者经营收入和投资回报，而不是财产所有权的归属与确认、剥夺问题。所以，一般而言，引发政治风险的直接原因，往往是东道国或投资所在国的国内政治环境变化及其对外政治关系的变化，尤其是出现对外国企业和外国投资者不利的变化引起的。

理论上，对政治风险的有无、大小、高低和强弱等，往往要通过政治风险评估来完成判断。所谓政治风险评估，是指针对政治局势变动的可能性，对国内市场和国家市场的政策性影响，尤其是各种经济机会进行预测、评价和分析、估计等活动。事实上，政治风险一旦发生，可能对投资特别是来自国外的投资造成重大不利影响。比如，跨国企业因海外投资金额与分布点遍及世界各地，在运作上，对政治风险的考量与评价就格外关注和看重，经常会由专家小组进行政治风险分析和评估，并找出适当的政治风险的避险方案以及对策措施。在国际上，有许多专业性的国际风险研究机构或者顾问公司，专门针对各个国家的政治风险，进行专业性系统评估和分析，并将其评估结果或者评估报告，作为商业性成果或者智力成果产品加以出售。

二、政治风险的评估

政治风险，是指因政治原因而造成一国的投资者或者企业的经济损失。也就是说，政治风险的根源是东道国或投资所在国的国内政治环境或对外政治关系的一系列变化，而这些变化给外国企业和外国投资者所造成的后果，可能就是双向或者正负两个方面的。例如，可能带来积极的效应，也就是有利于外国企业和投资者，从而给它们带来经济利益；也可能带来消极效应，从而不利于外国企业和投资者，给它们带来经济损失。目前，在国际上，专业性国际政治风险研究机构或者顾问公司提出的政治风险评估方法，主要有：

1. 预警系统评估法。所谓预警系统评估法，是指根据积累的某一国家的历史资料，对其易诱发的政治风险激化的诸因素，加以量化分析，运用系统方法测定该国政治风险的聚集程度，并做出相应的分析评价报告的方法。例如，用偿债比率、负债比率、债务对出口比率等指标，来测定被评价国所面临的外债危机或者外债风险，从而在一定程度上体现该国经济稳定性的评价报告，就是运用这种方法。

2. 定级评估法。所谓定级评估法，是指将被评价国的政治因素、基本经济因素、对外金融因素、政治的安定性等可能，对项目产生影响的风险因素的大小，分别打分量化，然后，将各种风险因素得分汇总起来，确定一国的政治风险等级，并进行国家之间风险比较的评估方法。对国际投资风险进行国别比较，国际上较有影响的有国际投资风险指数。例如，富兰德指数（FL），该指数是由英国"商业环境风险情报所"每年定期提供；国家风险国际指南综合指数（CPFER），该指数由设在美国纽约的国际报告集团编制，每月发布一次；国家风险等级，则是日本"公司债研究所"、《欧洲货币》和《机构投资家》每年定期在"国家等级表"中，公布对各国的国际投资风险程度分析结果的一种指数。

3. 分类评估法。所谓分类评估法，是指根据伦敦的控制风险集团（CRG）的做法，将政治风险按照规模分为4种分类，即可忽略的风险、低政治风险、中等政治风险和高政治风险进行评估的方法。（1）可忽略的风险，适应于政局稳定的政府。（2）低政治风险，往往孕育在那些政治制度完善，政府的任何变化通过宪法程序产生，不缺乏政治持续性或者政治分歧可能导致领导人的突然更迭的国家。(3)中等政治风险,往往会发生在那些政府权威有保障,但政治机构仍然在演化的国家,或者存在军事干预风险的国家。(4)高政治风险国家,则是那些政治机构极不稳定,政府有可能"被驱逐出境"的国家。

当然,即或采用了前述这些评估方法,对政治风险的评估,仍然不能做到十分精确或者准确把握。也就是说,政治风险之所以为一种风险,就是源于它的不确定性,最重要的一点,就是政治风险发生时间的不确定或者发生背景的不确定性。例如,通过使用前述这些评估方法,可以预计会有什么类型的政治风险发生,却不知道具体会在什么时间、什么背景下发生,或者会不会发生、多大程度上发生,等等。所以,对政治风险进行评估之后,被评估的国家或者政府,就需要采取一系列的应对措施,避免在未来可能发生的政治风险,以保持国家的政局稳定。

政治风险,作为投资者所在国与东道国政治环境发生变化、东道国政局不稳定、政策法规发生变化等给投资企业带来经济损失的一种可能性,常常会因为包括战争、内乱、征收、征用、没收、国有化、汇兑等发生现实的经济损失或者经营损失,因此,投资者或者跨国企业往往也要从事政治风险管理。

所谓政治风险管理,是指跨国企业或投资者在进行对外投资决策或对外经济贸易活动时,为了避免由于东道国或投资所在国政治环境方面发生意料之外的变化,而给自己造成不必要的损失,针对东道国政治环境方面发生变化的可能性,以及这种变化对自己的投资和经营活动可能产生的正负影响,提前采取相应的对策和措施,以减少或避免由于这种政治方面的变化给跨国企业或投资者自己带来损失的有意识的预期性管理活动。所以,政治风险在企业跨国并购与投资活动中,其影响与投资风险管理的考量,也是多个层面的。

1. 政策变动风险。例如,2005年5月30日,吉利汽车控股有限公司与IGC集团合作投资建厂。吉利公司计划在马来西亚制造、组装和出口吉利汽车,当生产准备工作一切就绪,并准备2005年年底正式开工时,马来西亚政府出于保护本国汽车产业的目的,突然宣布新进入的汽车品牌在该国生产的汽车不能在该国销售,必须100%用于出口,这与吉利当初建厂时希望更多在马来西亚当地市场销售的初衷完全不一致。[①] 这一政策的出台与强力变动,使吉利公司在马来西亚蒙受了巨大的经济损失。

2. 歧视性干预风险。例如,2005年6月8日,我国第三大石油天然气集团——中国海洋石油有限公司(中海油)对美国同业对手优尼科公司发出逾130亿美元的收购要约,这是当时中国企业规模最大、最重要的一宗海外收购案例。截至2004年年底,优尼科价值约为110亿美元,净负债26.8亿美元。据估计,优尼科的美国资产占公司全年总产量和利润的33%。而2003年年底,中海油市值约为215亿美元,现金资产共16亿美元。中海油收购优尼科公司本是一次正常的商业活动,却被某些美国政客和媒体炒作成威胁美国国家安全的政治行为,最后由国会出面,在收购行动中设置种种障碍,迫

---

① 佚名. 李书福:吉利马来西亚建厂风波是国家形象问题[EB/OL]. 新浪财经, http://finance.sina.com.cn/roll/20051210/17442188670.shtml. 最后访问时间:2016-08-09.

使中海油于 2005 年 8 月 2 日宣布放弃收购计划。①

3. 恐怖袭击风险。例如，2004 年 6 月 10 日凌晨，中国中铁十四局集团公司援建阿富汗北部省份昆都士以南 36 公里处的公路建设项目盖劳盖尔工地，当地时间凌晨约 1 时左右（北京时间凌晨 4 时 30 分左右），20 多名持枪歹徒闯入工地进行袭击，突如其来的枪声惊醒了睡在那里的 123 名中国工人。袭击造成 11 名中国工人死亡，另有 4 名工人受伤。

4. 国有化风险。2006 年 4 月，厄瓜多尔议会通过了一项石油改革法案，规定包括中国企业在内的所有外国公司必须将利润的 50% 交给厄瓜多尔政府，政府根据修改后的厄瓜多尔《石油法》同外国公司重新进行石油合同的谈判。

5. 战争动乱风险。例如，苏丹是我国最大的国外石油投资所在地之一，也是我国的友好合作国家。但是自 1956 年苏丹独立以来，除了从 1972—1982 年这十年之外，苏丹的内战到今天都没停止，投资安全系数极低。

6. 劳工风险。例如，1992 年 11 月 5 日，首钢集团以 1.18 亿美元购买了濒临倒闭的秘鲁国有铁矿公司 98.4% 的股权。事后，首钢被各种名目的罢工示威所困扰，频繁的劳资纠纷，一度令秘鲁铁矿处于半死不活的状态。

从前述 6 个方面的分析来看，各种形式的经济风险最后都会以政治风险的形式表现出来。因此，任何要想走出去的我国企业，都必须认真研究和分析这种涉及政治风险管理的问题。

三、政治安全的维护

应当说，政治风险管理层面的首要问题是在维护政治安全、政权安全，体现在维护社会稳定、公共安全上，并最终落实到公民安全上。也就是说，没有公民的生命财产安全，政治安全、政权安全以及社会稳定、公共安全等，是缺乏说服力的。

维护政治安全是一项长期复杂的系统工程。要有强烈的风险意识，抓住重大问题和关键问题，着力推动解决维护政治安全面临的突出矛盾。重点要做好以下几个方面：

（一）加强党和政府同人民群众的血肉联系

人心向背关系党的生死存亡。党只有始终与人民心连心、同呼吸、共命运，始终依靠人民推动历史前进，才能做到，安如泰山坚如磐石。从思想教育入手，坚定广大党员干部的理想信念。抓住思想建设这个根本，不断筑牢理想信念，让党员干部从思想上解决"为了谁、依靠谁、我是谁"的问题，摆正个人与群众关系，牢固树立"立党为公、执政为民"的从政理念，自觉与群众打成一片。

严明政治纪律和政治规矩，把守纪律、讲规矩摆在更加重要的位置。坚决维护党中央权威，在任何时候任何情况下都在思想上政治上行动上同党中央保持高度一致，维护党的团结，坚持团结五湖四海一切忠实于党的同志。狠抓作风建设，坚持以零容忍态度

---

① 薛彦平. 中海油宣布退出收购优尼科竞争，雪佛龙胜券在握 [EB/OL]. 新华网，http://finance. sina. com. cn/j/20050803/10171859016. shtml. 最后访问时间：2016-08-09.

惩治腐败。

充分发挥制度的作用，保护和谐党群关系持久不衰。建立健全促进社会公平正义的制度，保障人民群众的合法权益。切实推进社会主义民主的制度化、规范化和程序化，进一步完善人民代表大会制度；加快完善城乡一体化的制度机制，着力解决民生问题。

（二）坚决防范"颜色革命"

坚决抵制境外势力渗透。切实增强政治敏锐性和政治鉴别力，善于从战略上把握大势、研判形势，从政治上观察问题、分析问题。依法严密防范打击敌对势力渗透颠覆破坏活动，坚决捍卫中国共产党领导和中国特色社会主义制度。

坚定中国特色社会主义制度自信。首先要坚定对中国特色社会主义政治制度的自信，不能"看到别的国家有而我们没有就简单认为有欠缺，要搬过来；或者，看到我们有而别的国家没有就简单认为是多余的，要去除掉"。这两种观点过于简单、片面，都是错误的，需保持清醒认识。

加强民主政治和法治建设。完善中国特色社会主义民主政治制度，强化人民代表大会制度作为国家最高权力形式的职能定位和作用发挥，推进协商民主广泛多层制度化发展。加强法治保护民主功能，不断建立健全维护政治安全的法律法规。

加强国家安全防控体系建设。全方位实施集中统筹领导，从法律法规制度、体制机制、力量运用和操作规程，以及跨国联手合作等环节，构建起包括港澳在内的渗透各领域层次灵敏协调高效的安全防控网。

加强矛盾纠纷排查调处。建立党和政府主导的利益维护机制，使群众由衷感到权益受到公平对待。健全重大决策社会稳定风险评估机制，凡是涉及群众切身利益的重大事项，都必须充分听取群众意见建议。深入开展矛盾纠纷排查调处活动，努力做到发现在早、防范在先、处置在小，防止矛盾碰头叠加，防止外部势力插手利用导致矛盾"交叉感染"、蔓延升级。

（三）做好意识形态工作

习近平总书记多次强调，能否做好意识形态工作，事关党的前途命运，事关国家长治久安，事关民族凝聚力和向心力。必须确保党对意识形态工作的领导权。各种课堂、讲台、讲坛和出版社、报纸、广播电视，特别是互联网等新媒体的领导权、管理权和话语权，要掌握在真正的马克思主义者手里。

必须旗帜鲜明地批驳意识形态领域的错误思潮。一旦认准是错误有害的思想观点，必领敢于亮剑，理直气壮地批驳那些否定马克思主义的错误观点。同时，抓好道路自信、理论自信、制度自信的宣传教育，研究回答干部群众普遍关心的深层次思想认识问题，把道理讲清楚、说明白，澄清各种错误观点和模糊认识，引导人们自觉抵制资产阶级意识形态的渗透。

四、政权安全

（一）政权及政权安全的定义

所谓政权，是一个国家的政治上的权力，借助政体形成的统治体制。有时候，政权可以指特定的政权机关即行政管理当局。当然，政权也可以特指一个社会的政治制度或者一个社会的政治上的权力形成的秩序。所以，政权是掌握国家主权的政治机构或者组织即政权机关，以及所掌握的政治权力的一种有机组合，用以维护政治权力对社会的有效统治与管理。有时候，对一个国家而言，政权是以有形的政权机关作为观察或者判断的有形物。所以，国际上通常称政权机关为国家行政当局，它是国家的有形的代表，也是一种拥有治理一个社会的政治权力的国家机构，并在一定的领土内，拥有其外部主权和内部主权。前者表现为外交主权，后者则为内政主权。

政治学上，政权的内涵和外延，具体体现为：（1）在政府、政治和外交领域是指一个国家的政体的统治体制；（2）指一个国家的特定的行政管理当局；（3）在社会学范畴是指一个社会的制度，或者一个社会的秩序；（4）指掌握国家主权的政治组织及其所掌握的政治权力；（5）国家政权，一般国际上称为国家行政管理当局，是国家的象征，它是一种拥有治理一个社会的权力的国家机构，在一定的领土内拥有外部和内部的主权等。

所谓政权安全，是指国家的政治上的权力及其政权机关不受威胁或者不陷入危险状态的情形。在我国，《国家安全法》第 15 条的规定，就是维护国家政治安全的核心规范，并以维护政权安全为主要内容。（1）坚持中国共产党的领导。（2）维护中国特色社会主义制度。（3）发展社会主义民主政治。（4）健全社会主义法治。（5）强化权力运行制约和监督机制。（6）保障人民当家做主的各项权利。（7）依法防范、制止和惩治危害政治安全的任何行为，[①] 包括 3 个方面的具体任务：一是，防范、制止和依法惩治任何叛国、分裂国家、煽动叛乱、颠覆或者煽动颠覆人民民主专政政权的行为；二是，防范、制止和依法惩治窃取、泄露国家秘密等危害国家安全的行为；三是，防范、制止和依法惩治境外势力的渗透、破坏、颠覆、分裂活动等。[②] 由此可见，我国《国家安全法》对政权安全问题，是从政治安全的高度加以全面细致地规定的。

（二）主权与爱国主义

所谓主权，是指一个国家对其管辖区域所拥有的至高无上的、排他性的政治权力。简言之，为"自主自决"的最高权威，也是对内立法、司法、行政的权力来源，对外保持独立自主的一种力量和意志。主权的法律形式，对内常规定于宪法或基本法中，对外则是国际的相互承认。因此，它也是国家最基本的特征之一。国家主权的丧失往往意味着国家的解体或灭亡。当今社会，"主权"概念正因为其至高无上的排他性，外交官不断援引之；跨国组织及企业设法规避之；政治学家，宪法、国际法学者等学者仍争论

---

① 乔晓阳. 中华人民共和国国家安全法释义 [M]. 法律出版社，2016，68～71.
② 乔晓阳. 中华人民共和国国家安全法释义 [M]. 法律出版社，2016，71.

之，用以讨论全球化及国际及区域组织对"主权"概念的影响。

英文中，主权（sovereignty）一词，因其拉丁文的本意即"最高权力"，所以，16世纪法国博丹在《论共和国》一书中，把"主权"定义为"国内绝对的和永久的权力"，不受法律限制的统治公民和臣民的最高权力。博丹的"主权学说"属中央集权国家主权学说，主权者是君主；国际法奠基者的荷兰法学家格劳秀斯也认为，主权属于国家，主权是国家的最高统治权。卢梭等大家则提出"人民主权"的思想，这是与国家主权相对立的观念。作为一个历史性的概念，"主权"一词在数百年间获得众多内涵，但是，不论是作为思想，或是作为制度，都同一种强制性力量即政治机关的存在有关。

政府行政权力、司法管辖权以及立法权的行使，必须要以主权为依据。在民主制度里，主权属于国家的全体人民，这被称为"人民主权"。"人民主权"可以借由国民大会等形式直接行使。更普遍的是，由人民选举代议人士参与政府的代议政制，则是目前大多数西方国家及其旧殖民地所采取的政权形式。"人民主权"也能借由其他形式行使，如英国和其联邦所采取的君主立宪制。代议制度也能混合其他的行使方式，如被许多国家采用的公民投票制度。在其他的形式如君权神授、君主专制和神权政治下，"主权"则被定义为一种永恒的起源，为一种由上帝或自然界所赐予的权力。

在宪法和国际法上，"主权"的概念，也被赋予了一个国家的政府，有对其疆土和地理领域拥有彻底的、强有力的控制权，在其掌控的各种主权机构之下，拥有法律上的立法权、行政权和审判权，而不是透过他国的指令来对其疆土和地理领域进行控制和管理。对"主权"的阐释，可以分为国内和国际两大流派。在国际法体系上，主权呈多极化、碎片化样态；而在国内法上，"主权中心论"认为，一国之内的社会秩序、领土统一和政府行为是规范标准，在主权管辖的范围内，主权机关通过各种组织和技术、措施和方法，将政治权力层面上的政治、经济、军事和文化资源等，加以综合利用，实行强大的领土内空间的控制。于是，"主权"成了国家的一种属性。

主权国家的职能，即在公民与既定领土之间界定出一种明确的、不可分的、永久的依存关系。这种以国家的领土为外在特征的包围式关系，成为公民一致认定的或者自我认同的核心。正因为这样，"爱国主义"自然而然就成为国家主权理论的基本主题。以国家为基础的爱国主义，具有强大的影响力，足够让人民对国家产生最基本的认同。而这种认同，可以归功于主权原则成为现代国际法上确立的重要原则。爱国主义应当在国家主权之下，并兼顾主权原则来进行倡扬和不断发扬光大。

（三）维护人民安全

"民为邦本，本固邦宁。"人民安全是国家安全体系中不可分割的、最核心的构成要素，是国家安全的基石和依托。所谓人民安全，是指人民群众的生存发展条件、安定工作生活环境，以及公民的生命财产和其他合法权益，不陷入受威胁或者危险状态的情形。在这里，"人民安全"与国泰民安一样，是人民群众最基本、最普遍的愿望。

我国《国家安全法》第16条的规定，对"人民安全"分解成如下几个方面：（1）维护和发展最广大人民的根本利益；（2）保卫人民安全；（3）创造良好生存发展条件和安定工作生活环境；（4）保障公民的生命财产安全和其他合法权益等。应当说，要实现中华民族伟大复兴的中国梦，保证人民安居乐业，国家安全是头等大事。要坚持国家安全一切为了人民、一切依靠人民，动员全党全社会共同努力，汇聚起维护国家安全的强大力量，夯实国家安全的社会基础，防范化解各类安全风险，不断提高人民群众的安全感、幸福感和安全获得感。

第二节　国土安全

一、国土安全的定义

所谓国土安全，也可以称为国家领土安全，是指国家对其领陆、领水和领空等国土拥有的不陷入受威胁或者陷入危险的情形。所以，国土安全中的"国土"，其实就是国家主权控制之下的领陆、领水和领空等。在这里，"国土"不只是土地，也包括水域即内水和领海，还有空域即领空，而所谓"领土"即领陆、领水和领空的"领"是管辖、主权控制和国家法上的"法律控制"等含义。我国《国家安全法》第 17 条规定，国家加强边防、海防和空防建设，采取一切必要的防卫和管控措施，保卫领陆、领水和领空安全，维护国家领土主权和海洋权益，从"加强建设""采取措施""保卫安全"和"维护主权"四个方面提出了国家维护国土安全的重要任务。

一般而言，国土安全本身，首先要区分出"国土"即领土的边界，其次才能谈到国家主权的管辖和控制，最后才能谈到对这些领土的实际控制。有时候，叫领土的"领陆、领海和领空"等，并非是被主权国家所实际控制。

有时候，因为历史上的殖民统治或者其他原因，导致个别国家或地区的领土被割让或者租借，而在一定的历史情形之下，产生了主权回归，或者主权庇护或者主权限定等特殊的国土安全情形。

二、国土安全与涉海司法解释

2016 年 8 月 1 日，我国最高人民法院先后发布《关于审理发生在我国管辖海域相关案件若干问题的规定（一）》和《关于审理发生在我国管辖海域相关案件若干问题的规定（二）》（简称涉海司法解释）。涉海司法解释是最高人民法院针对涉海案件制定的第一部综合性司法解释，分为一、二两个部分。其中，第一部分主要针对海上司法管辖、刑法等国内法，在我国管辖海域的适用等一般性问题；第二部分主要对涉海案件审理中，存在的具体问题作出规定。《海洋法公约》在领海主权之外，还规定了毗连区管制权、专属经济区和大陆架的主权权利与管辖权、在他国管辖海域的航行权利、行使公海六大自由的权利，以及分享国际海底区域人类共同继承财产利益等。我国《领海与毗连区法》《专属经济区和大陆架法》也在国内立法中作出了相应规定。根据上述规定，涉海司法解释进一步明确了我国海上司法管辖权，对于依法处理海上违法犯罪的具体执法，维护海洋生物资源与生态环境，具有重要意义。

涉法解释内容涵盖了刑事、民事及行政诉讼三个领域，具有较强的综合性。根据最高人民法院《关于司法解释工作的规定》（简称《司法解释规定》），各级法院在审判工作中具体应用法律的问题，由最高人民法院作出司法解释。其中，根据立法精神对审判工作中需要制定的规范、意见等司法解释，采用"规定"的形式。司法解释内容涵盖了刑事、民事及行政诉讼三个领域。这样安排一方面是因为在行政执法和司法审判中出现关于涉海案件法律适用的各类问题，这些问题涉及行政和司法不同领域；另一方面涉海法律问题本身相互关联交叉，把涉海刑事、行政、民事规定在一个司法解释中，有助于综合理解与适用。专门就涉海案件的审理制定综合性司法解释，也体现了人民法院积极行使海上司法主权，坚决维护国家领土主权和海洋权益的决心。

根据涉海案件的特殊情况，规定了不同于陆地案件的处理规则。如针对当前水生野生动物种属鉴定机构少的实际，涉海司法解释明确案件涉及的珍贵、濒危水生野生动物的种属难以确定的，由司法鉴定机构出具鉴定意见，或者由国务院渔业行政主管部门指定的机构出具报告。再如，针对涉海违法犯罪多由涉渔"三无"船舶实施的情况，涉海司法解释规定，无船名、无船籍港、无渔业船舶证书的船舶从事非法捕捞，行政机关经审慎调查，在无相反证据的情况下，将现场负责人或者实际负责人认定为违法行为人的，法院应予支持。

涉海司法解释对偷越国边境罪、非法捕捞水产品罪等罪名的定罪量刑标准作出了新规定。之所以要做出新规定，是因为以前的规定主要针对陆地或内陆地区的犯罪行为。比如，关于偷越国（边）境罪，最高人民法院、最高人民检察院于2012年发布《关于办理妨害国（边）境管理刑事案件应用法律若干问题的解释》，明确了5种具体情形，主要是针对偷越陆地国（边）境行为作出的规定，难以适用于从海上出入我国领海的行为。对非法捕捞水产品罪，最高检、公安部2008年《关于公安机关管辖的刑事案件立案追诉标准的规定》第63条规定了启动刑事追责程序的具体标准。但海上捕捞作业一次捕捞量往往很大，适用原有标准打击面过大，涉海司法解释针对海上与河流湖泊捕捞的不同特点，适当提高了涉海非法捕捞的定罪标准。

与此同时，针对外国船舶、人员到我国管辖海域进行的非法侵渔、调查等行为，涉海司法解释做出了一些针对性的规定。即：海上航行自由是一项国际法原则，即便在一国领海，外国船只也可享有无害通过权。但航行自由与无害通过均应服从而不应违反沿海国的领海主权、毗连区管制权、专属经济区及大陆架主权权利及管辖权。

三、维护国土安全

国土安全是立国之基。国土是国家主权赖以存在的物质空间。国土安全有保障国家才能稳定发展，人民才能安居乐业。实践也证明，国土安全作为国家总体安全最敏感的要素，具有很强的联动性。维护国土安全是维护国家安全重要、紧迫的任务之一。我国地域辽阔，国土面积十分广阔，与数十个国家海上与陆地相邻，国土安全是国家安全中极其重要的部分。随着我国进一步发展壮大，国土安全面临的环境较以往更加复杂。

维护国土安全，要做好以下几个方面：要提升维护国土安全能力，要加强边防、海防、空防建设，坚决捍卫领土主权和海洋权益；要全面提升我国的综合国力，这是维护国土安全的前提和保障；要继续坚持独立自主的和平外交政策，与各国友好往来，平等对待，互利合作，创造有利的外部环境；要加强对国土安全现状的监测和未来动向趋势的预判分析，并不断完善应急处置机制，妥善应对重大突发事件和紧急状态；还要开展国土安全宣传教育，采取多种方法手段，使国土安全教育深入人心，激发人民群众参与维护国家主权和领土完整的主人翁意识。

在涉及祖国统一和中华民族长远发展的重大问题上，绝不妥协和动摇；对任何人、任何时候、以任何形式进行的分裂国家行动，绝不答应。对破坏我国国土安全的任何行径，坚决抵制和还击，从小事做起，坚决维护国土安全。国土安全要依靠人民，也是为了人民，每个人都要将国家看作是自己的家，维护好国土安全才能有一个美好的家园。

第三节　军事安全

一、军事安全的定义

所谓军事安全，是指主权国家为了保卫国家主权和领土完整，有效遏制、抵御外来武装力量的侵略和颠覆，所进行的必要的军事防御准备和应对措施的总和。军事安全是国家安全的重要组成部分，因为军事安全和国家的主权和领土的完整，是任何一个国家最高利益中最根本的安全利益，所以，许多时候有的国家往往把军事安全列在国家安全的第一位。理由是，作为国家综合安全的一个重要组成部分，军事安全不仅比国土安全、政权安全等要直观得多，而且维护起来也要困难得多。军事安全与一个国家的国防建设、军队保障和国家军事战略，以及全球军事政策尤其是国际军事合作等，有着内在的必然联系。军事安全是保障国家经济安全、社会安全和文化安全、公民安全等方面安全利益和安全目标的重要手段。

军事安全的目标要求：积极维护我国的国家利益，运筹好大国之间的军事关系，塑造周边安全环境，积极参与地区和全球治理，为世界和平与发展作出应有贡献。目前，我国综合国力的持续提升，外部力量对我国战略防范和牵制明显增加。维护军事安全，才能应对外部环境中各种风险和挑战，才能维护我国利益、塑造周边安全，从而保障总体国家安全。中国作为邻国最多的国家，地缘矛盾也多，与周边国家在领土、领海等权益上有分歧，自然在所难免。因此，我国必须大力加强国防现代化建设和发展高科技装备，大力发展军工，以保护国家安全。对于我国自主发展军工技术而言，国产化是国家安全的应有之义。掌握军事核心技术，特别是军事高端技术，促进硬件、软件的国产化，这是国家安全观的必然要求。在贯彻国家安全战略时，一定要大力促进装备和技术的自主研发、大力提倡掌握技术制高点。

积极维护我国利益，运筹好大国关系，塑造周边安全环境，提防来自我国周边的不安全因素演化成危害国家安全的重大因素，积极参与地区和全球治理，参加国际军事交流，包括联合军演、联合国维和行动和国际水域护航行动，以及我国的"诺亚方舟医院船"提供世界性医疗救援等，为世界和平与发展作出应有贡献，是我国军事安全的应有之义。

二、军改、军演和强军之路

在世界的东方，中国这个拥有 14 亿多人口的文明古国，正在现代化道路上阔步前行。世界对中国的关注集中起来就是，中国选择了一条什么样的发展道路，中国的发展对世界意味着什么？中国多次向世界宣示，中国始终不渝走和平发展道路，在坚持自己和平发展的同时，致力于维护世界和平，积极促进各国共同发展繁荣。在进入 21 世纪第二个十年和中国共产党成立 90 周年之际，中国再次向世界郑重宣告，和平发展是中国实现现代化和富民强国、为世界文明进步作出更大贡献的战略抉择。中国将坚定不移沿着和平发展道路走下去。① 不过，国际环境并不安稳，为此，有必要开展符合国土安全需要的军事改革。

所谓军事改革，是指国家军事战略、国防体制和军队战术配置等的调整和变革活动。例如，2016 年 1 月 1 日，中央军委《关于深化国防和军队改革的意见》（简称《军改意见》）发布。这份军改方案开宗明义：深化国防和军队改革，是实现中国梦、强军梦的时代要求，是强军兴军的必由之路，也是决定军队未来的关键一招。放眼世界，新军事革命加速发展。它以信息化为核心，以军事战略、军事技术、作战思想、作战力量、组织体制和军事管理创新为基本内容，以重塑军事体系为主要目标。这场新军事革命，不仅反映在军事科技突飞猛进上，也反映在军事理论不断创新上，还反映在军事制度深刻变革上。挑战是严峻的，机遇也是难得的，军改方案的出台，无疑是我党我军因应大势迅速作出的科学的战略抉择。

此次军改的总体目标：牢牢把握"军委管总、战区主战、军种主建"的原则，以领导管理体制、联合作战指挥体制改革为重点，协调推进规模结构、政策制度和军民融合深度发展改革。按照总体目标要求，2015 年，重点组织实施领导管理体制、联合作战指挥体制改革；2016 年，组织实施军队规模结构和作战力量体系、院校、武警部队改革，基本完成阶段性改革任务；2017 年至 2020 年，对相关领域改革作进一步调整、优化和完善，持续推进各领域改革。政策制度和军民融合深度发展改革，成熟一项推进一项。2020 年前，在领导管理体制、联合作战指挥体制改革上取得突破性进展，在优化规模结构、完善政策制度、推动军民融合深度发展等方面改革上取得重要成果，努力构建能够打赢信息化战争、有效履行使命任务的中国特色现代军事力量体系，进一步完善中国特色社会主义军事制度。②

从我军历史看，在党的领导下，我军从小到大、从弱到强、从胜利走向胜利，一路走来，改革创新步伐从来没有停止过。也正是因为改革创新，才使我军始终挺立时代潮头。正是因为不断推进自身改革，我军始终保持了蓬勃朝气和昂扬锐气。现在，我国进入由大向强发展的关键阶段，我军站在新的起点能不能担负起使命任务，能不能同我国国际地位相称、同国家安全和发展利益相适应，能不能为实现中国梦提供坚强力量保证，迫切需要作出坚定回答。

---

① 国务院新闻办. 中国的和平发展，2011－09－06.

② 《中央军委关于深化国防和军队改革的意见》（2016 年 1 月 1 日），二、改革的总体目标和主要任务。

军改顺应的是大势，着眼的是大局，目的就是"构建能够打赢信息化战争、有效履行使命任务的中国特色现代军事力量体系"。也正因此，从"着力解决制约国防和军队发展的体制性障碍、结构性矛盾、政策性问题"，到"牢固确立战斗力这个唯一的根本的标准，切实解决和克服军事斗争准备重难点问题和战斗力建设薄弱环节，构建一体化联合作战体系"，都是为了加速推进军事战略转型，加快完成新军事变革，确保我军在新形势下打得赢、不变色。

这份军改方案是一份富有科学性、前瞻性、战略性的方案，其目标设计、任务部署、总体目标、九个主要任务，可谓改革的力度与创新的精神兼备。比如，在领导管理体制上，"调整改革军委机关设置，由总部制调整为多部门制"，军委机关"减少领导层级，精简编制员额和直属单位"；在联合作战指挥体制上，"构建平战一体、常态运行、专司主营、精干高效的战略战役指挥体系，重新调整划设战区"；在军队规模结构上，"裁减军队现役员额 30 万"；在政策制度上，"全面停止军队开展对外有偿服务"，等等。以这样的改革力度和创新精神去落实军改方案，以高度的历史自觉和强烈的使命担当推进改革，我军必有脱胎换骨的变化，必能交出一份党和人民满意的答卷。[1]

中国军改不能脱离国情和历史。中国的地理形状代表了典型的地缘政治家所描绘的具有"战略意义"的特征：是大陆国家，同时又有漫长的海岸线，西部占据着全世界最高的地势。今天的军队改革也必须适应国家战略的需要。当国家战略转变时，军事理论也必须转变。军改，必须服务、服从于国家的整体发展战略。现代战争，信息主要用于人的精神层面，即用大量的主观信息干扰、破坏、降低乃至使敌方完全丧失思维识别能力，在巨大的精神压力下，溃不成军。相比较"物质信息战"的"硬杀伤"，"精神信息战"造成的作用是"软杀伤"。"软杀伤"不会比"硬杀伤"作用小。[2] 全面军改，全面提升国防和军队建设法治化水平，从"军事法制"到"军事法治"，不仅是全新提法和文字表述的改变，也不仅是调整领域及内涵的变化，更是一个质的提升，是一个巨大的历史性飞跃，标志着我国军事法治建设进入了一个新的里程碑。[3] 军改必然带来军演的强化，这是强军之路的必然选择。

所谓"军演"，是军事演习的简称，是指在想定情况诱导下进行的作战指挥和行动的演练，是部队在完成理论学习和基础训练之后实施的近似实战的综合性训练，是军事训练的高级阶段。在我国，军演按规模，分为战术演习和战役演习；按对象，军事演习分为首长机关演习和实兵演习；按形式，军事演习分为室内演习和野外演习、单方演习和对抗演习、实弹演习和非实弹演习、分段演习和综合演习；按目的，分为示范性演习、试验（研究）性演习和检验（考核）性演习；等等。此外，集团军事演习，即集团军跨区机动演习，是指一国联合战役军团战略投送演习。而联合军事演习，是指两国或

---

① 国平. 官媒披露军改 9 大主要任务：重新调整划设战区 [EB/OL]. 中国青年网，http://news.youth.cn/gn/201601/t20160102_7485233.htm，最后访问时间：2016−08−14.

② 刘亚洲. 军改，为何没有"照搬美军模式" [J]. 人民网−理论频道，http://theory.people.com.cn/n1/2016/0615/c352498−28447680.html，最后访问时间：2016−08−14.

③ 丛文胜. 全面军改，提升国防和军队建设法治化水平 [EB/OL]：中国网，2016−07−21. http://opinion.china.com.cn/opinion_67_151467.html，最后访问时间：2016−08−14.

两国以上参与的多军种联合进行的军事演习。

军演的特点是：（1）组织工作非常复杂。现在军演均为多兵种联合演习，组织协调、相互协同工作量相当繁重。要求指挥员头脑清醒、反应果断。（2）容易发生误伤事故。重大军演中的人员误伤是很难避免的，各国军队都是如此。为防止演习事故的发生，要做好周密计划，充分的准备（重大军演准备期限很长，一般为3个月至6个月，如中俄联合军演等）。（3）目的性和素养性很强。军演的目的，是提高部队的实战能力，显示军事力量和军事素质。在特殊时期进行军事演习，可以达到威慑不友好国家的目的。

例如：2016年7月8日起，我国海军在南海海域展开大规模军事演习。中央电视台新闻节目中报道演习画面中首次出现海军新式轰炸机和反舰导弹画面。观察者网军事评论员认为，这是2010年中国在东海、黄海军事演习中，首次进行岸基弹道导弹攻舰演练以来，又一次在演习中展示摧毁严密防护下航空母舰的能力。

军事专家李杰表示，此次演习规模级别比较高：（1）参演兵力来自海军三大舰队四大兵种，属于战役级规模；（2）舰艇数量比较多，达到上百艘舰艇；（3）军委联合参谋部、南部战区司令员以及海军司令员政委悉数亮相，表示出各方对此次演习的重视程度；（4）此次军演，以打赢信息化条件下的海上局部战争为演习背景，课题设置紧贴实战，重点演练制空作战、对海作战、反潜作战等相关内容。

军演对于我国军队的现代化建设，开展实兵检验性训练，提高军队履行使命任务的能力，是具有非常重要的意义。

三、国际军事安全合作

我国《国家安全法》第18条规定，国家加强武装力量革命化、现代化、正规化建设，建设与保卫国家安全和发展利益需要相适应的武装力量；实施积极防御军事战略方针，防备和抵御侵略，制止武装颠覆和分裂；开展国际军事安全合作，实施联合国维和、国际救援、海上护航和维护国家海外利益的军事行动，维护国家主权、安全、领土完整、发展利益和世界和平。

我国的军事国际合作，最早是从亚丁湾护航开始的。亚丁湾是我国贸易交通的要道，往来流通不息的货船连接的是我国和欧非地区的经济联系，21世纪前10年里，亚丁湾海盗频出，严重损坏了我国及往来各国的利益，为此，我国作为一个负责任的大国，开始参与亚丁湾国际护航行动。我国海军护航编队，是我国海军海外护航的舰船编队，正式诞生于2008年底开始我国海军在亚丁湾索马里海盗频发海域护航的一项军事行动。这项军事行动是根据联合国有关决议，参照有关国家做法，并得到索马里政府的同意后进行的。行动的主要内容是：保护航行该海域我国船舶人员安全；保护世界粮食计划署等世界组织运送人道主义物资船舶安全。通常护航编队在结束护航任务后，还会对一些航线沿岸国家进行以加强双方军事合作为目的的舰艇访问活动。

2008年12月26日，我国第1批亚丁湾护航编队，从海南省的三亚军港起航。编队由"武汉号"导弹驱逐舰、"海口号"导弹驱逐舰和"微山湖号"综合补给舰组成，并带有2架舰载直升机。海军舰艇编队执行此次护航任务，是我国首次使用军事力量赴海外维护国家战略利益；是我军首次组织海上作战力量赴海外履行国际人道主义义务；是我海军首次在远海保护重要运输线安全。第一批亚丁湾护航编队经西沙、南沙，再经过新加坡海峡、马六甲海峡，穿越印度洋，抵达任务海区，总航程4400多海里。在亚丁湾护航军事行动中，参加的国家有：美国、俄罗斯、英国、丹麦、日本、中国、加拿大、法国、德国、巴基斯坦、澳大利亚、意大利、荷兰、马来西亚、新加坡、葡萄牙、西班牙、土耳其、希腊、韩国等20多个国家，均派遣军舰赴索马里海域协防。

2016年8月10日16：30，我国海军在青岛某军港举行欢送仪式，欢送由"哈尔滨"号导弹驱逐舰、"邯郸"号导弹护卫舰、"东平湖"号远洋补给舰组成的第24批护航编队，赴索马里、亚丁湾护航起航。军地领导和护航官兵家属为编队送行。举行"出征亚丁湾"宣誓活动，表达护航将士对祖国的无限忠诚。护航编队政委、北海舰队某驱逐舰支队政委周平飞主持宣誓仪式。护航编队导弹驱逐舰"哈尔滨"舰上，护航官兵军容严整，在飞行甲板整齐列队。甲板上方悬挂着红色横幅——"海军112编队出征亚丁湾宣誓仪式"。在雄壮的国歌声中，全体护航官兵向国旗庄严行礼。"牢记使命，听从指挥，攻坚克难，勇于担当"。在哈尔滨舰政委董伟的带领下，护航官兵面向国旗庄严宣誓。海军第24批护航编队预计于8月底抵达亚丁湾东部海域，接替海军第23批护航编队执行护航任务。[①]

我国维和部队，是我国根据联合国有关决议和国际法准则，派出的军事部队。主要任务是制止冲突，恢复和平。应联合国秘书长请求，我国自1990年开始，每年向联合国派遣军事观察员执行维和任务。1992年4月16日，我国军队向联合国柬埔寨临时权力机构派出由400名官兵组成的工程兵大队，开创了我军派遣成建制部队参与联合国维和行动的先河。1992年4月至1993年9月，我国先后派遣军事工程大队两批800名官兵，参加柬埔寨过渡时期联合国权力机构的维持和平行动。这是我国政府派遣的第一支参加联合国维持和平行动的部队。

1988年9月我国正式申请加入联合国维持和平行动特别委员会。1988年12月6日，第43届联合国大会一致同意我国加入联合国维持和平行动特别委员会。至2020年，我国已累计派出维和官兵4万余人次，先后有16名军人在执行维和任务中牺牲。[②]30多年来，中国军队派出维和官兵的数量和类型全面发展，从最初的军事观察员，发展到工兵分队、医疗分队、运输分队、直升机分队、警卫分队、步兵营等成建制部队以及参谋军官、军事观察员、合同制军官等维和军事专业人员。中国维和官兵的足迹遍布柬埔寨、刚果（金）、利比里亚、苏丹、黎巴嫩、塞浦路斯、南苏丹、马里、中非等20多个国家和地区，在推进和平解决争端、维护地区安全稳定、促进驻在国经济社会发展等方面作出了重要贡献。

---

① 陈朔，韩丰军，张腾飞. 提供护航重任，海军第24批护航编队举行"出征亚丁湾"宣誓活动［EB/OL］. 中国军网，http://military.people.com.cn/n1/2016/0812/c1011-28631482-3.html. 最后访问时间：2016-08-14.

② 国务院新闻办. 中国军队参加联合国维和行动30年白皮书，2020-9.

　　和平方舟"岱山岛号"医院船，是我国专门为海上医疗救护"量身定做"的专业大型医院船，舰名"岱山岛号"，"和平方舟"只是该舰的称号，由于"和平方舟号"更加贴近舰船的功能，所以，媒体报道多采用"和平方舟号"这一称呼。由于美国医疗船为油轮改装，而"和平方舟号"医院船为专门建造的医疗船，因此，称其为世界上第一艘超万吨级大型专业医院船。

　　和平方舟"岱山岛号"医院船也称"920型医院船"，是我国海军于2007年自主设计和平方舟号的手术室及建造装备的医院船。2009年，在海军成立60周年暨多国海军活动中和平方舟"岱山岛号"首次公开亮相。"岱山岛号"医疗设施完备，装备先进，船上有电脑断层扫描室、数字X线摄影室、特诊室、特检室、口腔诊疗室、眼耳鼻喉诊室、药房、血库、制氧站、中心负荷吸引真空系统和压缩空气系统等医疗系统，共有217种、2406（台）套；配备设有多个手术室和护士站；设有重症监护病房20张床、重伤病房109张床、烧伤病房67张床、普通病房94张床、隔离病房10张床等各类型的床约300张；船上设有远程医疗会诊系统；配有特殊规格的电梯3部，供伤员转运使用。此外，亦设有日常生活的设施，包括洗衣房、健身房、理发室、图书馆和餐厅等，相当于陆上三甲医院。飞行甲板面积近千平方米，可以供多种型号的直升机起降。

　　和平方舟"岱山岛号"医院船，是由我国自行研制的首艘万吨级医院船，战时能为作战部队伤病员提供海上早期治疗及部分专科治疗，平时可执行海上医疗救护训练任务，也可为舰艇编队和边远地区驻岛守礁部队提供医疗服务。医院船的各项硬件设施相当于三级甲等医院的水平，其采用的减振降噪措施，能有效缓解海上航行的振动和噪音问题，堪称一座"安静型"的现代化海上流动医院，被官兵们誉为驶向大洋的"生命之舟"。医院船可以理解为"海上的流动医院"，之所以在海上，主要是接收来自海上这方面的"伤"和"病"两大类人员。按形式分，这两类型人员来自战争（行动）和非战争（状态）。战争是指海上发生战争，非战争指的是事故、自然灾害等状态。作为医院船，首先要满足战争海上伤员救治的需要，其次才考虑非战争时海上突发事件的处理以及国际援救。另外，船上重伤病房占了多数，因为能够送到医院船的伤病员，大部分都是伤病情比较重的，重伤病房条件配备的相对更好。内科也有，但不像外科地位那么突出，妇产儿科也有，但不作为重点来考虑。医院船上的任何一个结构都是根据它的使命任务来设置的。比如，（在战争行动中）医院船接收的伤员肯定不是一个一个的，而是大批量的。所以，一进医院船，会看到有个"分类检伤区"，大批伤员来了之后，哪些先做手术，哪些抗休克治疗，通过分类，能让伤病员以最快的速度接受分类治疗。从表面上看，它跟陆地医院差别不大，实质上，它跟陆地上的医院差别是比较大的。并且，海上医院有的科室在陆地上还没有。比如，海上伤员有的可能经过海水浸泡。伤口经过海水浸泡后，伤的机理、治疗原则等都是不一样的，应对海水浸泡的科室还有相互配套的敷温装置，相应的敷料，这是陆地上没有的，也不需要有。所以，至少，在科室分配上，医院船有它明显的自身特点。从医疗装备来讲，首先，科室重点不一样，那么相配套的医疗装备也不一样，另一方面，医疗设备要经得起海上环境的考验，海上的环境包括，从物理上讲，有摇摆，震动，电磁辐射，潮湿等；从化学来讲，海上有盐分，容易腐蚀。为了抗摇摆、抗辐射，就要采取一些特殊措施，比如为了抗摇摆，船上所有的设施都是固定的，哪怕是一个小推车。同时，船上的供电系统和陆地上的供电系统都是不同的，无论是电压，还是接口。医疗设备大部分都是电磁设备，但它的内部机芯跟陆地医院的设备都是不一样的，比如一开始引进的 CT 设备，在码头使用时挺好，但一经航行中的摇晃，就不行了，所以重新更换了系统。和平方舟"岱山岛号"医院船的整个设计，是根据任务来进行的，不需要受到原有设计的制约。比如换乘手段，和平方舟"岱山岛号"医院船有很多好的想法和技术，有专用吊篮等多种手段，还有船靠帮后直接悬递等流程都比较方便。海上医院船，不是用车子直接把伤病员送进医院，要通过一些特殊交通手段将伤病员换乘到船上，所以，换乘手段对于医院船是非常重要的，伤员上不来，功能再好也没有用；和平方舟"岱山岛号"医院船的布局比改装的医院船要合理，因为改装要受原来船体结构的限制，而和平方舟"岱山岛号"医院船是根据总体任务划分区域，在整个布局整个流程上是合理的；因为布局合理和系统性，整个工作流程的效果和效率就提高了，从效果来看，伤病员救治要尽量减少环节，提高效率，如果有些流程不合理，导致感染等，反而会加重病情。目前，世界上只有美国、日本、英国等少数国家拥有具有远海医疗救护能力的医院船，但这些医院船多数由民用船舶改装而成。国产首艘万吨级"岱山岛号"医院船的诞生，标志着我国海上卫勤保障能力建设取得了重大突破。海上医院船是受到国际日内瓦公约保护的。我国海军和平方舟"岱山岛号"医院船执行任务情况：

1. "和谐使命－2010"任务。2010 年 8 月 31 日～11 月 26 日，我国海军和平方舟"岱山岛号"医院船首次跨出国门，从舟山起航，前往亚丁湾海域及吉布提、肯尼亚、坦桑尼亚、塞舌尔、孟加拉国等亚非五国执行"和谐使命－2010"任务。这是我国和平方舟"岱山岛号"医院船首次赴国外执行巡诊及医疗服务任务。

2. "和谐使命－2011"任务。2011 年 9 月 15 日，我国海军和平方舟"岱山岛号"医院船上任务官兵，在舟山某军港隆重举行誓师动员大会。9 月 16 日，我国海军和平方舟"岱山岛号"医院船正式起航，赴古巴、牙买加、特立尼达和多巴哥、哥斯达黎加执行"和谐使命－2011"出访暨医疗服务任务。9 月 22 日，我国海军和平方舟"岱山岛号"医院船首次在太平洋进行应急医疗救援演练。2011 年 11 月 30 日，和平方舟"岱山岛号"医院船圆满完成拉美四国友好访问启程回国。

3. 赴菲律宾救援任务。和平方舟号医院船 2013 年 11 月 21 日上午从浙江舟山某军港解缆起航，前往菲律宾灾区执行人道主义医疗救助任务。这是我国首次派出舰艇赴海外灾区执行人道主义医疗救助，是我国海军遂行多样化军事任务的又一次重要实践。

2011 年，和平方舟"岱山岛"医院船圆满完成"和谐使命－2011"任务，前往拉美国家开展人道主义医护援助。2013 年 11 月 21 日，和平方舟"岱山岛号"医院船从浙江舟山某军港解缆起航，前往菲律宾台风灾区执行人道主义医疗救助任务。在我国整体经济实力发展的推动下，海军装备建设，乃至我国军队的整个装备建设取得了较快的发展。与此同时，海军建设发展也从理念上有了很大的提升。中央军委作出了海军战略转型的重大决策，即海军从近海防卫走向远海防卫，在这样一个大的战略思想的转变过程中，海军的装备建设，也包括海军卫勤建设获得了较大发展，特别体现在海上医疗救护这个方面。在海上医疗装备建设上，包括我国第一艘制式医院船——和平方舟"岱山岛号"医院船在内的"一船、五艇、四机"海上医疗立体救护装备体系已经基本建成，实现了从无到有的转变。这是海军建军 60 年来，第一次建成这么齐整的海上立体救护制式装备。

第八章 经济安全

第一节 国家经济安全

一、国家经济安全的定义

所谓国家经济安全，是指一国的国民经济发展和经济实力，处于不受威胁或者不陷入危险境地的情形。由此而言，国家经济安全是在经济全球化时代背景下，一国保持其经济制度存在和发展所需资源有效供给、经济体系独立稳定运行、整体经济福利等不受恶意侵害和不可抗力损害的状态或者能力。从经济学上讲，国家经济安全包括两个方面，一是指国内经济安全，即一国经济处于稳定、均衡和持续发展的正常状态，国民经济运行无威胁和不处于受威胁的状态；二是指国际经济安全，即一国的经济发展所依赖的国际市场上的资源稳定与可持续，免于供给中断或价格剧烈波动而产生的突然打击，散布于世界各地的市场和投资等商业利益不受威胁，等等。为了达到这种状态，国家既要保护、调节和控制国内市场，又要维护全球化了的民族利益，参与国际经济谈判，实现国际经济合作，保持国内国际市场的双重稳定和平衡。

在国际社会，有关国家经济安全的思想由来已久，但是，系统、科学和全面地研究国家经济安全，则是第二次世界大战之后才开始的。国外关于国家经济安全的理论研究，经历了三个阶段，即：第一阶段，认为经济安全属于国家安全的范畴，是国家安全的基础和手段。于是，以国家安全取代了经济安全；第二阶段，是把经济安全看成国家安全的核心部分，认为经济安全是国家安全的根本目标。于是，国家安全研究的重心，向经济安全转移；第三阶段，不再局限于国家安全范围来思考经济安全问题，而是把经济安全当作是国民经济体系本身的安全来进行研究。国内有关经济安全的研究，开始于1996年前后东南亚金融危机发生的背景下。

我国《国家安全法》第19条规定，国家维护国家基本经济制度和社会主义市场经济秩序，健全预防和化解经济安全风险的制度机制，保障关系国民经济命脉的重要行业和关键领域、重点产业、重大基础设施和重大建设项目以及其他重大经济利益安全。可见，国家经济安全被分解为三个方面，即：（1）维护国家基本经济制度和社会主义市场经济秩序；（2）健全预防和化解经济安全风险的制度机制；（3）保障国家重大经济利益安全等。这些方面的国家经济安全，需要从国内经济体制和国际经济全球化两个层面入手，把经济安全从经济制度、经济体制和经济活动等，变成国家维护经济安全的机制、治理能力和法治保障措施。从我国目前进行全面深化经济体制改革工作来看，贯彻习近平总书记倡导的"创新、协调、绿色、开放、共享"的新发展理念，是防范我国经济工作风险，维护国家经济安全的关键之所在。

二、深化经济体制改革

2015 年 12 月 9 日，习近平总书记主持召开中央全面深化改革领导小组第 19 次会议，会议审议通过了《国务院部门权力和责任清单编制试点方案》《关于做好新时期教育对外开放工作的若干意见》《关于整合城乡居民基本医疗保险制度的意见》《关于解决无户口人员登记户口问题的意见》《中国三江源国家公园体制试点方案》《关于在全国各地推开司法体制改革试点的请示》《公安机关执法勤务警员职务序列改革试点方案》《公安机关警备技术职务序列改革试点方案》《中央全面深化改革领导小组 2015 年工作总结报告》《中央全面深化改革领导小组 2016 年工作要点》等文件。会议强调，2016 年改革工作的总体思路是，协调推进三中、四中、五中全会部署的改革举措，坚持"四个全面"战略布局，贯彻落实创新、协调、绿色、开放、共享的发展理念，突出问题导向，突出精准发力，突出完善制度，突出督察落实，把具有标志性、引领性的重点改革任务抓在手上，主动出击，贴身紧逼。不管是落实已出台的改革，还是推出新的改革举措，都更加需要披荆斩棘的勇气，更加需要勇往直前的毅力，更加需要雷厉风行的作风。

2016 年 3 月 25 日，国务院转发国家发改委《关于 2016 年深化经济体制改革重点工作的意见》（简称《2016 经济改革意见》）中强调，全面贯彻落实党的十八大和十八届三中、四中、五中全会精神，按照"五位一体"总体布局和"四个全面"战略布局，牢固树立并贯彻落实创新、协调、绿色、开放、共享的新发展理念，引领经济发展新常态，坚持改革开放，坚持稳中求进工作总基调，坚持稳增长、调结构、惠民生、防风险，大力推进结构性改革，着力加强供给侧结构性改革，抓紧推动有利于创造新供给、释放新需求的体制创新，推出一批具有重大牵引作用的改革举措，着力抓好已出台改革方案的落地实施，推动形成有利于引领经济发展新常态的体制机制和发展方式，努力实现"十三五"时期经济社会发展良好开局。具体包括：

（1）更加突出供给侧结构性改革。围绕提高供给体系质量和效率深化改革，使市场在资源配置中起决定性作用和更好发挥政府作用，矫正要素配置扭曲，降低制度性交易成本，激发企业家精神，提高全要素生产率，实现由低水平供需平衡向高水平供需平衡的跃升。

（2）更加突出问题导向和目标导向。针对突出问题、抓住关键点，围绕当前经济下行压力大、结构性矛盾凸显、风险隐患增多等突出困难和问题，加大改革力度，促进去产能、去库存、去杠杆、降成本、补短板，使改革更加精准对接发展所需、基层所盼、民心所向。

（3）更加突出基层实践和创新。将顶层设计和基层探索创新有机结合，合理安排改革试点，鼓励地方结合实际进行探索创新，发挥基层首创精神，及时总结基层改革创新中发现的问题、解决的方法、蕴含的规律，推动制度创新。

（4）更加突出抓改革措施落地。坚持改革政策要实，建立全过程、高效率、可核实的改革落实机制，加强对方案落实、工作落实、责任落实情况的督促检查，以钉钉子精神抓好改革落实，推动改革举措早落地、见实效，使人民群众有更多获得感。[①]

知识点 "五位一体"是中共十八大报告的"新提法"之一，是指经济建设、政治建设、文化建设、社会建设、生态文明建设五位居于同一地位的发展观。"五位一体"总体布局，是在"五位一体"的基础上，着眼于全面建成小康社会、实现社会主义现代化和中华民族伟大复兴，推进中国特色社会主义事业的长远性的总体安排，把全面协调可持续作为深入贯彻落实科学发展观的一种整体性的布局。

2014年12月，习近平总书记在江苏调研时，第一次明确提出"四个全面"。2015年2月，习近平总书记在省部级主要领导干部学习贯彻十八届四中全会精神全面推进依法治国专题研讨班开班式上，首次把这"四个全面"定位于党中央的战略布局。具体内容是：（1）全面建成小康社会。2012年，十八大将"建设"改成"建成"，进一步提出了到2020年"全面建成小康社会"的任务；（2）全面深化改革。2013年，十八届三中全会就全面深化改革的若干问题作出重要决定，提出了全面深化改革的指导思想、目标任务、重大原则；（3）全面依法治国。2014年，十八届四中全会，第一次把法治建设作为中央全会的专门议题，对全面推进依法治国作出了全面的战略部署；（4）全面从严治党。2014年，习近平总书记在群众路线教育实践活动总结大会上，进一步提出全面推进从严治党的要求，并对全面推进从严治党进行了部署。

2014年11月9日，习近平总书记在亚太经合组织（APEC）工商领导人峰会上首次系统阐述"新常态"。"山明水净夜来霜，数树深红出浅黄。"在习近平看来，新常态有几个主要特点：速度——"从高速增长转为中高速增长"；结构——"经济结构不断优化升级"；动力——"从要素驱动、投资驱动转向创新驱动"。2014年12月5日，中央政治局会议上首提新常态。中央政治局会议的公报中，有三处提到新常态："我国进入经济发展新常态，经济韧性好、潜力足、回旋空间大""经济发展新常态下出现的一些趋势性变化使经济社会发展面临不少困难和挑战"和"主动适应经济发展新常态，保持经济运行在合理区间"。习近平总书记指出："我国发展仍处于重要战略机遇期，我们要增强信心，从当前我国经济发展的阶段性特征出发，适应新常态，保持战略上的平常心态。"以"新常态"来判断当前中国经济的特征，并将之上升到战略高度，表明中央对当前中国经济增长阶段变化规律的认识更加深刻，正在对宏观政策的选择、行业企业的转型升级产生方向性、决定性的重大影响。新常态之"新"，意味着不同以往；新常态之"常"，意味着相对稳定，主要表现为经济增长速度适宜、结构优化、社会和谐；转入新常态，意味着我国经济发展的条件和环境已经或即将发生诸多重大转变，经济增长将与过去30多

① 《关于2016年深化经济体制改革重点工作的意见》：一、总体要求。

年10%左右的高速度基本告别，与传统的不平衡、不协调、不可持续的粗放增长模式基本告别。因此，新常态绝不只是增速降了几个百分点，转向"新常态"也不会只是一年两年的调整。认识不到新常态下的新趋势、新特征、新动力，不仅难以适应新常态，更难以把握经济工作的主动权。

供给侧结构性改革，就是从提高供给质量出发，用改革的办法推进结构调整，矫正要素配置扭曲，扩大有效供给，提高供给结构对需求变化的适应性和灵活性，提高全要素生产率，更好满足广大人民群众的需要，促进经济社会持续健康发展。面对中国经济当下的困局，仅从需求侧着手已经很难有所突破，供给侧与需求侧双侧入手改革，增加有效供给的中长期视野的宏观调控，才是结构性改革。2016年1月27日，习近平总书记主持召开中央财经领导小组第12次会议，研究供给侧结构性改革方案。习近平发表重要讲话强调，供给侧结构性改革的根本目的是提高社会生产力水平，落实好以人民为中心的发展思想。要在适度扩大总需求的同时，去产能、去库存、去杠杆、降成本、补短板，从生产领域加强优质供给，减少无效供给，扩大有效供给，提高供给结构适应性和灵活性，提高全要素生产率，使供给体系更好适应需求结构变化。2016年2月3日，面对农业农村和农民方面的"三农"新难题，中共中央国务院发布，《关于落实发展新理念加快农业现代化实现全面小康目标的若干意见》（2016年中央1号文件），要求用党的十八届五中全会发展新理念，解决农业供给等方面库存、成本、产能以及短板和投入等难题，显著提高农业供给体系质量和效率。

《2016经济改革意见》中，共有11部分50个方面的内容，具体10个方面的具体工作安排是：（1）大力推进国有企业改革，着力增强市场微观主体活力；（2）完善创新驱动发展体制机制，加快新动能成长和传统动能提升；（3）持续推进政府职能转变，改革完善"三去一降一补"的体制机制；（4）加快财税体制改革，为结构性改革营造适宜的财税环境；（5）深化金融体制改革，提高金融服务实体经济效率；（6）推进新型城镇化和农业农村等体制创新，促进城乡区域协调发展；（7）加快构建对外开放新体制，推进高水平双向开放；（8）加快生态文明体制改革，推动形成绿色生产和消费方式；（9）深化社会事业相关改革，守住民生底线和社会稳定底线；（10）加强改革试点和改革督查评估等。

应当说，我国经济发展在"五位一体"总体布局，"四个全面"战略布局背景下，保持经济新常态，经济韧性好、潜力足、回旋空间大。但是经济发展新常态下出现的一些趋势性变化使经济社会发展面临不少困难和挑战，主动适应经济发展新常态，保持经济运行在合理区间，并深入进行供给侧结构性改革，才能保证我国经济的健康、稳定和可持续性的不断发展，也才能提升我国经济安全的可靠性。

三、化解经济安全风险的制度机制

在国家经济安全概念上，国内有几种代表性观点，即国家安全说、经济主权说、竞争力说和抗风险说。而在国家经济安全的内涵方面，一般认为，主要包括金融安全、资源（如石油、粮食和人才等）安全、产业安全、财政安全、信息安全等。在经济全球化对国家经济安全的具体影响方面，经济全球化提高了国家经济安全的地位，扩展了其内涵与外延，并使得经济安全环境、经济安全态势更加复杂多变。也就是说，经济全球化尽管有助于发展中国家维护国家经济安全，但是，也加大了外部冲击即国际经济冲击国内经济的可能性，加剧了国内经济、国家金融体系的脆弱性。

从总体上说，化解经济安全风险的制度机制，要从几个方面入手：（1）国家经济主权保持独立。所谓经济主权，是指各国对本国内部以及本国涉外的一切经济事务，享有完全、充分的独立自主权，不受任何外来干涉的情形。包括：各国对境内的自然资源享有永久主权；各国对境内的外国投资，以及跨国公司的活动享有管理监督权；各国对境内的外国资产有权收归国有或征用；各国对世界性经济事务享有平等的参与权和决策权等。国家经济独立不仅表现在领土的管辖与治理，而且，在全球化背景下，更主要体现主权国家对国内经济事务的自主决策。独立自主决策是国家经济安全的关键。（2）自然资源能够得到合理保护。即正常的自然资源需求得到稳定供给，经济发展所依赖的国内市场与国际市场，能得到有效的保障。（3）国家经济基础稳固。即国家的内部社会矛盾缓和，政治安定，经济基础稳定；其中，经济基础稳定是指在我国，主要是社会主义市场经济的基础稳定，没有外来威胁，且国民经济可持续增长。（4）社会总供求大致平衡。即全社会的需求关系是平衡的，经济结构协调合理，支柱产业的国际竞争力不断增强。这一点，是我国经济安全在目前"去产能"的重要一环。（5）国际经济秩序相对有利。即在全球经济一体化大背景下，不存在对国家经济构成直接威胁的重大国际因素，国家经济发展的进程，能够经受国际经济动荡的冲击。（6）企业的国际竞争力。即国内企业"走出去"，其在国内的产品和服务，具有国际竞争力。与此同时，其企业在国际市场的投资和产品、服务等，同样具有国际市场上的竞争力。（7）政府的宏观调控与治理能力。国家经济安全不仅体现在微观方面的国民、企业经济行为安全，以及中观方面的产业或者行业的竞争力，而且，更重要的反映在政府的宏观调控与治理能力层面，集中体现在国家的货币与财政政策的独立有效运用上，包括政府的宏观调控能力与经济的治理能力等。

总之，全面、协调、可持续的经济发展，使我国的国家综合国力得到显著增强，有利于化解经济全球化所带来的诸多负面影响，也才能有效地保证国家经济安全。因此，必须按照科学发展观的要求，坚持"五位一体"总体布局和"四个全面"战略布局，把保持经济发展新常态，进行供给侧结构性改革作为经济发展的第一要务，正确处理好对外开放、发展国际经济合作与维护国家经济利益和国家经济安全的关系。采取既适合我国实际情况，又符合国际经贸规则、惯例的保护措施，保护我国的产业、市场，维护国家经济利益和经济安全。为此，制定国家经济安全法刻不容缓，它关系国家主权、前途和安危。要通过制定《国家经济安全法》，对维护国家经济安全运行的基本要求，作出明确而具体的规定；对维护国家经济安全包括安全运行的标准，政府对国家经济风险的控制和手段，国内经济和国际经济的互利、互惠、互补的范围和标准等，作出具体而有效的规范；对制止恶意并购作出严格的法律规定；建立国家经济安全预警机制等，使外资在我国的经济活动有法可依，并严格在法律规定的范围内活动。

第二节　金融安全

一、金融安全的定义

所谓金融安全，是指一个国家的货币资金融通的安全，以及整个金融体系的稳定，不受威胁或者陷入危险的情形。在经济全球化加速发展的今天，金融安全在国家经济安全中的地位和作用日益突出。金融安全是和金融风险、金融危机紧密联系在一起的。金融安全程度越高，金融风险就越小；反之，金融风险越大，金融安全程度就越低；金融危机是金融风险大规模积聚爆发的结果，金融危机就是一个国家的货币资金融通或者金融体系严重不安全，是金融安全的一种极端。

理论上，金融是货币流通和信用活动，以及与之相联系的各种经济活动的总称。广义的金融，泛指一切与信用货币的发行、保管、兑换、结算、融通等有关的经济活动，甚至包括金银的买卖，狭义的金融，则专指信用货币的融通。整个经济和社会的血液，货币资金融通和整个金融体系的安全与稳定，直接影响到这个国家经济的基本稳定与社会的整体发展。如果失去了金融安全，一般而言，必然引起社会经济动荡。与此同时，金融安全又必须建立在社会稳定的基础上，社会不稳定的某些突发性因素，往往是引发金融危机的导火索。按照金融业务的性质划分，金融安全可划分为银行安全、货币安全、故事安全等，其金融风险的极端形式，便是银行危机、货币危机、股市危机等。金融安全的内涵包括：

（1）金融风险与金融安全。所谓金融风险，是指金融机构在进行金融交易的过程中，可能遭受损失的危险性。金融风险通常包括信用风险、市场风险、国家风险等。就金融风险的本质含义，是指金融资产损失和盈利的可能性，这种可能性伴随着一切金融活动之中。只要存在银行业的资金交易活动、存在证券市场的融资和资产价格的变动、存在保险业务，或者说只要有金融活动，就必然存在金融风险。显然，金融风险的存在是经济运行的常态状况，是金融行为的结果偏离预期结果的可能性，是金融结果的不确定性。

金融不安全并不等于金融风险。因为金融风险是与金融活动相伴生的。只要从事金融活动，就存在着金融风险。它的根源在于：金融活动所必有的时间和空间的差异。一般来说，在国际经济活动中，金融风险的大小与该国对外依存度的高低是呈正比例变化的，即对外依存度越低，则该国面临的风险就越小；反之，对外依存度越高，则该国面临的风险就越大，这是经济国际化发展过程中的客观规律，是不以人们的意志为转移的。当一国的对外依存度提高、从中获得众多利益、促进其经济发展的同时，也意味着其防范金融风险、抵御外部冲击、维护金融安全的责任和压力的增加。

（2）金融危机与金融安全。金融危机，即发生在货币与信用领域的危机。金融危机的特征有：投资者出于悲观预期恐慌式抛售手中的金融资产或不动产，将其换成现金；全部或大部分关键金融指标短期内出现急剧的恶化，这些关键性金融指标包括证券价格、房地产价格，包括金融机构在内的企业的破产数。金融危机，包括货币危机、债务危机、金融市场危机与银行危机等具体的金融危机，是一个国家的金融领域已经发生了严重的混乱和动荡，并在事实上对该国银行体系、货币金融市场、对外贸易、国际收支，乃至整个国民经济造成了灾难性的影响。它往往包括全国性的债务危机、货币危机和金融机构危机等。主要表现为：强制清理旧债；商业信用剧减；银行资金呆滞，存款者大量提取现钞，部分金融机构倒闭；有价证券行市低落，发行锐减；货币饥荒严重，借贷资金缺乏，市场利率猛烈提高，金融市场动荡不宁；本币币值下跌；等等。

（3）金融安全是动态发展的安全。世界上并没有绝对的安全，安全与危险是相对而言的。例如，对于市场基础良好、金融体系制度化、法律环境规范化且监管有效的一些国际金融中心来说，没有人担心金融工具创新会使银行处于不安全状态；而对于不良资产比例过高的商业银行来说，新的金融工具带来金融风险的可能性就比较高。因此，金融安全应当是面对不断变化的国际、国内金融环境所具备的应对能力的状态。金融安全应当是动态发展的安全状态。理由是，经济运行的态势是一种连续不断的变化过程，而在这一过程中，金融运行往往处在一种连续的压迫力和惯性之中。在经济快速增长时期，银行会不断扩张信贷，其结果有可能导致不良资产增加；在经济衰退时期，银行经营环境的恶化迫使其收缩信贷，从而又使经济进一步衰退。因此，金融安全是基于信息完全和对称及其反馈机制良好的运行基础上的动态平衡，安全状态的获得，是在不断调整中实现的。

（4）金融安全是金融全球化的产物。金融安全问题的提出，是特定历史发展阶段即金融全球化的产物，更确切地说，金融安全是应对金融全球化负面影响的产物。尽管金融全球化具有促进世界经济发展的积极效应，但不可否认，金融全球化也带来了众多负面影响，金融全球化蕴藏着引发金融危机的风险。在金融全球化的发展过程中，与其相伴的蔓延效应使金融危机迅速扩散，产生巨大的波及效应和放大效应，国际金融的动荡已成为一种常态。因此，金融安全问题被作为应对金融全球化的一个重要战略而提出，已成为国家安全战略一个重要组成部分。

因此，金融安全赖以存在的基础，是一个国家的经济主权独立。如果一国的经济发展已经受制于他国或其他经济主体，那么，无论其如何快速发展，应当说金融安全隐患始终存在，金融安全的维护也就无从谈起。由于发达国家掌握了金融全球化的主导权，按发达国家水平制定的规则必然不利于发展中国家，使其难以获得所需的发展资金，从而，进一步扩大发展中国家与发达国家的差距。为此，我国的"亚投行""金砖银行"和"丝路基金"的设立与运行，为防范和控制金融全球化背景下的金融风险，提升我国的金融安全奠定了良好基础。

理论上，影响一国金融安全有内在因素与外在因素。（1）影响金融安全的内在因素。所谓金融安全的内在因素，是指一个国家的经济体系本身的原因，引起的金融形势包括实体经济和金融体系本身恶化，导致国家金融陷入受威胁或者危险境地的情形。其主要包括：国家的经济实力即可动用的行政资源和经济资源有限，以及金融体系的完善程度，一是该国宏观经济环境是否与金融体系相协调；二是金融体系自身制度环境的完善程度等。（2）影响金融安全的外在因素。所谓金融安全的外在因素，是指一个国家在国际金融体系中所处的地位，决定了国际游资对国家金融的冲击，而导致的国家金融陷入受威胁或者危险境地的情形。其主要包括：①一国在国际金融体系中的地位。这种地位，会极大地影响着其维护金融安全的能力。对于大多数发展中国家来说，如果金融安全发生了问题，往往会危及金融体系和金融制度的稳定，甚至还会危及经济社会安全。②国际游资的冲击。来自一国经济外部的冲击，特别是国际游资的冲击将有可能成为引发金融体系不安全的直接原因。近年来爆发的金融危机中，国际游资通常都是将已经出现明显内部缺陷的国家或地区作为冲击的首选目标，特别是那些短期外债过多、本币汇率严重偏离实际汇率的国家或地区往往是首当其冲。

二、金融危机

（一）1997 年东南亚金融危机

1997 年 6 月，一场金融危机在亚洲爆发。这场危机的发展过程，十分复杂。到 1998 年年底时临近结束，大体上可以分为三个阶段：第一阶段，1997 年 6 月至 12 月。1997 年 7 月 2 日，泰国宣布放弃固定汇率制，实行浮动汇率制，引发了一场遍及东南亚的金融风暴。当天，泰铢兑换美元的汇率下降 17%，外汇及其他金融市场一片混乱。在泰铢波动的影响下，菲律宾比索、印尼盾、马来西亚吉林特相继成为国际炒家的攻击对象。1997 年 8 月，马来西亚放弃保卫林吉特的努力。一向坚挺的新加坡元也受到冲击。印尼虽是受"传染"最晚的国家，但受到的冲击最为严重。10 月下旬，国际炒家移师国际金融中心香港，矛头直指香港联系汇率制。后来，我国台湾当局突然弃守新台币汇率，一天贬值 3.46%，加大了对港币和香港股市的压力。1997 年 10 月 23 日，香港恒生指数大跌 1211.47 点；10 月 28 日，下跌 1621.80 点，跌破 9000 点大关。面对国际金融炒家的猛烈进攻，香港特区政府重申不会改变现行汇率制度，恒生指数上扬，再上万点大关。接着，11 月中旬，东亚的韩国也爆发金融风暴：17 日，韩元对美元的汇率跌至创纪录的 1008∶1。21 日，韩国政府不得不向国际货币基金组织求援，暂时控制了危机。但到 1997 年 12 月 13 日，韩元对美元的汇率又降至 1737.60∶1。韩元危机也冲击了在韩国有大量投资的日本金融业。1997 年下半年，日本的一系列银行和证券公司相继破产。于是，东南亚金融风暴演变为亚洲金融危机。

第二阶段，1998 年 1 月至 1998 年 7 月。1998 年初，印尼金融风暴再起，面对有史以来最严重的经济衰退，国际货币基金组织为印尼开出的药方未能取得预期效果。1998 年 2 月 11 日，印尼政府宣布将实行印尼盾与美元保持固定汇率的联系汇率制，以稳定印尼盾。此举遭到国际货币基金组织及美国、西欧的一致反对。国际货币基金组织扬言将撤回对印尼的援助，印尼陷入政治经济大危机。2 月 16 日，印尼盾同美元比价跌破 10000∶1。受其影响，东南亚汇市再起波澜，新元、马币、泰铢、菲律宾比索等纷纷下跌。直到 1998 年 4 月 8 日印尼同国际货币基金组织，就一份新的经济改革方案达成协议，东南亚汇市才暂告平静。

1997 年 6 月爆发的东南亚金融危机，使得与之关系密切的日本经济陷入困境。日元汇率从 1997 年 6 月底的 115 日元兑 1 美元跌至 1998 年 4 月初的 133 日元兑 1 美元；

5、6 月间，日元汇率一路下跌，一度接近 150 日元兑 1 美元的关口。随着日元的大幅贬值，国际金融形势更加不明朗，亚洲金融危机继续深化。

第三阶段，1998 年 7 月到年底。1998 年 8 月初，乘美国股市动荡、日元汇率持续下跌之际，国际炒家对香港发动新一轮进攻。恒生指数一直跌至 6600 多点。香港特区政府予以回击，金融管理局动用外汇基金进入股市和期货市场，吸纳国际炒家抛售的港币，将汇市稳定在 7.75 港元兑换 1 美元的水平上。经过近一个月的苦斗，使国际炒家损失惨重，无法再次实现把香港作为"超级提款机"的企图。

国际炒家在香港失利的同时，在俄罗斯更遭惨败。俄罗斯中央银行 1998 年 8 月 17 日宣布年内将卢布兑换美元汇率的浮动幅度扩大到 6.0～9.5∶1，并推迟偿还外债及暂停国债交易。9 月 2 日，卢布贬值 70%，俄罗斯股市、汇市急剧下跌，引发金融危机乃至经济、政治危机。俄罗斯政策的突变，使得在俄罗斯股市投下巨额资金的国际炒家大伤元气，并带动了美欧国家股市的汇市的全面剧烈波动。如果说，在此之前亚洲金融危机还是区域性的，那么，俄罗斯金融危机的爆发，则说明亚洲金融危机已经超出了区域性范围，具有了全球性的意义。到 1998 年底，全球经济仍没有摆脱困境。而到了 1999 年，这场东南亚金融危机才结束。

1997 年 6 月东南亚金融危机的爆发，有多方面的原因。我国学者归纳分为：直接触发因素、内在基础因素和世界经济因素等几个方面。（1）国际金融市场上游资的冲击。在全球范围内大约有 7 万亿美元的流动国际资本。国际炒家一旦发现在哪个国家或地区有利可图，马上会通过炒作冲击该国或地区的货币，以在短期内获取暴利。（2）亚洲一些国家的外汇政策不当。它们为了吸引外资，一方面保持固定汇率，一方面又扩大金融自由化，给国际炒家提供了可乘之机。如泰国就在本国金融体系没有理顺之前，于 1992 年取消了对资本市场的管制，使短期资金的流动畅通无阻，为外国炒家炒作泰铢提供了条件。（3）为了维持固定汇率制，这些国家长期动用外汇储备来弥补逆差，导致外债的增加。（4）这些国家的外债结构不合理。在中期、短期债务较多的情况下，一旦外资流出超过外资流入，而本国的外汇储备又不足以弥补其不足，这个国家的货币贬值便是不可避免的了。此外，内在基础性因素包括：透支性经济高增长和不良资产的膨胀、市场体制发育不成熟和"出口替代"型模式的缺陷等。

（二）美国次贷危机

所谓次贷危机，是指由美国次级房屋信贷行业违约剧增、信用紧缩问题而于 2007 年夏季开始引发的国际金融市场上的震荡、恐慌型危机。为了缓解次贷风暴及信用紧缩所带来的各种经济问题、稳定金融市场，美联储几个月间大幅降低联邦基金利率，并打破常规为投资银行等金融机构提供直接贷款及其他融资渠道。美国政府还批准了耗资逾 1500 亿美元的刺激经济方案，另外放宽了对房利美、房地美（美国两家最大的房屋抵押贷款公司）等金融机构融资、准备金额度等方面的限制。在美国房贷市场继续低迷、法拍屋大幅增加的情况下，美国财政部于 2008 年 9 月 7 日宣布以高达 2000 亿美元的可能代价，接管了濒临破产的房利美和房地美。

知识点 法拍屋，是由于债务纠纷，债权人取得"执行名义"后，由法院查封债务人的不动产抵押物，进而执行拍卖处分而产生强制执行的拍卖之房屋。一般成为"法拍屋"。其主要原因是该不动产所有权人欠债，而必须拍卖该不动产来还债。被拍卖不动产之价格由鉴价公司鉴定。鉴定之价额如债权人及债务人不表意见时，即为第一次拍卖最低价额，如无人投标或出价未达最低价时债权人又不愿承受，依法由执行法院应酌减拍卖最低价额；酌减数额不得逾上次拍卖价的 20%。经过几次流标后，不动产价格通常就会比市价低很多，但是法拍屋长期以来一直被认为有纠纷、产权不清、屋况不确定等问题，故投标前如能充分了解相关法律常识及周详的预防工作，不难破解纠纷及产权不清的问题。法拍屋的优点：（1）总价低，物超所值：法拍屋价格比市价低廉；（2）产权清楚，可减少购屋纠纷与风险；（3）因免监证、免印花，故税赋较少，过户迅速；（4）可高额房贷。

金融动荡和危机已成为一种世界性现象。据国际货币基金组织（IMF）资料，自 1980 年以来，该组织 181 个成员中有 133 个成员发生过重大金融动荡，52 个国家的大多数银行多次失去支付能力。进入 20 世纪 90 年代以来，金融动荡和危机频繁发生，主要有：1991 年英国货币危机，1992 年欧洲汇率机制危机，1994 年墨西哥金融危机和全球债券市场危机，1995 年美元狂跌，英国巴林银行破产，1996 年捷克、保加利亚和俄罗斯的银行倒闭，1997 年亚洲金融危机，等等。次贷危机的形成，内因往往是主要的，作为一种世界性现象，其值得注意的共同性原因，是金融动荡和危机与经济全球化过程，特别是金融自由化过程密切相关。由于金融自由化发展迅速，而许多发展中国家金融体制尚不健全，政府缺乏有效的调控和管制手段，在条件还不具备的情况下，过早地实行金融自由化，是导致发展中国家产生金融危机的最主要原因。

20 世纪 70 年代以来，特别是进入 90 年代以后，国际金融市场日趋活跃，金融资本高速增长，金融衍生工具不断创新。根据初步统计，自 20 世纪 80 年代以来，经合组织成员国全球金融资本的增长速度比这些国家的国内生产总值的增长速度高 2.5 倍。一些"国际炒家"与本地投机者相勾结，兴风作浪，操作发展中国家的金融市场，造成汇市和股市的剧烈波动，借机大发横财。金融市场开放度和自由度过大的发展中国家，更容易成为这些国际炒家的攻击目标。当然，金融危机发生的原因，还与一个国家的政治、经济环境，以及财政政策和国际收支状况之间，存在着密切的关系。

（三）其他金融危机

1.1637 年荷兰郁金香泡沫与金融危机。1637 年的早些时候，当郁金香还在荷兰的土地里生长的时候，价格就已上涨了几百甚至几千倍。1 棵郁金香的市场价格，可能是 20 个熟练工人一个月收入的总和。于是，郁金香的价格疯涨与狂跌之间，酝酿成了被称为世界上最早的郁金香泡沫事件。这个事件，也是世界历史上，一次最早的金融危机。

2.1720 年英国南海泡沫。17 世纪，英国经济兴盛，使得私人资本集聚加快，社会储蓄膨胀迅速，但是，各种投资机会却相应不足。当时，拥有股票还是一种特权。1720

年，英国的南海公司接受投资者分期付款购买新股，股票供不应求，价格狂飙到 1000 英镑以上。后来，英国政府的《反金融诈骗和投机法》通过，南海公司股价一落千丈，南海泡沫破灭。

3. 1837 年美国经济大恐慌。1837 年，美国的经济恐慌引起了银行业的收缩，由于缺乏足够的贵金属，银行无力兑付发行的货币，不得不一再推迟兑付，而引发了一场旷日持久的经济大恐慌。这场经济大恐慌，带来的美国经济萧条一直持续到了 1843 年。

4. 1907 年美国银行危机。1906 年 4 月，美国旧金山大地震造成严重破坏，大量资金被投入到旧金山的重建工作上，连作为美国金融中心的纽约也一度现金告急。1907 年 6 月，纽约市政债券发行失败；7 月，铜交易市场崩溃；8 月，洛克菲勒的美孚石油公司被罚款 2900 万美元；到 9 月，股市已下跌了近 1/4。1907 年 10 月中旬，那只掀起飓风的蝴蝶出现——美国第三大信托公司尼克伯克信托投资公司对联合铜业公司收购计划失败。市场传言尼克伯克信托公司即将破产，第二天这家信托公司遭到"挤兑"。当时，纽约一半左右的银行贷款都被高利息回报的信托投资公司作为抵押投在股市和各种债券上，整个金融市场陷入极度投机状态，于是美国银行危机爆发了。受到这次危机的教训，1913 年，美国国会通过联邦储备法案，授权组建了中央银行——美联储。

5. 1929 年美国股市大崩溃。1922—1929 年，美国空前的繁荣和巨额回酬，让不少美国人卷入到华尔街狂热的证券投机活动之中。于是，股票市场急剧升温，最终导致严重的股灾，通过世界经济体系，将这次股灾引发的经济危机，传导到了世界各地，引发全球经济的大萧条。

6. 20 世纪 70 年代美国经济的滞胀。20 世纪 70 年代之前，许多经济学家都认为：在通胀和失业率存在着稳定的反向关系。他们认为通胀是可以被容忍的，因为通胀意味着经济在增长，而失业率则较低。产生这一判断的逻辑是：商品需求的增加将推动商品价格的上涨，从而促使企业扩张，雇佣更多工人，最终会在整个经济体内创造新增需求。20 世纪 70 年代，信奉凯恩斯理论的经济学家开始对上述问题进行重新考虑，因为美国和其他一些工业国家开始出现了滞胀现象。所谓"滞胀"是指经济增长极其缓慢的同时，伴随着高通胀的现象。20 世纪 70 年代美国经济的四个方面：（1）石油价格高涨（1979 年 10 月达到 104.06 美元/桶）；（2）高通胀；（3）高失业率；（4）经济衰退严重。美国经历了两年经济萧条：1974 年 GDP 增长为 0.5%，1975 年的 GDP 增长更低，只有 0.2%，而失业率却高达 8.5%。到 1980 年 GDP 增长仍然只有 0.2%。货币供应太过宽松，导致当时的通胀，到 1973 年，由石油危机造成的供给冲击导致美国出现经济停滞与高通货膨胀，失业以及不景气同时存在的经济现象，后果非常严重。

7. 1987 年美国黑色星期一。1987 年 10 月 19 日，星期一，当天早晨 7 点半，当纽约证券交易所主席约翰·菲林来到办公室的时候，市场部值班人员送给他一份电脑自动交易程序中接单的情况报告：数量近亿股，基本都是卖单。值班人惊呼：我一生中从来没见过这么多的卖单，好像整个世界没有一个买家！交易所 9：30 正式开盘时，由于买卖严重失衡破坏了市场结构，已无法正式开盘了。菲林马上找人计算了拥有 300 万股东的 IBM 公司的情况，它是市场上最热门的股票，往日价格起伏仅在 15 美分之内，偶尔波动到 35 美分已经有点异常了，而当时的报价让人目瞪口呆，一开盘就比上周五下跌了 10 美元。整个市场的严峻形势由此可见一斑。10：30，交易所所有的股票全部开盘。报价单显示，道·琼斯指数下跌 100 多点。10：45，指数掉到接近 2000 点，这是人们的心理支撑点。当时，不断恶化的经济预期和中东局势的不断紧张，造成了华尔街的大崩溃。标准普尔指数下跌了 20％，这是华尔街有史以来形势最为严峻的时刻。

8.1994 年墨西哥金融危机。由于外贸赤字的恶化，外国投资者信心动摇，在资本大量持续外流的压力下，1994 年 12 月 20 日墨西哥政府不得不宣布让新比索贬值 15.3％。然而这一措施在外国投资中间引起了恐慌，资本外流愈加凶猛。墨政府在两天之内就损失了 40～50 亿美元的外汇储备。到 12 月 22 日，外汇储备几近枯竭，降到了少于 1 个月进口额的水平，最后墨政府被迫宣布让新比索自由浮动，政府不再干预外汇市场。几天之内新比索下跌了 40％。于是，1994—1995 年期间，墨西哥发生的这场比索汇率狂跌、股票价格暴泻的金融危机，不仅导致拉美股市暴跌，也让欧洲股市指数、远东指数及世界股市指数出现不同程度的下跌。

三、金融安全立法

经济对外开放是一把双刃剑，我国一方面是经济全球化的受益者，同时，也面临外部因素的挑战。例如：贸易争端日益升级，部分外国公司利用技术优势，存在事实上的倾销行为。另外，很多发达国家对我国的出口商品，设置了各种各样的准入限制，等等。

因此，我国《国家安全法》第 20 条规定，国家健全金融宏观审慎管理和金融风险防范、处置机制，加强金融基础设施和基础能力建设，防范和化解系统性、区域性金融风险，防范和抵御外部金融风险的冲击。应当说，经济的对外开放，应当以经济安全法的颁发为基础，这对经济在整体上的主权独立、基础稳固、运行健康、增长稳定、发展可持续等，具有非常重要的影响作用。也就是说，国家经济安全作为一个战略问题，涉及五个方面的内容：（1）对一个国家的市场占有；（2）对一个国家的资源占有；（3）对国家经济结构和经济发展的影响；（4）对国家财富再分配的影响；（5）最深层次的影响是对国家经济决策权的影响等。

金融与经济紧密相关，经济是金融的基础，金融是经济运行的价值反映。经济不稳定，金融必然不安全。一般而言，在经济高潮时期，存贷款数额大，资金周转速度快，金融交易活动频繁，会刺激虚拟金融工具的膨胀。反之，在经济衰落时期，存贷款规模萎缩，资金周转速度慢，金融交易活动呆滞，虚拟金融工具由于缺乏价值基础的依托而变成废纸一张，进而引发实物经济的混乱。所以，经济高涨时期往往会隐埋下金融危机的种子，当经济处于低谷时金融危机就集中暴露出来。比如，互联网金融是传统金融行业与互联网精神相结合的新兴领域，具备透明度更强、参与度更高、协作性更好、中间成本更低、效率高、覆盖广、发展快，以及操作上更便捷等一系列特征。但是，众筹、P2P 网贷、第三方支付、数字货币、大数据金融、信息化金融机构、互联网金融门户等互联网金融业态，也具有管理弱、风险大等特点，即：（1）风险控制弱。互联网金融还没有接入人民银行征信系统，也不存在信用信息共享机制，不具备类似银行的风控、合规和清收机制，容易发生各类风险问题，已有众贷网、网赢天下、e租宝等P2P网贷平台宣布破产或停止服务的事例。（2）监管能力低。互联网金融在我国处于起步阶段，还没有专门的监管规范和详细的法律约束，缺乏准入门槛限制和行业自律规范，整个行业面临诸多政策和法律风险，有演化成金融风险的可能。（3）信用风险大。信用体系尚不完善，互联网金融的相关法律还有待配套，互联网金融违约成本较低，容易诱发恶意骗贷、卷款跑路等风险问题。特别是P2P网贷平台，由于准入门槛低和缺乏监管，成为不法分子从事非法集资和诈骗等犯罪活动的温床。因此，我国已于2019年开始全面清退P2P网贷业务。（4）网络安全风险大。互联网安全问题突出，网络金融犯罪问题不容忽视。一旦遭遇黑客攻击，互联网金融的正常运作会受到影响，危及消费者的资金安全和个人信息安全，等等。

西方发达国家一直是全球市场经济与自由贸易的积极吹鼓手，他们不择手段地冲开发展中国家的大门，但是，对发展中国家的进入却采取种种限制手段。作为国际上金融市场最发达的美国，早在1991年专门通过立法对外资银行的进入和业务范围提出了严格要求和限制。主要包括：禁止外国银行在美国境内吸收美国居民存款，禁止外国银行加入美国联邦存款保险系统，不支持外国银行收购、兼并或控股美国银行等。正是通过这种种限制，美国把外资银行排斥在其银行业的主流业务之外，最终使外资银行失去与本地银行开展平等竞争的条件。

第三节　粮食安全

一、粮食安全的定义

所谓粮食安全，是指能确保所有的人，在任何时候既买得到又买得起他们所需的基本食物或者加工食品的粮食或者各种食材，即所有的人在基本食品方面不受威胁或者没有危险的情形。粮食安全[①]这一概念包括：（1）确保生产足够数量的粮食；（2）最大限度地稳定粮食供应；（3）确保所有需要粮食的人，都能获得足够的粮食。正所谓："国以民为本，民以食为天。"粮食，这种生长在土地里或者各种可种植的介质里的自然孳息，既是人类劳动的一种成果，又是关系国计民生和国家经济安全的重要战略物资，也是公民最基本的生活资料。

粮食安全，对于公民而言，是除了生命安全和财产安全之外，又一重要的安全因素。与此同时，粮食安全也与社会的和谐、政治的稳定、经济的可持续发展，密切相关。因此，完善粮食的生产、储备包括应急储备体系，确保粮食市场的正常供应，最大限度地减少紧急状态时期的粮食安全风险，不但是各级政府的基本职责，也是粮食安全

---

① "粮食安全"的具体表述，亦可为，所有人在任何时候都能够在物质上和经济上获得足够、安全和富有营养的食品，来满足其积极和健康生活的膳食需要及食物喜好。

保障体系的应有内容和重要组成部分。"洪范八政，^①食为政首。""手中有粮，心中不慌。"古往今来，粮食安全都是治国安邦的首要之务。党的十八大以来，习近平总书记始终把粮食安全作为治国理政的头等大事，高屋建瓴地提出新时期国家粮食安全的新战略，"饭碗论""底线论""红线论"等，形成了一系列具有重要意义的粮食安全理论的创新与实践创新，走出了一条中国特色的粮食安全之路，为国家长治久安奠定了重要的物质基础，并且为维护世界粮食安全作出了重要贡献。

一国的粮食安全，离不开正确的国家粮食安全战略，而正确的粮食安全战略源于对国情的深刻把握和世界发展大势的深刻洞悉。我国的粮食安全新战略，发轫于 2013 年12 月 23 日至 24 日的中央农村工作会议。这是一次高规格布局粮食安全的重要会议，中央政治局常委全体出席，习近平总书记首次对新时期粮食安全战略进行了系统阐述。他强调粮食安全的极端重要性，"我国 13 亿多张嘴要吃饭，不吃饭就不能生存，悠悠万事，吃饭为大"。他告诫说，"要牢记历史，在吃饭问题上不能得健忘症，不能好了伤疤忘了疼"。^②

我国是个人口众多的大国，解决好吃饭问题始终是治国理政的头等大事。要坚持以我为主，中国人的饭碗任何时候都要牢牢端在自己手上。我们的饭碗应该主要装中国粮，一个国家只有立足粮食基本自给，才能掌握粮食安全主动权，进而才能掌控经济社会发展这个大局。要进一步明确粮食安全的工作重点，合理配置资源，集中力量首先把最基本最重要的保住，确保谷物基本自给、口粮绝对安全。耕地红线要严防死守，18亿亩耕地红线仍然必须坚守，同时现有耕地面积必须保持基本稳定。调动和保护好"两个积极性"，要让农民种粮有利可图、让主产区抓粮有积极性，要探索形成农业补贴同粮食生产挂钩机制，让多生产粮食者多得补贴，把有限资金真正用在刀刃上。搞好粮食储备调节，调动市场主体收储粮食的积极性，有效利用社会仓储设施进行储粮。要增加粮食生产投入，善于用好两个市场、两种资源，适当增加进口和加快农业走出去步伐，把握好进口规模和节奏。高度重视节约粮食，节约粮食要从娃娃抓起，从餐桌抓起，让节约粮食在全社会蔚然成风。

至于农产品质量和食品安全，尤其是食品安全是对各级政府执政能力的重大考验。食品安全源头在农产品，基础在农业，必须正本清源，首先把农产品质量抓好。要把农产品质量安全作为转变农业发展方式、加快现代农业建设的关键环节，用最严谨的标准、最严格的监管、最严厉的处罚、最严肃的问责，确保广大社会公众"舌尖上的安全"。食品安全，首先是"产"出来的，要把住生产环境安全关，治地治水，净化农产品产地环境，切断污染物进入农田的链条，对受污染严重的耕地、水等，要划定食用农产品生产禁止区域，进行集中修复，控肥、控药、控添加剂，严格管制乱用、滥用农业投入品。食品安全，也是"管"出来的，要形成覆盖从田间到餐桌全过程的监管制度，

---

① 《书·洪范》："三、八政：一曰食；二曰货；三曰祀；四曰司空；五曰司徒；六曰司寇；七曰宾；八曰师。"后世所称"八政"多指此而言，白话文即：八种政务：一是管理民食；二是管理财货；三是管理祭祀；四是管理居民；五是管理教育；六是治理盗贼；七是管理朝觐；八是管理军事。

② 把饭碗牢牢端在自己手上——党的十八大以来全面实施国家粮食安全战略综述 ［N］. 经济日报，2016－3－1.

建立更为严格的食品安全监管责任制和责任追究制度，使权力和责任紧密挂钩，抓紧建立健全农产品质量和食品安全追溯体系，尽快建立全国统一的农产品和食品安全信息追溯平台，充分发挥群众监督、舆论监督的重要作用，严厉打击食品安全犯罪。要大力培育食品品牌，用品牌保证人们对产品质量的信心。

二、粮食安全管理

我国是一个农业和人口大国，各级政府历来十分重视粮食问题，始终把发展粮食和农业生产，解决人民的温饱问题放在最重要的位置。新中国成立以来，特别是改革开放以来，我国的粮食生产有了很大发展，用世界上 7％的耕地，养活了世界上 22％的人口，创造了在人多地少的国情下实现粮食基本自给的奇迹。总结我国改善粮食生产状况的基本经验，主要是坚持把农业放在经济工作的首位，制定符合国情的农业发展政策，调动和保护农民的生产积极性，依靠科技进步，增加对农业的投入。

目前，我国正处在工业化的快速发展阶段，人口还在增加，要满足人民日益增长的食物需求，不断提高人民生活水平，农业面临的任务十分艰巨。必须稳定农村的基本政策，深化农村改革，多渠道增加农业投入，加强农业基础设施建设，保护和改善农业生态环境，不断推进农业科技进步，积极发展农业产业化经营，形成生产、加工、销售有机结合和相互促进的机制，推动农业向商品化、专业化、现代化转变。

我国《国家安全法》第 22 条规定，国家健全粮食安全保障体系，保护和提高粮食综合生产能力，完善粮食储备制度、流通体系和市场调控机制，健全粮食安全预警制度，保障粮食供给和质量安全。2015 年 11 月，国务院办公厅印发《粮食安全省长责任制考核办法》（简称《粮食安全办法》），明确粮食安全省长责任制考核目的、对象、组织、步骤和原则，并对监督检查、考核内容、评分办法、实施步骤、结果运用、工作要求等具体事项作了明确规定。

第二次世界大战以后，世界粮食生产发展很快。1950—1984 年，世界粮食总产量从 6.3 亿吨增至 18 亿吨，增长了 180％还多。此期间，世界人口从 25.1 亿增至 47.7 亿，增长约 90％。由于粮食增长速度快于人口增长，所以世界人均粮食呈增长趋势。然而，世界粮食生产地区不均。发达国家人口占世界 1/4，生产粮食占世界 1/2。发展中国家人口世界占 3/4，生产粮食占世界 1/2，因此人均产粮少、消费少。由于发展中国家人口增长过快，许多国家缺粮问题日益严重。1970 年发展中国家饥饿和营养不良人口约为 5 亿。另一方面，少数发达国家又苦于粮食"过剩"卖不出去。如美国、加拿大、澳大利亚、法国等，每年需花费大量金钱保管粮食，甚至想法减少粮食生产。作为一个全球性话题，粮食安全受到国际社会的广泛关注由来已久。早在 1976 年，联合国粮食及农业组织（Food and Agriculture Organization，简称 FAO）在第一次世界粮食首脑会议上向全球敲响警钟，首次提出了"食物安全"问题。1983 年 4 月联合国粮农组织粮食安全委员会通过了"粮食安全"概念，并得到 FAO、世界粮食理事会、联合国经济和社会理事会等国际组织和国际社会的广泛赞同和支持。

然而，无论是以国际组织所祈盼的目标来裁减还是实践所收获的效果来衡量，目前全球粮食安全危机依然没有解除，甚至某些指标还在恶化。据联合国粮农组织 1992 年 6 月 2 日的新闻公报透露：贫穷困扰着大约 10 亿人，而约占世界人口的 10％的 5 亿多人营养不足，其中约 5000 万人面临饥饿。

2001 年的《中国粮食问题》白皮书中，中国政府明确表示，中国能够依靠自己的力量实现粮食基本自给。高度重视保护和提高粮食综合生产能力，建立稳定的商品粮生产基地，建立符合中国国情和社会主义市场经济要求的粮食安全体系，确保粮食供求基本平衡，这既是政府解决粮食安全问题的基本方针，也是进行粮食安全管理和实现粮食安全的总的目标。

研究表明，制约和影响粮食安全的因素，主要是：（1）人口因素。在影响粮食安全的各种因素中，人口因素应当是最为直接和最为重要的因素。具体而言就是：第一，粮食需求的膨胀。联合国人口基金会依照全球 150 个国家的人口指数预测，预计到 2025 年将增至 91 亿人，而粮食需求随之将增加 50％。第二，土地等生产要素的恶化；第三，粮食分配与消费的严重不均；第四，消费结构升级加剧了粮食供给压力等。（2）气候生态。粮食生产与气候生态保持着高度的因果联系，特别是，在目前生态环境遭遇一定程度的伤害、极端天气反复发作的条件下，气候变异已经成为直接影响粮食安全的关键因素。对此，联合国粮农组织研究报告指出，今后 20 年至 50 年间的农业生产将受到气候变化的严重冲击，并进而严重影响全球超长期的粮食安全。（3）偶然性因素。偶然性因素也会对粮食安全形成冲击，特别是，全球金融危机的爆发和蔓延，对世界粮食生产的投入、市场交易乃至未来走向都已经产生了明显的负面影响，而且这种影响有可能具有长期性和深入性。具体包括：第一，流动性紧缩抑制粮食生产的资金需求；第二，粮食价格的持续走低抑制了生产者的积极性；第三，投机资本可能搅浑粮食市场。（4）金融因素。无论是在农业问题还是在非农业问题上，世界上许多国家尤其是发达国家存在着非常明显的自我保护主义倾向，而且这种保护随着金融危机的爆发甚嚣尘上，粮食问题也就在这些以邻为壑与零和博弈的生态中被罩上极度不安的阴影。即：第一，农业补贴。以美欧为代表的发达国家每年为本国农民提供高达 3000 亿美元的补贴，扭曲了农产品贸易的条件，直接伤害了发展中国家的粮食生产。第二，贸易限制。为了保证本国的粮食供应，阿根廷、乌克兰、印度等国政府先后推出限制粮食出口的措施。第三，生物加工。为了减轻石油等能源价格上涨对本国经济造成的压力，不少国家走上了替代性生物清洁能源的道路。第四，海外屯田。出于规避高额进口成本和粮食出口限制所导致的市场担忧，日本、韩国、印度及中东国家等近年来大举在海外购买耕地种粮。为此，解决全球性粮食安全问题的方案是：（1）呼唤全球性方案；（2）提高全球性耕地的投入；（3）创建协调性与联动性的国际机制。

三、世界粮食日

1979 年 11 月，第 20 届联合国粮农组织大会决议确定，1981 年 10 月 16 日（联合国粮农组织 FAO 创建纪念日）是首届世界粮食日，此后每年的这一天都作为"世界粮食日"（World Food Day，缩写为 WFD），是世界各国政府每年在 10 月 16 日围绕发展粮食和农业生产举行纪念活动的日子。其宗旨在于唤起全世界对发展粮食和农业生产的高度重视。"世界粮食日"产生背景是，虽然说"民以食为天"，粮食在整个国民经济中始终具有不可替代的基础地位。但是，1972 年开始，由于连续两年气候异常造成的世界性粮食歉收，加上苏联大量抢购谷物，出现了世界性粮食危机。联合国粮农组织于 1973 年和 1974 年相继召开了第一次和第二次粮食会议，以唤起世界，特别是第三世界注意粮食及农业生产问题。敦促各国政府和人民采取行动，增加粮食生产，更合理地进行粮食分配，与饥饿和营养不良做斗争。然而，问题并没有得到解决，世界粮食形势更趋严重。关于"世界粮食日"的决议，正是在这种背景下做出的。见表 8-1。

知识点 "世界粮食日"主旨目的：（1）促进人们重视农业粮食生产，为此激励国家、双边、多边及非政府各方作出努力；（2）鼓励发展中国家开展经济和技术合作；（3）鼓励农村人民，尤其是妇女和最不利群体参与影响其生活条件的决定和活动；（4）增强公众对于世界饥饿问题的意识；（5）促进向发展中国家转让技术；（6）加强国际和国家对战胜饥饿、营养不良和贫困的声援，关注粮食和农业发展方面的成就等。

表 8-1　世界粮食日的主题一览表

20 世纪 80 年代	20 世纪 90 年代	21 世纪 00 年代	21 世纪 10 年代
1981 年：粮食第一	1990 年：为未来备粮	2000 年：没有饥饿的千年	2010 年：团结起来，战胜饥饿
1982 年：粮食第一	1991 年：生命之树	2001 年：消除饥饿，减少贫困	2011 年：粮食价格——走出危机走向稳定
1983 年：粮食安全	1992 年：粮食与营养	2002 年：水：粮食安全之源	2012 年：办好农业合作社，粮食安全添保障
1984 年：妇女参与农业	1993 年：收获自然多样性	2003 年：关注我们未来的气候	2013 年：发展可持续粮食系统，保障粮食安全和营养
1985 年：乡村贫困	1994 年：生命之水	2004 年：生物多样性促进粮食安全	2014 年：家庭农业：供养世界，关爱地球
1986 年：渔民和渔业社区	1995 年：人皆有食	2005 年：农业与跨文化对话	2015 年：社会保护与农业：打破农村贫困恶性循环

20 世纪 80 年代	20 世纪 90 年代	21 世纪 00 年代	21 世纪 10 年代
1987 年：小农	1996 年：消除饥饿和营养不良	2006 年：投资农业促进粮食安全以惠及全世界	特别说明：在已经过去的 35 年里，FAO 的"世界粮食日"活动，无疑向全世界的人们灌输了"粮食安全"的意识，以及粮食与饥饿、营养、贫困、危机、食物权、农村、妇女、家庭、国家、政府等的关系
1988 年：乡村青年	1997 年：投资粮食安全	2007 年：食物权	
1989 年：粮食与环境	1998 年：妇女养供世界	2008 年：世界粮食安全：气候变化和生物能源的挑战	
特别说明：1990 年作为 20 世纪 90 年代第一年	1999 年：青年消除饥饿	2009 年：应对危机，实现粮食安全	

在表 8-1 中，20 世纪 80 年代这一阶段，主要是注重农业、农村发展的时期，并在 1983 年提出了"粮食安全"的概念。而 20 世纪 90 年代，则主要是注重粮食生产与环境发展的关系的时期，特别关注粮食与营养、"人皆有食"和投资粮食安全。到了 21 世纪，最初的十年，注重在保护环境减少粮食产量背景下的粮食供给与食品安全的时期，强调没有饥饿的新千年、食物权和关注气候变化对农业的影响。而 21 世纪 10 年代以后，世界进入团结起来，战胜饥饿，管控粮食价格，从而走出危机走向稳定的阶段。与此同时，办好农业合作社，让粮食安全添保障，还有发展可持续粮食系统，保障粮食安全和营养，以及家庭农业：供养世界，关爱地球等，成为各年度"世界粮食日"的主题。2015 年第 35 个"世界粮食日"的主题是：社会保护与农业：打破农村贫困恶性循环，吹响了"扶贫攻坚"的号角。

世界上究竟有多少人在挨饿？

1945 年 10 月 16 日，联合国粮食及农业组织创立，不定期地进行了 5 次"世界粮食调查"。从这些调查的数据得出的结论是：饥饿不但没有消除，反而在不断扩大。1946 年的"第一次世界粮食调查"，以第二次世界大战前的 1935—1939 年的 70 个国家（占世界总人口的 90%）为对象，按"每日平均摄取热量低于 2250 卡界定营养不良，得出的结论是：世界人口的大约半数处于营养不良状态。

1952 年的"第二次世界粮食调查"，以第二次世界大战结束后的 1946—1948 年的 70 个国家为对象，所得出的结论是：总的营养水平比战前降低，除北美、欧洲、大洋洲外的所有地区均未达到基准水平。

1963 年的"第三次世界粮食调查"，以 1957—1959 年的 80 个国家为对象，得出的结论是：发展中国家 60% 的人口处于营养不良状态。

1977 年的"第四次世界粮食调查"，统计分析了 1972—1974 年的数据，调查范围扩大到 162 个国家。结论是全世界有 4.55 亿人处于营养不良状态，发展中国家人口的 1/4 都属于这个范围，尤其是儿童和妇女的营养不良更加严重。从世界性粮食情况恶化的角度来看，这无疑是一个警告。

1986 年的"第五次世界粮食调查"的结果是：112 个发展中国家（中国等社会主义

国家除外）1979—1981 年有 3.35～4.49 亿人口处于营养不良状态。联合国人口活动基金组织 20 世纪 80 年代初宣称，世界谷物产量可以养活 60 亿人口。但就在同一时期，全世界人口只有 45 亿左右，可是却有 4.5 亿人挨饿。1995 年，世界人口增长到 57 亿，挨饿人口数字增加到 10 亿。

FAO 把 1996 年世界粮食日的主题确定为"同饥饿与营养不良做斗争"，1997 年定为"投资粮食安全"，目的是动员世界力量，增加农业投入，增强粮食有效供给能力。许多国家政府对于举办"世界粮食日"的活动都很重视。有的国家首脑在这一天发表演讲，有的国家举行纪念会和发表纪念文章，有的国家科研机构发表粮食和农业科研成果，举办科学讨论会等，以提高人们对粮食和农业重要性的认识，从而促进粮食及林业、牧业和渔业的发展。2009 年世界粮食日的主题确定为"应对危机，实现粮食安全"，它强调全球 10.2 亿人营养不良的严重困境以及在当前萧条的经济环境下帮助饥饿人口的必要性。

20 世纪以来，世界人口增长的速度不断加快，特别是第二次世界大战以来，每 37 年世界人口就增加 1 倍，再加上经济高速增长的需要，粮食供应受到前所未有的沉重压力。1955—1985 年 30 年间，世界的粮食产量翻了一番多，但在同一时期耕地面积只增加了 15%。这些数据说明两个问题：一是粮食增产不仅仅由于耕地的增加，更多的是通过对土地的过分使用实现的；二是由于对耕地的过分使用，造成了土壤侵蚀和荒漠化等，最后不得不放弃一部分耕地。土地的肥力主要是通过土地间歇休闲以再生养分来维持的。由于人口压力的增加，必须生产更多的粮食，休耕地的面积必须缩减，久而久之使土壤变得越来越贫瘠，甚至完全丧失了生产能力。为了增加土地肥力，施用大量无机化肥是当今世界粮食增产的主要技术手段之一。然而，化肥对环境的危害却被人们所忽视。农田所施用的任何种类的化肥，都不能全部被植物吸收利用。各种农作物对化肥的平均利用率为：氮 40%～50%；磷 10%～20%；钾 30%～50%。过剩的化肥对人类生存的环境构成很大的威胁。同时，化肥对水体、土壤、大气的污染，近海生物受到化肥威胁，化肥也会危害森林，农药对生态环境的破坏和污染逐渐加重，农业灌溉加速了水冲蚀，致使土壤板结，盐碱化，灌溉水通过对农田土壤的冲蚀、淋溶，将夹带泥土颗粒、矿物质、碱分和盐分、细菌、病毒、农药和化肥，还有灌区周围的生活污水等，经排水渠排入河流或湖泊而污染地表水，增加水的矿化度、混浊度，影响水的气味、PH 值、温度、氮磷等营养物质的含量。灌溉水经土壤入渗后也会使地下水受污染。由于灌溉水在很大程度上依赖地下水，而地下水的补给又很缓慢，深层地下水通常被认为是一种不可再生的资源。过量开采地下水，使地下水位下降，形成大面积漏斗区，造成地面沉降、塌陷，大量机井报废，沿海地区海水入侵。

人类为了提高粮食产量绞尽了脑汁。从 20 世纪 70 年代起，世界上出现了地膜覆盖栽培技术，促进了粮食增产。然而却又引发了称之为农业生态环境的"白色污染"。如今所用的塑料薄膜，大多是聚乙烯或聚氯乙烯为原料的高分子化合物，在自然中极难分解。在土壤中的残膜碎片，可存在 400 年之久。太多的残膜降低了土壤的透气性及肥力。为了得到生活所必需的粮食，人们不断烧垦森林，开辟耕地和牧场。世界上大约有 2 亿公顷森林被开垦为耕地，大约 3 亿以上的人以此为生，而由森林支撑的大生态环境受到严重威胁。

自马尔萨斯于 1798 年发表《人口论》，提出人口增长将超过生活资料生产的观点之后，人们对他的预言持不同观点。1968 年，保罗·爱赫利奇发表了《人口炸弹》；1972年，罗马俱乐部发表了《增长的极限》。这两部著作都进一步表示担心说，无限制的人口增长将导致大规模的饥荒。对这种观点也有人持不同观点，认为：人不仅仅消费，而且还能生产出比消费多得多的东西。70 年代末，美国华盛顿世界观察研究所的来斯特·布朗争辩说，世界各地的农场主和农民已经用尽了能够提高产量的办法，但稻谷和小麦的产量正开始下降。在亚洲的其他地区，水稻研究人员 20 多年来也未能大幅度地提高作物产量。到 2009 年，世界人口正以每年 9100 万的速度增长，地球提供给人们"足够"粮食的局面还能维持多久，许多人正以焦虑的心情在进行研究。许多国家政府对于举办"世界粮食日"活动很重视。有的国家首脑在这一天发表演讲，有的国家举行纪念会或发表纪念文章，有的国家科研机构发表粮食和农业科研成果，举办科学讨论会等，以提高人们对粮食以及粮食引发的一系列问题的重视和研究。[①]

四、我国粮食安全的措施

我国是一个人口众多的农业大国，2008 年我国粮食总量已经超过了 10000 亿斤，人均粮食占有水平超过了 380 公斤，高于世界人均水平。2009 年 53082.08 万吨，2010年 54647.71 万吨，2011 年 57120.85 万吨，2012 年 58957.97 万吨，2013 年 60193.84万吨，[②] 2015 年粮食产量 62144 万吨，比上年增加 1441 万吨，增产 2.4%。[③] 其中，2013 年全国粮食总产量 60193.5 万吨（12038.7 亿斤），并首次突破了 12000 亿斤大关，实现了新中国成立以来的首次连续 10 年增产，2021 年全国粮食总产量 68285 万吨，增产 2.0%。但是，粮食问题仍然是国民经济发展中的突出问题。为此，开展爱粮节粮、反对浪费宣传教育活动，是事关国计民生、社会稳定的大事。艰苦奋斗、勤俭节约，是中华民族的传统美德，为推动建设节约型社会，国家粮食局确定"爱粮节粮宣传周"[④] 活动的主题为"粮食与建设节约型社会"。每个人要树立"节约粮食光荣，浪费粮食可耻"的观念，从自身做起，节约每一粒粮食，抵制和反对浪费粮食的行为，养成勤俭节约的良好风尚。

2013 年 1 月初，全国曾兴起一场声势浩大的"光盘行动"。这场由北京市一家民间

---

① 潘基文. 在危机时刻实现粮食安全（2009 年 10 月 16 日），"世界粮食日"致辞。

② 国家统计局. 国家数据：农业［EB/OL］. 国家统计局，http://data.stats.gov.cn/easyquery.htm? cn=C01. 最后访问时间：2016−08−16.

③ 中华人民共和国 2015 年国民经济和社会发展统计公报. 国家统计局，2016 年 2 月 29 日，二、农业. 网页地址：http://www.stats.gov.cn/tjsj/zxfb/201602/t20160229_1323991.html. 最后访问时间：2016−08−16.

④ 2012 年 10 月 16 日是第 32 个"世界粮食日"，而这天所在的一周（2012 年 10 月 15 日至 21 日）也是我国的第 22 个"全国爱粮节粮宣传周"。联合国粮农组织确定的 2012 年世界粮食日宣传主题为"办好农村合作社，粮食安全添保障"。为了提高对粮食安全形势的认识，我国各地组织了多项主题宣传活动。在迎来世界粮食日的同时，也迎来了我国第 22 个"爱粮节粮"宣传周，国家粮食局首次向全国粮食行业发起倡议：体验饥饿，倡导爱粮节粮。倡导自愿参加 24 小时饥饿体验活动，体验时间是当日零点到 24 点，粮食行业职工自愿参与，切身体验饥饿滋味，提高爱粮节粮意识，以更好地警醒世人"丰年不忘灾年，增产不忘节约，消费不能浪费"。这一倡议，得到了不少年轻人的积极响应。

公益组织推行的公益活动，刚一露面，就得到网友、知名人士、餐饮企业等各方的认可，瞬间在全国推广开来。"光盘行动"倡导厉行节约，反对铺张浪费，带动大家珍惜粮食、吃光盘子中的食物，得到从中央到民众的支持，成为2013年十大新闻热词、网络热度词汇，最知名公益品牌之一。

2014年中央1号文件提出，抓紧构建新形势下的国家粮食安全战略。这一战略的核心，是立足国内基本解决人民的吃饭问题，也就是中国人的饭碗应该主要装中国粮。民以食为天，把饭碗牢牢地端在自己手中，必须高度重视粮食数量。粮食数量有保障，"吃得饱"才有保障。面对新形势、新变化，必须合理配置资源，集中力量首先把最基本最重要的保住，就是保谷物、保口粮，确保谷物基本自给、口粮绝对安全。粮食生产的弦一刻也不能放松，2014年的中央一号文件对此作出了多方面的部署，强调严守耕地保护红线，划定基本农田，不断提高农业综合生产能力，加大力度落实"米袋子"省长负责制，进一步明确中央和地方的粮食安全责任与分工，主销区确立粮食面积底线等政策措施。[1]

2015年1月，国务院《关于建立健全粮食安全省长责任制的若干意见》出台。这是首部全面落实地方政府粮食安全责任的文件，涉及粮食生产、流通、消费等各环节。同年的中央一号文件提出，强化对粮食主产省和主产县的政策倾斜，保障产粮大县重农抓粮得实惠、有发展，注重调动种粮积极性。2016年1月，中央决定，加大财政对粮食作物保险的保费补贴比例，提高7.5个百分点。这是在供给侧稳定粮食产能的创新型措施。同年的中央一号文件提出，加大投入力度，整合建设资金，创新投融资机制，加快建设步伐，到2020年确保建成8亿亩、力争建成10亿亩集中连片、旱涝保收、稳产高产、生态友好的高标准农田，更注重投入驱动。

我国粮食连年丰收、粮源充裕，粮食综合生产能力稳定在较高水平。从品种结构看，我国小麦供求基本平衡，玉米和稻谷阶段性过剩特征明显，特别是一些低端品种销路不畅，大豆产需缺口继续扩大。但是，粮食供求面临阶段性结构性过剩难题，粮食库存高，粮食收储矛盾突出。要积极稳妥化解供给侧和需求侧不对称矛盾，既要引导培育新的消费需求，又要着力增加有效供给，推动实现更高水平的供求平衡。同时，还要防止调整过度导致个别品种供求失衡、价格大幅波动。要建立健全促进粮食供求平衡的长效机制，打破粮食"多了少了、少了多了"的历史怪圈，增强保障国家粮食安全的持续性和稳定性。尤其是，要深化粮食流通各项改革，打造运行规范、稳健管用的粮食安全保障制度体系。要强化粮食安全省长责任制，目前保障区域粮食安全、维护国家粮食安全的制度体系初步形成。

要建设更高水平的粮食收储供应保障体系，实现快速反应、科学调度、精准调控。要尽快适应粮食资源在全国范围内跨区域、长距离、大规模、高效率流通的新要求，加快打通粮食物流主通道，加强粮食物流重要节点建设，大力提升粮食信息化水平，全面提高粮食应急能力。在切实抓好粮食收储、管住管好政府储备的同时，充分发挥粮食加

---

① 高云才. 今年中央一号文件提出完善国家粮食安全保障体系，"饿肚子"岁月不能忘［N］. 人民日报，2014-01-20 (2).

工转化引擎作用，改变国有粮食企业"收原粮、管原粮、卖原粮"的经营模式，培育"产购储加销"一体化的全产业链模式，加速资源、资金、资产集聚，形成一批辐射范围大、带动能力强的粮食产业集群。今后尤其要进一步促进粮食供给侧结构调整，着力打造优质健康粮油产品供应体系。积极引导农民种植适销对路的优质粮油品种，实现优质优价，帮助粮农持续增收；提供品种丰富、质量安全、营养健康的粮油产品，满足城乡居民个性化、多元化消费需求；扩大"放心粮油"覆盖面，积极发展主食产业化。[①]

① 刘慧. 国家粮食局：深化粮食流通改革，打造安全保障体系［EB/OL］. 中国经济网，http：//www. ce. cn/xwzx/gnsz/gdxw/201601/09/t20160109 _ 8161479. shtml. 最后访问时间：2016－08－16.

第九章　文化安全与科技安全

第一节　文化安全

一、文化安全的定义

文化，人类在社会历史发展过程中，所创造的物质财富和精神财富的总和，特指精神财富，如文学、艺术、教育、科学等。在考古学上，是指一个历史时期的不依分布地点为转移的遗迹、遗物的综合体。同样的工具、用具，同样的制造技术等，是同一种文化的特征，如仰韶文化、龙山文化等。"文化"有时候，也指运用文字的能力及一般知识。[①] 在文化学上，文化是指人类存在过程中为了维护人类有序的生存和持续的发展，所创造出来的关于人与自然、人与社会、人与人之间各种关系的有形无形的成果。[②] 因此，作为意识形态的文化，是一定社会的政治和经济的反映，又给予巨大影响和作用于一定社会的政治和经济。

所谓文化安全，是指一个国家的文化价值体系，免于遭受来自内部和外部文化因素的侵蚀、破坏或者颠覆，从而很好地保持自身的文化价值传统，并以自愿为前提吸纳和借鉴一切有益的人类文化精神成果并不断创新发展的情形。其特征是：（1）相对独立性；（2）较强的稳定性和隐蔽性；（3）具有民族性和阶级性；（4）文化安全的重要性。[③] 在我国，还应当包括：文化的先进性；文化冲突的必然性等。因此，我国《国家安全法》第 23 条规定，国家坚持社会主义先进文化前进方向，继承和弘扬中华民族优秀传统文化，培育和践行社会主义核心价值观，防范和抵制不良文化的影响，掌握意识形态领域主导权，增强文化整体实力和竞争力。

文化是民族的血脉，是人民的精神家园，在经济社会发展中具有重要地位和作用。文化安全主要是指一种文化不被其他文化取代或同化，保持自身的独特性、独立性、完整性并不断传承和发展的状态。所以，文化安全强调的是一个主权国家的主流文化体系，没有遭受其他文化的侵蚀和破坏，能够完整地保持自己的文化传统和民族特性，维护世界文化的多样性，扩大本国文化影响力。具体而言，文化安全主要包括：国家的文

---

① 现代汉语词典［M］. 北京：商务印书馆，1978：1192.
② 陈华文. 文化学概论新编（第二版）［M］. 北京：首都经济贸易大学出版社，2013：11.
③ 陈华文. 文化学概论新编（第二版）［M］. 北京：首都经济贸易大学出版社，2013：313~314.

化特性得到保持，民族文化的价值得到尊重，文化资源与遗产得到保护，文化传统得到传承等诸多内容。文化安全也可分为价值观念安全、语言文字安全、文化资源安全、风俗习惯安全、生活方式安全、文化人才安全等方面。文化安全是一种非传统安全要素，与国家政治安全、经济安全、国民安全、国土安全等传统安全要素共同构成国家安全体系。[①]

文化安全，从本质上看，根源于不同国家之间的文化差异所带来的文化冲突。不同国家之间的文化差异与冲突，是文化安全形成的基本前提条件。从现代社会的基本特征——频繁的文化交流看，频繁交流—文化差异—文化冲突—文化安全—文化保护—文化相容的问题，就自然而然地产生了。在古代社会，世界不同文明的板块之间，由于人员往来缺乏，文化安全问题也就不是一个明显而突出的问题。

近代资本主义的发展，借助资本的天然扩张本性，西方列强对亚洲、非洲和美洲、大洋洲实行殖民侵略政策，于是，东西文化、南北文明的冲突日趋激烈并演绎出许多局部战争和两次世界大战。长期以来，发达国家对相对落后的第三世界国家，除了军事侵略和政治压迫外，同时也进行文化侵略、文化渗透，搞文化霸权，损害这些国家的文化主权，使得文化安全问题变得十分突出、复杂和多变。

二、文化安全的内容

（一）语言文字的安全

所谓语言，是人类最重要的一种交际工具，是人们进行沟通交流的表达方式。人们借助语言保存和传递人类文明的成果。语言是民族的重要特征之一。一般来说，各个民族都有自己的语言。汉语、英语、法语、俄语、西班牙语、阿拉伯语等，是世界上的主要语言，也是联合国的工作语言。汉语是世界上使用人口最多的语言，英语是世界上使用最广泛的语言。据德国出版的《语言学及语言交际工具问题手册》说，现在世界上查明的有 5651 种语言。在这些语言中，约有 1400 多种还没有被人们承认是独立的语言，或者是正在衰亡的语言。

语言是人们交流思想的媒介，它必然会对政治、经济和社会、科技乃至文化本身产生影响。语言这种文化现象是不断发展的，其现今的空间分布也是过去发展的结果。根据其语音、语法和词汇等方面特征的共同之处与起源关系，把世界上的语言分成语系。每个语系包括有数量不等的语种，这些语系与语种在地域上都有一定的分布区，很多文化特征都与此有密切的关系。语言是指生物同类之间由于沟通需要而制定的具有统一编码解码标准的声音（图像）讯号。语言又是符号系统，语言是人类的创造，只有人类有真正的语言。许多动物也能够发出声音来表示自己的感情或者在群体中传递信息。但是这只是一些固定的程式，不能随机变化。人类创造了语言之后又创造了文字，文字是语言的视觉形式。文字突破了口语所受空间和时间的限制，能够发挥更大的作用。

文化安全意义上的语言文字安全，是指一个国家使用自己固有语言与文字的权利不

---

① 张序，劳承玉. 如何维护国家文化安全——学习十七届六中全会精神系列谈 [N]. 人民日报，2011-11-15（7）

受外部因素特别是外部强权的威胁和侵害的情形。同时，一个国家的语言文字本身不因他国语言文字的影响或侵入而失去在国家政治、经济、社会、科技等领域的主导地位，语言文字在内外各种文化和非文化因素的影响下保持合理的纯洁性，以及语言文字的改革与发展能够安全稳步进行，而不至于给国家和人民带来多于便利的不便。

在一个国家的整个文化系统中，相对于经济文化、政治文化、价值观念、意识形态等来说，语言文字是一个国家更为持久和稳定的标志和符号。比如，中国的汉字、汉语、汉文学和汉民族的生活习惯等，就是作为官方确定的国家文化系统的代表者。如果一个国家的语言文字被改变了，那么，这个国家的文化也就被彻底改变了，这个国家可能也就名存实亡了。中华文明之所以能够延续五千年而没有中断和消亡，一个重要的原因和标志，就是汉字、汉语和汉民族的生活习惯等，从来没有中断和消亡过。我国语言学家周海中教授强调：当今处于弱势的民族语言正面临着强势语言、全球化、互联网等的冲击，其社会使用功能正处于逐渐弱化或消失的危险境地；因此，有关机构和语言学界都应该采取积极而有效的措施，抢救濒危民族语言；保护民族语言，有利于人类文明的传承和发展，也有利于民族团结、社会安定。①

（二）风俗习惯的安全

所谓的风俗习惯，是指个人或集体的传统风尚、信仰、礼节、习性、做法等的总和。风俗习惯是特定社会文化区域内，历代人们共同遵守的行为模式或规范。主要包括民族风俗、节日习俗、传统礼仪等。风俗是历史形成的，它对社会成员有一种非常强烈的行为制约作用。风俗的多样性，人们往往将自然条件的不同而造成的行为习惯差异，称之为"风"；而将由社会文化的差异所造成的行为规则之不同，称之为"俗"。所谓"百里不同风，千里不同俗"正恰当地反映了风俗因地而异的特点。风俗是一种社会传统，某些当时流行的时尚、习俗、久而久之的变迁，原有风俗中的不适宜部分，也会随着历史条件的变化而改变。风俗对社会成员有一种非常强烈的行为制约作用。风俗是社会道德与法律的基础相辅部分。

在风俗习惯方面，任何一个国家与其他国家相比，都有自己的特异之处，而这些特异之处不仅是历史形成的，为本国本地本民族人民的生产生活提供了物质便利和精神寄托，增加了亲和力和向心力，而且，对维系一个国家、一个民族的团结和稳定发挥着独特的积极作用。风俗习惯的相对稳定和继承发展，以及在稳定基础上的变易更新，是一个国家安全稳定的重要社会基础。所以，当作为社会基础的风俗习惯，受到外力的威胁和破坏时，特别是当他国他族作为入侵者和殖民者强迫一个国家和民族改变自己的风俗习惯时，必然要遭到本国和本民族广大人民的强烈抵抗。一个国家在长期历史发展中形成的风俗习惯，则是难以改变的。我国传统习俗中，一些优良的民俗以节庆文化的形式，保留了下来。

在强调风俗习惯的保持与延续对文化安全及整个国家安全的重要性的同时，也要注意：风俗习惯并不都是优秀的、积极的、先进的，也并非永远不可更改。事实上，任何

---

① 叶庆林. 国际母语日：进一步推广语言保护意识［EB/OL］. 光明网，http://tech.gmw.cn/2015-02/16/content_14872835.htm. 最后访问时间：2016-08-16.

一个国家的风俗习惯，都在随着历史发展和社会进步的要求而不断变革着，这就是所谓的移风易俗。

（三）价值观念的安全

价值观是人们心中的深层信念系统，是人们言行模式背后发挥支撑作用的精神支柱，是文化中更内在也更为深刻的本质方面。核心价值观能否与时俱进，直接影响到一个国家的凝聚力和影响力。

文化安全层面的价值观，是指国民对各种各样的社会现象、自然现象的是非判断和基本态度，以及他们对自己将欲采用的行为目标、方式、手段等方面该与不该的价值定向。而价值观安全，是指一个国家传统的和现存的价值观念在当代社会和广大国民中，合理而有效地得以保持与延续，而不至于中断与消失。价值观安全，意味着一个国家不能不对国民价值观念的变化给予高度关注和对其他国家的文化的负面影响、渗透，甚至文化侵略、意识形态煽动等给以防范和控制。价值观安全是相对的，并不是说一个国家传统的和现存的价值观念完全不变就是安全，更没有要求任何国家都必须保持传统的价值观不变，而是强调保持一个国家基本价值观念连续性的同时，又不否认价值观念与时俱进地发展变化的必然性、必要性和现实性、或然性。

2006 年 10 月，中共十六届六中全会第一次明确提出"建设社会主义核心价值体系"的重大命题和战略任务，明确提出社会主义核心价值体系的内容，并指出社会主义核心价值观是社会主义核心价值体系的内核。2007 年 10 月，中共十七大进一步指出"社会主义核心价值体系是社会主义意识形态的本质体现。"2011 年 10 月，中共十七届六中全会强调，社会主义核心价值体系是"兴国之魂"，建设社会主义核心价值体系是推动文化大发展大繁荣的根本任务。提炼和概括出简明扼要、便于传播践行的社会主义核心价值观，对于建设社会主义核心价值体系具有重要意义。2012 年 11 月，中共十八大报告明确提出"三个倡导"，即"倡导富强、民主、文明、和谐，倡导自由、平等、公正、法治，倡导爱国、敬业、诚信、友善，积极培育社会主义核心价值观"。2013 年 12 月，中共中央办公厅印发《关于培育和践行社会主义核心价值观的意见》提出，以"三个倡导"为基本内容的社会主义核心价值观，与中国特色社会主义发展要求相契合，与中华优秀传统文化和人类文明优秀成果相承接，是我们党凝聚全党全社会价值共识作出的重要论断。

富强、民主、文明、和谐是国家层面的价值目标，自由、平等、公正、法治是社会层面的价值取向，爱国、敬业、诚信、友善是公民个人层面的价值准则，这 24 个字是社会主义核心价值观的基本内容。而"爱国、敬业、诚信、友善"这 8 个字对每个公民提出的新的、更高的要求。对于所从事职业的尊重代表着一种对于个人价值的追求，爱自己的岗位，全身心地投入到岗位上，干好本职工作，才可能为国家、为社会、为家庭，也为自己创造未来。正是因为热爱，才能做到奉献。人与人之间应该倡导一种爱的循环。企业爱员工、员工爱企业、企业爱国家。这种爱的循环能够拉近人的心，产生无穷的动力，正是倡导友善的一种体现。"友善"是最紧密涉及人与人之间关系的道德要求，它不像敬业等职业道德那样指向特定的成人群体，而是一个各级各类学校都可以也应该重视的无涉年龄的、具有普遍适用性和基础性的价值观。

社会主义核心价值观是社会主义核心价值体系的内核，体现社会主义核心价值体系的根本性质和基本特征，反映社会主义核心价值体系的丰富内涵和实践要求，是社会主义核心价值体系的高度凝练和集中表达，是国家对每一个公民的严格要求。因此，价值观、财富观、幸福观则是一个民族的精神与灵魂。我们之所以反复强调培育社会主义核心价值观，就是要为呼啸前行的中国列车，增添恒久强劲的精神动力，维护我国的价值观安全，养足健康苗壮的精气神，我们就会在快速的生活节奏里，多一些心灵的沉静；在现代化的外表下，多一些思想的厚重；在市场化的大潮中，多一些内心的坚守。[①]

（四）生活方式的安全

生活方式，是一个内容相当广泛的概念，它包括人们的衣、食、住、行、劳动工作、休息娱乐、社会交往、待人接物等物质生活和精神生活的价值观、道德观、审美观以及与这些方式相关的方面。简单地说，生活方式就是在一定的历史时期与社会条件下，各个民族、阶级和社会群体的一种生活模式。生活方式是文化的集中体现，是个人内在价值观的社会性外化，也是社会外在风俗习惯的个体性活化。从这一点上看，生活方式安全就不是公民个体的生活方式问题，而是一个国家、一个民族或者一定的群体对某种代表其国家文化的生活方式的认同与适应的问题。

一个国家与另一个国家在文化上的不同，集中表现出来的往往就是生活方式的不同。同样，不同国家之间的文化差异，也集中体现为公民的生活方式上的差异。在美国历届总统每年提交国会的《美国国家安全战略报告》中，生活方式安全总是其关注的重点之一。例如美国外交家乔治·凯南认为，美国国家安全的中心目标，是保护美国的生活方式不受外国的干涉和威胁。

在这里，生活方式是与国家安全相联系的生活方式，是指人们在一定社会条件和环境下形成的涉及物质和精神、经济与政治、个人与社会等领域的言行模式，既包括物质生活，也包括精神生活；既包括经济生活，也包括政治生活；既包括私人范围内的生活，也包括公共领域中的生活。例如：韩某曾供职于某企业，因故失业后通过互联网发布求职信息。不料，他很快被网上自称"记者"的境外间谍情报人员盯上。对方告诉韩某需要新闻报道素材，让他去某涉军目标附近就业。为表达诚意，该"记者"很大方地给韩某汇来1万多元作为定金。面对到手的金钱诱惑，韩某虽有些疑虑，但顾不上考虑就满口答应。在这名境外谍报人员的直接指令下，韩某顺利进入某单位应聘成功，之后多次利用工作之便，用手机偷拍大量某重大军工项目照片，传到境外给对方。拿到钱款后，韩某又遵照该"记者"的遥控指挥，先赴某地参加国防技术项目推介会，现场搜集了大量录音、照片等资料；接着又专程前往另一地拍摄了另一组重要军事目标的照片。短短数月，这份"兼职"为韩某赢来近10万元的巨额报酬。事后，国家安全部门依法对韩某采取强制措施，某中院一审认定被告人韩某犯为境外窃取、非法提供国家秘密罪，判处有期徒刑8年，剥夺政治权利4年，依法追缴其违法所得。因此，一个人对时间、金钱的消费态度和模式，虽然属于他的个人生活方式范畴，但是，像韩某这种以出

---

① 佚名. 聚焦24字社会主义核心价值观［EB/OL］. 求是理论网，http://www. qstheory. cn/wh/jsshzyhxjztx/201402/t20140220_322792.htm. 最后访问时间：2016.08.17.

卖国家机密的方式谋取非法收入，就远远超出国家法律允许的生活方式。在这个意义上，韩某的个人生活方式即谋生方式，已经沉入了违法犯罪的陷阱。韩某生活方式的违法，已经不是个人问题，而是危及国家安全的问题了。

如何保持和延续自身的文化自信、文化自觉和文化自强，是文化安全的本质所在。可以说，文化安全就是文化特质的保持与延续，而国家文化安全就是一个国家现存文化特质的保持与延续。这也是国家文化安全的本质所在，因为离开了文化特质的保持与延续，也就没有了文化安全问题可言。

三、汉字、汉语和汉学

(一) 汉字安全

汉字，是记录汉语的文字。汉字是世界上使用人数最多的文字，据统计，全球使用汉字和汉语的人数达到 16 亿以上。汉字是现在仍在使用的历史最悠久的文字。现在能看到而又能认读的最早的汉字是 3000 多年前的甲骨文。这已是相当成熟、相当系统的汉字了。世界上没有一种文字像汉字那样历尽沧桑、青春永驻。古埃及 5000 年前的圣书字，是人类最早的文字之一，但它后来消亡了，有记载的古埃及文化，也被深深地埋藏起来了。苏美尔人的楔形文字也有 5000 年的历史，但是，在公元 330 年后它也消亡了。历史上衰亡的著名文字还有玛雅文、波罗米文等。而汉字不但久盛不衰，还不断地发展，影响也越来越大，独矗世界文字之林。

汉字是世界上最古老的文字之一，在形体上逐渐由图形变为由笔画构成的方块形符号，所以，汉字一般也叫"方块字"。它由象形文字表形文字演变成兼表音义的意音文字，但总的体系仍属表意文字。由此，汉字具有集形象、声音和辞义三者于一体的特性。这一特性，在世界文字中是独一无二的，所以，汉字具有独特的魅力。

汉字安全，是指汉字作为我国官方使用的文字，其书写、使用和纯洁性不受妨碍和侵蚀，从而汉字的使用不陷入受威胁或者危险境地的情形。根据《中华人民共和国国家通用语言文字法》(简称《语言文字法》) 第 2 条、第 3 条、第 5 条规定，国家通用语言文字是普通话和规范汉字；国家推广普通话，推行规范汉字；国家通用语言文字的使用应当有利于维护国家主权和民族尊严，有利于国家统一和民族团结，有利于社会主义物质文明建设和精神文明建设。但是，某些外国企业在我国境内设立的企业中，进行汉字软件程序的开发性应用，是否可能构成对我国汉字安全的威胁？这一点，在学界还没有引起注意。同时，在网络时代，人们对手机和电脑的过度使用，导致汉字书写能力严重退化，还有，已废止的简化字、生僻字、繁体字和异体字的大量使用，以及外来字母和外来词的夹杂使用等，导致汉字的纯洁性受到严重威胁，都是汉字安全方面需要特别注意的问题。

(二) 汉语安全

所谓汉语安全，是指汉语在使用中，不受威胁和不陷入危险状态的情形。这种安全，包括古代汉语的近现代化，普通话普及，以及汉语世界化使用等三个方面。汉语，是指我国汉族使用的语言，为我国的通用语言。汉语，又称中文、汉文，其他名称有国文、国语、华文、华语、唐文、中国语，还有唐话、中国话等俗称。汉语属于汉藏语系分析语，有声调。汉语的文字系统汉字是一种意音文字，表意的同时也具一定的表音功能。汉语包含书面语以及口语两部分。古代书面汉语称为文言文，现代书面汉语一般指现代标准汉语。现代汉语方言众多，某些方言的口语之间差异较大，而书面语相对统一。汉语方言粗分为官话和非官话两大系统来说明。官话分布在长江以北地区和长江南岸九江与镇江之间沿江地带以及湖北、四川、云南、贵州、广西等省区，根据语音特点又分为包括北京官话、中原官话、胶辽官话、东北官话（半岛官话）、兰银官话、江淮官话、西南官话（一些语言学家也把西南官话作为独立于北方方言来研究）等几个方言区。官话区域的面积占全国80％以上，人口占全国总人口70％以上。官话方言内部的一致程度比较高。

汉语安全主要是强调：大力提高国家通用语言文字普及程度；在管理国家通用语言文字的社会应用方面，如何适应汉语"走出去"和中国公民"走出去"形势等。汉语走向世界，必须解决汉语的世界性传播问题，这是增强文化自信的关键之所在。

（三）汉学（中国学）的传播

汉学（Sinology）或称中国学（China Studies），是指国外对中国的研究，包括中国历史、政治、社会、文学、哲学、音韵学、史学、经济、书法等，甚至也包括对于海外华人的研究。

汉学最初只是对中国古代文化的研究，主要研究古文和哲学、文学、音韵学、史学等，不包括现代中国的研究。第二次世界大战后，也逐渐开始研究现代中国。汉学可以分为古代汉学和现代汉学两类，古代汉学根据不同的划分，主要是对于1850年以前或者1911年以前或者1949年以前中国的研究；这以后的时期则属于现代汉学的领域。汉学分为三大地域：（1）美国汉学，以研究现当代中国政治、经济、文化、社会为主要内容，如卫三畏《中国总论》、孟德卫《奇异的国度：耶稣会适应政策及汉学的起源》、顾立雅《孔子与中国之道》等。（2）欧洲汉学，一是研究宗教与传教士的中国文化问题，如圣经翻译；二是研究现当代中国问题，如谢和耐《中国与基督教：中西文化的首次撞击》《二程兄弟的新儒学：中国的两位哲学家》、高本汉《中国音韵学研究》等。（3）东亚汉学，以日本为中心，研究中国自古以来到现当代所有中国文化内涵。例如，谷川道雄《隋唐帝国形成史论》，川合康三《终南山的变容：中唐文学论集》，小野和子《明季党社考》，铃木虎雄《中国诗论史》，东条一堂《诗经标识》，伊藤仁斋《论语古义》等。

不论汉学或者中国学谁在研究，关键是我国学者对这个叫做"汉学"或者"中国学"的学科领域，应当投入智慧和精力等，培养与国际学者进行"汉学"或者"中国学"交流的国际能力。同时，借助"汉学"或者"中国学"成果，确立中华文化在互联网时代的话语权。维护国家文化安全，必须确立中华文化在互联网时代的话语权。

有统计表明，当前我国网民规模超过10亿，振兴中华文化，必须重视互联网这一阵地。但是，我们必须看到，与我国巨大的网民数量极不相称的是，国际互联网上来自中国的中文信息量比较少，而来自西方尤其是美国的信息体量极大，世界性的大型数据库也多设在美国。一些西方发达国家凭借强大的经济实力和先进的科学技术，通过互联网，在文化交流中掌握主动权和话语权，强势推行"文化殖民"，对我国进行文化渗透；

利用互联网这一新工具，对我国进行"和平演变"，强烈冲击着我国的主流意识形态、民族文化和社会道德，严重影响了国家文化安全。所以，维护国家文化安全，必须确立中华文化在互联网时代的话语权。为此，我们必须要不断提升互联网应用开发能力，抢占新一代互联网科技的制高点；不断提升互联网文化产品的生产能力，扩大中文信息的覆盖传播区域，为中华文化在世界的传播提供一个广阔的空间；不断提升互联网文化产品的生产质量，增强中华文化的国际辐射力、影响力，在国际文化交流中谋求认同，牢牢把握在互联网领域的话语权。唯有如此，才能在增强国家文化软实力的同时，切实维护好文化安全。

第二节　文化遗产及其保护

一、文化遗产与保护

所谓文化遗产，概念上分为有形文化遗产、无形文化遗产。其中，"有形文化遗产"即传统意义上的"文化遗产"，根据联合国《保护世界文化和自然遗产公约》（简称《世界遗产公约》）的规定，包括历史文物、历史建筑、人类文化遗址，即具体包括：古遗址、古墓葬、古建筑、石窟寺、石刻、壁画、近代现代重要史迹，以及代表性建筑等不可移动文物，历史上各时代的重要实物、艺术品、文献、手稿、图书资料等可移动文物；以及在建筑式样、分布均匀或与环境景色结合方面具有突出普遍价值的历史文化名城（街区、村镇）等。

而"无形文化遗产"，则根据联合国教科文组织《保护非物质文化遗产公约》（简称《非遗公约》）的规定，是指"被各群体、团体、有时为个人视为其文化遗产的各种实践、表演、表现形式、知识和技能及其有关的工具、实物、工艺品和文化场所"。主要包括口头传统、传统表演艺术、民俗活动和礼仪与节庆、有关自然界和宇宙的民间传统知识和实践、传统手工艺技能等，以及与前述传统文化表现形式相关的文化空间。

比如长城（又称"万里长城"），是中国古代在不同时期为抵御北方游牧部落联盟侵袭而修筑的，规模浩大的军事工程的统称。长城始建于春秋战国时期，历史长达2000多年。今天所指的"万里长城"多指明代修建的长城，它东起鸭绿江，西至嘉峪关。国家文物局2012年宣布中国历代长城总长度为21196.18千米，分布于北京、天津、河北、山西、内蒙古、辽宁、吉林、黑龙江、山东、河南、陕西、甘肃、青海等15个省区，包括长城墙体、壕堑、单体建筑、关堡和相关设施等长城遗产43721处。长城作为有形文化遗产和物质文化遗产，是尽人皆知的。

文化遗产又可区分为：物质文化遗产和非物质文化遗产。前文的"有形文化遗产"就是"物质文化遗产"；"无形文化遗产"就是"非物质文化遗产"。从2006年起，每年六月的第二个星期六为中国文化遗产日。

二、国际非物质文化遗产节

中国成都国际非物质文化遗产节（简称"国际非遗节"）是经过国务院批准，由文化部、四川省政府主办，成都市政府、省文化厅和中国非物质文化遗产保护中心承办的，以保护世界非物质文化遗产为内容的节庆。2007 年 5 月 23 日上午，首届"国际非遗节"开幕大戏——天府大巡游在成都市区顺城大街隆重上演，这是世界非物质文化遗产资源的大聚会，是我国也是世界上为非物质文化遗产保护举办的第一个国际性节庆活动，"国际非遗节"不仅是中国的第一，而且是世界的第一。

中国文化遗产日，作为物质文化遗产保护，将北京作为主会场；"国际非遗节"是非物质文化保护，在成都市举办，就是为了在中国形成文化保护南北呼应的局面。通过"国际非遗节"的举办，搭建了一个广阔的平台，把散落在全球各地最优秀、最精粹的非物质文化遗产项目汇聚在一起，通过集中展示使之"发扬光大"。

为了体现"文化的盛会，人民的节日"的特色，首届"国际非遗节"期间安排了众多的以非物质文化遗产为主题的参与性、传承性和国际性活动。成都市城区公园广场、郊区古镇安排了 8 个分会场，参加天府大巡游的表演队伍将轮流到各分会场，和当地表演队一起演出。此外，非物质文化遗产国家公园内天天都将上演精彩纷呈的演出。值得一提的是，为成都市民提供的免费观看的戏剧曲艺、木偶皮影剧场演出多达 53 场。入选联合国教科文组织非物质文化遗产代表作的古琴艺术将与木偶皮影一起，走进 60 所小学，为师生表演。"国际非遗节"期间，聚集 1112 个非物质文化遗产项目，在成都非物质文化遗产国家公园举办非物质文化遗产博览会，集中展示人类非物质文化遗产资源。有 4 个国家和国际组织，21 个省区市参展，包括入选联合国教科文组织人类非物质文化遗产代表作的 90 个项目和入选首批国家保护名录的 518 个项目，是荟萃人类文化多样性的家园。博览会上不但有图片、文字和实物展示，还将有 236 个项目的传承人到现场进行展演。

同时，50 多个国家的政府代表和专家将齐聚成都，研究探讨世界非物质文化遗产保护的重大课题，制定人类非物质文化遗产保护国际规则。国内外从事人类非物质文化遗产保护的数十位专家学者，也将汇聚成都，参加非物质文化遗产"成都论坛"，形成非物质文化遗产保护《成都宣言》。

2009 年 6 月 1 日，第二届"国际非遗节"在成都拉开大幕。这是联合国教科文组织参与主办的我国第一个国际文化节会，也是"5·12"汶川特大地震后，四川省举办的首个大型文化活动。第二届"国际非遗节"以"多彩民族文化，人类精神家园"为主题，设置了开幕式暨"天府大巡游"、非遗公园博览会、国际论坛、闭幕式暨颁奖晚会、配套节会活动。在 13 天的活动里，"国际非遗节"组织街头巡游、集展示和展销于一体的博览会、剧场演出、分会场展示等系列活动，其中，国外嘉宾和演出人员超过 1000 人；来自海内外 45 支队伍、近 3000 人参加了第二届"国际非遗节"开幕式巡游表演，包括国际队伍 13 支约 350 人，演出达 600 多场，展览等节会活动达 300 多项，40 多个国家和地区以及我国各省、自治区、直辖市派出代表参会，直接参与的代表、游客和市民超过了 600 万人次。第二届"国际非遗节"紧紧围绕弘扬抗震救灾精神主旋律展开。为展示震后非物质文化遗产抢救保护成果，专门举办了汶川大地震四川重灾区非物质文化遗产抢救保护成果展。

2011 年 5 月 29 日，第三届"国际非遗节"开幕式在成都国际非物质文化遗产博览园隆重举行。全国人大常委会副委员长、民建中央主席陈昌智出席并宣布国际非遗节开幕。本届国际非遗节以"弘扬人类文明，共建精神家园"为主题，适逢《中华人民共和国非物质文化遗产法》（简称《非遗法》）颁布并于6月1日正式实施，"5·12"汶川大地震三周年、第六个全国文化遗产日。从第三届"国际非遗节"开始，国际非遗节将正式落户成都市。成都市则专门规划建设的国际非物质文化遗产博览园（简称"非遗博览园"）将作为第三届"国际非遗节"的主会场，伴随着第三届国际非遗节的开幕而正式开园，此后，这个国际上最大的、以非物质文化遗产保护和传承为主题的园区，也成了非遗节的永久举办地。

2013年6月23日，历时9天的第四届"国际非遗节"落下帷幕。第四届"国际非遗节"因《保护非物质文化遗产公约》（简称《非遗公约》）通过10周年而显得意义非凡，其规格之高、参与国家之多、影响之大，为历届之首。在此次非遗节上首次整体推出全国、四川和成都的非遗生产性保护成果展，首次举办文化产业项目推介签约仪式。《非遗公约》通过10周年纪念大会、国际非物质文化遗产博览会、中国书法篆刻艺术国际大展、主题分会场配套活动、相关会见活动等井然有序，热闹非凡，国内民众与国际友人广泛参与，充分体现出本届非遗节"人人都是文化传承人"的主题。近30名来自加拿大、美国、澳大利亚、南非、日本等国家和地区的海外华文媒体参加了第四届"国际非遗节"，不少媒体表示，作为在国外工作和生活的华人，他们最关心的是中国传统技艺的留存和传承问题，希望更多的国粹能够走出国门，墙内开花，墙外也香。第四届"国际非遗节"具有特殊意义，获得了国内民众和国际社会的广泛赞誉。

2015年9月11日至9月20日，第五届"国际非遗节"在成都举行。第五届"国际非遗节"期间，共有280多万游客和群众参与各项活动，2000多万人通过网络新媒体点击本届国际非遗节。第五届"国际非遗节"以"传承文脉，创造未来"为主题，围绕"现代化进程中的非遗保护"主线，举办了国际非遗博览会、非遗国际论坛、非遗大戏台、非遗进万家、第二届印道·中国篆刻艺术双年展五大主题活动，吸引65个国家（地区）和国际组织的600多名外宾及国内4000多名代表参加。第五届"国际非遗节"期间，共开展非遗展示表演、产品展销、学术交流活动400多场次。国际非遗博览园近5万平方米展场里，500多位非遗代表性传人和非遗产品生产企业，展示了来自32个国家、地区和全国各省（区、市）的600多个非遗项目。3个广场露天舞台滚动演出128场，来自14个国家和国内的原生态民族音乐、舞蹈、曲艺等非遗项目表演，成都市内的6个剧场轮番上演昆曲《西厢记》、京剧《智取威虎山》等经典剧目22场。在都江堰、平乐古镇等8个主题分会场，丰富多彩的展示展演活动吸引近90万群众参与。非遗节期间还集中组织126场非遗传承进社区、进学校、进古镇古街、进乡村等"十进"系列活动，100多万群众真切感受和体验到非遗的丰富多彩。第五届"国际非遗节"积极推动非遗传承与现代设计、产业、生活的融合创新，促进非遗资源与市场、资本的对接，非遗产品销售和订单总额达6000多万元，现场推介非遗生产性保护等文化产业合作项目100多个，签订非遗生产性保护项目投资等意向性合作协议14个，签约金额达300多亿元。第五届"国际非遗节"通过国际国内广泛参与的展示、展演、展览、展销、学术交流和互动参与，凝聚"互联网+"时代的非遗保护智慧，弘扬中华优秀传统文化，形成永不落幕的"互联网+非遗节"。

三、《非遗公约》——成都展望

2013年6月16日，"成都国际非物质文化遗产大会——纪念《保护非物质文化遗产公约》通过10周年"在成都闭幕。大会通过并发布了《成都展望》，提倡积极推进建立健全非遗保护工作的有效机制。大会以"《保护非物质文化遗产公约》：第一个十年"为主题，为期三天的大会期间，来自90个国家的400余名中外嘉宾围绕"公约的成就""清单制定与名录申报""平行领域""缔约国的非遗保护经验""其他相关问题及未来发展方向"这5个议题，对《保护非物质文化遗产公约》（简称《非遗公约》）通过10年以来的作用和价值进行回顾和反思，探讨非遗发展过程中面临的困难、挑战和机遇，并最终形成进一步推动全球保护非物质文化遗产的会议成果文件《成都展望》。《成都展望》指出，《非遗公约》所产生的深远影响遍及全球各地。无论是在缔约国（153个）和非缔约国，"非物质文化遗产"的概念已经深入人心。但在确保《非遗公约》得以有效实施的机制能力建设方面还不尽如人意，并提倡非物质文化遗产保护要积极推进建立健全保护工作的有效机制，也要正确处理继承与创新、保护与使用的关系。

与会者同时也认为，非物质文化遗产是一种尤为宝贵的资源，对建设和维护和平、保护自然环境至关重要。《成都展望》特别指出，非物质文化遗产在帮助社区防范和减轻自然灾害，尤其是在帮助受灾社区灾后恢复重建其社会结构和文化认同方面发挥了重要作用。2008年，"5·12"汶川特大地震后，四川在采取一系列灾后重建举措中，将非遗保护工作列为重中之重，中国可以与世界分享这方面的成功经验。①

"成都国际非物质文化遗产大会——纪念《保护非物质文化遗产公约》通过10周年"会议通过并发布《成都展望》，以下为全文。②

知识点 为纪念《保护非物质文化遗产公约》（简称"《非遗公约》"）通过10周年，2013年6月14日至16日，成都国际非物质文化遗产大会在中国四川省成都市举行。大会邀请了曾经在制定《非遗公约》的过程中发挥过重要作用的专家和近年来积极参与履约工作的各界人士300余位专家参会。与会人员对《非遗公约》通过十年来所取得的成就进行了积极的回顾，就《非遗公约》面临的挑战、机遇及未来发展方向进行了广泛和深入的探讨。

与会人员对中国政府，四川省人民政府和成都市人民政府对中外专家所提供的热情欢迎和盛情款待表示诚挚的感谢，并对他们长期以来致力于非物质文化遗产保护事业的坚守与执着，特别是在此过程中表现出来的促进国际合作与对话的精神与举措表示赞赏。

---

① 张良娟. 成都国际非物质文化遗产大会闭幕，《成都展望》倡导非遗保护有效机制［N］. 四川日报，2013－06－17（1）.

② 《成都展望》全文登载于2013年6月17日《成都日报》，网页地址：成都全搜索. 新闻 http://news. chengdu. cn/content/2013－06/17/content＿1238801. htm?node=487。

2003 年 10 月 17 日，联合国教科文组织大会第 32 届会议通过了《非遗公约》。我们对《非遗公约》的制定者当年在起草《非遗公约》的过程中所展现出来的远见卓识与高超智慧表示赞赏，并一致认为《非遗公约》高度地反映了时代的主题。

《非遗公约》所产生的深远影响遍及全球各地。无论是在缔约国（153 个）和非缔约国，"非物质文化遗产"的概念已经深入人心。《非遗公约》对非物质文化遗产开创性的界定，重新确立了非物质文化遗产传承者和实践者与从事非物质文化遗产保护的官员、专家和相关机构两者之间的关系。《非遗公约》通过强调相关社区、群体及个人在非物质文化遗产的认定及保护中的主体地位，建立了一种全新模式。

然而，我们也认识到，《非遗公约》在取得巨大成就的同时也面临着一些挑战。在此，我们呼吁各方对此予以高度关注，以确保《非遗公约》能够持续和健康地发展。我们在见证《非遗公约》缔约国的数量在短期之内快速增长的同时，也意识到确保《非遗公约》得以有效实施的机制能力建设方面还不尽如人意。因此，我们对联合国教科文组织在《非遗公约》框架下推动和实施的保护非物质文化遗产能力建设战略表示敬意，并对一些国家为确保这一战略在发展中国家中得以顺利实施提供资助表示赞赏。

"非物质文化遗产是人类社会可持续发展的重要保证"，这是《非遗公约》的基本认识。2013 年 5 月联合国教科文组织在杭州举办的"世界文化大会"将其主题定为"文化，可持续发展的关键"。会议成果文件《杭州宣言》认为"包容性的经济增长应该……通过对遗产的持续性保护和促进来实现"。联合国制定的《2015 年后全球发展议程》强调，非物质文化遗产在人类生活的各个领域中所发挥的重要作用都应受到重视。我们呼吁国际社会重申基于上述认识的国际承诺。

人类文化的演进，是与人的整体发展的要求相适应的。以人为本的社会，必然尊重文化的多样性。非物质文化遗产是人类情感的充分表达，是人类非凡创造力的生动写照，是文化多样性的具体体现，是密切人际关系、进行文化交流和增进彼此了解的重要媒介，是人类文明可持续发展的基础。

包容性教育的目标是让所有人都具备在未来的世界中生存的技能，为此，包容性教育应包括非物质文化遗产所承载的知识等相关内容。因此，我们呼吁教育工作者、相关机构和政策制定者承认非物质文化遗产在正规教育和非正规教育的课程设置中应占据重要位置。

《非遗公约》的制定者也认识到，对那些面临着急速的社会经济转型等严峻挑战的社会和社区而言，非物质文化遗产是一种尤为宝贵的资源。我们了解到，在全球范围内，各个社区的非物质文化遗产中都包含着规避冲突和解决争端的机制。这些机制能为建设和维护和平作出贡献，因此是人类可持续发展的前提和关键。

非物质文化遗产在帮助社区应对自然灾害，尤其是在帮助受灾社区灾后重建恢复其社会结构和文化认同方面具有重要作用。2008 年汶川大地震后，四川省在采取一系列灾后重建举措中，将非物质文化遗产保护工作列为重中之重。中国相关社区、专家及政府机构可以与世界分享这方面的成功经验。今年四月芦山地震给四川带来了重大的损失，为此，我们向四川人民表示深切的慰问。我们深信，四川人民定会从灾害中恢复过来，四川省的非物质文化遗产将再次成为灾后重建的重要资源。

非物质文化遗产对保护自然环境至关重要。我们承认，有关自然界和宇宙的知识和实践在维护生态系统可持续性及生物多样性、协助社区确保粮食安全与健康方面发挥了重要作用。我们尤其认为，非物质文化遗产作为资源宝藏，在应对全球气候变化的进程中发挥着越来越重要的作用。

我们提倡，非物质文化遗产保护要积极推进建立健全保护工作的有效机制，也要正确处理继承与创新，保护与使用的关系。我们并不反对在不损害非物质文化遗产项目原真性前提下的开发利用，但最重要的是必须确保其受益者是相关社区。我们坚决反对改变非物质文化遗产项目性质的过度开发和随意滥用。

我们提倡在国家和国际层面围绕2003年《保护非物质文化遗产公约》、1972年《保护世界文化和自然遗产公约》以及2005年《保护和促进文化表现形式多样性公约》加强合作，形成协同效应，并呼吁世界知识产权组织在传统知识、遗传资源和传统文化表现形式方面付出更多的努力和行动。

在庆祝《非遗公约》通过10周年之际，我们坚信，维护非物质文化遗产的存续仍将是《非遗公约》的核心使命，相关社区、群体及个人仍是传承非物质文化遗产的主力军。我们再次承诺，要让非物质文化遗产为提升创造力、促进对话及相互尊重作出更大的贡献。

基于业已取得的成功经验和丰硕成果，我们对未来充满信心。展望《非遗公约》未来十年，我们在此表达我们的共同愿望，并期待：

相关社区、群体和个人对其持有和实践的非物质文化遗产愈加珍爱，对其他非物质文化遗产愈加尊重；

各国更好地将非物质文化遗产保护实践与《非遗公约》原则相结合；

各国通过《非遗公约》及其他国际交流活动，相互分享各自丰富多样的保护经验，共同推进非物质文化遗产保护工作；

国际社会和世界人民能够认同《非遗公约》的宗旨，并投入有效践行《非遗公约》的伟大事业中；

影响非物质文化遗产存续能力、传承与实践的各种消极因素将逐渐弱化，乃至消解；

通过文化自觉、文化自信，使非物质文化遗产的价值能够得到充分体现，并为构建当今世界和谐、保护人类文化多样性发挥更大作用。

中国成都，2013年6月16日。

从《保护非物质文化遗产成都宣言》到《成都展望》，"国际非遗节"活动宣示着：一座城市，可以为国家文化安全做出很多很多的努力，这样的城市，无愧于"历史文化名城"的头衔，"中国最佳旅游城市"的荣誉，以及"成都，一座来了就不想离开"城市的呼号了，这便是世界非物质文化遗产得到传承性展示型文化安全保护的家园——中国·四川·成都了。

一座城市，在为《非遗公约》的研究、实践和展示、纪念留下了丰厚的文化型财富，并永久性地进行着不懈地努力，打望地球，问遍世界，查询宇宙，唯有这座被定性为"成都人的生活就是一种非遗"并持续演示的地方——"太阳鸟"和大熊猫都活着的地方——我的成都！

第三节　科技安全

一、科技安全的定义

所谓科技安全，是指科学技术不陷入来自内部和外部的威胁或者被损害的危险，从而维护国家科技利益的情形。科技安全强调的是科学技术发展的一种安全态势，这种态势体现在国际大环境下，由国家通过政治、军事、外交、经济、科技等手段，使科学技术作为一个特定的系统，以该系统自身的安全状态来确定"科技安全"——科技成果、科技研发和转化能力不被威胁或者陷入危险境地。

考察科技安全状态应主要侧重于四个方面：（1）国家的科学技术实力的强弱，主要表现是科技成果的多少和科研队伍的大小，自主科研的能力的高低等；（2）国家科技成果方面的法律法规、政策，尤其是科技成果确认、保护和转化、成果奖励方面措施的完善程度；（3）科技工作的运行机制是否有效，包括科技投入、人才流动、成果保护和成果保密、成果认定、成果奖励，尤其是成果转化的国家措施等是否有效；（4）国家对科技系统的保护力度如何，包括科研机构分类、军工科研成果保护、科研项目保密、科研人员保护、科技成果转化激励与奖励，等等。

狭义上的科技安全，立足于科学技术系统自身的安全性。强调的是当国家的科学技术发展面临威胁或受到破坏时，就产生了如何有效保护和有效应对的所谓科技安全问题。而从广义上讲，科技安全是在一定的社会环境条件下，比如，我国强调对外开放、进一步深化改革，要瞄准世界科技前沿，全面提升自主创新能力，力争在基础科技领域作出大的创新、在关键核心技术领域取得大的突破。这样的背景下，以国家价值准则为依据，对科技系统与相关系统相互作用所决定的国家安全态势，进行一种动态的描述和把握，是需要很强的国家安全意识和能力的。一个国家的科技安全态势，体现了这个国家四个方面的科技安全保护能力：（1）国家重大科技利益免受国外科技优势的威胁和敌对势力、破坏势力以技术手段相威胁的对抗能力；（2）国家重大科技利益免受科技发展自身的负面影响的能力；（3）国家以最前沿的高新科技手段，维护国家政治安全、国土安全和军事安全的能力；（4）国家在所面临的国际国内大环境和大背景中，保障其科学技术健康发展，以及依靠科学技术成果及其转化能力提高国家综合国力的能力，等等。

科学技术是第一生产力，科技兴则民族兴，而科技强则民族强。在当今科学技术飞速发展的今天，科技安全是维护国家安全的重要内容之一。科技和科技安全广泛渗透于国家安全的各个领域、各个要素和各个因素之中，对当代国家安全其他领域和内容都起着决定性的作用。

二、科技安全立法进程

在科技安全方面，我国从 20 世纪 80 年代就开始了相关的立法，主要是：

1. 1980 年 12 月 27 日，国务院批准《科学技术档案工作条例》（六章 36 条，发布日施行，简称《科技档案条例》）第 2 条、第 4 条规定，科技档案，是指在自然科学研究、生产技术、基本建设（以下简称科研、生产、基建）等活动中形成的应当归档保存的图纸、图表、文字材料、计算材料、照片、影片、录像、录音带等科技文件材料；各单位应当按照集中统一管理科技档案的基本原则，建立、健全科技档案工作，达到科技档案完整、准确、系统、安全和有效利用的要求。第一次提出了"科技档案安全"的概念。《科技档案条例》第 19 条、第 20 条、第 34 条进一步规定，保管科技档案必须有专用库房，库房内应当保持适当的温度和湿度，并有防盗、防火、防晒、防虫、防尘等安全措施。科技档案部门应当定期检查科技档案的保管状况，对破损或变质的档案，要及时修补和复制；科技档案部门对重要的科技档案应当复制副本，分别保存，以保证在非常情况下科技档案的安全和提供利用；各单位要经常对科技档案干部进行保守国家机密的教育，检查遵守保密制度的情况。

2. 1984 年 9 月 12 日，《中华人民共和国科学技术进步奖励条例》（发布日施行，15 条，简称《科技进步条例》）第 3 条规定，科学技术进步奖，按其所奖项目的科学技术水平、经济效益、社会效益和对科学技术进步的作用大小，分为国家级和省（部委）级。《科技进步条例》没有规定涉及科技成果安全的条款。

3. 1988 年 9 月 5 日，《中华人民共和国保守国家秘密法》（1989 年 5 月 1 日施行，五章 35 条，简称《1988 保密法》）对"科学技术中的秘密事项"提供了严密的保密规范和措施。

4. 1990 年 3 月 28 日，文化部《文化科技工作管理办法》（发布日施行，五章 25 条，简称《文化科技办法》）第 5 条至第 9 条规定：（1）文化科技的内容包括：艺术科技，文物保护科技，图书馆科技，外文出版、印刷、发行科技，文化设施、设备、器材的技术规范化、标准化研究及其他文化科技；（2）艺术科技是指艺术教育中的科学选材与科学训练；演员保健与职业病的防治研究；剧场建设与舞台技术设备，演出服装、道具及化妆，群众文化娱乐器材设备，乐器的改革与研制；美术用新材料、新工艺、新设备等；（3）文物保护科技是指古墓葬、古遗址、古建筑、石窟寺、石刻的保护与修复；出土、馆藏文物的保护、修复、复制；文物的分析、检测、鉴定、陈展技术；考古调查、发掘技术等；（4）图书馆科技是指图书馆管理的自动化；非印刷载体及设备在图书馆的应用；图书传送设备的研制；文献的保存、保护等；（5）外文出版、印刷、发行科技是指外文出版、印刷、发行中的计算机软件及其他技术。《文化科技办法》第 14 条专门规定，文化科技管理机构的职责，是管理文化科技技术市场，推广科技成果，管理科技保密和专利事务。

5. 1990 年 4 月 3 日，商业部《商业科学技术保密规定》（发布日施行，18 条，简称《商业科技规定》）第 2 条"保密范围"规定：（1）国家批准的发明——主要是指发明申报书中规定的保密要点；（2）可能成为发明的阶段性成果——主要是指已有所突破，但工作尚未完成的项目，以及预计在近期内有可能成为发明的项目；（3）国外（地区）虽有，但系对我保密，经国内研究取得或通过内部渠道获得的技术；国外（地区）虽有报道，但我国的研究成果超过国外水平的项目；（4）我国特有的商品生产配方，工艺技术诀窍及传统工艺——包括名特商品加工技术和传统制造关键技术，经济价值显著的动植物商品和菌种的栽培、饲养技术及培养条件；商品贮藏中新发现的病、虫害及防治病虫害的特殊方法及效果显著的防护剂生产技术；商品加工机械的独特设计、材料配方等；（5）属于国家确定的重大商业科技的攻关项目计划以及攻关项目中的核心技术。重要的商品资源，商品生产中急需解决的技术难题亦应对外保密；（6）从国外（地区）秘密获取的技术及其来源，以及从国外（地区）引进的负有保密条款限制的技术。同时，《商业科技规定》第 3 条、第 7 条至第 9 条、第 12 条规定：（1）商业科学技术保密项目，划分为绝密、机密、秘密三级。（2）一切科学技术保密资料均不得作为废纸出售。（3）不准利用公开的报纸、书籍、广播、电视、电影、录像、展览等宣传工具宣传报道属于科技保密的内容；不准在公开场合展览属于科技保密的内容或产品；内部刊物所刊登的内容，学术会议宣读的论文，必须注意保密。（4）各种到国外（地区）或国内举办接待外宾参加的商业科技展览会、博览会、技术表演会等涉外科技项目，由参展单位在筹展中，事先填写《技术项目涉外参展保密审查申报表》，经行政隶属上级主管厅、局、社同意，报商业部科技保密管理机构进行科技保密审批，并报国家科委备案。批准参展项目由审批单位开具《科技保密审查合格证明书》。否则不得组织对外参展。（5）参加国际（地区）学术交流活动，向国外（地区）投寄论文、稿件、样品，出国（地区）携带的论文、科学技术资料、教材、样品、中间体、种子、菌种、种苗，对外通讯、口头交流以及私人间的通信等，不得涉及保密内容。可见，《商业科技规定》的保密规定和具体措施非常清晰明确。

6.1993 年 7 月 2 日，《中华人民共和国科学技术进步法》（1993 年 10 月 1 日施行，十章 62 条，简称《1993 科技进步法》）第 13 条、第 14 条、第 17 条、第 20 条～第 22 条、第 26 条、第 51 条、第 60 条规定：（1）国家依靠科学技术进步，推动经济建设和社会发展，控制人口增长，提高人口素质，合理开发和利用资源，防御自然灾害，保护生活环境和生态环境。（2）国家依靠科学技术进步，振兴农村经济，促进农业科学技术成果的推广应用，发展高产、优质、高效的现代化农业。（3）国家依靠科学技术进步，发展工业、交通运输、邮电通信、地质勘查、建筑安装和商业等行业，提高经济效益和社会效益。（4）国家依靠科学技术进步，发展国防科学技术事业，促进国防现代化建设，增强国防实力。（5）国家鼓励运用先进的科学技术，促进教育、文化、卫生、体育等各项事业的发展。（6）国家推进高技术的研究，发挥高技术在科学技术进步中的先导作用；扶持、促进高技术产业的形成和发展，运用高技术改造传统产业，发挥高技术产业在经济建设中的作用。（7）国家鼓励和引导从事高技术产品开发、生产和经营的企业建立符合国际规范的管理制度，生产符合国际标准的高技术产品，参与国际市场竞争，推进高技术产业的国际化。（8）国家建立科学技术保密制度，保护涉及国家安全和利益的科学技术秘密。国家严格控制珍贵的生物种质资源出境。（9）剽窃、篡改、假冒或者以其他方式侵害他人著作权、专利权、发现权、发明权和其他科学技术成果权的，非法窃取技术秘密的，依照有关法律的规定处理。应当说，我国《1993 科技进步法》在立法中，促进科技发展的制度设计非常完善，但是，科技安全的规则，则是少而又少。

2007 年 12 月 29 日，我国对《1993 科技进步法》修订后，于 2008 年 7 月 1 日施行，可以称为《2007 科技进步法》。整个法律的结构，由十章 62 条调整为八章 75 条。其章节条款对比，与《1993 科技进步法》有很大的不同。如表 9-1。

表 9-1　科技进步法的结构条款变化比较

1993 年 7 月 2 日《科技进步法》	2007 年 12 月 29 日《科技进步法》
第一章　总则 第 1 条～第 9 条 第二章　科学技术与经济建设和社会发展 第 10 条～第 21 条 第三章　高技术研究和高技术产业 第 22 条～第 26 条 第四章　基础研究和应用基础研究 第 27 条～第 30 条 第五章　研究开发机构 第 31 条～第 36 条 第六章　科学技术工作者 第 37 条～第 44 条 第七章　科学技术进步的保障措施 第 45 条～第 51 条 第八章　科学技术奖励 第 52 条～第 56 条 第九章　法律责任 第 57 条～第 60 条 第十章　附则 第 61 条～第 62 条	第一章　总则 第 1 条～第 15 条 第二章　科学研究、技术开发与科学技术应用 第 16 条～第 29 条 第三章　企业技术进步 第 30 条～第 40 条 第四章　科学技术研究开发机构 第 41 条～第 47 条 第五章　科学技术人员 第 48 条～第 58 条 第六章　保障措施 第 59 条～第 66 条 第七章　法律责任第 67 条～第 73 条 第八章　附则 第 74 条～第 75 条

通过表 9-1，不难发现，《1993 科技进步法》章节虽然多，但是条款数量少，比《2007 科技进步法》少了 13 条，约占 17.33%。修订后，我国《1993 科技进步法》的"第二章科学技术与经济建设和社会发展（第 10 条～第 21 条）""第三章高技术研究和高技术产业（第 22 条～第 26 条）"和"第四章基础研究和应用基础研究（第 27 条～第 30 条）"共 17 条，整合成《2007 科技进步法》的"第二章科学研究、技术开发与科学技术应用（第 16 条～第 29 条）"和"第三章企业技术进步（第 30 条～第 40 条）"共 25 条，章节减少了，但是条款却增加了 8 条。并且，将"企业技术进步"专列一章，凸显了"企业技术进步"的地位和作用。同时，将《1993 科技进步法》的"第八章科学技术奖励（第 52 条～第 56 条）"共 4 条删除，变成《2007 科技进步法》第 15 条规定，国家建立科学技术奖励制度，对在科学技术进步活动中做出重要贡献的组织和个人给予奖励。具体办法由国务院规定。国家鼓励国内外的组织或者个人设立科学技术奖项，对科学技术进步给予奖励。而在"第九章法律责任（第 57 条～第 60 条）"仅 4 条规定中，增加到《2007 科技进步法》的"第七章法律责任（第 67 条～第 73 条）"共 7 条的规定，内容更完善。比如，《1993 科技进步法》第 60 条规定，剽窃、篡改、假冒或者以其他方式侵害他人著作权、专利权、发现权、发明权和其他科学技术成果权的，非法窃取技术秘密的，依照有关法律的规定处理。而《2007 科技进步法》第 70 条、第 71 条、第 73 条则规定：（1）违法抄袭、剽窃他人科学技术成果，或者在科学技术活动中弄虚作假的，由科学技术人员所在单位或者单位主管机关责令改正，对直接负责的主管人员和其他直接责任人员依法给予处分；获得用于科学技术进步的财政性资金或者有违法所得

的，由有关主管部门追回财政性资金和违法所得；情节严重的，由所在单位或者单位主管机关向社会公布其违法行为，禁止其在一定期限内申请国家科学技术基金项目和国家科学技术计划项目。（2）违法骗取国家科学技术奖励的，由主管部门依法撤销奖励，追回奖金，并依法给予处分。违反本法规定，推荐的单位或者个人提供虚假数据、材料，协助他人骗取国家科学技术奖励的，由主管部门给予通报批评；情节严重的，暂停或者取消其推荐资格，并依法给予处分。（3）违反本法规定，其他法律、法规规定行政处罚的，依照其规定；造成财产损失或者其他损害的，依法承担民事责任；构成犯罪的，依法追究刑事责任。很显然，《2007 科技进步法》的规定，使法律责任的内容更加完善。

我国《2007 科技进步法》第 2 条、第 7 条、第 28 条、第 29 条、第 65 条规定：（1）国家坚持科学发展观，实施科教兴国战略，实行自主创新、重点跨越、支撑发展、引领未来的科学技术工作指导方针，构建国家创新体系，建设创新型国家；（2）国家制定和实施知识产权战略，建立和完善知识产权制度，营造尊重知识产权的社会环境，依法保护知识产权，激励自主创新。企业事业组织和科学技术人员应当增强知识产权意识，增强自主创新能力，提高运用、保护和管理知识产权的能力；（3）国家实行科学技术保密制度，保护涉及国家安全和利益的科学技术秘密。国家实行珍贵、稀有、濒危的生物种质资源、遗传资源等科学技术资源出境管理制度；（4）国家禁止危害国家安全、损害社会公共利益、危害人体健康、违反伦理道德的科学技术研究开发活动；（5）国务院科学技术行政部门应当会同国务院有关主管部门，建立科学技术研究基地、科学仪器设备和科学技术文献、科学技术数据、科学技术自然资源、科学技术普及资源等科学技术资源的信息系统，及时向社会公布科学技术资源的分布、使用情况。科学技术资源的管理单位应当向社会公布所管理的科学技术资源的共享使用制度和使用情况，并根据使用制度安排使用；但是，法律、行政法规规定应当保密的，依照其规定。

7. 1994 年 10 月 26 日，国家科委《科学技术成果鉴定办法》（1995 年 1 月 1 日施行，六章 36 条，简称《科技成果办法》）第 38 条规定，参加鉴定的有关人员，未经完成科技成果的单位或者个人同意，擅自披露、使用或者向他人提供和转让被鉴定科技成果的关键技术的，应当依据有关法规，追究其法律责任；给科技成果完成单位或者个人造成损失的，应当赔偿损失。

8. 1996 年 5 月 15 日，《中华人民共和国促进科技成果转化法》（1996 年 10 月 1 日施行，六章 37 条，简称《1996 促进转化法》）第 11 条、第 16 条、第 27 条、第 28 条、第 35 条规定：（1）企业依法有权独立或者与境内外企业、事业单位和其他合作者联合实施科技成果转化。企业可以通过公平竞争，独立或者与其他单位联合承担政府组织实施的科技研究开发和科技成果转化项目。（2）科技成果转化活动中对科技成果进行检测和价值评估，必须遵循公正、客观的原则，不得提供虚假的检测结果或者评估证明。国家设立的研究开发机构、高等院校和国有企业与中国境外的企业、其他组织或者个人合作进行科技成果转化活动，必须按照国家有关规定对科技成果的价值进行评估。科技成果转化中的对外合作，涉及国家秘密事项的，依法按照规定的程序事先经过批准。（3）科技成果完成单位与其他单位合作进行科技成果转化的，合作各方应当就保守技术秘密达成协议；当事人不得违反协议或者违反权利人有关保守技术秘密的要求，披露、允许他人使用该技术。技术交易场所或者中介机构对其在从事代理或者居间服务中知悉的有关当事人的技术秘密，负有保密义务。(4) 企业、事业单位应当建立健全技术秘密保护制度，保护本单位的技术秘密。职工应当遵守本单位的技术秘密保护制度。企业、事业单位可以与参加科技成果转化的有关人员签订在职期间或者离职、离休、退休后一定期限内保守本单位技术秘密的协议；有关人员不得违反协议约定，泄露本单位的技术秘密和从事与原单位相同的科技成果转化活动。职工不得将职务科技成果擅自转让或者变相转让。(5) 违反《1996 促进转化法》规定，职工未经单位允许，泄露本单位的技术秘密，或者擅自转让、变相转让职务科技成果的，参加科技成果转化的有关人员违反与本单位的协议，在离职、离休、退休后约定的期限内从事与原单位相同的科技成果转化活动的，依照有关规定承担法律责任。

《1996 促进转化法》于 2015 年 8 月 29 日修订（2015 年 10 月 1 日施行，六章 52 条，简称《2015 促进转化法》），第 7 条、第 11 条、第 30 条、第 32 条、第 51 条规定：(1) 国家为了国家安全、国家利益和重大社会公共利益的需要，可以依法组织实施或者许可他人实施相关科技成果。(2) 国家建立、完善科技报告制度和科技成果信息系统，向社会公布科技项目实施情况以及科技成果和相关知识产权信息，提供科技成果信息查询、筛选等公益服务。公布有关信息不得泄露国家秘密和商业秘密。对不予公布的信息，有关部门应当及时告知相关科技项目承担者。利用财政资金设立的科技项目的承担者应当按照规定及时提交相关科技报告，并将科技成果和相关知识产权信息汇交到科技成果信息系统。国家鼓励利用非财政资金设立的科技项目的承担者提交相关科技报告，将科技成果和相关知识产权信息汇交到科技成果信息系统，县级以上人民政府负责相关工作的部门应当为其提供方便。(3) 企业依法有权独立或者与境内外企业、事业单位和其他合作者联合实施科技成果转化。企业可以通过公平竞争，独立或者与其他单位联合承担政府组织实施的科技研究开发和科技成果转化项目。(4) 国家培育和发展技术市场，鼓励创办科技中介服务机构，为技术交易提供交易场所、信息平台以及信息检索、加工与分析、评估、经纪等服务。科技中介服务机构提供服务，应当遵循公正、客观的原则，不得提供虚假的信息和证明，对其在服务过程中知悉的国家秘密和当事人的商业秘密负有保密义务；国家支持科技企业孵化器、大学科技园等科技企业孵化机构发展，为初创期科技型中小企业提供孵化场地、创业辅导、研究开发与管理咨询等服务。(5) 违反本法规定，职工未经单位允许，泄露本单位的技术秘密，或者擅自转让、变相转让职务科技成果的，参加科技成果转化的有关人员违反与本单位的协议，在离职、离休、退休后约定的期限内从事与原单位相同的科技成果转化活动，给本单位造成经济损失的，依法承担民事赔偿责任；构成犯罪的，依法追究刑事责任。显然，《2015 促进转化法》的相关规定，要比《1996 促进转化法》完善许多。

9. 2001 年 1 月 20 日，科技部《国家科技计划管理暂行规定》（发布日施行，六章 26 条，简称《科技计划规定》）第 21 条规定，国家科技计划管理，在严格执行《科技保密规定》等科技保密法规的基础上，建立管理公开制度。国家科技计划管理公开制度的基本内容，包括三个方面，即：(1) 公告。科技部通过一定的程序，向公众告知国家科技计划的有关信息。在管理公开制度中，除了涉及国家机密和计划制定时确定的保密内容外，应对公告的信息内容、方式、范围、信息更新时间及争议期的设定等事项做出具体规定。（2）共享。科技部建立计划的数据库和档案系统，并按一定的标准制定关于数据和档案的保存、使用和共享的规定，包括数据和档案的基本框架、内容、保存的方式和年限、共享的条件、申请使用的要求等。（3）查询。国家科技计划管理涉及的项目承担者有权通过相应的程序，查询有关信息。专项计划管理部门应根据国家科技计划的特点，制定信息查询的内容、申请查询的程序及回复查询要求的时限等有关规定。

10. 2014 年 1 月 17 日，《中华人民共和国保守国家秘密法实施条例》（2014 年 3 月 1 日施行，简称《保密法实施条例》）。

三、国家安全法的科技安全规定

我国《国家安全法》第 24 条规定，国家加强自主创新能力建设，加快发展自主可控的战略高新技术和重要领域核心关键技术，加强知识产权的运用、保护和科技保密能力建设，保障重大技术和工程的安全。本条的规定强调：（1）加强自主创新能力建设；（2）战略高新技术和重要领域核心关键技术自主可控；（3）加强科技保密能力建设等。显然，这只是原则性的立法，具体的规则、制度和措施，还需要在执行中，寻找我国科技安全的法宝。

也就是说，在《国民经济和社会发展第十三个五年规划纲要》（简称《十三五规划纲要》）、《国家创新驱动发展战略纲要》（简称《创新发展纲要》）和《国家中长期科学和技术发展规划纲要（2006—2020 年）》《"十三五"国家科技创新规划》（简称《科技创新规划》）等的实施过程中，结合《2015 促进转化法》《2015 科技保密规定》以及我国《国家安全法》第 24 条的规定，首先在加强自主创新能力建设，加快发展自主可控的战略高新技术和重要领域核心关键技术，加强知识产权的运用等方面，做出新的成绩，完成"十三五"国家科技创新规划确定的主要任务：（1）增强原始创新能力，加强基础和前沿技术研究，整合优化资源配置，瞄准引领未来发展的战略领域，布局建设一批重大科技设施、国家科研与技术创新基地等。扩大创新型人才规模、提高质量，强化区域和国际创新合作，使国家综合创新能力世界排名明显提升。（2）构筑先发优势，用好比较优势，聚焦国家战略和民生改善需求，在量子通信、精准医疗等重点领域启动一批新的重大科技项目，强化种业、煤炭清洁高效利用、第五代移动通信（5G）、智能机器人等重大产业技术开发，推进颠覆性技术创新，培育新动能，带动传统产业改造升级，使科技进步贡献率达到 60%，提高人民群众生活品质。（3）依托大众创业、万众创新平台，强化企业在科技创新中的主导作用，打造高效协同的创新生态链。完善科技创新服务和众创空间等创业孵化体系，建设统一开放的技术交易市场，引导更多资源向创新汇聚。（4）加快科技体制机制改革步伐，充分调动科技人员积极性。尽快落实改进科研经费管理使用、科技成果权益分配等政策措施，破除束缚创新和成果转化的制度障碍，提高科研资金使用效益，加强知识产权保护和运用。强化科普和创新文化建设，促进形成崇尚创新的社会氛围。未来五年，我国科技创新工作将紧紧围绕深入实施国家"十三五"规划纲要和创新驱动发展战略纲要，有力支撑中国制造 2025、"互联网+"、网络强国、海洋强国、航天强国、健康中国建设、军民融合发展、"一带一路"建设、京津冀协同发展、长江经济带发展等国家战略实施，充分发挥科技创新在推动产业迈向中高端、增添发展新动能、拓展发展新空间、提高发展质量和效益中的核心引领作用。

2016 年 7 月 28 日，《国务院关于印发"十三五"国家科技创新规划的通知》即《科技创新规划》发布，强调坚持创新是引领发展的第一动力，以深入实施创新驱动发展战略、支撑供给侧结构性改革为主线，全面深化科技体制改革，大力推进以科技创新为核心的全面创新，塑造更多依靠创新驱动、更多发挥先发优势的引领型发展，确保如期进入创新型国家行列，为建成世界科技强国奠定坚实基础。在"十三五"期间，我国科技创新的总体目标，是国家科技实力和创新能力大幅跃升，国家综合创新能力世界排名进入前 15 位，迈进创新型国家行列；创新驱动发展成效显著，与 2015 年相比，科技进步贡献率从 55.3％提高到 60％，知识密集型服务业增加值占国内生产总值的比例从 15.6％提高到 20％；科技创新能力显著增强，通过《专利合作条约》（PCT）途径提交的专利申请量比 2015 年翻一番，研发投入强度达到 2.5％。《科技创新规划》提出：建设高效协同的国家创新体系，并从培育充满活力的创新主体、系统布局高水平创新基地、打造高端引领的创新增长极、构建开放协同的创新网络、建立现代创新治理结构、营造良好创新生态等六个方面提出了总体要求。努力促进各类创新主体协同互动、创新要素顺畅流动高效配置，形成创新驱动发展的实践载体、制度安排和环境保障。同时，《科技创新规划》从落实和完善创新政策法规、完善科技创新投入机制、加强规划实施与管理等三方面提出了保障措施，强调完善支持创新的普惠性政策体系，深入实施知识产权战略和技术标准战略，建立多元化科技投入体系等。① 而在《科技创新规划》实施的过程中，制定我国的《科技安全法》，做好科技成果从立项研究、研究过程、成果鉴定、成果应用、成果转化等环节上的定密与保密，以及安全维护工作，从而，不断增加我国在科技创新和成果转化方面的软实力。

---

① 佚名. 国务院印发《"十三五"国家科技创新规划》[N]. 人民日报，2016-08-09（1）.

第十章　社会安全

第一节　社会公共安全

一、社会安全

（一）社会的定义

社会，是指由许多个体汇集而成的，有组织、有规则或纪律的相互合作的生存关系的群体。没有分工与合作关系的个体所聚集成的群体，不成为社会。社会，是在特定环境下共同生活的同一物种不同个体长久形成的彼此相依的一种存在状态。微观上，社会强调同伴的意味，并且延伸到为了共同利益而形成联盟。宏观上，社会是由长期合作的社会成员，通过发展组织关系形成团体，在人类社会中进而形成机构、国家等组织形式。

（二）社会安全的概念

社会安全，是指公民个体组合成的公民群体或者整体，在个人生活、群体生产和社会活动中，没有危险或者不受威胁的情形。可见，社会安全的基本要素是：（1）社会安全的主体，是公民个体组合成的公民群体或者整体；（2）社会安全的客体，即公民个体组合成的公民群体或者整体没有危险或者不受威胁的情形；（3）社会安全的内容，是个人生活、群体生产和社会活动中，公民个体组合成的公民群体或者整体没有危险或不受威胁等。

（三）社会安全事件的类型

社会安全，如果以公共安全事件的发生类型划分，可以分成：社会安全事件、公共卫生事件、意外伤害事件、网络事件、信息安全事件、自然灾害事件以及其他事故或事件六种。其中，社会安全事件，是指恐怖袭击事件、经济安全事件、涉外突发事件和群体性事件等。比如，公民个体遭遇抢劫、小偷、骗子、他人遇险事故等，家中老人、小孩的意外走失，以及踩踏事件，还有战争、暴乱、特大事故、重大刑事案件、重大自然灾害等，都属于社会安全事件的范畴。

再比如，恐怖袭击，是指恐怖组织或个人使用暴力或其他破坏手段，制造的危害社会稳定、危及公民个体或者群体生命财产安全的一切形式的活动。常见的恐怖袭击包括炸弹爆炸、毒气袭击、生物恐怖等。另外，还有空袭，是指现代战争中一方利用航空、航天飞行器等，对另一方的城镇、陆地、水域等目标进行攻击的行为。又比如抢劫，是指用暴力手段夺取他人财物的违法犯罪行为，抢劫行为实施时，往往采用危害受害人本人的人身、财物安全或者受害人亲属的人身、财物安全等手段。此外，与抢劫同属严重刑事犯罪的"绑架"犯罪行为，是指使用暴力、胁迫或麻醉等方法，劫持或者要挟人质或他人，以实现勒索财物目的的犯罪行为。这两种犯罪行为，被我国《刑法》第239条、第263条和第358条等条款规定为严重的行为，[①] 要受到严厉的刑罚。

当我们关注社会安全的时候，实际上关注的是社会安全风险及其防范，针对的是，在社会事件中，人们的安全防范措施、对策能力、知识技能等。作为社会中的一个公民个体，每个人都应当明白，社会安全的程度，取决于一个国家社会文化的发展程度。也就是说，经济发展速度、社会公平程度、政治体制、历史文化原因等，都有可能对社会安全程度产生直接的影响。

（四）社会安全事件的应对技巧

发生任何社会安全事件时，"安全第一"是一个前提规则或者理念。所谓安全第一，更是一个相对、辩证的概念，它是在人类活动的方式上（或生产技术的层次上）相对于其他方式或手段而言的，并是在与之发生矛盾时，须遵循的原则。"安全第一"的原则，通过如下方式来体现：（1）在思想认识上，安全高于其他工作；（2）在组织机构上，安全权威大于其他组织或部门；（3）在资金安排上，安全强度的重视程度重于其他工作所需的资金；（4）在知识更新上，安全知识和规章的学习，先于其他知识培训和学习；（5）在检查考评上，安全的检查评比严于其他考核工作；（6）在冲突处理处理上，当安全与生产、经济、效益发生矛盾时，安全当然优先；（7）在遇到社会安全事件第一时间上，安全尤其是生命安全是毋庸置疑第一位的。

重视生命的情感观，是任何时候维系人的生命安全与健康的认识保证。"生命只有一次""健康是人生之本"，而各种社会安全事件对公民个体人身安全的毁灭、损害或者剥夺，意味着公民个体生存、健康、幸福、美好生活的毁损和灭失。由此，充分认识人的生命、健康的首要价值和重要地位，强化"善待生命，珍惜健康"的理念，是每一个公民个体都应该建立的基本情感观。面对各种各样的社会安全事件，学会各种维护生命、保护健康和逃生、自救的技巧，对于公民个体而言，是非常必要的。

1. 公共场所突发险情。

（1）球场骚乱事件。当周围人群处于混乱时，应选择安全地点停留（如待在自己的座位上），以保证自己不被挤伤；不要在看台上来回跑动。要迅速、有序地向自己所在看台的安全出口疏散；远离栏杆，以免栏杆被挤折而伤及自身；不要在看台上拥挤或翻越栏杆，以免造成人员伤亡。疏散时，应注意保护老人、儿童、妇女等弱势群体。

---

① 我国《刑法》第263条规定，以暴力、胁迫或者其他方法抢劫公私财物的，处3年以上10年以下有期徒刑，并处罚金；有下列情形之一的，处10年以上有期徒刑、无期徒刑或者死刑，并处罚金或者没收财产：（1）入户抢劫的；（2）在公共交通工具上抢劫的；（2）抢劫银行或者其他金融机构的；（4）多次抢劫或者抢劫数额巨大的；（5）抢劫致人重伤、死亡的；（6）冒充军警人员抢劫的；（7）持枪抢劫的；（8）抢劫军用物资或者抢险、救灾、救济物资的。

（2）游乐设施事故。在游玩过程中感到身体不适或难以承受时，应立即大声告知工作人员停机。出现险情时，千万不要乱动和自行解除安全装置，应保持镇静，听从工作人员指挥，等待救援。出现意外伤亡情况时，切忌恐慌、拥挤，应及时疏散、撤离。

（3）公共场所险情。发生拥挤或遇到紧急情况时，应保持镇静，在相对安全的地点做短暂停留。人群拥挤时，要用双手抱住胸口，防止内脏被挤压受伤。在人群中不小心跌倒时，应立即收缩身体，紧抱着头，尽量减少伤害。注意收听广播，服从现场工作人员引导，尽快就近从安全出口有序疏散。切勿逆着人流行进或抄近路。行走时尽量靠边，保护好自己。

（4）人防工程内发生火灾。火灾发生时，应用毛巾、衣物、手帕等捂住口鼻，低姿、快速有序地沿着地面或侧墙，朝有安全疏散指示标志的方向疏散。若被火灾困在人防工程内，应通过不断敲击水管方法发出呼救信号或拨打电话报警；在有采光窗井的地方，也可进入窗井并通过窗井向外界呼救。发生险情后，应听从工作人员指挥，快速有序撤离，切忌在工程出口拥堵，影响出逃速度。当工程局部发生坍塌、漏毒等意外情况时，要就近、就地利用简易防护器材进行个人防护，有秩序地转移或进行隔绝防护工作。

2. 非法侵害事件。

（1）街头抢劫。在人员聚集的地区遭到抢劫时，被害人应大声呼救，并尽快报警。在僻静的地方或无力抵抗时，应保持镇静，不要与歹徒纠缠，宁可失去财物，也要保全人身安全。待处于安全状态后，尽快报警。应尽量记清歹徒的人数、容貌、声音等特征，及作案车辆车牌号码、车型、车辆颜色和逃跑方向，并尽量留住现场见证人。发现歹徒尾随跟踪时，应快步向明亮的公共场所、人多的地方或到最近的住户按铃求援；或乘公交车、出租车离开，摆脱歹徒；或尽快拨打110电话，报警求助。

（2）入室盗窃与抢劫。发现家中被盗，应立即报警，并保护现场。夜间发现有人入室盗窃，在能力允许的情况下将其制服或报警求助。不要一时冲动，造成不必要的人身伤害。遇到入室抢劫，在无抵抗能力的情况下，切勿激怒歹徒，应尽量与歹徒周旋，寻找机会脱身。记住歹徒的体貌特征、人数、口音、作案工具及作案用车辆车型、车牌号码和逃跑方向。

（3）绑架事件。被绑架时，人质应保持冷静，设法了解自己的位置。若被蒙住双眼，可通过计数的方法，估算车辆行驶的时间和路程距离，记住转弯的次数和大致的方向，尽量用耳听取沿途的声音变化和被扣押处所周围传来的各种声音（如音乐、工地噪音等），并记住这些情况。千万不要与绑匪发生争执，以免激怒绑匪。若绑匪问家中电话、地址，须据实相告，让家人及警方知情后实施营救。在确保自身不会受到更大伤害的情况下，尽可能与绑匪巧妙周旋。如设法利用绑匪同意让人质与亲属通话的时机，巧妙将自己的位置、现状、绑匪等情况告诉亲属。记住绑匪的容貌、特征、使用的车型、车牌号码及绑匪的对话内容。采取自救措施时，要抓住任何可逃生的机会，如借机要求上厕所等，在确保安全的情况下，乘隙逃到附近人多的地方或其他安全地方。逃脱后，要立即报警，向警方提供绑匪的有关情况。案发后，人质亲属应立即以隐蔽的方式向警方报案，提供人质的年龄、体貌特征、生活习惯、活动规律、手机号码、随身物品、近期照片，以及绑匪使用的电话号码等。案发前后的有关反常情况，如可疑的人、可疑电话及可疑车辆等。案发后绑匪要求人质亲属做什么，如什么时间联系、在何地点以何种方式交接赎金等。

3. 恐怖袭击事件。发生恐怖袭击事件时，要迅速撤离到安全区域，同时拨打报警救助电话，等待救援人员救助。地铁、轻轨等人员聚集场所发生恐怖袭击事件时，应迅速从危险区域脱身，服从救援人员引导或按照疏散标示有序疏散。暂时无法快速疏散的，应寻找相对安全地点暂避，同时利用一切方法迅速报警求助。遇倒塌、烟火或刺激性气味气体时，应根据具体情况，采取衣物蒙住鼻子、遮盖裸露皮肤、匍匐前进等自救手段迅速撤离。在撤离危险区域时，应尽量向明亮、空旷和上风方向区域疏散。在建筑物中疏散时，要选择楼梯通道，不要乘坐电梯，疏散中切忌拥堵，保持有序撤离。

二、社会公共安全

(一) 社会公共安全定义

所谓社会公共安全，是指一个社会的公共场所或者公共领域不受威胁或者没有危险的情形。因此，恐怖事件、城市火灾、传染病流行、群体性暴力事件、政治性骚乱、经济危机及金融风暴、商品安全、粮食安全、水安全、金融安全、网络安全、重大交通事故等，属于社会公共领域的安全问题。一般而言，社会公共安全问题的发生，往往与人的行为有密切联系。所以，有时候，学者将这些社会公共安全事件，称之为"人为灾害"。这些"人为灾害"的杀伤力，往往给生存者造成难以磨灭的痛苦记忆和心理损伤，以及生存的压迫或者心理损伤后的二次损伤或者多次损伤，导致其生存、生活和生命等带有沉重的心理负担或者精神压力。

社会公共安全，包含信息安全、社会治安、食品安全、公共卫生安全、公众出行安全、避难者行为安全、人员疏散的场地安全、建筑安全、城市生命线安全等。为此，公共场所和公共空间的安全保障措施的系统完善，先进设备的采用和公众参与型社会公共安全制度建设等影响着社会公共安全的系数。

(二) 社会公共安全问题的原因

社会公共安全，作为社会和公民个人从事或进行正常的生活、工作、学习、娱乐和交往所需要的稳定的外部环境与秩序，是需要庞大的公共财政支持的，也是社会公共安全管理所不可或缺的。在这里，所谓社会公共安全管理，是指国家行政机关为了维护社会的公共安全秩序，保障公民个体的合法权益，以及社会活动的正常进行，而进行的各种以行政管理为内容活动的总和。社会公共安全本身，指向的对象是公民个体与多数人的生命、健康和公私财产的安全；而涉及的范围广泛，存在的问题复杂多样。

(三) 社会安全阀理论

所谓社会安全阀 (Social Safety Valve，缩写 SSV)，是指各个社会都存在着这样一类制度或习俗，它作为解决社会冲突的手段，能为社会或群体的成员提供某些正当渠道，将平时蓄积的敌对、不满情绪及个人间的怨恨予以宣泄和消除，从而，在维护社会中的公民个体和群体的生存，以及维持既定的社会关系中，发挥"安全阀"一样的功能的理论。这种理论，亦称"社会安全阀制度"，社会学上，社会冲突理论中用以表示"社会冲突积极作用"的一个概念。

在社会学研究中，美国冲突论的代表 L．A．科瑟尔明确提出和阐述了"社会安全阀"理论。他在《社会冲突的功能》（1956 年）一书中，以下述社会现象为例，来说明"安全阀制度"：原始人有节制的复仇制度；前文字社会中在狂欢节期间对性禁忌、性回避的解除；西方文明社会中，曾盛行的解决私人仇怨的决斗；现代和早期社会中，一切有助于缓和统治者与被统治者以及各阶层间紧张关系、消除人们平时紧张情绪的共同性的娱乐活动等。广义上，各国的社会福利制度，以及工会制度和惩治贪腐的反腐制度等，也可以归结到"社会安全阀"的范畴中来。

"社会安全阀"即 SSV 概念带有明显的社会心理学特征，它强调消除心理紧张在解决社会冲突、排除敌对和不满情绪中的作用，并根据心理学关于对立、紧张情绪可通过向替代性对象发泄而予以消除的观点，提出了安全阀制度发挥作用的机制即"替罪羊机制"，主张将人们的敌对、不满情绪引离原来仇恨的目标，用其他替代性目标和手段，使它们得以排发和发泄。社会冲突论者认为，这是一种对所有社会都具有普遍意义的特殊心理（思想）的疏导理论。他们还认为，一个社会的结构愈是僵化，或愈是不容许对立的要求和主张表露出来，蓄积危险的、敌对的情绪便愈多，也就愈需要社会安全阀制度。SSV 制度并不能从根本上解决社会冲突问题，它可能导致这样两种消极后果：（1）减少或解除迫使社会向前发展的正常的社会压力；（2）可能产生某些负面效果或者功能。20 世纪 80 年代以来，我国学者提出了在社会主义社会采用安全阀制度的设想。如通过领导与群众之间的对话，消除一些不安定因素，增进人民内部的团结，巩固和发展社会主义的同志式平等关系。他们还试图将科瑟尔提出的 SSV 概念加以改造，形成"社会安全阀机制"思想。应当说，在每一次重大的自然灾害以及严重的暴恐事件之后，对灾民和幸存者、亲历者等进行心理辅导和心理干预，就是 SSV 在我国的具体应用与实践。

三、社会安全指数

（一）社会安全指数定义

所谓社会安全指数，是衡量一个国家或地区构成社会安全四个基本方面的综合性指数。包括社会治安（用每万人刑事犯罪率衡量）、交通安全（用每百万人交通事故死亡率衡量）、生活安全（用每百万人火灾事故死亡率衡量）和生产安全（用每百万人工伤事故死亡率衡量）。社会安全指数指标的解读：该指标是评价一个国家或地区社会安全状况总体变化程度的重要指标，也是国家统计局全面建设小康社会统计监测指标体系的重要指标之一。

计算公式：社会安全指数＝（基期每万人刑事犯罪率/报告期每万人刑事犯罪率）×40 ＋（基期每百万人交通事故死亡率/报告期每百万人交通事故死亡率）×20 ＋（基期每百万人火灾事故死亡率/报告期每百万人火灾事故死亡率）×20 ＋（基期每百万人工伤事故死亡率/报告期每百万人工伤事故死亡率）×20。统计方法：全面调查。统计频率：年度。

社会安全指数指标的说明：（1）全国安全感的指数保持在90%以上。这个指标如果实现，则进入全国的前列。（2）所在地死亡率，包括生产死亡率、事故死亡率、交通死亡率、火灾死亡率、煤矿死亡率，以及中毒死亡率等，要逐年下降。（3）社会矛盾纠纷化解率达到85%以上，对符合条件有援助需求的困难群众的法律援助面达到100%，群众对执法队伍的满意度要实现90%以上，这是非常高的要求。（4）治安防控力量重点地区达到100%，一般的地区没有要求这么高，但是，命案侦破率要保持在90%以上，破案数进入全国前十位，等等。

当今资本主义国家把充分就业、物价稳定、分配公平和经济的适度增长，作为稳定社会的重要经济基础，并且，将失业率和通货膨胀率结合起来，制作所谓的"社会不安定指数"或"社会困难指数"，以此来反映社会的不安定程度。从本质上说，资本主义国家的社会困难是生产的社会性和生产资料的资本主义私人占有之间矛盾的对抗性表现。因此，可以说资本主义国家的"社会不安定指数"是资本主义国家政府用来修补资本主义这条破船的"指示器"。社会稳定度指数要由：（1）居民收入增长率（d1）；（2）通货膨胀率（d2）；（3）失业率（d3）；（4）社会收入分配的不公平程度等构成。①

（二）国务院《安全考核办法》

要想提高一个地方的社会安全指数，无论治安、交通、生活、生产等，都要在同一制度下，把提高公民个体的安全意识作为首要任务，其次是对法律法规和相关管理制度的认真落实。对一个地方的社会治安来说，思想认识的提高和社会安全观念的形成更为重要。事实上，因为99%以上社会安全事件的发生，多是因为所在地人们的思想意识落后、社会安全理念落伍、守法心态和行动迟缓等，对交通安全、生活安全、生产安全真正地负起责任来。为此，2016年8月12日，国务院办公厅下发《省级政府安全生产工作考核办法》国办发〔2016〕64号（简称《安全考核办法》），为严格落实安全生产责任，有效防范和遏制生产安全事故，促进安全生产形势根本好转，按照"党政同责、一岗双责、失职追责"的要求，根据我国《安全生产法》《职业病防治法》等法律法规和有关规定，制定《安全考核办法》（第1条）。

在《安全考核办法》中，安全生产考核内容，包括：（1）健全责任体系。坚持管行业必须管安全、管业务必须管安全、管生产经营必须管安全，明确和落实党委政府领导责任、部门监管责任、企业主体责任，强化属地管理，严格工作考核，切实做到"党政同责、一岗双责、失职追责"。（2）推进依法治理。坚持有法必依、执法必严、违法必究，严格执行安全生产法律法规，完善地方安全生产法规章和标准体系，加强安全生产监管执法能力建设，依法依规查处各类生产安全事故。（3）完善体制机制。健全安全生产监管执法机构，强化基层监管执法力量，落实监管执法经费、装备，创新监管机制，提高执法效能，健全安全生产应急救援管理体系。（4）加强安全预防。建立和落实安全风险分级管控与隐患排查治理双重预防性工作机制，深入推进企业安全生产标准化建设，积极实施安全保障能力提升工程。（5）强化基础建设。加大安全投入，提高安全

① 陈松年，赵树宽. 建立我国社会稳定度指数的探讨［J］. 中外管理导报，1990-04：10.

科技和信息化水平，加强安全宣传教育培训，发挥市场机制推动作用，筑牢安全生产和职业卫生基础。(6) 防范遏制事故。加强重点行业领域事故防控，生产安全事故起数、死亡人数进一步减少，重特大事故得到有效遏制 (第 5 条)。在健全安全生产体制机制法制、组织事故抢险救援等方面取得显著成绩的，经国务院安委会办公室认定，给予适当加分 (第 7 条)。

(三)《安全考核办法》中的考核结果

《安全考核办法》中，考核结果分为 4 个等级，其中，"以上"包括本数，而"以下"不包括本数。具体分值：得分 90 分以上为"优秀"；得分 80 分以上~90 分以下为"良好"；得分 60 分以上~80 分以下为"合格"；得分 60 分以下为"不合格"(第 8 条)。与此同时，《安全考核办法》强调按照属地管理原则，强化重特大事故防控情况考核，严格实行"一票否决"制度，发生特别重大事故的按不合格评定 (第 9 条)。对考核结果为"不合格"的省级政府，责令其在考核结果通报后 1 个月内，制定整改措施，向国务院安委会书面报告。国务院安委会办公室负责督促落实 (第 12 条)；对在考核工作中弄虚作假、瞒报谎报的单位，视情节轻重给予责令整改、通报批评、降低考核等次等惩处，造成不良影响的依法依规追究有关人员责任 (第 13 条)。

应当说，这个《安全考核办法》是推动地方政府落实安全生产责任的重大举措。在《安全考核办法》中强调，经济和社会发展决不能以牺牲安全为代价，要以防范遏制重特大生产安全事故为重点，严格落实安全生产责任制，强化激励约束，充分调动地方各级政府安全生产工作的积极性和主动性，不断加强和改进安全生产工作，提升社会安全指数。《安全考核办法》还要求明确和落实党委政府领导责任、部门监管责任、企业主体责任，强化属地管理，切实做到"管行业必须管安全、管业务必须管安全、管生产经营必须管安全"和"党政同责、一岗双责、失职追责"。坚持过程考核与结果考核相结合，由单一指标考核变为对安全生产工作的全面评价，注重预防治本，推进建立和落实风险分级管控与企业隐患排查治理预防工作机制，构建全面科学、及时有效的安全生产工作考评体系。[①]

第二节　民族安全与宗教安全

一、民族区域自治与相关法律

(一) 民族区域自治

民族区域自治，是中国共产党解决民族问题的一项基本政策，是我国的一项重要政治制度，是中国共产党把马列主义民族理论同我国民族实际相结合的一个创举，也是全国各族人民的共同选择。1941 年 5 月 1 日，陕甘宁边区政府颁布《陕甘宁边区纲领》，其中规定："依据民族平等原则，实行蒙回民族与汉族在政治经济文化上的平等权利，

---

① 佚名. 国办印发《办法》，今年起考核省级政府安全生产工作 [N]. 人民日报，2016-08-19 (2).

建立蒙回民族的自治区。"1945 年 10 月 23 日，中央在关于内蒙古工作方针的指示中指出："对内蒙的基本方针，在目前是实行民族区域自治。"1946 年 2 月 18 日更明确指出："根据和平建国纲领要求民族平等自治，但不应提出独立自治口号。"在这一方针指导下，1947 年 5 月 1 日，中国共产党领导建立了我国第一个省一级的内蒙古自治区，为以后在其他民族地区实行民族区域自治指明了方向，积累了宝贵的经验。1949 年《中国人民政治协商会议共同纲领》中明确规定："各少数民族聚居的地区，实行民族区域自治，按照民族聚居的人口多少和区域大小，分别建立各种民族自治机关。"后来，"民族区域自治"明确载入历次宪法，成为我国的一项重要政治制度。①

我国少数民族人数占全国总人口的 8.89%。到目前为止，我国共成立 155 个民族自治地方，即 5 个自治区、30 个自治州、120 个自治县或者自治旗。同时，还建立了 1500 多个民族乡。全国 55 个少数民族，已有 44 个少数民族实行了区域自治，自治地方占国土总面积的 64%，实行自治的民族人口已占全国少数民族人口的 78%。

民族区域自治制度在维护民族团结和社会稳定，维护祖国统一，促进民族自治地方经济社会的发展，保障少数民族的各项合法权益方面发挥了巨大的作用。历史和实践充分证明，实行民族区域自治，有利于把国家的集中、统一与民族的自主、平等结合起来，有利于把党和国家的路线、方针、政策与民族自治地方的具体实际结合起来，有利于把国家的富强、民主、文明与民族的繁荣、发展、进步结合起来，有利于把各族人民热爱祖国的感情与热爱自己民族的感情结合起来。这一制度是符合我国国情的，具有强大的生命力。②

(二)《中华人民共和国民族区域自治法》的施行

应当说，我国《民族区域自治法》从 1984 年 5 月 31 日第六届全国人大第二次会议通过，1984 年 10 月 1 日施行。其中，最具有深远历史意义的条款：

1. 自治机关的义务。民族自治地方的自治机关必须维护国家的统一，保证宪法和法律在本地方的遵守和执行（第 5 条）。民族自治地方的自治机关要把国家的整体利益放在首位，积极完成上级国家机关交给的各项任务（第 7 条）。

2. 上级机关的义务。上级国家机关保障民族自治地方的自治机关行使自治权，并且依据民族自治地方的特点和需要，努力帮助民族自治地方加速发展社会主义建设事业（第 8 条）。上级国家机关和民族自治地方的自治机关维护和发展各民族的平等、团结、互助的社会主义民族关系。禁止对任何民族的歧视和压迫，禁止破坏民族团结和制造民族分裂的行为（第 9 条）。

3. 民族地方权力机关。民族自治地方的人民代表大会有权依照当地民族的政治、经济和文化的特点，制定自治条例和单行条例。自治区的自治条例和单行条例，报全国

---

① 艾果. 民族区域自治制度的由来［EB/OL］. 中国网，http://www.china.com.cn/city/zhuanti/nmg/2007−06/04/content_8340523.htm. 最后访问时间：2016−08−20.

② 柳晓森. 坚持和完善民族区域自治制度的重大举措——访国家民委主任李德洙［EB/OL］. 人民日报，2005−06−14. 中国人大网，网页地址：http://law.npc.gov.cn/FLFG/flfgById.action? flfgID=233809&showDetailType=QW&zlsxid=23. 最后访问时间：2016−08−20.

人民代表大会常务委员会批准后生效。自治州、自治县的自治条例和单行条例，报省或者自治区的人民代表大会常务委员会批准后生效，并报全国人民代表大会常务委员会备案（第 19 条）。民族自治地方的自治机关保障本地方内各民族都享有平等权利。民族自治地方的自治机关团结各民族的干部和群众，充分调动他们的积极性，共同建设民族自治地方（第 48 条）。

4. 上级帮助职责。上级国家机关从财政、物资和技术等方面，帮助各民族自治地方加速发展经济建设和文化建设事业。上级国家机关在制定国民经济和社会发展计划的时候，应当照顾民族自治地方的特点和需要（第 55 条）。

（三）《民族区域自治法》的修正

到 2001 年 2 月 28 日第九届全国人大常委会第 20 次会议修正通过（公布日施行，七章 74 条），除了删去两条，即第 31 条、第 59 条之外，有 32 处进行了修改，并增加了 8 个条款。其中，修改和增加的条款对民族区域自治制度建设和完善的贡献，是显而易见的。特别是，新增加的相关条款，都是我国民族自治地方发展中，急需要解决问题的内容。具体是：

1. 自治地方的金融机构。民族自治地方根据本地方经济和社会发展的需要，可以依照法律规定设立地方商业银行和城乡信用合作组织（增加一条作为第 35 条）。

2. 资源项目和基础设施建设。（1）国家根据统一规划和市场需求，优先在民族自治地方合理安排资源开发项目和基础设施建设项目。国家在重大基础设施投资项目中适当增加投资比重和政策性银行贷款比重。（2）国家在民族自治地方安排基础设施建设，需要民族自治地方配套资金的，根据不同情况给予减少或者免除配套资金的照顾。（3）国家帮助民族自治地方加快实用科技开发和成果转化，大力推广实用技术和有条件发展的高新技术，积极引导科技人才向民族自治地方合理流动。国家向民族自治地方提供转移建设项目的时候，根据当地的条件，提供先进、适用的设备和工艺（增加一条作为第 56 条）。

3. 金融扶持。（1）国家根据民族自治地方的经济发展特点和需要，综合运用货币市场和资本市场，加大对民族自治地方的金融扶持力度。金融机构对民族自治地方的固定资产投资项目和符合国家产业政策的企业，在开发资源、发展多种经济方面的合理资金需求，应当给予重点扶持。（2）国家鼓励商业银行加大对民族自治地方的信贷投入，积极支持当地企业的合理资金需求（增加一条作为第 57 条）。

4. 企业产业升级。（1）上级国家机关从财政、金融、人才等方面帮助民族自治地方的企业进行技术创新，促进产业结构升级。（2）上级国家机关应当组织和鼓励民族自治地方的企业管理人员和技术人员到经济发达地区学习，同时引导和鼓励经济发达地区的企业管理人员和技术人员到民族自治地方的企业工作（增加一条作为第 58 条）。

5. 扶持对外贸易。国家制定优惠政策，扶持民族自治地方发展对外经济贸易，扩大民族自治地方生产企业对外贸易经营自主权，鼓励发展地方优势产品出口，实行优惠的边境贸易政策（增加一条作为第 61 条）。

6. 扶持脱贫。国家和上级人民政府应当从财政、金融、物资、技术、人才等方面加大对民族自治地方的贫困地区的扶持力度，帮助贫困人口尽快摆脱贫困状况，实现小康（增加一条作为第 69 条）。

7. 生态环境保护。（1）上级国家机关应当把民族自治地方的重大生态平衡、环境保护的综合治理工程项目纳入国民经济和社会发展计划，统一部署。（2）民族自治地方为国家的生态平衡、环境保护作出贡献的，国家给予一定的利益补偿。（3）任何组织和个人在民族自治地方开发资源、进行建设的时候，要采取有效措施，保护和改善当地的生活环境和生态环境，防治污染和其他公害（增加一条作为第 66 条）。

8. 本法实施办法。（1）国务院及其有关部门应当在职权范围内，为实施本法分别制定行政法规、规章、具体措施和办法。（2）自治区和辖有自治州、自治县的省、直辖市的人民代表大会及其常务委员会结合当地实际情况，制定实施本法的具体办法（增加一条作为第 73 条）。

（四）《国务院实施〈中华人民共和国民族区域自治法〉若干规定》的出台

2005 年 5 月 11 日，《国务院实施〈中华人民共和国民族区域自治法〉若干规定》（共 35 条，2005 年 5 月 31 日施行；此处简称《规定》）颁行。促进民族自治地方经济社会发展是《规定》的主要内容。应该说，在贯彻落实《民族区域自治法》的措施方面，《规定》有了一些新的举措。《规定》整个起草过程，历经 3 年多的时间，经过广泛调研，反复修改和与有关部门的多次协调，充分反映了民族自治地方的真实意愿和在贯彻落实民族区域自治法过程中最突出、亟待解决的问题。主要内容是：

1. 加强民族团结与维护社会稳定。（1）即各级人民政府应当加强我国《民族区域自治法》以及相关法律、法规和民族政策的宣传教育，依法制订具体措施，保护少数民族的合法权益，妥善处理影响民族团结的问题，巩固和发展平等、团结、互助的社会主义民族关系，禁止破坏民族团结和制造民族分裂的行为（第 2 条）；（2）维护祖国统一和民族团结是公民的职责和义务。民族自治地方政府应当切实保障宪法和法律在本地方的遵守和执行，积极维护国家的整体利益（第 3 条）。

2. 民族自治地方经济的扶持。《规定》对上级政府在基础设施建设、西部大开发、资源开发、生态环境保护、财政支持、对外贸易、边境地区建设、人口较少民族发展、扶贫开发、非公有制经济、对口支援等促进民族自治地方经济发展的职责和义务进行了规定，这是我国民族自治立法的创新。

（1）上级政府及其职能部门在制订经济和社会发展中长期规划时，应当听取民族自治地方和民族工作部门的意见，根据民族自治地方的特点和需要，支持和帮助民族自治地方加强基础设施建设、人力资源开发，扩大对外开放，调整、优化经济结构，合理利用自然资源，加强生态建设和环境保护，加速发展经济、教育、科技、文化、卫生、体育等各项事业，实现全面、协调、可持续发展（第 5 条）。

（2）国家实施西部大开发战略，促进民族自治地方加快发展。未列入西部大开发范围的自治县，由其所在的省级人民政府在职权范围内比照西部大开发的有关政策予以扶持（第 6 条）。

（3）政府应当根据民族自治地方的实际，优先在民族自治地方安排基础设施建设项目。中央财政性建设资金、其他专项建设资金和政策性银行贷款，适当增加用于民族自治地方基础设施建设的比重。国家安排的基础设施建设项目，需要民族自治地方承担配套资金的，适当降低配套资金的比例。民族自治地方的国家扶贫重点县和财政困难县确实无力负担的，免除配套资金。其中，基础设施建设项目属于地方事务的，由中央和省级政府确定建设资金负担比例后，按比例全额安排；属于中央事务的，由中央财政全额安排（第 7 条）。

（4）国家根据经济和社会发展规划以及西部大开发战略，优先在民族自治地方安排资源开发和深加工项目。在民族自治地方开采石油、天然气等资源的，要在带动当地经济发展、发展相应的服务产业以及促进就业等方面，对当地给予支持。国家征收的矿产资源补偿费在安排使用时，加大对民族自治地方的投入，并优先考虑原产地的民族自治地方。国家加快建立生态补偿机制，根据开发者付费、受益者补偿、破坏者赔偿的原则，从国家、区域、产业三个层面，通过财政转移支付、项目支持等措施，对在野生动植物保护和自然保护区建设等生态环境保护方面作出贡献的民族自治地方，给予合理补偿（第 8 条）。

（5）国家完善扶持民族贸易、少数民族特需商品和传统手工业品生产发展的优惠政策，在税收、金融和财政政策上，对民族贸易、少数民族特需商品和传统手工业品生产予以照顾，对少数民族特需商品实行定点生产并建立必要的国家储备制度（第 12 条）。

（6）国家鼓励与外国接壤的民族自治地方依法与周边国家开展区域经济技术合作和边境贸易。经国务院批准，可以在与外国接壤的民族自治地方边境地区设立边境贸易区。国家对边境地区与接壤国家边境地区之间的贸易以及边民互市贸易，采取灵活措施，给予优惠和便利（第 13 条）。

（7）国家将边境地区建设纳入经济和社会发展规划，帮助民族自治地方加快边境地区建设，推进兴边富民行动，促进边境地区与内地的协调发展。国家对巩固边防、边境安全具有重大影响的边境地区居民，在居住、生活、文化、教育、医疗卫生、环境保护等方面采取特殊措施，加大扶持力度（第 14 条）。

（8）上级政府将人口较少民族聚居的地区发展纳入经济和社会发展规划，加大扶持力度，在交通、能源、生态环境保护与建设、农业基础设施建设、广播影视、文化、教育、医疗卫生以及群众生产生活等方面，给予重点支持（第 15 条）。

（9）国家加强民族自治地方的扶贫开发，重点支持民族自治地方贫困乡村以通水、通电、通路、通广播电视和茅草房危房改造、生态移民等为重点的基础设施建设和农田基本建设，动员和组织社会力量参与民族自治地方的扶贫开发（第 16 条）。

（10）国家鼓励、支持和引导民族自治地方发展非公有制经济，鼓励社会资本参与民族自治地方的基础设施、公用事业以及其他领域的建设和国有、集体企业改制（第 17 条）。

（11）国家组织和支持经济发达地区与民族自治地方的对口支援。通过劳动密集型和资源加工型产业的转移、技术转让、交流培训人才、加大资金投入、提供物资支持等多种方式，帮助民族自治地方加速经济、文化、教育、科技、卫生、体育事业的发展；鼓励和引导企业、高等院校和科研单位以及社会各方面力量加大对民族自治地方的支持力度。民族自治地方各级人民政府引导和组织当地群众有序地外出经商务工。有关地方人民政府应当切实保障外来经商务工的少数民族群众的合法权益（第 18 条）。

3. 民族自治地方文化的扶持。在《规定》中，扶持民族自治地方的文化事业发展，也是上级政府尤其是中央政府和各民族自治地方的上级政府共同的法律责任，这是具有开拓意义的法律规定。

(1) 国家帮助民族自治地方普及9年义务教育，扫除青壮年文盲，不断改善办学条件，大力支持民族自治地方有重点地办好寄宿制学校；在发达地区普通中学开设民族班或者开办民族中学，其办学条件、教学和管理水平要达到当地学校的办学标准和水平。国家采取措施，扶持民族自治地方因地制宜发展职业教育和成人教育，发展普通高中教育和现代远程教育，促进农村基础教育、成人教育、职业教育统筹发展。国家鼓励和支持社会力量以多种形式在民族自治地方办学，积极组织发达地区支援民族自治地方发展教育事业（第19条）。

(2) 各级人民政府应当将民族自治地方义务教育纳入公共财政的保障范围。中央财政设立少数民族教育专项补助资金，地方财政相应安排少数民族教育专项补助资金。国家积极创造条件，对民族自治地方的边境地区、贫困地区和人口较少民族聚居地区的义务教育给予重点支持，并逐步在民族自治地方的农村实行免费义务教育（第20条）。

(3) 国家帮助和支持民族自治地方发展高等教育，办好民族院校和全国普通高等学校民族预科班、民族班。对民族自治地方的高等学校以及民族院校的学科建设和研究生招生，给予特殊的政策扶持。各类高等学校面向民族自治地方招生时，招生比例按规模同比增长并适当倾斜。对报考专科、本科和研究生的少数民族考生，在录取时应当根据情况采取加分或者降分的办法，适当放宽录取标准和条件，并对人口特少的少数民族考生给予特殊照顾（第21条）。

(4) 国家保障各民族使用和发展本民族语言文字的自由，扶持少数民族语言文字的规范化、标准化和信息处理工作；推广使用全国通用的普通话和规范汉字；鼓励民族自治地方各民族公民互相学习语言文字。国家鼓励民族自治地方逐步推行少数民族语文和汉语文授课的"双语教学"，扶持少数民族语文和汉语文教材的研究、开发、编译和出版，支持建立和健全少数民族教材的编译和审查机构，帮助培养通晓少数民族语文和汉语文的教师（第22条）。

(5) 国家帮助民族自治地方建立健全科技服务体系和科学普及体系。中央财政通过国家科技计划、科学基金、专项资金等方式，加大对民族自治地方科技工作的支持力度，积极支持和促进民族自治地方科技事业的发展（第23条）。

(6) 上级政府从政策和资金上支持民族自治地方少数民族文化事业发展，加强文化基础设施建设，重点扶持具有民族形式和民族特点的公益性文化事业，加强民族自治地方的公共文化服务体系建设，培育和发展民族文化产业。国家支持少数民族新闻出版事业发展，做好少数民族语言广播、电影、电视节目的译制、制作和播映，扶持少数民族语言文字出版物的翻译、出版。国家重视少数民族优秀传统文化的继承和发展，定期举办少数民族传统体育运动会、少数民族文艺会演，繁荣民族文艺创作，丰富各民族群众的文化生活（第24条）。

(7) 上级政府支持对少数民族非物质文化遗产和名胜古迹、文物等物质文化遗产的保护和抢救，支持对少数民族古籍的搜集、整理、出版（第25条）。

（8）上级政府加大对民族自治地方公共卫生体系建设的资金投入以及技术支持，采取有效措施预防控制传染病、地方病和寄生虫病，建立并完善农村卫生服务体系、新型农村合作医疗制度和医疗救助制度，减轻民族自治地方贫困群众医疗费的负担；各级人民政府加大对民族医药事业的投入，保护、扶持和发展民族医药学，提高各民族的健康水平。上级政府制定优惠政策，鼓励民族自治地方实行计划生育和优生优育，提高各民族人口素质（第26条）。

（9）上级政府应当按照国家有关规定，帮助民族自治地方加快社会保障体系建设，建立和完善养老、失业、医疗、工伤、生育保险和城市居民最低生活保障等制度，形成与当地经济和社会发展水平相适应的社会保障体系（第27条）。

4. 民族自治地方人才的培养。民族地方的发展，人才培养和人才政策上的扶持，是最重要的政策。为此，《规定》也做出了详细规定。

（1）上级政府及其工作部门领导人员中应当合理配备少数民族干部；民族自治地方人民政府及其工作部门应当依法配备实行区域自治的民族和其他民族领导干部，在公开选拔、竞争上岗配备领导干部时，可以划出相应的名额和岗位，定向选拔少数民族干部。民族自治地方录用、聘用国家工作人员时，对实行区域自治的民族和其他少数民族予以照顾，具体办法由录用、聘用主管部门规定（第28条）。

（2）上级政府指导民族自治地方制订人才开发规划，采取各种有效措施，积极培养使用实行区域自治的民族和其他民族的各级各类人才。国家积极采取措施，加大对少数民族和民族自治地方干部的培训力度，扩大干部培训机构和高等院校为民族自治地方培训干部与人才的规模，建立和完善民族自治地方与中央国家机关和经济相对发达地区干部交流制度。国家鼓励和支持各级各类人才到民族自治地方发展、创业，当地人民政府应当为他们提供优惠便利的工作和生活条件；对到边远、高寒等条件比较艰苦的民族自治地方工作的汉族和其他民族人才的家属和子女，在就业、就学等方面给予适当照顾（第29条）。

很显然，《规定》比修正以后的我国《民族区域自治法》，在促进民族自治地方经济发展、社会进步和生态保护方面，要更加全面和完善一些。尤其是法律责任的规定，更是具有史无前例的创新意义。

二、宗教信仰自由与邪教危害

（一）宗教信仰自由

我国《宪法》第36条规定，中国公民有宗教信仰自由。任何国家机关、社会团体和个人不得强制公民信仰宗教或者不信仰宗教，不得歧视信仰宗教的公民和不信仰宗教的公民。国家保护正常的宗教活动。任何人不得利用宗教进行破坏社会秩序、损害公民身体健康、妨碍国家教育制度的活动。宗教团体和宗教事务不受外国势力的支配。我国《民族区域自治法》第11条规定，民族自治地方的自治机关保障各民族公民有宗教信仰自由。

我国政府为实现各民族的平等、团结和共同发展，从我国民族和宗教的实际状况出发，制定了一系列宗教民族政策。

1994年1月31日，国务院发布《宗教活动场所管理条例》（发布日施行，共20条；简称《宗教场所条例》）。这个《宗教场所条例》规定：（1）所谓"宗教活动场所"，是指开展宗教活动的寺院、宫观、清真寺、教堂及其他固定处所。设立宗教活动场所，必须进行登记。登记办法由国务院宗教事务部门制定（第2条）。（2）宗教活动场所应当建立管理制度。在宗教活动场所进行宗教活动，应当遵守法律、法规。任何人不得利用宗教活动场所进行破坏国家统一、民族团结、社会安定、损害公民身体健康和妨碍国家教育制度的活动。宗教活动场所不受境外组织和个人的支配（第4条）。（3）宗教活动场所可以接受信教群众自愿捐献的布施、奉献、乜贴。宗教活动场所接受境外宗教组织和个人的捐赠，按照国家有关规定办理（第6条）。（4）在宗教活动场所内，宗教活动场所管理组织可以按照国家有关规定经营销售宗教用品、宗教艺术品和宗教书刊（第7条）。（5）宗教活动场所的财产和收入由该场所的管理组织管理和使用，其他任何单位和个人不得占有或者无偿调用（第8条）。（6）有关单位和个人在宗教活动场所管理的范围内改建或者新建建筑物，设立商业、服务业网点或者举办陈列、展览，拍摄电影电视片等活动，必须征得该宗教活动场所管理组织和县级以上人民政府宗教事务部门的同意后，再到有关部门办理手续（第11条）。（7）被列为文物保护单位或者位于风景名胜区内的宗教活动场所，应当按照有关法律、法规的规定，管理、保护文物和保护环境，并接受有关部门的指导、监督（第12条）。

需要说明的是，在《宗教场所条例》发布的同一天即1994年1月31日，我国发布了《中华人民共和国境内外国人宗教活动管理规定》（简称《外国人宗教规定》，共13条，发布日施行）。《外国人宗教规定》对外国人在我国的宗教活动，制定了相应的规则，即：我国尊重在中国境内的外国人的宗教信仰自由，保护外国人在宗教方面同中国宗教界进行的友好往来和文化学术交流活动（第2条）；外国人可以在中国境内的寺院、宫观、清真寺、教堂等宗教活动场所参加宗教活动。经省、自治区、直辖市以上宗教团体的邀请，外国人可以在中国宗教活动场所讲经、讲道（第3条）；外国人可以在县级以上人民政府宗教事务部门认可的场所举行外国人参加的宗教活动（第4条）；外国人在中国境内，可以邀请中国宗教教职人员为其举行洗礼、婚礼、葬礼和道场法会等宗教仪式（第5条）；外国人进入中国国境，可以携带本人自用的宗教印刷品、宗教音像制品和其他宗教用品；携带超出本人自用的宗教印刷品、宗教音像制品和其他宗教用品入境，按照中国海关的有关规定办理。禁止携带有危害中国社会公共利益内容的宗教印刷品和宗教音像制品入境（第6条）；外国人在中国境内招收为培养宗教教职人员的留学人员或者到中国宗教院校留学和讲学，按照中国的有关规定办理（第7条）；外国人在中国境内进行宗教活动，应当遵守中国的法律、法规，不得在中国境内成立宗教组织、设立宗教办事机构、设立宗教活动场所或者开办宗教院校，不得在中国公民中发展教徒、委任宗教教职人员和进行其他传教活动（第8条），等等。应当说，宗教自由是以合法性为边界和为前提的。任何时候、任何地方和任何国家的宗教活动都不能脱离法治，离开法律制度的约束。否则，宗教活动如果违反法律，就会构成对社会安全的威胁。

（二）《宗教事务条例》

2004 年 7 月 7 日国务院通过《宗教事务条例》，2004 年 11 月 30 日公布，2005 年 3 月 1 日施行（共七章，48 条）。其内容主要包括：第一章总则（第 1 条～第 5 条）、第二章宗教团体（第 6 条～第 11 条）、第三章宗教活动场所（第 12 条～第 26 条）、第四章宗教教职人员（第 27 条～第 29 条）、第五章宗教财产（第 30 条～第 37 条）、第六章法律责任（第 38 条～第 46 条）和第七章附则（第 47 条～第 48 条）等。《宗教事务条例》生效后，1994 年发布的《宗教场所条例》被废止。应当说，《宗教事务条例》在立法的体例和内容上，更强调依法维护宗教信仰、宗教团体、宗教活动场所、宗教教职人员、宗教财产等方面的利益，并依法追究相关的违法责任。具体内容概括如下：

1. 宗教自由与守法义务。（1）公民宗教信仰自由。任何组织或者个人不得强制公民信仰宗教或者不信仰宗教，不得歧视信仰宗教的公民（简称"信教公民"）或者不信仰宗教的公民（简称"不信教公民"）。信教公民和不信教公民、信仰不同宗教的公民应当相互尊重、和睦相处（第 2 条）。（2）宗教活动守法。国家依法保护正常的宗教活动，维护宗教团体、宗教活动场所和信教公民的合法权益。宗教团体、宗教活动场所和信教公民应当遵守宪法、法律法规和规章，维护国家统一、民族团结和社会稳定。任何组织或者个人不得利用宗教进行破坏社会秩序、损害公民身体健康、妨碍国家教育制度，以及其他损害国家利益、社会公共利益和公民合法权益的活动（第 3 条）。（3）宗教独立自主。各宗教坚持独立自主自办的原则，宗教团体、宗教活动场所和宗教事务不受外国势力的支配。宗教团体、宗教活动场所、宗教教职人员在友好、平等的基础上开展对外交往；其他组织或者个人在对外经济、文化等合作、交流活动中不得接受附加的宗教条件（第 4 条）。

2. 宗教团体。（1）宗教团体登记。宗教团体的成立、变更和注销，应当依照《社团登记条例》的规定办理登记。宗教团体章程应当符合《社团登记条例》的有关规定。宗教团体按照章程开展活动，受法律保护（第 6 条）。（2）内部出版物。宗教团体按照国家有关规定可以编印宗教内部资料性出版物。出版公开发行的宗教出版物，按照国家出版管理的规定办理。涉及宗教内容的出版物，应当符合《出版管理条例》的规定，并不得含有禁止性内容（第 7 条）：①破坏信教公民与不信教公民和睦相处的；②破坏不同宗教之间和睦以及宗教内部和睦的；③歧视、侮辱信教公民或者不信教公民的；④宣扬宗教极端主义的；⑤违背宗教的独立自主自办原则的。（3）信仰伊斯兰教的中国公民前往国外朝觐（cháojin），由伊斯兰教全国性宗教团体负责组织（第 11 条）。

3. 宗教活动场所。这部分规定的内容比较多，有 15 条。主要内容包括：

（1）集体宗教活动。信教公民的集体宗教活动，一般应当在经登记的宗教活动场所（寺院、宫观、清真寺、教堂以及其他固定宗教活动处所）内举行，由宗教活动场所或者宗教团体组织，由宗教教职人员或者符合本宗教规定的其他人员主持，按照教义教规进行（第 12 条）。

（2）宗教场所登记。宗教活动场所经批准筹备并建设完工后，应当向所在地的县级人民政府宗教事务部门申请登记。县级人民政府宗教事务部门应当自收到申请之日起 30 日内对该宗教活动场所的管理组织、规章制度建设等情况进行审核，对符合条件的予以登记，发给《宗教活动场所登记证》（第 15 条）。

（3）宗教监督检查。宗教事务部门应当对宗教活动场所遵守法律、法规、规章情况，建立和执行场所管理制度情况，登记项目变更情况，以及宗教活动和涉外活动情况进行监督检查。宗教活动场所应当接受宗教事务部门的监督检查（第 19 条）。

（4）宗教捐献。宗教活动场所可以按照宗教习惯接受公民的捐献，但不得强迫或者摊派。非宗教团体、非宗教活动场所不得组织、举行宗教活动，不得接受宗教性的捐献（第 20 条）。

（5）宗教物品经营。宗教活动场所内可以经销宗教用品、宗教艺术品和宗教出版物。经登记为宗教活动场所的寺院、宫观、清真寺、教堂（简称"寺观教堂"）按照国家有关规定可以编印宗教内部资料性出版物（第 21 条）。

（6）大型宗教活动。跨省、自治区、直辖市举行超过宗教活动场所容纳规模的大型宗教活动，或者在宗教活动场所外举行大型宗教活动，应当由主办的宗教团体、寺观教堂在拟举行日的 30 日前，向大型宗教活动举办地的省、自治区、直辖市人民政府宗教事务部门提出申请。省、自治区、直辖市人民政府宗教事务部门应当自收到申请之日起15 日内作出批准或者不予批准的决定。大型宗教活动应当按照批准通知书载明的要求依宗教仪轨进行，不得违反宗教活动守法、宗教独立自主的规定。主办的宗教团体、寺观教堂应当采取有效措施防止意外事故的发生。大型宗教活动举办地的乡、镇政府和县级以上地方政府有关部门应当依据各自职责实施必要的管理，保证大型宗教活动安全、有序进行（第 22 条）。

（7）社会稳定事件。宗教活动场所应当防范本场所内发生重大事故或者发生违犯宗教禁忌等伤害信教公民宗教感情、破坏民族团结、影响社会稳定的事件。发生前款所列事故或者事件时，宗教活动场所应当立即报告所在地的县级人民政府宗教事务部门（第23 条）。

（8）非宗教活动。有关单位和个人在宗教活动场所内改建或者新建建筑物、设立商业服务网点、举办陈列展览、拍摄电影电视片，应当事先征得该宗教活动场所和所在地的县级以上地方政府宗教事务部门同意（第 25 条）。

（9）宗教风景区。以宗教活动场所为主要游览内容的风景名胜区，其所在地的县级以上地方人民政府应当协调、处理宗教活动场所与园林、文物、旅游等方面的利益关系，维护宗教活动场所的合法权益。以宗教活动场所为主要游览内容的风景名胜区的规划建设，应当与宗教活动场所的风格、环境相协调（第 26 条）。

4. 宗教教职人员。具体规则包括：（1）宗教教务活动。宗教教职人员经宗教团体认定，报县级以上政府宗教事务部门备案，可以从事宗教教务活动（第 27 条第 1 款）。（2）教职传承。藏传佛教活佛传承继位，在佛教团体的指导下，依照宗教仪轨和历史定制办理，报设区的市级以上政府宗教事务部门或者设区的市级以上政府批准。天主教的主教由天主教的全国性宗教团体报国务院宗教事务部门备案（第 27 条第 2 款）。（3）教务活动受保护。宗教教职人员主持宗教活动、举行宗教仪式、从事宗教典籍整理、进行宗教文化研究等活动，受法律保护（第 29 条）。

5. 宗教财产。具体规定比较详细，主要包括：（1）宗教土地和财产。宗教团体、宗教活动场所合法使用的土地，合法所有或者使用的房屋、构筑物、设施，以及其他合法财产、收益，受法律保护。任何组织或者个人不得侵占、哄抢、私分、损毁或者非法查封、扣押、冻结、没收、处分宗教团体、宗教活动场所的合法财产，不得损毁宗教团体、宗教活动场所占有、使用的文物（第30条）。（2）宗教土地登记。宗教团体、宗教活动场所所有的房屋和使用的土地，应当依法向县级以上地方政府房产、土地管理部门申请登记，领取所有权、使用权证书；产权变更的，应当及时办理变更手续。土地管理部门在确定和变更宗教团体或者宗教活动场所土地使用权时，应当征求本级政府宗教事务部门的意见（第31条）。（3）宗教财产流转。宗教活动场所用于宗教活动的房屋、构筑物及其附属的宗教教职人员生活用房不得转让、抵押或者作为实物投资（第32条）。

6. 法律责任。《宗教事务条例》比《宗教场所条例》改进最大的，是专章即第六章设计了法律责任，并在第38条~第46条，共9条对相关法律责任进行了具体规定。主要是：

（1）宗教强制责任。强制公民信仰宗教或者不信仰宗教，或者干扰宗教团体、宗教活动场所正常的宗教活动的，由宗教事务部门责令改正；有违反治安管理行为的，依法给予治安管理处罚。侵犯宗教团体、宗教活动场所和信教公民合法权益的，依法承担民事责任；构成犯罪的，依法追究刑事责任（第39条）。

（2）宗教违法处理。其内容包括的层次有三个，即：一是，利用宗教进行危害国家安全、公共安全，侵犯公民人身权利、民主权利，妨害社会管理秩序，侵犯公私财产等违法活动，构成犯罪的，依法追究刑事责任；尚不构成犯罪的，由有关主管部门依法给予行政处罚；对公民、法人或者其他组织造成损失的，依法承担民事责任（第40条第一款）。二是，大型宗教活动过程中发生危害公共安全或者严重破坏社会秩序情况的，依照有关集会游行示威的法律、行政法规进行现场处置和处罚；主办的宗教团体、寺观教堂负有责任的，由登记管理机关撤销其登记（第40条第2款）。三是，擅自举行大型宗教活动的，由宗教事务部门责令停止活动；有违法所得的，没收违法所得，可以并处违法所得1倍以上3倍以下的罚款；其中，大型宗教活动是宗教团体、宗教活动场所擅自举办的，登记管理机关还可以责令该宗教团体、宗教活动场所撤换直接负责的主管人员（第40条第三款）。

（3）擅设宗教场所和擅自活动。这部分内容也涉及比较多的方面，即：一是，擅自设立宗教活动场所的，宗教活动场所已被撤销登记仍然进行宗教活动的，或者擅自设立宗教院校的，由宗教事务部门予以取缔，没收违法所得；有违法房屋、构筑物的，由建设主管部门依法处理；有违反治安管理行为的，依法给予治安管理处罚（第43条第一款）。二是，非宗教团体、非宗教活动场所组织、举行宗教活动，接受宗教性捐献的，由宗教事务部门责令停止活动；有违法所得的，没收违法所得；情节严重的，可以并处违法所得1倍以上3倍以下的罚款（第43条第2款）。三是，擅自组织信教公民到国外朝觐的，由宗教事务部门责令停止活动；有违法所得的，没收违法所得，可以并处违法所得1倍以上3倍以下的罚款（第43条第3款）。

（4）教职人员违法。包括：①教务活动违法。宗教教职人员在宗教教务活动中违反法律、法规或者规章的，除依法追究有关的法律责任外，由宗教事务部门建议有关的宗教团体取消其宗教教职人员身份（第45条第1款）。②假冒宗教行为。假冒宗教教职人员进行宗教活动的，由宗教事务部门责令停止活动；有违法所得的，没收违法所得；有违反治安管理行为的，依法给予治安管理处罚；构成犯罪的，依法追究刑事责任（第45条第2款）。

应当说，我国的《宗教事务条例》是宗教活动正常开展的前提保障性法规。也是我国信教公民和非信教公民和谐相处、互不干涉的法律保证。山东招远邪教杀人案件中，邪教"全能神"使受害人吴硕艳被打死，虽然，杀人者也被处以极刑，受到了法律的严惩。但是，邪教是可以害死人的，在全世界都可以找到实际事例。

（三）邪教危害

1. 邪教的定义。

所谓邪教，是指冒用宗教、气功或者其他名义建立，神化首要分子，利用制造、散布歪理邪说等手段蛊惑、蒙骗他人，发展、控制成员，危害社会的非法组织。① 邪教大多是以传播宗教教义、拯救人类为幌子，散布谣言，且通常有一个自称开悟的具有超自然力量的教主，以秘密结社的组织形式控制群众，一般以不择手段地敛取钱财为主要目的。当代的邪教组织，主要有："法轮功""全能神""徒弟会""全范围教会""灵灵教""新约教会""观音法门""主神教""被立王""统一教""三班仆人派""灵仙真佛宗""天父的儿女""达米宣教会""世界以利亚福音宣教会"等。

法国专家经过深入研究，认为应该从社会学角度出发，以"危险性"来界定邪教：一个团体，利用科学、宗教或治病为幌子，掩盖其对信徒的权力、精神控制和盘剥，以最终获取其信徒无条件效忠和服从，并使之放弃社会共同价值观（包括伦理、科学、公民、教育等），从而对社会、个人自由、健康、教育和民主体制造成危害，即为邪教。西方英语文化圈通行的 cult（膜拜团体），法语、德语文化圈通行的 cult－sect（膜拜教派），学术上的全称为"具有严重犯罪性质的伪似宗教组织（Pseudo Religion）"。

2. 邪教的基本特征。

（1）邪教对其信徒实行精神控制，信徒必须遵循"精神领袖"的旨意而行动。这种精神控制之严重，超出人们的想象。（2）邪教通过信徒大肆敛财。因此邪教往往拥有强大的经济实力。邪教敛财的手段也是多种多样的。（3）邪教脱离正常社会生活。邪教的内部法则高于正常的社会法规，信徒必须首先遵守会规。使信徒脱离社会，就能使信徒失去家庭和朋友的帮助，彻底被纳入邪教内部去了。有的即使后悔，也难以脱身了。（4）邪教侵犯个人身体。特别是对女性信徒和儿童来说，人身侵犯，包括性侵犯已是邪教信徒中经常出现的悲剧。（5）邪教吸收儿童入会。法国法律是禁止向儿童传授宗教内容的。但邪教则毫无顾忌。（6）邪教具有反社会性质。（7）邪教扰乱社会正常秩序。（8）邪教不断引起司法纠纷。（9）邪教经常性地转移资金。（10）邪教试图渗入公共权

---

① 最高人民法院、最高人民检察院《关于办理组织和利用邪教组织犯罪案件具体应用法律若干问题的解释》（1999年10月9日最高人民法院通过、1999年10月8日最高人民检察院通过，1999年10月30日施行，简称《邪教犯罪解释》）第1条规定，刑法第300条中的"邪教组织"，是指冒用宗教、气功或者其他名义建立，神化首要分子，利用制造、散布迷信邪说等手段蛊惑、蒙骗他人，发展、控制成员，危害社会的非法组织。

力机构，以求扩大影响。

还有，邪教的组织结构也大致相同，都是典型的金字塔形结构。"精神领袖"为塔尖，与处于塔底的广大信众相距遥远，由中间的"中层领导"来进行上下沟通。每个层次都有不同的角色、不同的权力和不同的"知识"，从而构成极为复杂的组织结构。这样一种结构能够使"精神领袖"高高在上，同时又能够有效控制整个组织。而每个信徒都希望能够"上一个层次"，而这将视他们对"精神领袖"的忠诚程度而定。最后，邪教一定会导致信徒走向极端，作出自杀、集体自杀或谋杀等过激行动。

3. 国家取缔、防范和惩治邪教的立法

为了维护社会稳定，保护人民利益，保障改革开放和社会主义现代化建设的顺利进行，必须取缔邪教组织、防范和惩治邪教活动。1999 年 10 月 30 日第九届全国人大常委会第 12 次会议通过了《全国人民代表大会常务委员会关于取缔邪教组织、防范和惩治邪教活动的决定》（简称《取缔邪教决定》）出台。这个《取缔邪教决定》有 4 条，具体内容是：

（1）坚决依法取缔邪教组织，严厉惩治邪教组织的各种犯罪活动。邪教组织冒用宗教、气功或者其他名义，采用各种手段扰乱社会秩序，危害人民群众生命财产安全和经济发展，必须依法取缔，坚决惩治。人民法院、人民检察院和公安、国家安全、司法行政机关要各司其职，共同做好这项工作。对组织和利用邪教组织破坏国家法律、行政法规实施，聚众闹事，扰乱社会秩序，以迷信邪说蒙骗他人，致人死亡，或者奸淫妇女、诈骗财物等犯罪活动，依法予以严惩。

（2）坚持教育与惩罚相结合，团结、教育绝大多数被蒙骗的群众，依法严惩极少数犯罪分子。在依法处理邪教组织的工作中，要把不明真相参与邪教活动的人同组织和利用邪教组织进行非法活动、蓄意破坏社会稳定的犯罪分子区别开来。对受蒙骗的群众不予追究。对构成犯罪的组织者、策划者、指挥者和骨干分子，坚决依法追究刑事责任；对于自首或者有立功表现的，可以依法从轻、减轻或者免除处罚。

（3）在全体公民中深入持久地开展宪法和法律的宣传教育，普及科学文化知识。依法取缔邪教组织，惩治邪教活动，有利于保护正常的宗教活动和公民的宗教信仰自由。要使广大人民群众充分认识邪教组织严重危害人类、危害社会的实质，自觉反对和抵制邪教组织的影响，进一步增强法制观念，遵守国家法律。

（4）防范和惩治邪教活动，要动员和组织全社会的力量，进行综合治理。各级人民政府和司法机关应当认真落实责任制，把严防邪教组织的滋生和蔓延，防范和惩治邪教活动作为一项重要任务长期坚持下去，维护社会稳定。

宗教事务是社会事务的一部分，政府应当依法进行管理。长期以来，中国共产党形成了一整套关于宗教问题的基本观点和基本政策，得到了宗教界人士和广大信教群众的衷心拥护，实践证明是完全正确的。比如，《宗教事务条例》就是党的宗教工作方针政策的制度化、法律化，是几十年来宗教工作实践经验的总结，即全面贯彻党的宗教信仰自由政策，依法管理宗教事务，坚持独立自主自办的原则，积极引导宗教与社会主义社会相适应。

第十一章　网络安全

第一节　网络主权

一、网络定义

（一）网络的含义

所谓网络，是由节点和连线构成网状的东西，或者是指由计算机或者其他信息终端及相关设备组成的，按照一定的规则和程序，对信息进行收集、存储、传输、交换、处理的网络和系统。网络，一般表示诸多对象及其相互联系的形状或者样态。对网络，学界有若干种解释，即：（1）电路或电路的一部分。在汉语中，"网络"一词最早用于电学。即：在电的系统中，由若干元件组成的用来使电信号按一定要求传输的电路或这种电路的部分，叫网络。[①]（2）流量网络（Flow Network）也可以简称为网络（Network）。一般用来对管道系统、交通系统、通信系统来建模，有时，特指计算机网络（Computer Network），或特指其中的互联网（Internet）由有关联的个体组成的系统，如：人际网络、交通网络、政治网络等。（3）由节点和连线构成的图，表示研究诸对象及其相互联系。有时用的带箭头的连线表示从一个节点到另一个节点存在某种顺序关系。在节点或连线旁标出的数值，称为点权或线权，有时不标任何数。用数学语言说，网络是一种图，一般认为它专指加权图。网络除了数学定义外，还有具体的物理含义，即网络是从某种相同类型的实际问题中抽象出来的模型。习惯上就称其为什么类型网络，如开关网络、运输网络、通信网络、计划网络等。总之，网络是从同类问题中抽象出来的用数学中的图论来表达并研究的一种模型。（4）比喻性的泛化的意义，如"人际关系网络""信息交流网络"等，这种意义下，常说成"网"。（5）现在一般指"三网"：电信网络、有线电视网络、计算机网络。狭义的含义即"因特网"。（6）抽象意义上的网络。比如城市网络、交通网络、交际网络等。计算机网络是用通信线路和通信设备将分布在不同地点的多台自治计算机系统互相连接起来，按照共同的网络协议，共享硬件、软件，最终实现资源共享的系统。现在和人们生活密不可分的是计算机网络，一般人对网络的理解，是关于计算机网络。

---

① 现代汉语词典，商务印书馆，1978，1176.

在计算机领域中，网络是信息传输、接收、共享的虚拟平台，通过它把各个点、面、体的信息联系到一起，从而实现这些资源的共享。网络、局域网、互联网三种叫法可以通用，并以多点性、联结性、交互性和快速性，展现出其无可替代的功能性，即网络会借助文字阅读、图片查看、影音播放、下载传输、游戏、聊天等软件工具，从文字、图片、声音、视频等方面给人们带来极其丰富的生活体验和美好的试听等参与性享受。

网络是人类发展史以来，20 世纪最重要的发明之一，网络提高了科技和人类社会的发展水平和发展速度。互联网是人类智慧的结晶，20 世纪的重大科技发明，当代先进生产力的重要标志。互联网深刻影响着世界经济、政治、文化和社会的发展，促进了社会生产生活和信息传播的变革。[①] 在计算机科学领域，网络的作用似乎无极限。网络是人们信息交流使用的一个工具，也会越来越好用，功能会越来越多，内容也会越来越丰富。网络作为一个资源共享的通道，在现在和未来，网络会借助软件工具的作用，带给人们极其美好甚至超越人体本身所能带来的感受。比如，借助软件工具让人以极其真实的外貌、感觉进入网络平台，感受和体验生老病死、游戏娱乐、结婚生子等。例如，在 VR 之家，这个中国最大的虚拟现实网站首页，就有 VR 之家、VR 资讯、VR 硬件、VR 资源、VR 视频、VR 图库、VR 排行榜、VR 体验馆等众多栏目，可供选择。[②]

（二）网络的起源

从某种意义上，Internet 可以说是美苏冷战的产物。

60 年代初，古巴核导弹危机发生，美国和苏联之间的冷战状态随之升温，核毁灭的威胁成了人们日常生活的话题。当权者认为，能否保持科学技术上的领先地位，将决定战争的胜负，而科学技术的进步依赖于电脑领域的发展。到了 60 年代末，每一个主要的联邦基金研究中心，包括纯商业性组织、大学，都有了由美国新兴电脑工业提供的最新技术装备的电脑设备。电脑中心互联以共享数据的思想得到了迅速发展。

当时美国国防部认为，如果仅有一个集中的军事指挥中心，万一这个中心被苏联的核武器摧毁，全国的军事指挥将处于瘫痪状态，其后果将不堪设想，因此，有必要设计这样一个分散的指挥系统——由一个个分散的指挥点组成，当部分指挥点被摧毁后其他点仍能正常工作，而这些分散的点又能通过某种形式的通讯网取得联系。1969 年，美国国防部高级研究计划管理局（Advanced Research Projects Agency，ARPA）开始建立一个命名为 ARPAnet 的网络，把美国的几个军事及研究用电脑主机连接起来。当初，ARPAnet 只联结 4 台主机，从军事要求上是置于美国国防部高级机密的保护之下，从技术上它还不具备向外推广的条件。1983 年，ARPA 和美国国防部通信局研制成功了用于异构网络的 TCP/IP 协议，美国加利福尼亚伯克莱分校把该协议作为其 BSD UNIX 的一部分，使得该协议得以在社会上流行起来，从而诞生了真正的 Internet。1986 年，美国国家科学基金会（National Science Foundation，NSF）利用 ARPAnet 发

---

① 中国互联网状况（白皮书）［EB/OL］. 前言，国务院新闻办，2010－06－08，http://www.scio.gov.cn/zfbps/ndhf/2010/Document/662572/662572.htm. 最后访问时间：，2016－08－21.

② VR 之家，目前是中国最大的虚拟现实网站，其网页地址是：http://www.vr.cn/list.

展出来的 TCP/IP 通信协议，在 5 个科研教育服务超级电脑中心的基础上建立了 NSFnet 广域网。由于美国国家科学基金会的鼓励和资助，很多大学、政府资助的研究机构甚至私营的研究机构纷纷把自己的局域网并入 NSFnet 中。那时，ARPA net 的军用部分已脱离母网，建立自己的网络——Milnet。ARPAnet——网络之父，逐步被 NSFnet 所替代。到 1990 年，ARPAnet 已退出了历史舞台。NSFnet 后来成为了 Internet 的重要骨干网之一。

知识点 TCP/IP 协议（Transfer Control Protocol/Internet Protocol）叫做传输控制/网际协议，又叫网络通信协议，它包括上百个各种功能的协议，如：远程登录、文件传输和电子邮件等，而 TCP 协议和 IP 协议是保证数据完整传输的两个基本的重要协议。通常说 TCP/IP 是 Internet 协议簇，而不单单是 TCP 和 IP。TCP/IP 协议的基本传输单位是数据包（Datagram）。TCP 协议负责把数据分成若干个数据包，并给每个数据包加上包头；IP 协议在每个包头上再加上接收端主机地址，这样数据找到自己要去的地方。如果传输过程中出现数据丢失、数据失真等情况，TCP 协议会自动要求数据重新传输，并重新组包。总之，IP 协议保证数据的传输，TCP 协议保证数据传输的质量。TCP/IP 协议数据的传输基于 TCP/IP 协议的四层结构：应用层、传输层、网路层、接口层，数据在传输时每通过一层就要在数据上加个包头，其中的数据供接收端同一层协议使用，而在接收端，每经过一层要把用过的包头去掉，这样来保证传输数据的格式完全一致。

1989 年时，由美国塞纳公司（CERN）开发成功 WWW，为 Internet 实现广域超媒体信息截取/检索奠定了基础。到了 20 世纪 90 年代初期，Internet 事实上已成为一个"网中网"——各个子网分别负责自己的架设和运作费用，而这些子网又通过 NSFnet 互联起来。Internet 在 80 年代的扩张不但带来量的改变，同时亦带来质的某些改变。由于多种学术团体、企业研究机构，甚至个人用户的进入，Internet 的使用者不再限于电脑专业人员。新的使用者发觉，加入 Internet 除了可共享 NSFnet 的巨型机外，还能进行相互间的通讯，而这种相互间的通讯对他们来讲更有吸引力。于是，人们逐步把 Internet 当作一种交流与通信的工具，而不仅仅是共享 NSFnet 巨型机的运算能力。

20 世纪 90 年代以前，Internet 的使用一直仅限于研究与学术领域，商业性机构进入 Internet 一直受到这样或那样的法规或传统问题的困扰。1991 年美国三家公司分别经营着自己的 CERFnet、PSInet 及 Alternet 网络，可以在一定程度上向客户提供 Internet 联网服务。他们组成了"商用 Internet 协会"（CIEA），宣布用户可以把它们的 Internet 子网用于任何的商业用途。Internet 商业化服务提供商的出现，使工商企业终于可以堂堂正正地进入 Internet。商业机构一踏入 Internet 这一陌生的世界就发现了它在通讯、资料检索、客户服务等方面的巨大潜力。于是，其势一发不可收拾。世界各地无数的企业及个人纷纷涌入 Internet，带来 Internet 发展史上一个新的飞跃。目前，Internet 已经联系着超过 160 个国家和地区，4 万多个子网，500 多万台电脑主机。直接的用户超过 4000 万，成为世界上信息资源最丰富的电脑公共网络。Internet 被认为是全球信息高速公路的缩影。

（三）我国网络的发展阶段

我国 Internet 的发展，以 1987 年通过中国学术网 CAnet 向世界发出第一封 E-mail 为标志。经过几十年的发展，形成了四大主流网络体系。即：中科院的科学技术网 CSTnet；教育部的教育和科研网 CERnet；原邮电部的 Chinanet 和原电子部的金桥网 Chinagbnet。网络按覆盖范围分，可以分为局域网 LAN（作用范围一般为几米到几十公里）、城域网 MAN（界于 WAN 与 LAN 之间）和广域网 WAN（作用范围一般为几十到几千公里）。有线网、光纤网、无线网、局域网等通常采用单一的传输介质，而城域网、广域网采用多种传输介质。Internet 在我国的发展历程，大略可以划分为三个阶段：

1. 1987—1993 年为第一阶段，是研究试验阶段。在此期间，我国一些科研部门和高等院校开始研究 Internet 技术，并开展了科研课题和科技合作工作。但是，这个阶段的网络应用仅限于小范围内的电子邮件服务。

2. 1994—1996 年为第二阶段，同样，也是起步阶段。1994 年 4 月，中关村地区教育与科研示范网络工程进入 Internet，从此，中国被国际上正式承认为有 Internet 的国家。之后，Chinanet、CERnet、CSTnet、Chinagbnet 等多个 Internet 网络项目在全国范围相继启动。Internet 开始进入公众生活，并在中国得到了迅速的发展。至 1996 年年底，中国 Internet 用户数已达 20 万，利用 Internet 开展的业务与应用逐步增多。

3. 1997 年至现在为第三阶段，是 Internet 在我国发展最快速的阶段。国内 Internet 用户数 1997 年以后基本保持每半年翻一番的增长速度。增长到 2016 年 6 月，上网用户已达 7 亿以上，绝对是世界上网民最多的国家。据中国 Internet 信息中心（CNNIC）公布的统计报告显示，截至 2009 年 10 月 30 日，我国上网用户总人数为 5.3 亿人。这一数字比年初增长了 890 万人，与 2002 年同期相比则增加了 2220 万人。CNNIC 公布的统计数据显示，截至 2016 年 6 月，我国网民规模达 7.10 亿，上半年新增网民 2132 万人，增长率为 3.1%。我国互联网普及率达到 51.7%，与 2015 年年底相比提高 1.3 个百分点，超过全球平均水平 3.1 个百分点，超过亚洲平均水平 8.1 个百分点。[1] 2016 年上半年，网民使用手机和电视上网的比例较 2015 年底均有明显提升。截至 2016 年 6 月，我国网民使用手机上网的比例达到 92.5%，较 2015 年年底增长了 2.4 个百分点；随着智能电视行业的快速发展，电视作为家庭网络设备的娱乐功能进一步显现，使用电视上网的比例为 21.1%，较 2015 年年底增长了 3.2 个百分点；与此同时，使用台式电脑、笔记本电脑、平板电脑上网的使用比例分别为 64.6%、38.5%、30.6%，较 2015 年年底分别下降了 3.1、0.2 和 0.9 个百分点。[2] 截至 2016 年 6 月，我国 IPv4 地址数量为 3.38 亿个，拥有 IPv6 地址 20781 块/32。我国域名总数为 3698 万个，其中 ".

---

① 辛闻. CNNIC 发布第 38 次《中国互联网络发展状况统计报告》[EB/OL]. 中国网，http://news.china.com.cn/txt/2016-08/03/content_39013310.htm. 最后访问时间：2016-08-21.

② 《中国互联网络发展状况统计报告》（2016 年 7 月）：第三章互联网接入环境，（一）上网设备。

CN"域名总数半年增长为 19.2%，达到 1950 万个，在中国域名总数中占比为 52.7%。我国网站总数为 454 万个，半年增长 7.4%；". CN"下网站数为 212 万个。[1] 国际出口带宽为 6，220，764 Mbps，半年增长率为 15.4%。[2]

> **知识点** IP 地址，Internet 依靠 TCP/IP 协议，在全球范围内实现不同硬件结构、不同操作系统、不同网络系统的互联。在 Internet 上，每一个节点都依靠唯一的 IP 地址互相区分和相互联系。IP 地址是一个 32 位二进制数的地址，由 4 个 8 位字段组成，每个字段之间用点号隔开，用于标识 TCP/IP 宿主机。每个 IP 地址都包含两部分：网络 ID 和主机 ID。网络 ID 标识在同一个物理网络上的所有宿主机，主机 ID 标识该物理网络上的每一个宿主机，于是整个 Internet 上的每个计算机都依靠各自唯一的 IP 地址来标识。

（四）我国推进网络发展与普及

1994 年 4 月 20 日，北京中关村地区教育与科研示范网接入国际互联网的 64K 专线开通，实现了与国际互联网的全功能连接，这标志着中国正式接入国际互联网。

中国把发展互联网作为推进改革开放和现代化建设事业的重大机遇。中国政府先后制定了一系列政策，规划互联网发展，明确互联网阶段性发展重点，推进社会信息化进程。1993 年，中国成立国家经济信息化联席会议，负责领导国家公用经济信息通信网建设。1997 年，制定《国家信息化"九五"规划和 2010 年远景目标》，将互联网列入国家信息基础设施建设，提出通过大力发展互联网产业，推进国民经济信息化进程。2002 年，颁布《国民经济和社会发展第十个五年计划信息化专项规划》，确定中国信息化发展的重点包括推行电子政务、振兴软件产业、加强信息资源开发利用、加快发展电子商务等。2002 年 11 月，中国共产党第十六次全国代表大会提出，以信息化带动工业化，以工业化促进信息化，走出一条新型工业化路子。2005 年 11 月，制定了《国家信息化发展战略（2006—2020 年)》，进一步明确了互联网发展的重点，提出围绕调整经济结构和转变经济增长方式，推进国民经济信息化；围绕提高治国理政能力，推行电子政务；围绕构建和谐社会，推进社会信息化等。2006 年 3 月，全国人民代表大会审议通过《国民经济和社会发展第十一个五年规划纲要》，提出推进电信网、广播电视网和互联网三网融合，构建下一代互联网，加快商业化应用。2007 年 4 月，中国共产党中央政治局会议提出大力发展网络文化产业，发展网络文化信息装备制造业。2007 年 10 月，中国共产党第十七次全国代表大会确立"发展现代产业体系，大力推进信息化与工业化融合，促进工业由大变强"的发展战略。2010 年 1 月，国务院决定加快推进电信网、广播电视网和互联网三网融合，促进信息和文化产业发展。在中国政府的积极推动及明确的政策引导下，中国互联网逐步走上全面、持续、快速发展之路。

---

① 《中国互联网络发展状况统计报告》（2016 年 7 月）：第一章互联网基础资源，一、互联网基础资源概述。
② 《中国互联网络发展状况统计报告》（2016 年 7 月）：第一章互联网基础资源，五、网络国际出口带宽表 4. 主要骨干网络国际出口带宽数。

中国投入大量资金建设互联网基础设施。1997 年至 2009 年，全国共完成互联网基础设施建设投资 4.3 万亿元人民币，建成辐射全国的通信光缆网络，总长度达 826.7 万公里，其中长途光缆线路 84 万公里。到 2009 年年底，中国基础电信企业互联网宽带接入端口已达 1.36 亿个，互联网国际出口带宽达 866，367Mbps，拥有 7 条登陆海缆、20 条陆缆，总容量超过 1，600Gb。中国 99.3％的乡镇和 91.5％的行政村接通了互联网，96.0％的乡镇接通了宽带。2009 年 1 月，中国政府开始发放第三代移动通信（3G）牌照，目前 3G 网络已基本覆盖全国。移动互联网正快速发展，互联网将惠及更广泛的人群。

互联网基础设施的建设和完善促进了互联网的普及和应用。截至 2009 年年底，中国网民人数达到 3.84 亿，比 1997 年增长了 618 倍，年均增长 3195 万人，互联网普及率达到 28.9％，超过世界平均水平。中国境内网站达 323 万个，比 1997 年增长了 2152 倍。中国拥有 IPv4 地址约 2.3 亿个，已成为世界第二大 IPv4 地址拥有国。中国使用宽带上网的网民达到 3.46 亿人，使用手机上网的网民达到 2.33 亿人。中国网民上网方式已从最初以拨号上网为主，发展到以宽带和手机上网为主。中国互联网发展与普及水平居发展中国家前列。

中国政府积极推动下一代互联网研发。20 世纪 90 年代后期，中国开始下一代互联网的研发，实施"新一代高可信网络"等一系列科技重大项目。2001 年，中国第一个下一代互联网地区试验网（NFCNET）在北京建成。2003 年，"中国下一代互联网示范工程"（CNGI）正式启动，标志着中国进入下一代互联网的大规模研发和建设阶段，现已建成世界上最大的 IPv6 示范网络，试验网所用的中小容量 IPv6 路由器技术、真实 IPv6 源地址认证技术和下一代互联网过渡技术等处于国际先进水平。中国提出的有关域名国际化、IPv6 源地址认证、IPv4－IPv6 过渡技术等技术方案，获得互联网工程任务组（IETF）的认可，成为互联网国际标准、协议的组成部分。

中国互联网发展、普及和应用存在区域和城乡发展不平衡问题。受经济发展、教育和社会整体信息化水平等因素的制约，中国互联网呈现东部发展快、西部发展慢，城市普及率高、乡村普及率低的特点。截至 2009 年年底，东部地区互联网普及率为 40.0％，西部地区为 21.5％；城市网民占网民总数的 72.2％，农村网民占 27.8％。弥合地区之间、城乡之间的"数字鸿沟"，中国还需要付出艰苦努力。

中国互联网是在改革开放的大潮中发展起来的，它顺应了中国改革开放的要求，推进了改革开放的进程。随着中国经济社会的快速发展以及人们精神文化需求的日益增长，互联网在中国将更加普及，人们对互联网应用水平的要求将会更高。中国政府将继续致力于推动互联网的发展和普及，已经使中国互联网的普及率达到 45％，使更多人从互联网受益。[①] 2015 年 12 月，中国有 6.7 亿网民、413 万多家网站，网络深度融入经济社会发展、融入人民生活。[②]

---

① 中国互联网状况（白皮书）［EB/OL］：一、推进互联网发展与普及，国务院新闻办，2010－06－08，http://www.scio.gov.cn/zfbps/ndhf/2010/Document/662572/662572.htm. 最后访问时间:，2016－08－21.

② 习近平在第二届世界互联网大会开幕式上的讲话［EB/OL］. 新华网，http://it.people.com.cn/n1/2015/1216/c1009－27937849.html. 最后访问时间：2016－08－21.

二、网络传播

(一) 网络传播的定义

网络传播，是指以计算机通信网络为基础，进行信息传递、交流和利用，从而达到其社会文化传播目的的一种传播形式。网络传播融合大众传播（单向）和人际传播（双向）的信息传播特征，在总体上，形成一种散布型网状传播结构，在这种传播结构中，任何一个网结都能够生产、发布信息，所有网结生产、发布的信息，都能够以非线性方式流入网络之中。同时，网络传播具有人际传播的交互性，受众可以直接迅速地反馈信息，发表意见。而且，网络传播突破了人际传播一对一或一对多的局限，在总体上，是一种多对多的网状传播模式。有人认为，"网络传播"是近年来广泛出现于传播学中的一个新名词，是相对三大传播媒体即报纸、广播、电视而言的。网络传播，以多媒体、网络化、数字化技术为核心，显示出国际互联网络，也即网络之间传播的特征，[①] 是现代信息革命与互联网技术飞速发展相结合的产物。

(二) 网络传播者

网络传播者，也叫网络运营者，是指网络的所有者、管理者以及利用他人所有或者管理的网络提供相关服务的网络服务提供者，包括基础电信运营者、网络信息服务提供者、重要信息系统运营者等。在互联网应用服务产业链"设备供应商——基础网络运营商——内容收集者和生产者——业务提供者——用户"链条中，ISP/ICP 处于内容收集者、生产者以及业务提供者的位置。由于信息服务是中国信息产业中最活跃的部分，ISP/ICP 也是中国信息产业中最富创新精神、最活跃的部分。随着以内容为王的互联网发展特征逐步明晰，大部分 ICP 也同时扮演着 ISP 的角色。

1. 互联网业务提供商。ISP，即 Internet Service Provider，是互联网服务提供商，是向广大用户综合提供互联网接入业务、信息业务和增值业务的电信运营商。ISP 是经国家主管部门批准的正式运营企业，享受国家法律保护。

2. 互联网内容提供商。ICP，即 Internet Content Provider，是互联网内容提供商，即向广大用户综合提供互联网信息业务和增值业务的电信运营商。ICP 同样是经国家主管部门批准的正式运营企业，享受国家法律保护。国内知名 ICP，有新浪、搜狐、163、21CN 等。

(三) 网络传播的主要形式

1. 网络电话。网络电话又称为 IP 电话，它是通过互联网协定（Internet Protocol, IP）来进行语音传送的一种网络传播方式。传统的国际电话是以类比的方式来传送的，语音先会转换为讯号，通过铜缆将声音传送到对方。网络电话则是将声音通过网关转换为数据讯号，并被压缩成数据包（packet），然后才从互联网传送出去，接收端收到数据包时，网关会将它解压缩，重新转成声音给另一方聆听。目前，网络电话联机方式一

---

① 中国现代媒体委员会常务副主任诗兰认为，网络传播有三个基本特征：全球性、交互性、超文本链接方式等。

般来说可以分为 3 种：PC to PC 、PC to Phone、Phone to Phone。网络电话利用TCP/IP 协议，由专门软件将呼叫方的话音转化成数字信号（往往再经过压缩，这也是网络电话软件好坏的技术关键点），然后打包，形成一个个小数据包，小数据包自由寻找网络空闲空间，将语音数据传输到对方，对方的专门设备或软件接收到数据包后，做一个与前面讲的语音转化成数据包的反过程，如果对方的接收器不一致，还要作技术处理以使语音能够还原。通话全程，我们不用特意租用专门的线路，而只是见缝插针地使用网络，大大节省通话费用。一般费用国内都在几分钱，国际费用一般都在几毛钱，费用非常低廉。网络电话是一项革命性的产品，它可以透过网际网络做实时的传输及双边的对话。

2. 网络硬盘。"网络硬盘"是一块专属的存储空间，用户通过上网登录网站的方式，可方便上传、下载文件，而独特的分享、分组功能，更突破了传统存储的概念。与其他同类产品相比，"网络硬盘"产品具有直观预览、四级共享、分组管理、稳定安全的四大特点。由于网络硬盘是通过网络连接管理使用的远程硬盘空间，所以，可以用于传输、存储和备份计算机的数据文件，方便用户管理和使用。本站用户可在全球任何有互联网接入的电脑终端上，连接使用"e 网通"提供的网络硬盘服务。

3. 网络金融。所谓网络金融，又称电子金融，是指在国际互联网上实现的金融活动，包括网络金融机构、网络金融交易、网络金融市场和网络金融监管等方面。它不同于传统的以物理形态存在的金融活动，是存在于电子空间中的金融活动，其存在形态是虚拟化的、运行方式是网络化的。它是信息技术特别是互联网技术飞速发展的产物，是适应电子商务发展需要而产生的网络时代的金融运行模式。

4. 网络教育。网络教育，指的是在网络环境下，以现代教育思想和学习理念为指导，充分发挥网络的各种教育功能和丰富的网络教育资源优势，向教育者和学习者提供的一种网络教和学的服务，这种服务体现于用数字化技术传递内容，开展以学习者为中心的非面授教育活动。目前，中国大学 MOOC（http://www. icourse163. org/），慕课网公开课（http://www. moocs. org. cn/，中国教育导航大型开放式网络课程）以及各个大学校内的慕课网等，是网络教育最典型的平台。

> **知识点**　所谓慕课（MOOC），顾名思义，是在屏幕或者网络视频中讲授、学习和互动的开放性课程。其中，第一个字母 M 代表 Massive（大规模）。慕课与传统课程只有几十个或几百个学生不同，一门 MOOCs 课程动辄上万人，最多达 16 万人；第二个字母 O 代表 Open（开放），以兴趣导向，凡是想学习的，都可以进来学，不分国籍，只需一个邮箱，就可注册参与；第三个字母 O 代表 Online（在线），学习在网上完成，无须旅行，不受时空限制；第四个字母 C 代表 Course，就是课程的意思。MOOC 是以连通主义理论和网络化学习的开放教育学为基础的，这些课程跟传统的大学课程一样循序渐进地让学生从初学者成长为高级人才。

5. 网络电视。网络电视又称 IPTV（Interactive Personality TV），它将电视机、个人电脑及手持设备作为显示终端，通过机顶盒或计算机接入宽带网络，实现数字电视、时移电视、互动等服务，网络电视的出现给人们带来了一种全新的电视观看方法，它改变了以往被动的电视观看模式，实现了电视按需观看（即点播和选择频道和节目等）、随看随停等。

6. 网络保险。网络保险，是指以计算机网络为媒介的保险营销模式，有别于传统的保险代理人营销模式。网络保险的产生和发展是一种历史趋势，它代表了国际保险业的发展方向。目前，国内保险网站大致可分为三大类：（1）保险公司的自建网站，主要推销自家险种，如平安保险的"PA18"，泰康人寿保险的"泰康在线"等；（2）独立的第三方保险网站，是由专业的互连网服务供应商（ISP）出资成立的保险网站，不属于任何保险公司，但也提供保险服务，如慧保网、易保、网险等；（3）保险信息网站，如中国保险网等，可以视为业内人士的 BBS。网络保险是一项巨大的社会系统工程，涉及银行、电信等多个行业，这一工程的完善需要较长的时间。加之，网络保险由于保险当事人之间的人为因素与深刻复杂的背景及利益关系，使得在网上投诉、理赔容易滋生欺诈行为。因此，仅仅依靠网上运作还难以支撑网络保险。

7. 网络营销。网络营销（On-line Marketing 或 Cyber marketing）全称是网络直复，属于直复营销的一种形式，是企业营销实践与现代信息通信技术、计算机网络技术相结合的产物，是指企业以电子信息为基础，以计算机网络为媒介和手段而进行的各种营销活动（包括网络调研、网络推广、网络新产品开发、网络促销、网络分销、网络服务等）的总称。网络营销的具体操作步骤为：（1）搭建企业网络营销平台；（2）网络推广；（3）建立消费者数据库；（4）强调个性化；（5）重视差异化营销、直销；（6）建立快速的顾客回应机制。

8. 电视电话会议。电视电话会议是用通信线路把两地或多个地点的会议室连接起来，以电视方式召开会议的一种图像通信方式。两地间的电视电话会议，称为点对点电视电话会议，多个地点间的电视电话会议，称为多点电视电话会议。如政府会议、商务谈判、紧急救援、作战指挥、银行贷款、远程教育、远程医疗等，取得了巨大社会效益和经济效益。电视电话会议是能实时传送与会者的形象、声音以及会议资料、图表和相关实物的图像等；身居不同地点的与会者互相可以闻声见影，如同坐在同一间会议室中开会，可以互动交流，非常方便。由于电视电话会议具有高速数据传递、时效性、高保真等高要求，因此对环境要求很高，一般都是专线传输，带宽一般要求 1G 以上，还要求良好的通信服务提供商，一般只有大型跨国公司或政府机关有能力举行这样的高级会议。目前，世界顶级通信设备供应商思科网络（CISCO）已经可以实现这样的技术支持。考虑到经济全球化的浪潮和趋势，以及未来网络技术的发展速度，电视电话会议业务必将拥有广阔的网络传播应用前景。

三、网络主权

（一）网络主权问题的产生

互联网的本质，是分享、互动、虚拟、服务，所以，为了维护国家主权，就必然要限制分享、互动。在国际社会中，网络主权是一个颇具争议的概念。一种观点认为，网络无国界，网络空间是全球公共领域，不应受任何单个国家所管辖、支配，因而网络主权一说不成立；另一种观点认为，网络虽然无国界，但是网络基础设施、网民、网络公司等实体都是有国籍的，并且，是所在国重要的战略资源，所以，理所应当受到所在国的管辖，而不应该是法外之地，网络主权的提法是非常有必要的。值得注意的是，各国虽然在网络主权的提法上各执己见，但是，在实践层面，却无一例外对本国网络加以严厉管制，以防止受到外部力量的干涉。

2003 年 12 月，信息社会世界峰会第一阶段会议通过的《日内瓦原则宣言》，以及 2005 年 11 月第二阶段会议通过《信息社会突尼斯议程》（简称《突尼斯议程》）中，都有"网络主权已经成为国际社会真实而客观的实践"类似表述。联合国曾于 2004—2005 年、2009—2010 年、2012—2013 年三度成立"信息安全政府专家组"，持续研究信息安全领域的现存威胁和潜在威胁，以及为应对这些威胁可能采取的合作措施，达成了和平利用网络空间、网络空间国家主权原则等重要共识。2010 年 6 月，我国公布的《中国互联网状况》白皮书指出，互联网是国家重要基础设施，中国境内的互联网属于中国主权管辖范围，中国的互联网主权应受到尊重和维护。

互联网促进了政府信息公开。20 世纪 90 年代中期，我国政府全面启动"政府上网工程"。截至 2009 年年底，我国已建立政府门户网站 4.5 万多个，75 个中央和国家机关、32 个省级政府、333 个地级市政府和 80％以上的县级政府都建立了电子政务网站，提供便于人们工作和生活的各类在线服务。我国电子政务建设有效提高了各级政府工作效率和政务公开水平。2008 年颁布实施的《中华人民共和国政府信息公开条例》（简称《信息公开条例》）第 15 条规定，"行政机关应当将主动公开的政府信息，通过政府公报、政府网站、新闻发布会以及报刊、广播、电视等便于公众知晓的方式公开"。中央政府要求各级政府建立相应制度，针对公众关注的问题，及时作出解答。各级政府正不断完善新闻发言人制度，通过包括互联网在内的各类媒体及时发布权威信息，向公众介绍相关政策的执行情况，以及自然灾害、公共卫生和社会突发事件等的处置进展。互联网在满足公众知情要求等方面的作用日益凸显。

与此同时，互联网成为人们社会生活的重要工具。据抽样调查统计，2009 年，我国约有 2.3 亿人经常使用搜索引擎查询各类信息，约 2.4 亿人经常利用即时通信工具进行沟通交流，约 4600 万人利用互联网学习和接受教育，约 3500 万人利用互联网进行证券交易，约 1500 万人通过互联网求职，约 1400 万人通过互联网安排旅行。在我国，越来越多的人通过互联网获取信息、丰富知识；越来越多的人通过互联网创业，实现自己的理想；越来越多的人通过互联网交流沟通，密切相互间的关系。在四川汶川地震、青海玉树地震、西南地区旱灾等重大自然灾害发生后，中国网民充分利用互联网传递救灾信息，发起救助行动，表达同情关爱，充分展示了互联网不可替代的作用。互联网正在成为一种新的工作和生活方式。所以，我国政府鼓励发展有利于促进经济社会发展、提升公共服务水平、便利人们工作生活的互联网应用，努力构建结构合理、发展均衡的互联网应用格局，提高互联网整体发展和应用水平。大力推动电子商务类、教育类网站发展，积极推进电子政务建设，支持发展网络广播、网络电视等新兴媒体，倡导提供形式多样、内容丰富的互联网信息服务，以满足人们多样化、多层次的信息消费需求。①

（二）依法管理网络，维护网民利益

1994 年以来，我国颁布一系列与互联网管理相关的法律法规，主要包括《全国人民代表大会常务委员会关于维护互联网安全的决定》（简称《互联网安全决定》）《电子签名法》《电信条例》《互联网信息服务管理办法》（简称《信息服务办法》）《计算机信息系统安全保护条例》（简称《信息安全条例》）《信息网络传播权保护条例》（简称《信息传播权条例》）《外商投资电信企业管理规定》（简称《投资电信规定》）《计算机信息网络国际联网安全保护管理办法》（简称《国际联网安全办法》）《互联网新闻信息服务管理规定》（简称《新闻信息规定》）《互联网电子公告服务管理规定》（简称《电子公告规定》）等。我国《刑法》《民法通则》《著作权法》《未成年人保护法》《治安管理处罚法》等法律的相关条款适用于互联网管理。我国坚持审慎立法、科学立法，为互联网发展预留空间。相关法律法规涉及互联网基础资源管理、信息传播规范、信息安全保障等主要方面，对基础电信业务经营者、互联网接入服务提供者、互联网信息服务提供者、政府管理部门及互联网用户等行为主体的责任与义务作出了规定。法律保障公民的通信自由和通信秘密，同时规定，公民在行使自由和权利的时候，不得损害国家、社会、集体的利益和其他公民的合法的自由和权利，任何组织或个人不得利用电信网络从事危害国家安全、社会公共利益或者他人合法权益的活动。

2001 年 5 月，中国互联网协会成立，这是全国性互联网行业组织，其宗旨是服务于互联网行业发展、网民和政府的决策，积极倡导行业自律和公众监督。该协会先后制定并发布了《中国互联网行业自律公约》（简称《互联网自律公约》）《互联网站禁止传播淫秽色情等不良信息自律规范》（简称《不良信息自律规范》）《抵制恶意软件自律公约》《博客服务自律公约》《反网络病毒自律公约》（简称《反病毒自律公约》）《中国互联网行业版权自律宣言》（简称《版权自律公约》）等一系列自律规范，促进了互联网的健康发展。为加强公众对互联网服务的监督，2004 年以来，我国先后成立了互联网违法和不良信息举报中心、网络违法犯罪举报网站、12321 网络不良与垃圾信息举报受理中心、12390 扫黄打非新闻出版版权联合举报中心等公众举报受理机构，并于 2010 年 1 月发布了《举报互联网和手机媒体淫秽色情及低俗信息奖励办法》（简称《举报信息奖励办法》）。我国政府进一步支持互联网行业组织的工作，为行业组织发挥作用提供服务，并依法保障公众举报网上违法信息和行为的正当权利。

积极合理运用技术手段，遏制互联网上违法信息传播。根据互联网的特性，从有效管理互联网的实际需要出发，我国政府主张依据相关法律法规，参照国际通行做法，发挥技术手段的防范作用，遏制违法信息对国家安全、社会公共利益和未成年人的危害。根据《互联网安全决定》《电信条例》《信息服务办法》《国际联网安全办法》等法律法规明确规定，严禁传播含有颠覆国家政权、破坏国家统一、损害国家荣誉和利益、煽动民族仇恨、破坏民族团结、宣扬邪教以及淫秽色情、暴力、恐怖及侵害他人合法权益等

---

① 中国互联网状况（白皮书）[EB/OL].二、促进互联网广泛应用，国务院新闻办，2010-06-08，http://www.scio.gov.cn/zfbps/ndhf/2010/Document/662572/662572.htm. 最后访问时间：，2016-08-21.

内容的信息。根据这些法律法规，基础电信业务经营者、互联网信息服务提供者等应建立互联网安全管理制度，采取技术措施，阻止各类违法信息的传播。

确保未成年人上网安全。截至 2009 年年底，我国 3.84 亿网民中，未成年人约占 1/3，互联网对未成年人成长的影响越来越大。我国政府高度重视依法保护未成年人上网安全，始终把保护未成年人放在维护互联网信息安全的优先地位。我国《未成年人保护法》第 14 条、第 26 条、第 31 条和第 33 条规定，国家采取措施，预防未成年人沉迷网络；禁止任何组织、个人制作或者向未成年人出售、出租或者以其他方式传播淫秽、暴力、凶杀、恐怖、赌博等毒害未成年人的电子出版物以及网络信息等。国家鼓励研究开发有利于保护未成年人上网安全的网络工具，鼓励提供适合未成年人的网络产品和服务。保护未成年人上网安全，家庭、学校和社会各界应共同努力，营造有利于未成年人健康成长的网络环境。我国政府积极推进"母亲教育计划"，帮助家长引导未成年人正确使用互联网。

依法保护公民网上隐私。保护互联网上的个人隐私关系到人们对互联网的安全感和信心。我国政府积极推动健全相关立法和互联网企业服务规范，不断完善公民网上个人隐私保护体系。根据《互联网安全决定》第 4 条规定，非法截获、篡改、删除他人邮件或其他数据资料，侵犯公民通信自由和通信秘密，构成犯罪的，依照刑法有关规定追究刑事责任。依据互联网行业自律规范，互联网服务提供者有责任保护用户隐私，在提供服务时应公布相关隐私保护承诺，提供侵害隐私举报受理渠道，采取有效措施保护个人隐私。

由此而言，我国政府积极探索依法管理、科学管理、有效管理互联网的途径和方法，已初步形成符合中国国情、符合国际通行做法的互联网管理模式。

（三）加强网络信息保护

随着人类生存空间的拓展和对生活世界认识的深化，今天的"主权"概念，已经从领陆延伸到领水和领空，从政治领域延伸到文化领域、经济领域等，不断丰富其新的内涵。互联网创造了人类生活的新空间，自然也拓展了国家治理的新领域。随着信息技术革命的日新月异，互联网对国际政治、经济、文化、社会、军事等领域，产生了深刻的历史性影响。信息化和经济全球化相互促进，互联网日益成为创新驱动发展的先导力量，融入社会生活的方方面面，深刻改变了人们的生产方式、生活方式和活动方式，有力地推动着社会飞速发展。网络是信息自由流动的主脉，意见自由交流的论坛，志趣相投者的社区，事业经营者的阵地，市场腾飞的翅膀，国家繁盛的无形支点。互联网真正让世界变成了地球村，让国际社会越来越成为你中有我、我中有你的命运共同体。于是，以网络信息安全为主旨的网络主权问题，是继陆、海、空、天国家安全之后，又一名副其实的主权空间。

为了保护网络信息安全，保障公民、法人和其他组织的合法权益，维护国家安全和社会公共利益，2012 年 12 月 28 日，第十一届全国人大常委会第 30 次会议通过《关于加强网络信息保护的决定》（12 条，公布日施行；简称《信息保护决定》），这是全国人大常委会继《互联网安全决定》后，发布的又一个涉及网络安全的决定。《信息保护决定》规定：

1. 保护个人电子隐私信息。即：国家保护能够识别公民个人身份和涉及公民个人隐私的电子信息。任何组织和个人不得窃取或者以其他非法方式获取公民个人电子信息，不得出售或者非法向他人提供公民个人电子信息（第1条）。网络服务提供者和其他企业事业单位在业务活动中收集、使用公民个人电子信息，应当遵循合法、正当、必要的原则，明示收集、使用信息的目的、方式和范围，并经被收集者同意，不得违反法律、法规的规定和双方的约定收集、使用信息。网络服务提供者和其他企业事业单位收集、使用公民个人电子信息，应当公开其收集、使用规则（第2条）。

2. 公民电子信息保密义务。网络服务提供者和其他企业事业单位及其工作人员对在业务活动中收集的公民个人电子信息必须严格保密，不得泄露、篡改、毁损，不得出售或者非法向他人提供（第3条）。网络服务提供者和其他企业事业单位应当采取技术措施和其他必要措施，确保信息安全，防止在业务活动中收集的公民个人电子信息泄露、毁损、丢失。在发生或者可能发生信息泄露、毁损、丢失的情况时，应当立即采取补救措施（第4条）。网络服务提供者应当加强对其用户发布的信息的管理，发现法律、法规禁止发布或者传输的信息的，应当立即停止传输该信息，采取消除等处置措施，保存有关记录，并向有关主管部门报告（第5条）。

3. 用户真实身份信息及其使用。网络服务提供者为用户办理网站接入服务，办理固定电话、移动电话等入网手续，或者为用户提供信息发布服务，应当在与用户签订协议或者确认提供服务时，要求用户提供真实身份信息（第6条）。任何组织和个人未经电子信息接收者同意或者请求，或者电子信息接收者明确表示拒绝的，不得向其固定电话、移动电话或者个人电子邮箱发送商业性电子信息（第7条）。

4. 侵害公民网络信息补救。公民发现泄露个人身份、散布个人隐私等侵害其合法权益的网络信息，或者受到商业性电子信息侵扰的，有权要求网络服务提供者删除有关信息或者采取其他必要措施予以制止（第8条）。任何组织和个人对窃取或者以其他非法方式获取、出售或者非法向他人提供公民个人电子信息的违法犯罪行为以及其他网络信息违法犯罪行为，有权向有关主管部门举报、控告；接到举报、控告的部门应当依法及时处理。被侵权人可以依法提起诉讼（第9条）。违反《信息保护决定》的规定，构成犯罪的，依法追究刑事责任。侵害他人民事权益的，依法承担民事责任（第11条）。

5. 行政机关的义务。有关主管部门应当在各自职权范围内依法履行职责，采取技术措施和其他必要措施，防范、制止和查处窃取或者以其他非法方式获取、出售或者非法向他人提供公民个人电子信息的违法犯罪行为以及其他网络信息违法犯罪行为。有关主管部门依法履行职责时，网络服务提供者应当予以配合，提供技术支持。国家机关及其工作人员对在履行职责中知悉的公民个人电子信息应当予以保密，不得泄露、篡改、毁损，不得出售或者非法向他人提供（第10条）。对有违反《信息保护决定》行为的，依法给予警告、罚款、没收违法所得、吊销许可证或者取消备案、关闭网站、禁止有关责任人员从事网络服务业务等处罚，记入社会信用档案并予以公布；构成违反治安管理行为的，依法给予治安管理处罚（第11条）。

（四）网络主权的界定

网络主权（Internet Sovereignty），就是一国国家主权在网络空间中的自然延伸和空间表现的情形。对内，网络主权指的是国家独立自主地发展、监督、管理本国互联网事务；对外，网络主权指的是防止本国互联网受到外部入侵和攻击。作为国家主权在网络空间中的自然延伸，网络主权大致可以从以下几个方面加以理解。

1. 管辖权。所谓管辖权，是指主权国家对本国网络加以管理的权力，比如，通过设置准入许可限制，未被授权的网站接入到网络中，对不服从管理的网站立刻停止服务，对网络空间和网络生态加强整顿等。

2. 独立权。所谓独立权，是指本国的网络可以独立运行，无须受制于别的国家或者国际机构或者网络企业等。目前，全球绝大多数顶级服务器都在美国境内，理论上，只要美国在根服务器上屏蔽该国家域名，就能让这个国家的顶级域名网站在网络上瞬间"消失"。从这个意义上说，美国具有全球独一无二的"制网权"，即网络控制权，有能力威慑他国的网络边疆和网络主权。这种评价也就意味着，各国的网络运行，还无法实现真正的独立存在。

3. 防卫权。所谓防卫权，是指主权国家具有对外来网络攻击和威胁进行防卫的权力。事实上，全球 13 台域名根服务器中，美国就掌握了 10 台。在这种情况下，就要针对根域名服务器被攻击、关停等紧急情况，作出积极的预判和应对。现在，一些国家自主研制服务器，就是很好的防卫能力建设，一旦根服务器被关停，还能实现本国内部网络联通。还有，针对一国的网络舆论攻势，主权国家也应该做好应对之策，必要时进行自我保护。总之，防卫权要求主权国家要拥有设置网络疆界、隔离境外网络进攻、抵抗和反击的自主能力。

4. 平等权。所谓平等权，是指各国的网络之间可以平等地进行互联互通，不分高低贵贱。平等权要确保各国对网络系统具有平等的管理权，保证一国对本国互联网的管理，不会伤及其他国家。现有的互联网相互依赖过强，互联网强势国家所制定的政策，往往也会使弱势国家被迫接受，从而会威胁到弱势国家的国家主权，尤其是网络主权意义上的国家主权。

2013 年 6 月 24 日，第六次联合国大会发布了 A/68/98 文件，通过了联合国"从国际安全的角度来看信息和电信领域发展政府专家组"所形成的决议。该决议第 20 条规定："国家主权和源自主权的国际规范和原则适用于国家进行的信息通信技术活动，以及国家在其领土内对信息通信技术基础设施的管辖权。"这一条款的本质，就是承认国家的"网络主权"。这说明："网络主权"理念，已被联合国所认可和接受，国家主权在网络行为上是行之有效的。

2015 年 12 月 16 日，国家主席习近平在第二届世界互联网大会开幕式主旨演讲中提出："尊重网络主权。《联合国宪章》确立的主权平等原则是当代国际关系的基本准则，覆盖国与国交往各个领域，其原则和精神也应该适用于网络空间。我们应该尊重各国自主选择网络发展道路、网络管理模式、互联网公共政策和平等参与国际网络空间治理的权利，不搞网络霸权，不干涉他国内政，不从事、纵容或支持危害他国国家安全的网络活动。"①

---

① 习近平在第二届世界互联网大会开幕式上的讲话，新华网，2015 年 12 月 16 日。

尊重网络主权，不意味着关上大门，闭网锁国；不意味着关起门来搞建设，自娱自乐；也不意味着背弃互联互通、共享共治。尊重国家主权，标注了互联网治理的基本原则，也为互联网治理提供了新思路。即推进全球互联网治理体系变革，坚持尊重网络主权，尊重各国自主选择网络发展道路。明确网络空间的主权原则，既能体现各国政府依法管理网络空间的责任与权利，也有助于推动各国构建政府、企业和社会团体之间良性互动的平台，为信息技术的发展以及国际交流与合作营造一个健康的生态环境。既要明确网络主权，也应该尊重网络主权；既要尊重网络主权，就应该凝聚共识、扩大共识，在互联网治理上多合作。

第二节　网络安全及其立法

一、网络安全问题

（一）网络安全的定义

所谓网络安全，是指通过采取必要措施，防范对网络的攻击、入侵、干扰、破坏和非法使用以及意外事故，使网络处于稳定可靠运行的状态，以及保障网络存储、传输、处理信息的完整性、保密性、可用性的能力。有人将"网络安全"描述成：是指网络系统的硬件、软件及其系统中的数据受到保护，不受偶然的或者恶意的原因而遭受到破坏、更改、泄露，网络系统的连续可靠正常地运行，网络服务不中断的情形。网络安全是一门涉及计算机科学、网络技术、通信技术、密码技术、信息安全技术、应用数学、数论、信息论等多种学科的综合性学科。同时，从国家安全法学的角度看，网络安全又是一个关系国家安全和主权安全，经济发展和社会稳定，民族文化的继承与文化安全的重要问题。其重要性，随着全球信息化步伐的加快，而变得越来越重要。

网络安全，从其本质上来讲，就是网络上的信息安全问题。从广义来说，凡是涉及网络上信息的保密性、完整性、可用性、真实性和可控性的相关技术和理论，都是网络安全的研究领域。有时候，网络安全的具体含义，随着观察问题的角度变化而变化。比如，从用户（个人、企业等）角度来说，他们希望涉及个人隐私或商业利益的信息，在网络上传输时受到机密性、完整性和真实性的保护，避免其他人或竞争对手利用窃听、冒充、篡改、抵赖等手段，侵犯用户的利益和隐私，网络访问和信息被破坏等。从网络运行和管理者角度说，他们希望对本地网络信息的访问、读写等操作，受到法律的保护和规范的控制，避免出现"陷门"、病毒、非法存取、拒绝服务和网络资源非法占用和非法控制等威胁，有效制止和防御网络黑客的攻击。而对安全保密部门来说，他们希望对非法的、有害的，或者涉及国家机密的信息进行过滤和防堵，避免机要信息的泄露，避免对社会产生危害，对国家造成巨大损失。再从社会教育和意识形态角度来讲，网络上不健康的内容，必然会对社会的稳定和人类的发展，必然造成一定的阻碍或者妨碍，所以，对此必须进行有效的控制。

（二）网络安全面临的主要问题

当前，网络和信息技术迅猛发展，已经深度融入经济社会的各个方面，极大地改变和影响着人们的社会活动和生活方式，在促进技术创新、经济发展、文化繁荣、社会进步的同时，网络安全问题也日益凸显。主要是：（1）网络入侵、网络攻击等非法活动，严重威胁着电信、能源、交通、金融以及国防军事、行政管理等重要领域的信息基础设施的安全，云计算、大数据、物联网等新技术、新应用面临着更为复杂的网络安全环境；（2）非法获取、泄露甚至倒卖公民个人信息，侮辱诽谤他人、侵犯知识产权等违法活动在网络上时有发生，严重损害公民、法人和其他组织的合法权益；（3）宣扬恐怖主义、极端主义，煽动颠覆国家政权，以及淫秽色情等违法信息，借助网络传播、扩散，严重危害国家安全和社会公共利益。网络安全已成为关系国家安全和发展，关系人民群众切身利益的重大问题。

二、网络安全立法

《中华人民共和国网络安全法》（以下简称《网络安全法》）由全国人民代表大会常务委员会于 2016 年 11 月 7 日发布，自 2017 年 6 月 1 日起施行。是我国第一部全面规范网络空间安全管理方面问题的基础性法律，是我国网络空间法治建设的重要里程碑，是依法治网、化解网络风险的法律重器，是让互联网在法治轨道上健康运行的重要保障。

（一）网络安全法立法的原则

1. 坚持从国情出发。根据我国网络安全面临的严峻形势和网络立法的现状，充分总结近年来网络安全工作经验，确立保障网络安全的基本制度框架。重点对网络自身的安全作出制度性安排，同时在信息内容方面也作出相应的规范性规定，从网络设备设施安全、网络运行安全、网络数据①安全、网络信息安全等方面建立和完善相关制度，体现中国特色；并注意借鉴有关国家的经验，主要制度与国外通行做法是一致的，并对内外资企业同等对待，不实行差别待遇。

2. 坚持问题导向。本法是网络安全管理方面的基础性法律，主要针对实践中存在的突出问题，将近年来一些成熟的好做法作为制度确定下来，为网络安全工作提供切实法律保障。对一些确有必要，但尚缺乏实践经验的制度安排做出原则性规定，同时注重与已有的相关法律法规相衔接，并为需要制定的配套法规预留接口。

3. 坚持安全与发展并重。维护网络安全，必须坚持积极利用、科学发展、依法管理、确保安全的方针，处理好与信息化发展的关系，做到协调一致、齐头并进。通过保障安全为发展提供良好环境，本法注重对网络安全制度作出规范的同时，注意保护各类网络主体的合法权利，保障网络信息依法有序自由流动，促进网络技术创新和信息化持续健康发展。

4. 维护网络主权和战略规划。网络主权是国家主权在网络空间的体现和延伸，"网络主权原则"是我国维护国家安全和利益、参与网络国际治理与合作所坚持的重要原则。为此，《网络安全法》草案将"维护网络空间主权和国家安全"作为立法宗旨，规

---

① 网络数据，是指通过网络收集、存储、传输、处理和产生的各种电子数据。

定：在中国境内建设、运营、维护和使用网络，以及网络安全的监督管理，适用《网络安全法》（草案第2条）。同时，按照安全与发展并重的原则，设专章对国家网络安全战略和重要领域网络安全规划、促进网络安全的支持措施作了规定（《网络安全法》草案第二章）。

（二）《网络安全法》的立法背景

在信息化时代，网络已经深刻地融入了经济社会生活的各个方面，网络安全威胁也随之向经济社会的各个层面渗透，网络安全的重要性随之不断提高。

一方面，党的十八大以来，以习近平同志为核心的党中央从总体国家安全观出发对加强国家网络安全工作做出了重要的部署，对加强网络安全法制建设提出了明确的要求，制定《中华人民共和国网络安全法》是适应我们国家网络安全工作新形势、新任务，落实中央决策部署，保障网络安全和发展利益的重大举措，是落实总体国家安全观的重要举措。

另一方面，我国是网络大国，也是面临网络安全威胁最严重的国家之一，迫切需要建立和完善网络安全的法律制度，提高全社会的网络安全意识和网络安全保障水平，使我们的网络更加安全、更加开放、更加便利，也更加充满活力。

网络安全已经成为关系国家安全和发展、关系广大人民群众切身利益的重大问题。在这样的形势下，制定网络安全法是维护国家广大人民群众切身利益的需要，是维护网络安全的客观需要，是落实总体国家安全观的重要举措。

（三）《网络安全法》的立法意义

《网络安全法》是国家安全法律制度体系中的又一部重要法律，是网络安全领域的基本大法，与之前出台的《中华人民共和国反恐怖主义法》等属同一位阶。《国网络安全法》对于确立国家网络安全基本管理制度具有里程碑式的重要意义，具体表现为六个方面：一是服务于国家网络安全战略和网络强国战略；二是助力网络空间治理，护航"互联网＋"；三是构建我国首部网络空间管辖基本法；四是提供维护国家网络主权的法律依据；五是利于在网络空间领域贯彻落实依法治国精神；六是为网络参与者提供普遍法律准则和依据。

《网络安全法》明确了网络安全的内涵和工作体制，反映了中央对国家网络安全工作的总体布局，标志着网络强国制度保障建设迈出了坚实的一步。

（四）《网络安全法》解读

《网络安全法》共有7章79条，内容十分丰富，明确了网络空间主权的原则；明确了网络产品和服务提供者的安全义务；明确了网络运营者的安全义务；是进一步完善了个人信息保护规则；建立了关键信息基础设施安全保护制度；确立了关键信息基础设施重要数据跨境传输的规则。《网络安全法》有七个焦点内容：

1. 关于维护网络主权和战略规划目标。在中华人民共和国境内建设、运营、维护和使用网络，以及网络安全的监督管理。（第2条）；对国家网络安全战略和重要领域网络安全规划、促进网络安全的支持措施作了规定（第2章）。

2. 关于保障网络产品和服务安全。明确网络产品和服务提供者的安全义务（第22

条）；网络关键设备和网络安全专用产品的安全认证和安全检测制度上升为法律并作了必要的规范（第 23 三条）；建立关键信息基础设施运营者采购网络产品、服务的安全审查制度（第 35 条）。

3. 关于保障网络运行安全目标。保障网络运行安全，必须落实网络运营者第一责任人的责任。据此，将现行的网络安全等级保护制度上升为法律（第 21 条）；保障关键信息基础设施安全，维护国家安全、经济安全和保障民生（第三章第二节）。

4. 关于保障网络数据安全目标。要求网络运营者采取数据分类、重要数据备份和加密等措施，防止网络数据被窃取或者篡改（第 21 条）；加强对公民个人信息的保护，防止公民个人信息数据被非法获取、泄露或者非法使用（第 41 条至第 44）；要求关键信息基础设施的运营者在境内存储公民个人信息等重要数据；确需在境外存储或者向境外提供的，应当按照规定进行安全评估（第 37 条）。

5. 关于保障网络信息安全。明确网络运营者处置违法信息的义务，规定：网络运营者发现法律、行政法规禁止发布或者传输的信息的，应当立即停止传输，采取消除等处置措施，防止信息扩散，保存有关记录，并向有关主管部门主报告（第 47 条）；发送电子信息、提供应用软件不得含有法律、行政法规禁止发布或者传输的信息（第 48 条）；为维护国家安全和侦查犯罪的需要，侦查机关依照法律规定，可以要求网络运营者提供必要的支持与协助（第 28 条）；赋予有关主管部门处置违法信息、阻断违法信息传播的权力（第 48 条）。

6. 关于监测预警与应急处置。要求国务院有关部门建立健全网络安全监测预警和信息通报制度，加强网络安全信息收集、分析和情况通报工作（第 51 条、第 52 条）；建立网络安全应急工作机制，制定应急预案（第 53 条）；规定预警信息的发布及网络安全事件应急处置措施（第 54 条）；为维护国家安全和社会公共秩序，处置重大突发社会安全事件，对网络管制作了规定（第 58 条）。

7. 关于网络安全监督管理体制目标。国家网信部门负责统筹协调网络安全工作和相关监督管理工作，并在一些条款中明确规定了其协调和管理职能；国务院工业和信息化、公安等部门按照各自职责负责网络安全保护和监督管理相关工作（第 8 条）。

针对当前通讯信息诈骗特别是新型网络违法犯罪呈多发态势，《网络安全法》增加了惩治网络诈骗等新型网络违法犯罪活动的规定，即任何个人和组织不得设立用于实施诈骗，传授犯罪方法，制作或者销售违禁物品、管制物品等违法犯罪活动的网站、通讯群组，不得利用网络发布与实施诈骗，制作或者销售违禁物品、管制物品以及其他违法犯罪活动有关的信息，并增加规定相应的法律责任。

为保障网络信息依法有序自由流动，保护公民个人信息安全，防止公民个人信息被窃取、泄露和非法使用，《网络安全法》第四章（网络信息安全）在全国人大常委会《关于加强网络信息保护的决定》的基础上用较大的篇幅专章规定了公民个人信息保护的基本法律制度。这之中有四大亮点，引人注目：一是网络运营者收集、使用个人信息必须符合合法、正当、必要原则。二是网络运营商收集、使用公民个人信息的目的明确原则和知情同意原则。三是公民个人信息的删除权和更正权制度，即个人发现网络运营者违反法律、行政法规的规定或者双方的约定收集、使用其个人信息的，有权要求网络运营者删除其个人信息；发现网络运营者收集、存储的其个人信息有错误的，有权要求网络运营者予以更正。网络运营者应当采取措施予以删除或者更正。四是网络安全监督管理机构及其工作人员对公民个人信息、隐私和商业秘密的保密制度等。

《网络安全法》针对实践中网络安全存在的突出问题，为应对网络安全面临的严峻形势，保障公民网络空间的合法权益不受侵害，在确立保障网络安全基本制度，保障网络信息依法有序自由流动以及促进网络技术创新和信息化持续健康发展的基础上，充分体现了保护各类网络主体的合法权利的立法原则，特别是把保障公民网络空间合法权益不受侵犯作为网络安全立法的基础。

针对通讯信息网络诈骗等新型网络违法犯罪的多发态势，《网络安全法》第四章设定了两项禁止性规定：一是不得设立用于实施诈骗，传授犯罪方法，制作或者销售违禁物品、管制物品等违法犯罪活动的网站、通讯群组；二是不得利用网络发布与实施诈骗，制作或者销售违禁物品、管制物品以及其他违法犯罪活动有关的信息。这两项规定对于保护公民网络空间的合法权益，维护网络空间的安宁显得十分必要和紧迫，充分体现了我国网络安全立法"以民为本、立法为民"的核心理念，符合当前网络安全工作的实际和需要。

三、网络安全案例

"熊猫烧香"（Worm. WhBoy. cw），是一种经过多次变种的蠕虫病毒变种，由于中毒电脑的可执行文件会出现"熊猫烧香"图案，所以也被称为"熊猫烧香"病毒。但原病毒只会对 exe 图标进行替换，并不会对系统本身进行破坏。而大多数是中等病毒变种，用户电脑中毒后可能会出现蓝屏、频繁重启以及系统硬盘中数据文件被破坏等现象。同时，该病毒的某些变种可以通过局域网进行传播，进而感染局域网内所有计算机系统，最终导致企业局域网瘫痪，无法正常使用，它能感染系统中 exe，com，pif，src，html，asp 等文件，它还能终止大量的反病毒软件进程并且会删除扩展名为 gho 的文件，该文件是一系统备份工具 ghost 的备份文件，使用户的系统备份文件丢失。感染系统 Win9x/2000/NT/XP/2003/win7，被感染的用户系统中所有 . exe 可执行文件全部被改成熊猫举着三根香的模样。据悉，多家著名网站遭到此类攻击，而相继被植入病毒。由于这些网站的浏览量非常大，致使"熊猫烧香"病毒的感染范围非常广，中毒企业和政府机构已经超过千家，其中不乏金融、税务、能源等关系到国计民生的重要单位。其中，江苏等地区成为"熊猫烧香"重灾区。据不完全统计，仅 2006 年 12 月份，变种数已达 90 多个，个人用户感染熊猫烧香的高达几百万户，企业用户感染数在继续上升。反防毒专家表示，伴随着各大杀毒厂商对"熊猫烧香"病毒的集中绞杀，该病毒正在不断"繁衍"新的变种，密谋更加隐蔽的传播方式。反病毒专家建议，用户不打开可疑邮件和可疑网站，不要随便运行不知名程序或打开陌生人邮件的附件。

专家介绍，"熊猫烧香" 2006 年 10 月 16 日，由 25 岁的湖北武汉新洲区李俊编写，主要透过下载的文件传染。并且，李俊还以自己出售和由他人代卖的方式，在网络上将该病毒销售给 120 余人，非法获利 10 万余元。2007 年 1 月初肆虐网络，2006 年 11 月中旬被首次发现，短短两个月时间，新老变种已达 700 多种，据江民反病毒预警中心监测到的数据显示，"熊猫烧香"病毒 2006 年 12 月一举闯入病毒排名前 20 名，2007 年 1 月份更是有望进入前 10 名。疫情最严重的地区分别为：广东、山东、江苏、北京和辽宁。2007 年 1 月 29 日，来自金山毒霸反病毒中心最新消息："熊猫烧香"化身"金猪"，危害指数再度升级，被感染的电脑中不但"熊猫"成群，而且"金猪"满圈。象征财富的金猪仍然让用户无法摆脱"系统被破坏，大量应用软件无法应用"的噩梦。"熊猫烧香"被列为 2007 年十大电脑病毒之首，曾让上百万台电脑受害。

2007 年 2 月 12 日，湖北省公安厅宣布，"熊猫烧香"电脑病毒制造者李俊以及其同伙共 8 人已经落网，其他重要犯罪嫌疑人：雷磊（男，25 岁，武汉新洲区人）、王磊（男，22 岁，山东威海人）、叶培新（男，21 岁，浙江温州人）、张顺（男，23 岁，浙江丽水人）、王哲（男，24 岁，湖北仙桃人）通过改写、传播"熊猫烧香"等病毒，构建"僵尸网络"，通过盗窃各种游戏账号等方式非法牟利。这是我国警方破获的首例计算机病毒大案。[①]

2007 年 9 月 24 日，"熊猫烧香"计算机病毒制造者及主要传播者李俊等 4 人，被湖北仙桃市法院以破坏计算机信息系统罪判处李俊有期徒刑 4 年、王磊有期徒刑 2 年 6 个月、张顺有期徒刑 2 年、雷磊有期徒刑 1 年，并判决李俊、王磊、张顺的违法所得予以追缴，上缴国库。

第三节 网络灾害的防控

一、网络灾害的界定

所谓网络灾害，即是指在网络中发生的断网、数据丢失或者网络受到病毒感染、运行失灵等受到威胁或者陷入危险的情况。[②] 比如，前文提到的"熊猫烧香"网络病毒感染事件。应当说，网络灾害的发生，首先是与网络有关，属于网络中的灾难事故；其次是网络运行本身带来的危害事故或损失事件，或者网络运行失灵，而导致系统作用失常；再次是损失极其巨大或者危害非常严重，有时候一次严重的网络灾害，导致的损失往往是以亿万损失来计算。可见，网络灾害虽然不像自然灾害那样发生严重的财产损失，但是，在过度依赖网络的现代社会里，网络瘫痪往往也会让社会运行陷入与自然灾害一样的重大损失情形。

二、网络灾害防恐的立法原则

（一）网络安全基本原则

1. 网络安全优先原则。我国《网络安全法》规定，为了保障网络安全，维护网络

---

① 佚名. 公司欲聘熊猫烧香案主犯续：经理称被误解 [EB/OL]. 浙江在线，http://news. xinhuanet. com/legal/2007—09/26/content_6795012. htm. 最后访问时间：2016—08—22.

② 杨洋. 电信网络灾难备份及恢复研究 [J]. 电信科学 2007—02—19，http://www. cww. net. cn/article/article. asp?bid=4779&id=79709. 最后访问时间：2016—08—22.

空间主权和国家安全、社会公共利益，保护公民、法人和其他组织的合法权益，促进经济社会信息化健康发展，制定本法（第1条）；在中国境内建设、运营、维护和使用网络，以及网络安全的监督管理，适用本法（第2条）；国家坚持网络安全与信息化发展并重，遵循积极利用、科学发展、依法管理、确保安全的方针，推进网络基础设施建设和互联互通，鼓励网络技术创新和应用，建立健全网络安全保障体系，提高网络安全保护能力（第3条）；国家制定并不断完善网络安全战略，明确保障网络安全的基本要求和主要目标，提出重点领域的网络安全政策、工作任务和措施（第4条）。

2. 网络安全参与原则。我国《网络安全法》规定，国家倡导诚实守信、健康文明的网络行为，推动传播社会主义核心价值观，采取措施提高全社会的网络安全意识和水平，形成全社会共同参与促进网络安全的良好环境（第6条）。

3. 维护网络安全与国际合作原则。我国《网络安全法》规定，国家采取措施，监测、防御、处置来源于中华人民共和国境内外的网络安全风险和威胁，保护关键信息基础设施免受攻击、侵入、干扰和破坏，依法惩治网络违法犯罪活动，维护网络空间安全和秩序（第5条）；国家积极开展网络空间治理、网络技术研发和标准制定、打击网络违法犯罪等方面的国际交流与合作，推动构建和平、安全、开放、合作的网络空间，建立多边、民主、透明的网络治理体系（第7条）。

4. 网络安全职能维护原则。我国《网络安全法》规定，国家网信部门负责统筹协调网络安全工作和相关监督管理工作。国务院电信主管部门、公安部门和其他有关机关依照本法和有关法律、行政法规的规定，在各自职责范围内负责网络安全保护和监督管理工作。县级以上地方政府有关部门的网络安全保护和监督管理职责，按照国家有关规定确定（第8条）。

5. 网络运营商社会责任原则。我国《网络安全法》规定，网络运营者开展经营和服务活动，必须遵守法律、行政法规，尊重社会公德，遵守商业道德，诚实信用，履行网络安全保护义务，接受政府和社会的监督，承担社会责任（第9条）；建设、运营网络或者通过网络提供服务，应当依照法律、行政法规的规定和国家标准的强制性要求，采取技术措施和其他必要措施，保障网络安全、稳定运行，有效应对网络安全事件，防范网络违法犯罪活动，维护网络数据的完整性、保密性和可用性（第10条）；网络相关行业组织按照章程，加强行业自律，制定网络安全行为规范，指导会员加强网络安全保护，提高网络安全保护水平，促进行业健康发展（第11条）。

6. 网络使用者安全义务原则。我国《网络安全法》规定，国家保护公民、法人和其他组织依法使用网络的权利，促进网络接入普及，提升网络服务水平，为社会提供安全、便利的网络服务，保障网络信息依法有序自由流动。任何个人和组织使用网络应当遵守宪法法律，遵守公共秩序，尊重社会公德，不得危害网络安全，不得利用网络从事危害国家安全、荣誉和利益，煽动颠覆国家政权、推翻社会主义制度，煽动分裂国家、破坏国家统一，宣扬恐怖主义、极端主义，宣扬民族仇恨、民族歧视，传播暴力、淫秽色情信息，编造、传播虚假信息扰乱经济秩序和社会秩序，以及侵害他人名誉、隐私、知识产权和其他合法权益等活动（第12条）；任何个人和组织有权对危害网络安全的行为向网信、电信、公安等部门举报。收到举报的部门应当及时依法作出处理；不属于本部门职责的，应当及时移送有权处理的部门（第 14 条）。

7. 秘密信息的网络安全保护原则。我国《网络安全法》规定，存储、处理涉及国家秘密信息的网络的运行安全保护，除应当遵守本法外，还应当遵守保密法律、行政法规的规定（第 77 条）；军事网络的安全保护，由中央军事委员会另行规定（第 78 条）。

三、网络灾害防控的制度设计

（一）网络安全支持与促进

1. 网络安全标准体系。我国《网络安全法》规定，国家建立和完善网络安全标准体系。国务院标准化行政主管部门和国务院其他有关部门根据各自的职责，组织制定并适时修订有关网络安全管理以及网络产品、服务和运行安全的国家标准、行业标准。国家支持企业、研究机构、高等学校、网络相关行业组织参与网络安全国家标准、行业标准的制定（第 15 条）。

2. 扶持网络安全技术。我国《网络安全法》规定，国务院和省、自治区、直辖市人民政府应当统筹规划，加大投入，扶持重点网络安全技术产业和项目，支持网络安全技术的研究开发和应用，推广安全可信的网络产品和服务，保护网络技术知识产权，支持企业、研究机构和高等院校等参与国家网络安全技术创新项目（第 16 条）；国家鼓励开发网络数据安全保护和利用技术，促进公共数据资源开放，推动技术创新和经济社会发展。国家支持创新网络安全管理方式，运用网络新技术，提升网络安全保护水平（第 18 条）。

3. 网络安全社会服务。国家推进网络安全社会化服务体系建设，鼓励有关企业、机构开展网络安全认证、检测和风险评估等安全服务（第 17 条）；各级政府及其有关部门应当组织开展经常性的网络安全宣传教育，并指导、督促有关单位做好网络安全宣传教育工作。大众传播媒介应当有针对性地面向社会进行网络安全宣传教育（第 19 条）；国家支持企业和高等院校、职业学校等教育培训机构开展网络安全相关教育与培训，采取多种方式培养网络安全人才，促进网络安全人才交流（第 20 条）。

（二）网络运行安全

1. 网络安全等级保护制度。我国《网络安全法》规定，国家实行网络安全等级保护制度。网络运营者应当按照网络安全等级保护制度的要求，履行下列安全保护义务，保障网络免受干扰、破坏或者未经授权的访问，防止网络数据泄露或者被窃取、篡改：（1）制定内部安全管理制度和操作规程，确定网络安全负责人，落实网络安全保护责任；（2）采取防范计算机病毒和网络攻击、网络侵入等危害网络安全行为的技术措施；（3）采取监测、记录网络运行状态、网络安全事件的技术措施，并按照规定留存网络日志不少于 6 个月；（4）采取数据分类、重要数据备份和加密等措施；（5）法律、行政法规规定的其他义务（第 21 条）；网络产品、服务应当符合相关国家标准的强制性要求。网络产品、服务的提供者不得设置恶意程序；发现其网络产品、服务存在安全缺陷、漏洞等风险时，应当立即采取补救措施，按照规定及时告知用户并向有关主管部门报告。网络产品、服务的提供者应当为其产品、服务持续提供安全维护；在规定或者当事人约定的期间内，不得终止提供安全维护。网络产品、服务具有收集用户信息功能的，其提供者应当向用户明示并取得同意；涉及用户个人信息的，还应当遵守本法和有关法律、行政法规关于个人信息保护的规定（第22条）。

2. 网络安全强制标准。网络安全强制标准要求，根据我国《网络安全法》规定，包括：（1）网络安全强制性要求。网络关键设备和网络安全专用产品应当按照相关国家标准的强制性要求，由具备资格的机构安全认证合格或者安全检测符合要求后，方可销售或者提供。国家网信部门会同国务院有关部门制定、公布网络关键设备和网络安全专用产品目录，并推动安全认证和安全检测结果互认，避免重复认证、检测（第23条）。（2）用户真实信息。网络运营者为用户办理网络接入、域名注册服务，办理固定电话、移动电话等入网手续，或者为用户提供信息发布、即时通讯等服务，在与用户签订协议或者确认提供服务时，应当要求用户提供真实身份信息。用户不提供真实身份信息的，网络运营者不得为其提供相关服务。国家实施网络可信身份战略，支持研究开发安全、方便的电子身份认证技术，推动不同电子身份认证之间的互认（第24条）。（3）安全事件应急预案。网络运营者应当制定网络安全事件应急预案，及时处置系统漏洞、计算机病毒、网络攻击、网络侵入等安全风险；在发生危害网络安全的事件时，立即启动应急预案，采取相应的补救措施，并按照规定向有关主管部门报告（第25条）。（4）网络安全信息发布。开展网络安全认证、检测、风险评估等活动，向社会发布系统漏洞、计算机病毒、网络攻击、网络侵入等网络安全信息，应当遵守国家有关规定（第26条）。（5）网络安全义务。任何个人和组织不得从事非法侵入他人网络、干扰他人网络正常功能、窃取网络数据等危害网络安全的活动；不得提供专门用于从事侵入网络、干扰网络正常功能和防护措施、窃取网络数据等危害网络安全活动的程序、工具；明知他人从事危害网络安全的活动的，不得为其提供技术支持、广告推广、支付结算等帮助（第27条）；网络运营者应当为公安机关、国家安全机关依法维护国家安全和侦查犯罪的活动提供技术支持和协助（第28条）。（6）网络安全合作。国家支持网络运营者之间在网络安全信息收集、分析、通报和应急处置等方面进行合作，提高网络运营者的安全保障能力。有关行业组织建立健全本行业的网络安全保护规范和协作机制，加强对网络安全风险的分析评估，定期向会员进行风险警示，支持、协助会员应对网络安全风险（第29条）。（7）监管获取信息限制。网信部门和有关部门在履行网络安全保护职责中获取的信息，只能用于维护网络安全的需要，不得用于其他用途（第30条）。

3. 关键信息基础设施的运行安全。关键信息基础设施的运行安全，我国《网络安全法》规定：（1）国家对公共通信和信息服务、能源、交通、水利、金融、公共服务、电子政务等重要行业和领域，以及其他一旦遭到破坏、丧失功能或者数据泄露，可能严重危害国家安全、国计民生、公共利益的关键信息基础设施，在网络安全等级保护制度的基础上，实行重点保护。关键信息基础设施的具体范围和安全保护办法由国务院制定。（第31条）。（2）基础设施安全规划。按照国务院规定的职责分工，负责关键信息基础设施安全保护工作的部门分别编制并组织实施本行业、本领域的关键信息基础设施安全规划，指导和监督关键信息基础设施运行安全保护工作（第32条）；建设关键信息基础设施应当确保其具有支持业务稳定、持续运行的性能，并保证安全技术措施同步规划、同步建设、同步使用（第 33 条）。（3）运营商安全保障义务。关键信息基础设施的运营者还应当履行下列安全保护义务：一是设置专门安全管理机构和安全管理负责人，并对该负责人和关键岗位的人员进行安全背景审查；二是定期对从业人员进行网络安全教育、技术培训和技能考核；三是对重要系统和数据库进行容灾备份；四是制定网络安全事件应急预案，并定期组织演练；五是法律、行政法规规定的其他义务（第 34 条）。（4）安全保密审查。关键信息基础设施的运营者采购网络产品和服务，可能影响国家安全的，应当通过国家网信部门会同国务院有关部门组织的国家安全审查（第 35 条）；关键信息基础设施的运营者采购网络产品和服务，应当与提供者签订安全保密协议，明确安全和保密义务与责任（第 36 条）。（5）数据境内存储。关键信息基础设施的运营者在中华人民共和国境内运营中收集和产生的个人信息和重要业务数据应当在境内存储。因业务需要，确需向境外提供的，应当按照国家网信部门会同国务院有关部门制定的办法进行安全评估；法律、行政法规另有规定的，依照其规定（第 37 条）。（6）信息风险检测。关键信息基础设施的运营者应当自行或者委托网络安全服务机构对其网络的安全性和可能存在的风险每年至少进行一次检测评估，并将检测评估情况和改进措施报送相关负责关键信息基础设施安全保护工作的部门（第 38 条）。（7）安全保护措施。国家网信部门应当统筹协调有关部门对关键信息基础设施的安全保护采取下列措施：一是对关键信息基础设施的安全风险进行抽查检测，提出改进措施，必要时可以委托网络安全服务机构对网络存在的安全风险进行检测评估；二是定期组织关键信息基础设施的运营者进行网络安全应急演练，提高应对网络安全事件的水平和协同配合能力；三是促进有关部门、关键信息基础设施运营者以及有关研究机构、网络安全服务机构等之间的网络安全信息共享；四是对网络安全事件的应急处置与恢复等，提供技术支持与协助（第 39 条）。

（三）网络信息安全

1. 用户信息保护制度。我国《网络安全法》规定：（1）网络运营者应当对其收集的用户信息严格保密，并建立健全用户信息保护制度（第 40 条）。（2）用户信息收集原则。网络运营者收集、使用个人信息，应当遵循合法、正当、必要的原则，公开收集、使用规则，明示收集、使用信息的目的、方式和范围，并经被收集者同意。网络运营者不得收集与其提供的服务无关的个人信息，不得违反法律、行政法规的规定和双方的约定收集、使用个人信息，并应当依照法律、行政法规的规定和与用户的约定，处理其保存的个人信息（第 41 条）。（3）保密义务。网络运营者不得泄露、篡改、毁损其收集的个人信息；未经被收集者同意，不得向他人提供个人信息。但是，经过处理无法识别特定个人且不能复原的除外。网络运营者应当采取技术措施和其他必要措施，确保其收集的个人信息安全，防止信息泄露、毁损、丢失。在发生或者可能发生个人信息泄露、毁损、丢失的情况时，应当立即采取补救措施，按照规定及时告知用户并向有关主管部门报告（第 42 条）。

2. 用户网络安全权利。我国《网络安全法》规定：（1）删除要求权。个人发现网络运营者违反法律、行政法规的规定或者双方的约定收集、使用其个人信息的，有权要求网络运营者删除其个人信息；发现网络运营者收集、存储的其个人信息有错误的，有权要求网络运营者予以更正。网络运营者应当采取措施予以删除或者更正（第43条）。（2）信息受保护权。任何个人和组织不得窃取或者以其他非法方式获取个人信息，不得非法出售或者非法向他人提供个人信息（第44条）。

3. 监管部门的义务与职责。我国《网络安全法》规定：（1）监管保密与监督管理职责。依法负有网络安全监督管理职责的部门及其工作人员，必须对在履行职责中知悉的个人信息、隐私和商业秘密严格保密，不得泄露、出售或者非法向他人提供（第45条）。（2）国家网信部门和有关部门依法履行网络信息安全监督管理职责，发现法律、行政法规禁止发布或者传输的信息的，应当要求网络运营者停止传输，采取消除等处置措施，保存有关记录；对来源于中华人民共和国境外的上述信息，应当通知有关机构采取技术措施和其他必要措施阻断传播（第50条）。

4. 网络运营者义务。我国《网络安全法》规定：（1）信息发布管理。网络运营者应当加强对其用户发布的信息的管理，发现法律、行政法规禁止发布或者传输的信息的，应当立即停止传输该信息，采取消除等处置措施，防止信息扩散，保存有关记录，并向有关主管部门报告（第47条）。（2）恶意程序禁止。任何个人和组织发送的电子信息、提供的应用软件，不得设置恶意程序，不得含有法律、行政法规禁止发布或者传输的信息。电子信息发送服务提供者和应用软件下载服务提供者，应当履行安全管理义务，知道其用户有前款规定行为的，应当停止提供服务，采取消除等处置措施，保存有关记录，并向有关主管部门报告（第48条）。（3）网络信息投诉制度。网络运营者应当建立网络信息安全投诉、举报制度，公布投诉、举报方式等信息，及时受理并处理有关网络信息安全的投诉和举报。网络运营者对网信部门和有关部门依法实施的监督检查，应当予以配合（第49条）。

（四）监测预警与应急处置

1. 网警信息通报。我国《网络安全法)》第51条规定，国家建立网络安全监测预警和信息通报制度。国家网信部门应当统筹协调有关部门加强网络安全信息收集、分析和通报工作，按照规定统一发布网络安全监测预警信息。

2. 网安预警通报。我国《网络安全法》第52条规定，负责关键信息基础设施安全保护工作的部门，应当建立健全本行业、本领域的网络安全监测预警和信息通报制度，并按照规定报送网络安全监测预警信息。

3. 网安应急机制。我国《网络安全法》第53条规定，国家网信部门协调有关部门建立健全网络安全风险评估和应急工作机制，制定网络安全事件应急预案，并定期组织演练。负责关键信息基础设施安全保护工作的部门应当制定本行业、本领域的网络安全事件应急预案，并定期组织演练。网络安全事件应急预案应当按照事件发生后的危害程度、影响范围等因素对网络安全事件进行分级，并规定相应的应急处置措施。

4. 网安风险措施。我国《网络安全法》第54条规定，网络安全事件发生的风险增大时，省级以上人民政府有关部门应当按照规定的权限和程序，并根据网络安全风险的特点和可能造成的危害，采取下列措施：（1）要求有关部门、机构和人员及时收集、报告有关信息，加强对网络安全风险的监测；（2）组织有关部门、机构和专业人员，对网络安全风险信息进行分析评估，预测事件发生的可能性、影响范围和危害程度；（3）向社会发布网络安全风险预警，发布避免、减轻危害的措施。

5. 网安事件处置。我国《网络安全法》第 55 条规定，发生网络安全事件，应当立即启动网络安全事件应急预案，对网络安全事件进行调查和评估，要求网络运营者采取技术措施和其他必要措施，消除安全隐患，防止危害扩大，并及时向社会发布与公众有关的警示信息。

6. 网络运营商责任。我国《网络安全法》第 56 条规定，省级以上政府有关部门在履行网络安全监督管理职责中，发现网络存在较大安全风险或者发生安全事件的，可以按照规定的权限和程序对该网络的运营者的法定代表人或者主要负责人进行约谈。网络运营者应当按照要求采取措施，进行整改，消除隐患。

7. 网安事件处置。我国《网络安全法》第 57 条规定，因网络安全事件，发生突发事件或者安全生产事故的，应当依照《中华人民共和国突发事件应对法》《中华人民共和国安全生产法》等有关法律、行政法规的规定处置。

8. 网络通信临时措施。我国《网络安全法》第 58 条规定，因维护国家安全和社会公共秩序，处置重大突发社会安全事件的需要，经国务院决定或者批准，可以在特定区域对网络通信采取限制等临时措施。

（五）法律责任

1. 网络运营着责任。（1）我国《网络安全法》第 59 条规定，网络运营者不履行本法第 21 条、第 25 条规定的网络安全保护义务的，由有关主管部门责令改正，给予警告；拒不改正或者导致危害网络安全等后果的，处 1 万元以上 10 万元以下罚款；对直接负责的主管人员处 5 千元以上 5 万元以下罚款。关键信息基础设施的运营者不履行本法第 33 条、第 34 条、第 36 条、第 38 条规定的网络安全保护义务的，由有关主管部门责令改正，给予警告；拒不改正或者导致危害网络安全等后果的，处 10 万元以上 100 万元以下罚款；对直接负责的主管人员处 1 万元以上 10 万元以下罚款。

（2）我国《网络安全法》第 61 条规定，网络运营者违反本法第 24 条第 1 款规定，未要求用户提供真实身份信息，或者对不提供真实身份信息的用户提供相关服务的，由有关主管部门责令改正；拒不改正或者情节严重的，处 5 万元以上 50 万元以下罚款，并可以由有关主管部门责令暂停相关业务、停业整顿、关闭网站、吊销相关业务许可证或者吊销营业执照，对直接负责的主管人员和其他直接责任人员处 1 万元以上 10 万元以下罚款。

（3）我国《网络安全法》第 64 条规定，网络运营者、网络产品或者服务的提供者违反本法第 23 条第 3 款、第 41 条至第 43 条规定，侵害公民个人信息依法得到保护的权利的，由有关主管部门责令改正，可以根据情节单处或者并处警告、没收违法所得、处违法所得 1 倍以上 10 以下罚款，没有违法所得的，处 50 万元以下罚款；情节严重的，可以责令暂停相关业务、停业整顿、关闭网站、吊销相关业务许可证或者吊销营业执照；对直接负责的主管人员和其他直接责任人员处 1 万元以上 10 万元以下罚款。违反本法第 44 条规定窃取或者以其他方式非法获取、非法出售或者非法向他人提供公民个人信息，尚不构成犯罪的，由公安机关没收违法所得，并处违法所得 1 倍以上 10 倍以下罚款，没有违法所得的，处 50 万元以下罚款。

（4）我国《网络安全法》第 68 条规定，网络运营者违反本法第 47 条规定，对法律、行政法规禁止发布或者传输的信息未停止传输、采取消除等处置措施、保存有关记录的，由有关主管部门责令改正，给予警告，没收违法所得；拒不改正或者情节严重的，处 10 万元以上 50 万元以下罚款，并可以责令暂停相关业务、停业整顿、关闭网站、吊销相关业务许可证或者吊销营业执照；对直接负责的主管人员和其他直接责任人员处 1 万元以上 10 万元以下罚款。电子信息发送服务提供者、应用软件下载服务提供者，未履行本法规定的安全管理义务的，依照前款规定处罚。

（5）我国《网络安全法》第 69 条规定，网络运营者违反本法规定，出现下列行为之一时，由有关主管部门责令改正；拒不改正或者情节严重的，处 5 万元以上 50 万元以下罚款；对直接负责的主管人员和其他直接责任人员，处 1 万元以上 10 万元以下罚款：（1）不按照有关部门的要求对法律、行政法规禁止发布或者传输的信息，采取停止传输、消除等处置措施的；（2）拒绝、阻碍有关部门依法实施的监督检查的；（3）拒不向公安机关、国家安全机关提供技术支持和协助的。

2. 关键信息基础设施运营者法律责任。我国《网络安全法（二审稿）》规定：（1）使用非安全网络产品与服务。关键信息基础设施的运营者违反本法第 35 条规定，使用未经安全审查或者安全审查未通过的网络产品或者服务的，由有关主管部门责令停止使用，处采购金额 1 倍以上 10 倍以下罚款；对直接负责的主管人员和其他直接责任人员处 1 万元以上 10 万元以下罚款（第 65 条）。（2）境外存放数据。关键信息基础设施的运营者违反本法第 37 条规定，在境外存储网络数据，或者向境外提供网络数据的，由有关主管部门责令改正，给予警告，没收违法所得，处 5 万元以上 50 万元以下罚款，并可以责令暂停相关业务、停业整顿、关闭网站、吊销相关业务许可证或者吊销营业执照；对直接负责的主管人员和其他直接责任人员处 1 万元以上 10 万元以下罚款（第 66 条）。

3. 违法的法律责任。我国《网络安全法》规定：（1）应为不为的责任。违反本法第 22 条第 1 款、第 2 款和第 48 条第 1 款规定，有下列行为之一的，由有关主管部门责令改正，给予警告；拒不改正或者导致危害网络安全等后果的，处 5 万元以上 50 万元以下罚款；对直接负责的主管人员处 1 万元以上 10 万元以下罚款：一是设置恶意程序的；二是对其产品、服务存在的安全缺陷、漏洞等风险未立即采取补救措施，或者未按照规定及时告知用户并向有关主管部门报告的；三是擅自终止为其产品、服务提供安全维护的（第 60 条）。

（2）不为而为的法律责任。违反本法第 26 条规定，开展网络安全认证、检测、风险评估等活动，或者向社会发布系统漏洞、计算机病毒、网络攻击、网络侵入等网络安全信息的，责令改正，给予警告；拒不改正或者情节严重的，处 1 万元以上 10 万元以下罚款，并可以由有关主管部门责令暂停相关业务、停业整顿、关闭网站、吊销相关业务许可证或者吊销营业执照；对直接负责的主管人员和其他直接责任人员处 5 千元以上 5 万元以下罚款（第 62 条）。

（3）危害网络安全的法律责任。违反本法第 27 条规定，从事危害网络安全的活动，或者提供专门用于从事危害网络安全活动的程序、工具，或者为他人从事危害网络安全的活动提供技术支持、广告推广、支付结算等帮助，尚不构成犯罪的，由公安机关没收违法所得，处5日以下拘留，可以并处5万元以上50万元以下罚款；情节较重的，处5日以上15日以下拘留，可以并处10万元以上100万元以下罚款。单位有前款规定行为的，由公安机关没收违法所得，处10万元以上100万元以下罚款，并对其直接负责的主管人员和其他责任人员依照前款规定处罚。违反本法第27条规定，受到治安管理处罚或者刑事处罚的人员，终身不得从事网络安全管理和网络运营关键岗位的工作（第63条）。

（4）发布违法信息。发布或者传输本法第12条第2款和其他法律、行政法规禁止发布或者传输的信息的，依照有关法律、行政法规的规定处罚（第70条）。

（5）信用处罚。有本法规定的违法行为的，依照有关法律、行政法规的规定记入信用档案，并予以公示（第71条）。

4. 管理者的违法责任。我国《网络安全法》规定：（1）国家机关政务网络的运营者不履行本法规定的网络安全保护义务的，由其上级机关或者有关机关责令改正；对直接负责的主管人员和其他直接责任人员依法给予处分（第72条）。（2）网信部门和有关部门违反本法第三十条规定，将在履行网络安全保护职责中获取的信息用于其他用途的，对直接负责的主管人员和其他直接责任人员依法给予处分。网信部门和有关部门的工作人员玩忽职守、滥用职权、徇私舞弊，尚不构成犯罪的，依法给予处分（第73条）。（3）法律责任竞合。违反本法规定，给他人造成损害的，依法承担民事责任。违反本法规定，构成违反治安管理行为的，依法给予治安管理处罚；构成犯罪的，依法追究刑事责任（第74条）。

第十二章　生态安全与资源安全

第一节　生态安全

一、生态安全的定义

所谓生态安全，是指一个国家赖以生存和发展的生态环境处于不受或者少受破坏与威胁的状态。在这里，生态安全有两层含义：一是生态系统是否安全，即生态系统本身结构是否受到破坏，功能是否健全；二是指生态系统对于人类是否安全，即生态系统所提供的服务能否满足人类生存和发展的需要。

随着人口的增长和社会经济的发展，人类活动对环境的压力不断增大，人地矛盾加剧。尽管世界各国在生态环境建设上已取得不小成就，但是，并未能从根本上扭转环境逆向演化的趋势。也就是说，由环境退化和生态破坏及其所引发的环境灾害和生态灾难没有得到减缓，全球变暖、海平面上升、臭氧层空洞的出现与迅速扩大，以及生物多样性的锐减等全球性的关系到人类本身安全的生态问题，一次次向人类敲响警钟。因此，不管作为个人、聚落、住区，还是作为区域和国家的安全，都面临着来自生态环境的挑战。生态安全与国防安全、经济安全、金融安全等已具有同等重要的战略地位，并构成国家安全、区域安全的重要内容。保持全球及区域性的生态安全、环境安全和经济的可持续发展等已成为国际社会和人类的普遍共识。从 2014 年 4 月 15 日起，我国对生态安全的认识，提升到了一个新高度。这一天，中央国家安全委员会第一次会议召开，明确将生态安全纳入国家安全体系，生态安全由此正式成为国家安全的重要组成部分。这是在准确把握国家安全形势变化新特点新趋势基础上，做出的重大战略部署，也是坚持总体国家安全观的具体体现，对于提升生态安全重要性认识、破解生态安全威胁，意义重大，影响深远。

很多人并不真正了解生态安全的内涵和外延。提起国家安全，公众下意识地只会想到国防、政治和经济等领域安全，即使近年来生态安全受到了一定关注，也基本是基于发生重特大生态安全问题后的反思和调整，问题一过，重视程度也就降温了。客观来看，这与生态安全自身的某些特点有关。和其他领域的安全相比，生态安全问题的显现，需要很长时间，导致生态安全最容易被忽略，容易让位于其他领域安全，尤其是经济安全。为缓解经济下行压力，进行的大规模刺激性投资，就是明证。重视程度的不足，导致的直接结果是，生态安全威胁不仅没有得到及时遏制，反而使得潜在风险不断累积、发酵。越过一定阈值后，污染物排放量超过环境承载和消纳能力，生态系统就会面临不可逆的结构性变化和功能性退化。然而，恰恰是这最容易被忽略的生态安全，与公众日常生活的交集却越来越多。与其他领域安全威胁相比，公众更多关注食品安全、水安全、空气安全等个人生活领域安全，因为这些安全与个人利益息息相关。这一点在近年来表现得尤为突出。大气污染问题此起彼伏，水污染尚未根治，土壤污染接踵而至，生态环境问题逐步上升发展成为生态安全问题，公众对生态环境安全的诉求，呈现明显的上升趋势。

在当下这个发展阶段，生态安全已经成为国家安全体系中一个较大的短板，对国家安全和公众健康构成了巨大威胁。在"人民安全为宗旨"的安全观下，生态安全必须要给予高度重视。这要求我们正确认识和处理生态安全和其他领域安全的关系。经验告诉我们，生态安全从来都不是孤立存在的，与其他领域的安全有着千丝万缕的联系，尤其是在当下这个发展阶段。一方面，生态安全领域问题的产生，源头在经济等其他领域；同时，生态安全问题的影响也在以前所未有的速度扩散至经济、政治、社会等其他领域，成为很多安全问题的导火索。可以说，生态安全从根本上关系到国家、民族安全和可持续发展。

生态环境出了问题，人民就无法正常生存，甚至会造成一个社会的瓦解。历史上古埃及文明、古地中海文明和印度恒河文明、美洲玛雅文明的相继衰弱和消亡，都与生态环境恶化有密切联系。从这一意义上看，生态安全与其他领域安全同等重要，用基本条件、重要保障和重要载体等词汇来描绘生态安全的重要性，一点也不为过。没有生态安全，人类生存的基本条件将受到威胁和破坏，军事、政治和经济的安全也就无从谈起。不过，当我们有意识地补足生态安全这一短板的时候，却发现实际操作起来远比想象的要难得多。这就是我们在生态安全领域不得不面对的现实和困局。将生态安全纳入国家安全体系，为破解这一困局增添了重重的一个砝码。①

生态安全具有整体性、不可逆性、长期性和高成本性等特点，其内涵十分丰富。

1. 生态条件性即整体性。生态安全是人类生存环境或人类生态条件的一种状态，或者更确切地说，是一种必备的生态条件和生态状态。也就是说，生态安全是人与环境关系过程中，生态系统满足人类生存与发展的必备条件。生态安全是一个动态概念。一个要素、区域和国家的生态安全不是一劳永逸的，它可以随环境变化而变化，反馈给人类生活、生存和发展条件，导致安全程度的变化，甚至由安全变为不安全。

2. 生态安全系数不同。生态安全是一个相对的概念。没有绝对的安全，只有相对安全。生态安全由众多因素构成，其对人类生存和发展的满足程度各不相同，生态安全的满足也不相同。若用生态安全系数来表征生态安全满足程度，则各地生态安全的保证程度可以不同。因此，生态安全可以通过反映生态因子及其综合体系质量的评价指标进行定量地评价。生态安全强调"以人为本"，对人的伤害具有不可逆性。也就是说，生态安不安全的标准，是以人类所要求的生态因子的质量来衡量的，影响生态安全的因素很多，但是，只要其中一个或几个因子不能满足人类正常生存与发展的需求，生态安全

---

① 岳跃国. 生态安全是国家安全重要组成 [N]. 中国环境报，2014-04-17 (01).

就是不及格的，而且，对人的健康伤害是不可逆转的。也就是说，生态安全具有生态因子一票否决的性质。

3. 生态安全的地域性。生态安全具有一定的空间地域性质，真正导致全球、全人类生态灾难不是普遍的，生态安全的威胁往往具有区域性、局部性特征。这个地区不安全，并不意味着另一个地区也不安全。因此，生态安全是可以调控的。在生态不安全的状态下或者区域力，人们可以通过生态治理、生态整治或者生态修复措施，加以减轻、缓解或者解除生态环境灾难，变不安全因素为安全因素。当然，这个过程是缓慢的、长期的，具有人们不太喜欢的长期性特点。

4. 生态安全的成本性。即维护生态安全，需要支付巨大的或者高昂的成本。也就是说，生态安全的威胁，往往来自人类的生态破坏性活动，人类的各种资源利用活动，引起对自身生存以来的资源和环境的严重破坏，环境的自我修复能力或者恢复力，不能应对环境资源的恶变，从而导致自己生存、生产和生活的生态系统对人类自身的生存威胁。从理论上看，这种威胁的形成很容易，但是，去除则非常困难。也就是说，要解除这种生态安全的威胁，人类需要付出昂贵的成本和代价，需要巨量的和持续不断的物质资源、人力资源和技术资源的持续投入，有时候，其投入可能需要几十年或者上百年的时间和数量的积累。所以，这应当计入人类开发利用资源和经济、社会发展的成本范畴之中。

二、全国生态环境保护纲要

（一）生态保护的成绩和问题

2000 年 11 月 26 日，国务院《关于印发全国生态环境保护纲要的通知》（国发（2000）38 号文，简称《全国生态纲要》）下发，表明国家已经深刻认识到：生态环境保护是功在当代、惠及子孙的伟大事业和宏伟工程。坚持不懈地搞好生态环境保护是保证经济社会健康发展，实现中华民族伟大复兴的需要。为全面实施可持续发展战略，落实环境保护基本国策，巩固生态建设成果，努力实现祖国秀美山川的宏伟目标，必须大力保护我国的生态环境，阻止生态环境恶化的趋势。

改革开放以来，党和政府高度重视环境保护工作，采取了一系列保护和改善生态环境的重大举措，加大了生态环境建设力度，使我国一些地区的生态环境得到了有效保护和改善。主要表现在：植树造林、水土保持、草原建设和国土整治等重点生态工程取得进展；长江、黄河上中游水土保持重点防治工程全面实施；重点地区天然林资源保护和退耕还林还草工程开始启动；建立了一批不同类型的自然保护区、风景名胜区和森林公园；生态农业试点示范、生态示范区建设稳步发展；环境保护法制建设逐步完善。但是，全国生态环境状况仍面临严峻形势。

在我国，资源不合理开发利用，是造成生态环境恶化的主要原因。一些地区环境保护意识不强，重开发轻保护，重建设轻维护，对资源采取掠夺式、粗放型开发利用方式，超过了生态环境承载能力；一些部门和单位监管薄弱，执法不严，管理不力，致使许多生态环境破坏的现象屡禁不止，加剧了生态环境的退化。同时，长期以来，对生态环境保护和建设的投入不足，也是造成生态环境恶化的重要原因。切实解决生态环境保护的矛盾与问题，是我们面临的一项长期而艰巨的任务。

（二）全国生态环境保护的基本原则

坚持生态环境保护与生态环境建设并举，在加大生态环境建设力度的同时，必须坚持保护优先、预防为主、防治结合，彻底扭转一些地区边建设边破坏的被动局面。（1）坚持污染防治与生态环境保护并重。应充分考虑区域和流域环境污染与生态环境破坏的相互影响和作用，坚持污染防治与生态环境保护统一规划，同步实施，把城乡污染防治与生态环境保护有机结合起来，努力实现城乡环境保护一体化。（2）坚持统筹兼顾，综合决策，合理开发。正确处理资源开发与环境保护的关系，坚持在保护中开发，在开发中保护。经济发展必须遵循自然规律，近期与长远统一、局部与全局兼顾。进行资源开发活动必须充分考虑生态环境承载能力，绝不允许以牺牲生态环境为代价，换取眼前的和局部的经济利益。（3）坚持谁开发谁保护，谁破坏谁恢复，谁使用谁付费制度。要明确生态环境保护的权、责、利，充分运用法律、经济、行政和技术手段保护生态环境。

全国生态环境保护目标是通过生态环境保护，遏制生态环境破坏，减轻自然灾害的危害；促进自然资源的合理、科学利用，实现自然生态系统良性循环；维护国家生态环境安全，确保国民经济和社会的可持续发展。到 2010 年，基本遏制生态环境破坏趋势。建设一批生态功能保护区，力争使长江、黄河等大江大河的源头区，长江、松花江流域和西南、西北地区的重要湖泊、湿地，西北重要的绿洲，水土保持重点预防保护区及重点监督区等重要生态功能区的生态系统和生态功能得到保护与恢复；在切实抓好现有自然保护区建设与管理的同时，抓紧建设一批新的自然保护区，使各类良好自然生态系统及重要物种得到有效保护；建立、健全生态环境保护监管体系，使生态环境保护措施得到有效执行，重点资源开发区的各类开发活动严格按规划进行，生态环境破坏恢复率有较大幅度提高；加强生态示范区和生态农业县建设，全国部分县（市、区）基本实现秀美山川、自然生态系统良性循环。而到 2030 年，全面遏制生态环境恶化的趋势，使重要生态功能区、物种丰富区和重点资源开发区的生态环境得到有效保护，各大水系的一级支流源头区和国家重点保护湿地的生态环境得到改善；部分重要生态系统得到重建与恢复；全国 50% 的县（市、区）实现秀美山川、自然生态系统良性循环，30% 以上的城市达到生态城市和园林城市标准。到 2050 年，力争全国生态环境得到全面改善，实现城乡环境清洁和自然生态系统良性循环，全国大部分地区实现秀美山川的宏伟目标。①

（三）全国生态环境区建设与保护

1. 重要生态功能区的生态保护。首先是建立生态功能保护区。在江河源头区、重要水源涵养区、水土保持的重点预防保护区和重点监督区、江河洪水调蓄区、防风固沙区和重要渔业水域等重要生态功能区，在保持流域、区域生态平衡，减轻自然灾害，确保国家和地区生态环境安全方面具有重要作用。对这些区域的现有植被和自然生态系统

---

① 《全国生态环境保护纲要》（国发〔2000〕38 号），2000 年 11 月 26 日：二、全国生态环境保护的指导思想、基本原则与目标。

应严加保护，通过建立生态功能保护区，实施保护措施，防止生态环境的破坏和生态功能的退化。跨省域和重点流域、重点区域的重要生态功能区，建立国家级生态功能保护区；跨地（市）和县（市）的重要生态功能区，建立省级和地（市）级生态功能保护区。

对生态功能保护区采取以下保护措施：（1）停止一切导致生态功能继续退化的开发活动和其他人为破坏活动；（2）停止一切产生严重环境污染的工程项目建设；（3）严格控制人口增长，区内人口已超出承载能力的应采取必要的移民措施；（4）改变粗放生产经营方式，走生态经济型发展道路，对已经破坏的重要生态系统，要结合生态环境建设措施，认真组织重建与恢复，尽快遏制生态环境恶化趋势。各类生态功能保护区的建立，由各级环保部门会同有关部门组成评审委员会评审，报同级政府批准。生态功能保护区的管理以地方政府为主，国家级生态功能保护区可由省级政府委派的机构管理，其中跨省域的由国家统一规划批建后，分省按属地管理；各级政府对生态功能保护区的建设应给予积极扶持；农业、林业、水利、环保、国土资源等有关部门要按照各自的职责加强对生态功能保护区管理、保护与建设的监督。

2. 重点资源开发的生态保护。切实加强对水、土地、森林、草原、海洋、矿产等重要自然资源的环境管理，严格资源开发利用中的生态环境保护工作。各类自然资源的开发，必须遵守相关的法律法规，依法履行生态环境影响评价手续；资源开发重点建设项目，应编报水土保持方案，否则一律不得开工建设。

（1）水资源开发利用的生态环境保护。水资源的开发利用要全流域统筹兼顾，生产、生活和生态用水综合平衡，坚持开源与节流并重，节流优先，治污为本，科学开源，综合利用。建立缺水地区高耗水项目管制制度，逐步调整用水紧缺地区的高耗水产业，停止新上高耗水项目，确保流域生态用水。在发生江河断流、湖泊萎缩、地下水超采的流域和地区，应停上新的加重水平衡失调的蓄水、引水和灌溉工程；合理控制地下水开采，做到采补平衡；在地下水严重超采地区，划定地下水禁采区，抓紧清理不合理的抽水设施，防止出现大面积的地下漏斗和地表塌陷。继续加大二氧化硫和酸雨控制力度，合理开发利用和保护大气水资源；对于擅自围垦的湖泊和填占的河道，要限期退耕还湖还水。通过科学的监测评价和功能区划，规范排污许可证制度和排污口管理制度。严禁向水体倾倒垃圾和建筑、工业废料，进一步加大水污染特别是重点江河湖泊水污染治理力度，加快城市污水处理设施、垃圾集中处理设施建设。加大农业面源污染控制力度，鼓励畜禽粪便资源化，确保养殖废水达标排放，严格控制氮、磷严重超标地区的氮肥、磷肥施用量。

（2）土地资源开发利用的生态环境保护。依据土地利用总体规划，实施土地用途管制制度，明确土地承包者的生态环境保护责任，加强生态用地保护，冻结征用具有重要生态功能的草地、林地、湿地。建设项目确需占用生态用地的，应严格依法报批和补偿，并实行"占一补一"的制度，确保恢复面积不少于占用面积。加强对交通、能源、水利等重大基础设施建设的生态环境保护监管，建设线路和施工场址要科学选比，尽量减少占用林地、草地和耕地，防止水土流失和土地沙化。加强非牧场草地开发利用的生态监管。大江大河上中游陡坡耕地要按照有关规划，有计划、分步骤地实行退耕还林还草，并加强对退耕地的管理，防止复耕。

（3）森林、草原资源开发利用的生态环境保护。对具有重要生态功能的林区、草原，应划为禁垦区、禁伐区或禁牧区，严格管护；已经开发利用的，要退耕退牧，育林育草，使其休养生息。实施天然林保护工程，最大限度地保护和发挥好森林的生态效益；要切实保护好各类水源涵养林、水土保持林、防风固沙林、特种用途林等生态公益林；对毁林、毁草开垦的耕地和造成的废弃地，要按照"谁批准谁负责，谁破坏谁恢复"的原则，限期退耕还林还草。加强森林、草原防火和病虫鼠害防治工作，努力减少林草资源灾害性损失；加大火烧迹地、采伐迹地的封山育林育草力度，加速林区、草原生态环境的恢复和生态功能的提高。大力发展风能、太阳能、生物质能等可再生能源技术，减少樵采对林草植被的破坏。发展牧业要坚持以草定畜，防止超载过牧。严重超载过牧的，应核定载畜量，限期压减牲畜头数。采取保护和利用相结合的方针，严格实行草场禁牧期、禁牧区和轮牧制度，积极开发秸秆饲料，逐步推行舍饲圈养办法，加快退化草场的恢复。在干旱、半干旱地区要因地制宜调整粮畜生产比重，大力实施种草养畜富民工程。在农牧交错区进行农业开发，不得造成新的草场破坏；发展绿洲农业，不得破坏天然植被。对牧区的已垦草场，应限期退耕还草，恢复植被。

（4）生物物种资源开发利用的生态环境保护。生物物种资源的开发应在保护物种多样性和确保生物安全的前提下进行。依法禁止一切形式的捕杀、采集濒危野生动植物的活动。严厉打击濒危野生动植物的非法贸易。严格限制捕杀、采集和销售益虫、益鸟、益兽。鼓励野生动植物的驯养、繁育。加强野生生物资源开发管理，逐步划定准采区，规范采挖方式，严禁乱采滥挖；严格禁止采集和销售发菜，取缔一切发菜贸易，坚决制止在干旱、半干旱草原滥挖具有重要固沙作用的各类野生药用植物。切实搞好重要鱼类的产卵场、索饵场、越冬场、洄游通道和重要水生生物及其生境的保护。加强生物安全管理，建立转基因生物活体及其产品的进出口管理制度和风险评估制度；对引进外来物种必须进行风险评估，加强进口检疫工作，防止国外有害物种进入国内。

（5）海洋和渔业资源开发利用的生态环境保护。海洋和渔业资源开发利用必须按功能区划进行，做到统一规划，合理开发利用。切实加强海岸带的管理，严格围垦造地建港、海岸工程和旅游设施建设的审批，严格保护红树林、珊瑚礁、沿海防护林。加强重点渔场、江河出海口、海湾及其他渔业水域等重要水生资源繁育区的保护，严格渔业资源开发的生态环境保护监管。加大海洋污染防治力度，逐步建立污染物排海总量控制制度，加强对海上油气勘探开发、海洋倾废、船舶排污和港口的环境管理，逐步建立海上重大污染事故应急体系。

（6）矿产资源开发利用的生态环境保护。严禁在生态功能保护区、自然保护区、风景名胜区、森林公园内采矿。严禁在崩塌滑坡危险区、泥石流易发区和易导致自然景观破坏的区域采石、采砂、取土。矿产资源开发利用必须严格规划管理，开发应选取有利于生态环境保护的工期、区域和方式，把开发活动对生态环境的破坏减少到最低限度。矿产资源开发必须防止次生地质灾害的发生。在沿江、沿河、沿湖、沿库、沿海地区开采矿产资源，必须落实生态环境保护措施，尽量避免和减少对生态环境的破坏。已造成破坏的，开发者必须限期恢复。已停止采矿或关闭的矿山、坑口，必须及时做好土地复垦。

（7）旅游资源开发利用的生态环境保护。旅游资源的开发必须明确环境保护的目标与要求，确保旅游设施建设与自然景观相协调。科学确定旅游区的游客容量，合理设计旅游线路，使旅游基础设施建设与生态环境的承载能力相适应。加强自然景观、景点的保护，限制对重要自然遗迹的旅游开发，从严控制重点风景名胜区的旅游开发，严格管制索道等旅游设施的建设规模与数量，对不符合规划要求建设的设施，要限期拆除。旅游区的污水、烟尘和生活垃圾处理，必须实现达标排放和科学处置。

3. 生态良好地区的生态保护。生态良好地区特别是物种丰富区是生态环境保护的重点区域，要采取积极的保护措施，保证这些区域的生态系统和生态功能不被破坏。在物种丰富、具有自然生态系统代表性、典型性、未受破坏的地区，应抓紧抢建一批新的自然保护区。要把横断山区、新青藏接壤高原山地、湘黔川鄂边境山地、浙闽赣交界山地、秦巴山地、滇南西双版纳、海南岛和东北大小兴安岭、三江平原等地区列为重点，分期规划建设为各级自然保护区。

对西部地区有重要保护价值的物种和生态系统分布区，特别是重要荒漠生态系统和典型荒漠野生动植物分布区，应抢建一批不同类型的自然保护区。一方面，重视城市生态环境保护。在城镇化进程中，要切实保护好各类重要生态用地。大中城市要确保一定比例的公共绿地和生态用地，深入开展园林城市创建活动，加强城市公园、绿化带、片林、草坪的建设与保护，大力推广庭院、墙面、屋顶、桥体的绿化和美化。严禁在城区和城镇郊区随意开山填海、开发湿地，禁止随意填占溪、河、渠、塘。继续开展城镇环境综合整治，进一步加快能源结构调整和工业污染源治理，切实加强城镇建设项目和建筑工地的环境管理，积极推进环保模范城市和环境优美城镇创建工作。另一方面，加大生态示范区和生态农业县建设力度。国家鼓励和支持生态良好地区，在实施可持续发展战略中发挥示范作用。进一步加快县（市）生态示范区和生态农业县建设步伐。在有条件的地区，应努力推动地级和省级生态示范区的建设。

三、《推进生态文明意见》

（一）推进生态文明建设的理由

2015 年 4 月 25 日，中共中央、国务院《关于加快推进生态文明建设的意见》（简称《推进生态文明意见》）出台。它强调，生态文明建设是中国特色社会主义事业的重要内容，关系人民福祉，关乎民族未来，事关"两个一百年"奋斗目标和中华民族伟大复兴中国梦的实现。党中央、国务院高度重视生态文明建设，先后出台了一系列重大决策部署，推动生态文明建设取得了重大进展和积极成效。但总体上看我国生态文明建设水平仍滞后于经济社会发展，仍是经济社会可持续发展的瓶颈。

加快推进生态文明建设是加快转变经济发展方式、提高发展质量和效益的内在要求，是坚持以人为本、促进社会和谐的必然选择，是全面建成小康社会、实现中华民族伟大复兴中国梦的时代抉择，是积极应对气候变化、维护全球生态安全的重大举措。要充分认识加快推进生态文明建设的极端重要性和紧迫性，切实增强责任感和使命感，牢固树立尊重自然、顺应自然、保护自然的理念，坚持绿水青山就是金山银山，动员全党、全社会积极行动、深入持久地推进生态文明建设，加快形成人与自然和谐发展的现代化建设新格局，开创社会主义生态文明新时代。以邓小平理论、"三个代表"重要思想、科学发展观为指导，全面贯彻党的十八大和十八届二中、三中、四中全会精神，深入贯彻习近平总书记系列重要讲话精神，认真落实党中央、国务院的决策部署，坚持以人为本、依法推进，坚持节约资源和保护环境的基本国策，把生态文明建设放在突出的战略位置，融入经济建设、政治建设、文化建设、社会建设各方面和全过程，协同推进新型工业化、信息化、城镇化、农业现代化和绿色化，以健全生态文明制度体系为重点，优化国土空间开发格局，全面促进资源节约利用，加大自然生态系统和环境保护力度，大力推进绿色发展、循环发展、低碳发展，弘扬生态文化，倡导绿色生活，加快建设美丽中国，使蓝天常在、青山常在、绿水常在，实现中华民族永续发展。

（二）推进生态文明建设的基本原则

1. 坚持把节约优先、保护优先、自然恢复为主作为基本方针。在资源开发与节约中，把节约放在优先位置，以最少的资源消耗支撑经济社会持续发展；在环境保护与发展中，把保护放在优先位置，在发展中保护、在保护中发展；在生态建设与修复中，以自然恢复为主，与人工修复相结合。

2. 坚持把绿色发展、循环发展、低碳发展作为基本途径。经济社会发展必须建立在资源得到高效循环利用、生态环境受到严格保护的基础上，与生态文明建设相协调，形成节约资源和保护环境的空间格局、产业结构、生产方式。

3. 坚持把深化改革和创新驱动作为基本动力。充分发挥市场配置资源的决定性作用和更好发挥政府作用，不断深化制度改革和科技创新，建立系统完整的生态文明制度体系，强化科技创新引领作用，为生态文明建设注入强大动力。

4. 坚持把培育生态文化作为重要支撑。将生态文明纳入社会主义核心价值体系，加强生态文化的宣传教育，倡导勤俭节约、绿色低碳、文明健康的生活方式和消费模式，提高全社会生态文明意识。

5. 坚持把重点突破和整体推进作为工作方式。既立足当前，着力解决对经济社会可持续发展制约性强、群众反映强烈的突出问题，打好生态文明建设攻坚战；又着眼长远，加强顶层设计与鼓励基层探索相结合，持之以恒全面推进生态文明建设。

（三）生态文明建设的主要目标

到 2020 年，资源节约型和环境友好型社会建设取得重大进展，主体功能区布局基本形成，经济发展质量和效益显著提高，生态文明主流价值观在全社会得到推行，生态文明建设水平与全面建成小康社会目标相适应。

1. 国土空间开发格局进一步优化。经济、人口布局向均衡方向发展，陆海空间开发强度、城市空间规模得到有效控制，城乡结构和空间布局明显优化。

2. 资源利用更加高效。单位国内生产总值二氧化碳排放强度比 2005 年下降 40%—45%，能源消耗强度持续下降，资源产出率大幅提高，用水总量力争控制在 6700 亿立方米以内，万元工业增加值用水量降低到 65 立方米以下，农田灌溉水有效利用系数提高到 0.55 以上，非化石能源占一次能源消费比重达到 15% 左右。

3. 生态环境质量总体改善。主要污染物排放总量继续减少，大气环境质量、重点流域和近岸海域水环境质量得到改善，重要江河湖泊水功能区水质达标率提高到80%以上，饮用水安全保障水平持续提升，土壤环境质量总体保持稳定，环境风险得到有效控制。森林覆盖率达到23%以上，草原综合植被覆盖度达到56%，湿地面积不低于8亿亩，50%以上可治理沙化土地得到治理，自然岸线保有率不低于35%，生物多样性丧失速度得到基本控制，全国生态系统稳定性明显增强。

4. 生态文明重大制度基本确立。基本形成源头预防、过程控制、损害赔偿、责任追究的生态文明制度体系，自然资源资产产权和用途管制、生态保护红线、生态保护补偿、生态环境保护管理体制等关键制度建设取得决定性成果。

（四）积极实施主体功能区战略

国土是生态文明建设的空间载体。要坚定不移地实施主体功能区战略，健全空间规划体系，科学合理布局和整治生产空间、生活空间、生态空间。全面落实主体功能区规划，健全财政、投资、产业、土地、人口、环境等配套政策和各有侧重的绩效考核评价体系。

推进市县落实主体功能定位，推动经济社会发展、城乡土地利用、生态环境保护等规划"多规合一"，形成一个市县一本规划、一张蓝图。区域规划编制、重大项目布局必须符合主体功能定位。对不同主体功能区的产业项目实行差别化市场准入政策，明确禁止开发区域、限制开发区域准入事项，明确优化开发区域、重点开发区域禁止和限制发展的产业。

编制实施全国国土规划纲要，加快推进国土综合整治。构建平衡适宜的城乡建设空间体系，适当增加生活空间、生态用地，保护和扩大绿地、水域、湿地等生态空间。

（五）大力推进绿色城镇化

认真落实《国家新型城镇化规划（2014－2020年）》，根据资源环境承载能力，构建科学合理的城镇化宏观布局，严格控制特大城市规模，增强中小城市承载能力，促进大中小城市和小城镇协调发展。尊重自然格局，依托现有山水脉络、气象条件等，合理布局城镇各类空间，尽量减少对自然的干扰和损害。

保护自然景观，传承历史文化，提倡城镇形态多样性，保持特色风貌，防止"千城一面"。科学确定城镇开发强度，提高城镇土地利用效率、建成区人口密度，划定城镇开发边界，从严供给城市建设用地，推动城镇化发展由外延扩张式向内涵提升式转变。严格新城、新区设立条件和程序。强化城镇化过程中的节能理念，大力发展绿色建筑和低碳、便捷的交通体系，推进绿色生态城区建设，提高城镇供排水、防涝、雨水收集利用、供热、供气、环境等基础设施建设水平。所有县城和重点镇都要具备污水、垃圾处理能力，提高建设、运行、管理水平。加强城乡规划"三区四线"（禁建区、限建区和适建区，绿线、蓝线、紫线和黄线）管理，维护城乡规划的权威性、严肃性，杜绝大拆大建。

（六）加快美丽乡村建设

完善县域村庄规划，强化规划的科学性和约束力。加强农村基础设施建设，强化山水林田路综合治理，加快农村危旧房改造，支持农村环境集中连片整治，开展农村垃圾专项治理，加大农村污水处理和改厕力度。加快转变农业发展方式，推进农业结构调整，大力发展农业循环经济，治理农业污染，提升农产品质量安全水平。依托乡村生态资源，在保护生态环境的前提下，加快发展乡村旅游休闲业。引导农民在房前屋后、道路两旁植树护绿。加强农村精神文明建设，以环境整治和民风建设为重点，扎实推进文明村镇创建。

（七）加强海洋资源科学开发和生态环境保护

根据海洋资源环境承载力，科学编制海洋功能区划，确定不同海域主体功能。坚持"点上开发、面上保护"，控制海洋开发强度，在适宜开发的海洋区域，加快调整经济结构和产业布局，积极发展海洋战略性新兴产业，严格生态环境评价，提高资源集约节约利用和综合开发水平，最大程度减少对海域生态环境的影响。严格控制陆源污染物排海总量，建立并实施重点海域排污总量控制制度，加强海洋环境治理、海域海岛综合整治、生态保护修复，有效保护重要、敏感和脆弱海洋生态系统。加强船舶港口污染控制，积极治理船舶污染，增强港口码头污染防治能力。控制发展海水养殖，科学养护海洋渔业资源。开展海洋资源和生态环境综合评估。实施严格的围填海总量控制制度、自然岸线控制制度，建立陆海统筹、区域联动的海洋生态环境保护修复机制。

（八）发展绿色产业

大力发展节能环保产业，以推广节能环保产品拉动消费需求，以增强节能环保工程技术能力拉动投资增长，以完善政策机制释放市场潜在需求，推动节能环保技术、装备和服务水平显著提升，加快培育新的经济增长点。实施节能环保产业重大技术装备产业化工程，规划建设产业化示范基地，规范节能环保市场发展，多渠道引导社会资金投入，形成新的支柱产业。加快核电、风电、太阳能光伏发电等新材料、新装备的研发和推广，推进生物质发电、生物质能源、沼气、地热、浅层地温能、海洋能等应用，发展分布式能源，建设智能电网，完善运行管理体系。大力发展节能与新能源汽车，提高创新能力和产业化水平，加强配套基础设施建设，加大推广普及力度。发展有机农业、生态农业，以及特色经济林、林下经济、森林旅游等林产业。

（九）加大自然生态系统和环境保护力度

良好生态环境是最公平的公共产品，是最普惠的民生福祉。要严格源头预防、不欠新账，加快治理突出生态环境问题、多还旧账，让人民群众呼吸新鲜的空气，喝上干净的水，在良好的环境中生产生活。主要是：

1. 保护和修复自然生态系统。加快生态安全屏障建设，形成以青藏高原、黄土高原－川滇、东北森林带、北方防沙带、南方丘陵山地带、近岸近海生态区以及大江大河重要水系为骨架，以其他重点生态功能区为重要支撑，以禁止开发区域为重要组成的生态安全战略格局。实施重大生态修复工程，扩大森林、湖泊、湿地面积，提高沙区、草原植被覆盖率，有序实现休养生息。加强森林保护，将天然林资源保护范围扩大到全国；大力开展植树造林和森林经营，稳定和扩大退耕还林范围，加快重点防护林体系建设；完善国有林场和国有林区经营管理体制，深化集体林权制度改革。严格落实禁牧休牧和草畜平衡制度，加快推进基本草原划定和保护工作；加大退牧还草力度，继续实行草原生态保护补助奖励政策；稳定和完善草原承包经营制度。启动湿地生态效益补偿和退耕还湿。加强水生生物保护，开展重要水域增殖放流活动。继续推进京津风沙源治理、黄土高原地区综合治理、石漠化综合治理，开展沙化土地封禁保护试点。加强水土保持，因地制宜推进小流域综合治理。实施地下水保护和超采漏斗区综合治理，逐步实现地下水采补平衡。强化农田生态保护，实施耕地质量保护与提升行动，加大退化、污染、损毁农田改良和修复力度，加强耕地质量调查监测与评价。实施生物多样性保护重大工程，建立监测评估与预警体系，健全国门生物安全查验机制，有效防范物种资源丧失和外来物种入侵，积极参加生物多样性国际公约谈判和履约工作。加强自然保护区建设与管理，对重要生态系统和物种资源实施强制性保护，切实保护珍稀濒危野生动植物、古树名木及自然生境。建立国家公园体制，实行分级、统一管理，保护自然生态和自然文化遗产原真性、完整性。研究建立江河湖泊生态水量保障机制。加快灾害调查评价、监测预警、防治和应急等防灾减灾体系建设。

2. 全面推进污染防治。按照以人为本、防治结合、标本兼治、综合施策的原则，建立以保障人体健康为核心、以改善环境质量为目标、以防控环境风险为基线的环境管理体系，健全跨区域污染防治协调机制，加快解决人民群众反映强烈的大气、水、土壤污染等突出环境问题。继续落实大气污染防治行动计划，逐渐消除重污染天气，切实改善大气环境质量。实施水污染防治行动计划，严格饮用水源保护，全面推进涵养区、源头区等水源地环境整治，加强供水全过程管理，确保饮用水安全；加强重点流域、区域、近岸海域水污染防治和良好湖泊生态环境保护，控制和规范淡水养殖，严格入河（湖、海）排污管理；推进地下水污染防治。制定实施土壤污染防治行动计划，优先保护耕地土壤环境，强化工业污染场地治理，开展土壤污染治理与修复试点。加强农业面源污染防治，加大种养业特别是规模化畜禽养殖污染防治力度，科学施用化肥、农药，推广节能环保型炉灶，净化农产品产地和农村居民生活环境。加大城乡环境综合整治力度。推进重金属污染治理。开展矿山地质环境恢复和综合治理，推进尾矿安全、环保存放，妥善处理处置矿渣等大宗固体废物。建立健全化学品、持久性有机污染物、危险废物等环境风险防范与应急管理工作机制。切实加强核设施运行监管，确保核安全万无一失。

3. 积极应对气候变化。坚持当前长远相互兼顾、减缓适应全面推进，通过节约能源和提高能效，优化能源结构，增加森林、草原、湿地、海洋碳汇等手段，有效控制二氧化碳、甲烷、氢氟碳化物、全氟碳化、六氟化硫等温室气体排放。提高适应气候变化特别是应对极端天气和气候事件能力，加强监测、预警和预防，提高农业、林业、水资源等重点领域和生态脆弱地区适应气候变化的水平。扎实推进低碳省区、城市、城镇、产业园区、社区试点。坚持共同但有区别的责任原则、公平原则、各自能力原则，积极建设性地参与应对气候变化国际谈判，推动建立公平合理的全球应对气候变化格局。

四、坚持和完善生态文明制度体系①

党的十九届四中全会《决定》提出"坚持和完善生态文明制度体系，促进人与自然和谐共生"，从实行最严格的生态环境保护制度，全面建立资源高效利用制度，健全生态保护和修复制度，严明生态环境保护责任制度 4 个方面，为新形势下加强和改进生态文明建设规定了努力方向和重点任务。

（一）注重源头严防，抓好生态文明制度体系建设的基础性工作

源头严防，是建设生态文明、建设美丽中国的治本之策。新形势下加快生态文明制度体系建设，需要从源头抓起，从基础性工作抓起。自然资源产权制度是生态文明制度体系中最典型的基础性制度。只有在产权上明确了自然资源的归属，相应的权利所有人、相对人才能更好地行使权利和履行义务，相应的生态文明制度完善工作才能渐次展开。健全自然资源产权制度，要求全面贯彻落实习近平生态文明思想，以完善自然资源产权体系为重点，以落实产权主体为关键，以调查监测和确权登记为基础，着力促进自然资源集约开发利用和生态保护修复，加强监督管理，注重改革创新，加快构建系统完备、科学规范、运行有效的中国特色自然资源产权制度体系。

要健全自然资源产权体系，推动自然资源所有权与使用权分离，加快构建分类科学的自然资源产权体系，着力解决权利交叉、缺位问题；要明确自然资源产权主体，加快统一确权登记。研究建立国务院自然资源主管部门行使全民所有自然资源所有权的资源清单和管理体制；要强化自然资源整体保护，尽快编制实施国土空间规划，划定并严守生态保护红线、永久基本农田、城镇开发边界等控制线，建立健全国土空间用途管制制度、管理规范和技术标准，对国土空间实施统一管控，强化山水林田湖草整体保护；要促进自然资源集约开发利用，深入推进全民所有自然资源有偿使用制度改革，加快出台国有森林和草原有偿使用制度改革方案；要健全自然资源监管体制，发挥人大、行政、司法、审计和社会监督作用，创新管理方式方法，形成监管合力，实现对自然资源开发利用和保护的全程动态有效监管，加强自然资源督察机构对国有自然资源的监督，国务院自然资源主管部门定期向国务院报告国有自然资源资产情况。

（二）注重过程严管，抓好生态文明制度体系建设的主干性工作

过程严管，是建设生态文明、建设美丽中国的关键。新形势下加快生态文明制度体系建设，要注重过程严管，对生态文明建设的主干性工作进行针对性的制度引导。根据当前的生态环境保护需要，要重点从三个方面入手。

首先，要完善绿色生产和消费的法律制度和政策导向。按照《决定》精神，构建包括法律、法规、标准、政策在内的绿色生产和消费制度体系，加快推行源头减量、清洁生产、资源循环、末端治理的生产方式，推动形成资源节约、环境友好、生态安全的工业、农业、服务业体系，有效扩大绿色产品消费，倡导形成绿色生活行为，既是更加自觉地推动绿色低碳循环发展的内在要求，也是推动新时代我国经济高质量发展的重要内

---

① 加快生态文明制度体系建设的三个维度，人民网，2020 年 2 月 27 日。

容。需要统筹推进绿色生产和消费领域法律法规的立改废释工作，结合实际促进绿色生产和消费，鼓励先行先试，做好经验总结。着力完善能耗、水耗、地耗、污染物排放、环境质量等方面标准，完善绿色产业发展支持政策，完善市场化机制及配套政策，发展绿色金融，推进市场导向的绿色技术创新。

其次，要全面建立资源高效利用制度。人类对资源的开发利用既要考虑服务于当代人过上幸福生活，也要为子孙后代永续发展留下生存根基。改变传统的"大量生产、大量消耗、大量排放"的生产模式和消费模式，把经济活动、人的行为限制在自然资源和生态环境能够承受的限度内，使资源、生产、消费等要素相匹配相适应，用最少的资源环境代价取得最大的经济社会效益，形成与大量占有自然空间、显著消耗资源、严重恶化生态环境的传统发展方式明显不同的资源利用和生产生活方式，是我们党既对当代人负责又对子孙后代负责的体现。落实这一制度，需要树立节约集约循环利用的资源观，实行资源总量管理和全面节约制度，强化约束性指标管理，实行能源、水资源消耗、建设用地等总量和强度双控行动，加快建立健全充分反映市场供求和资源稀缺程度，体现生态价值和环境损害成本的资源环境价格机制，促进资源节约和生态环境保护。

第三，要构建以国家公园为主体的自然保护地体系。主要目的是推动科学设置各类自然保护地，建立自然生态系统保护的新体制新机制新模式，建设健康稳定高效的自然生态系统，为维护国家生态安全和实现经济社会可持续发展筑牢基石，为建设美丽中国奠定生态根基。重点工作包括：按照自然生态系统原真性、整体性、系统性及其内在规律，将自然保护地按生态价值和保护强度高低，依次分为国家公园、自然保护区、自然公园三类。理顺各类自然保护地管理职能，按照生态系统重要程度，将国家公园等自然保护地分为中央直接管理、中央地方共同管理和地方管理三类，实行分级设立、分级管理。创新自然保护地建设发展机制，实现各产权主体共建保护地、共享资源收益，建立健全特许经营制度。

（三）注重后果严惩，抓好生态文明制度体系建设的保障性工作

后果严惩，是建设生态文明、建设美丽中国必不可少的重要措施。新形势下加快生态文明制度体系建设，要注重后果严惩，坚持问题导向和结果导向，对责任明确和责任追究入手，严明生态环境保护责任制度。

要健全生态环境监测和评价制度。没有科学的生态环境监测和评价，就无法对生态环境保护责任进行明确。要深化生态环境监测评价改革创新，统一监测和评价技术标准规范，依法明确各方监测事权，建立部门间分工协作、有效配合的工作机制，统筹实施覆盖环境质量、城乡各类污染源、生态状况的生态环境监测评价。

要落实中央生态环境保护督察制度。中央生态环境保护督察制度是日常发现、督促解决生态环境问题的重要利器。实践证明，中央环境保护督察制度建得及时、用得有效，是一项经过实践检验、行之有效的制度安排。下一步，需要拓展督察内容，从单方面的督察生态环保向促进经济、社会发展与环境保护相协调延伸，从着重纠正环保违法向纠正违法和提升守法能力相结合转变，指导地方全面提高生态环境保护能力。

要建立生态文明建设目标评价考核制度，落实生态补偿和生态环境损害赔偿制度，实行生态环境损害责任终身追究制。强化环境保护、自然资源管控、节能减排等约束性

指标管理，严格落实企业主体责任和政府监管责任。开展领导干部自然资源资产离任审计，在领导干部离任时，对一个地区的水资源、环境状况、林地、开发强度等进行综合评价，对生态环境损害的责任进行终身追究。要实行损害赔偿制度，对造成生态环境损害的责任者严格追究赔偿责任。

五、推进生态安全的良好社会风尚[①]

（一）生态文明建设的起点

生态文明建设的历史起点，是 2012 年 11 月十八大报告提出实现"中华民族伟大复兴"的中国梦，在发展模式上，走中华民族生态文明发展模式道路，在文化复兴上，倡导中国的"世界观""价值观""伦理观"和"发展观"，在生态文明的宗旨上，倡导"和谐共生、良性循环、全面发展"，而在发展方向上，则是"人格文明""生态文明"和"产业文明"相结合，在发展路径上，与新型城镇化、智慧城市、智慧地球相结合，其动力底座是：全生态世界观、智能制造模式；而环流发展是：丝绸之路经济带、文明走廊；其发展内核是，完善生态社会主义制度。同时，其互联网思维是：大数据在线模式、人类共同体；其发展范式是：万物皆可以互联，互联成全生态等。

（二）生态文明建设的四大任务

生态文明建设的战略任务，在十八大报告第八部分提出了"优、节、保、建"四大战略任务。这四大战略是：

1."优"即优化国土空间开发格局。要按照人口资源环境相均衡、经济社会生态效益相统一的原则，控制开发强度，调整空间结构，促进生产空间集约高效、生活空间宜居适度、生态空间山清水秀，给自然留下更多修复空间，给农业留下更多良田，给子孙后代留下天蓝、地绿、水净的美好家园。加快实施主体功能区战略，推动各地区严格按照主体功能定位发展，构建科学合理的城市化格局、农业发展格局、生态安全格局。提高海洋资源开发能力，坚决维护国家海洋权益，建设海洋强国。

2."节"即全面促进资源节约。要节约集中利用资源，推动资源利用方式根本转变，加强全过程节约管理，大幅降低能源、水、土地消耗强度，提高利用效率和效益。推动能源生产和消费革命，支持节能低碳产业和新能源、可再生能源发展，确保国家能源安全。加强水源地保护和用水总量管理，建设节水型社会。严守耕地保护红线，严格土地用途管制。加强矿产资源勘查、保护、合理开发。发展循环经济，促进生产、流通、消费过程的减量化、再利用、资源化。

3."保"即加大自然生态系统和环境保护力度。要实施重大生态修复工程，增强生态产品生产能力，推进荒漠化、石漠化、水土流失综合治理。加快水利建设，加强防灾减灾体系建设。坚持预防为主、综合治理，以解决损害群众健康突出环境问题为重点，强化水、大气、土壤等污染防治。坚持共同但有区别的责任原则、公平原则、各自能力

---

①　中共中央、国务院《关于加快推进生态文明建设的意见》（2015 年 4 月 25 日），八、加快形成推进生态文明建设的良好社会风尚。

原则，同国际社会一道积极应对全球气候变化。

4. "建"即加强生态文明制度建设。要把资源消耗、环境损害、生态效益纳入经济社会发展评价体系，建立体现生态文明要求的目标体系、考核办法、奖惩机制。建立国土空间开发保护制度，完善最严格的耕地保护制度、水资源管理制度、环境保护制度。深化资源性产品价格和税费改革，建立反映市场供求和资源稀缺程度、体现生态价值和代际补偿的资源有偿使用制度和生态补偿制度。加强环境监管，健全生态环境保护责任追究制度和环境损害赔偿制度。加强生态文明宣传教育，增强全民节约意识、环保意识、生态意识，形成合理消费的社会风尚，营造爱护生态环境的良好风气。①

（三）生态安全的公众参与

在我国，生态文明建设关系各行各业、千家万户。要充分发挥人民群众的积极性、主动性、创造性，凝聚民心、集中民智、汇集民力，实现生活方式绿色化。

1. 提高全民生态文明意识。积极培育生态文化、生态道德，使生态文明成为社会主流价值观，成为社会主义核心价值观的重要内容。从娃娃和青少年抓起，从家庭、学校教育抓起，引导全社会树立生态文明意识。把生态文明教育作为素质教育的重要内容，纳入国民教育体系和干部教育培训体系。将生态文化作为现代公共文化服务体系建设的重要内容，挖掘优秀传统生态文化思想和资源，创作一批文化作品，创建一批教育基地，满足广大人民群众对生态文化的需求。通过典型示范、展览展示、岗位创建等形式，广泛动员全民参与生态文明建设。组织好世界地球日、世界环境日、世界森林日、世界水日、世界海洋日和全国节能宣传周等主题宣传活动。充分发挥新闻媒体作用，树立理性、积极的舆论导向，加强资源环境国情宣传，普及生态文明法律法规、科学知识等，报道先进典型，曝光反面事例，提高公众节约意识、环保意识、生态意识，形成人人、事事、时时崇尚生态文明的社会氛围。

2. 培育绿色生活方式。倡导勤俭节约的消费观。广泛开展绿色生活行动，推动全民在衣、食、住、行、游等方面加快向勤俭节约、绿色低碳、文明健康的方式转变，坚决抵制和反对各种形式的奢侈浪费、不合理消费。积极引导消费者购买节能与新能源汽车、高能效家电、节水型器具等节能环保低碳产品，减少一次性用品的使用，限制过度包装。大力推广绿色低碳出行，倡导绿色生活和休闲模式，严格限制发展高耗能、高耗水服务业。在餐饮企业、单位食堂、家庭全方位开展反食品浪费行动。党政机关、国有企业要带头厉行勤俭节约。

3. 鼓励公众积极参与。完善公众参与制度，及时准确披露各类环境信息，扩大公开范围，保障公众知情权，维护公众环境权益。健全举报、听证、舆论和公众监督等制度，构建全民参与的社会行动体系。建立环境公益诉讼制度，对污染环境、破坏生态的行为，有关组织可提起公益诉讼。在建设项目立项、实施、后评价等环节，有序增强公众参与程度。引导生态文明建设领域各类社会组织健康有序发展，发挥民间组织和志愿者的积极作用。

---

① 胡锦涛. 坚定不移沿着中国特色社会主义道路前进，为全面建成小康社会而奋斗——在中国共产党第十八次全国代表大会上的报告（2012年11月8日）：八、大力推进生态文明建设。

第二节　环境安全

一、从生态安全导向环境安全

生态安全，强调生态系统的健康和完整情况，是人类在生产、生活和健康等方面不受生态破坏与环境污染等影响的保障程度，包括饮用水与食物安全、空气质量与绿色环境等基本要素。因而，生态系统完整性和健康的整体水平，尤其是指生存与发展的不良风险最小以及不受威胁的状态，是一种生存环境安全的样态。健康的生态系统是稳定的和可持续的，在时间上能够维持它的组织结构和自治以及保持对胁迫、危险的抵抗力和恢复力。反之，不健康的生态系统，是功能不完全或不正常的生态系统，其安全状况则处于受威胁之中。

广义上，生态安全一方面指防止由于生态环境的退化，对经济发展的环境基础构成威胁，主要指环境质量状况低劣和自然资源的减少和退化，削弱了经济可持续发展的环境支撑能力的情形；另一方面指防止由于环境破坏和自然资源短缺引起经济的衰退，影响人们的生活条件，特别是环境难民的大量产生，从而导致国家动荡的情形。广义上的生态安全，更容易导向国家生态环境安全这样的定义，即"生态安全是指在人的生活、健康、安乐、基本权利、生活保障来源、必要资源、社会秩序和人类适应环境变化的能力等方面不受威胁的状态，包括自然生态安全、经济生态安全和社会生态安全，组成一个复合人工生态安全系统"的定义。

强调保障生态安全的生态系统应该包括自然生态系统、人工生态系统和自然－人工复合生态系统。从范围大小也可分成全球生态系统、区域生态系统和微观生态系统等若干层次。从生态学观点出发，一个安全的生态系统，在一定的时间尺度内能够维持它的组织结构，也能够维持对胁迫的恢复能力，即它不仅能够满足人类发展对资源环境的需求，而且，在生态意义上也是健康的。其本质是要求自然资源在人口、社会经济和生态环境三个约束条件下稳定、协调、有序和永续利用。

生态安全的概念早在 20 世纪 70 年代就已被提出，但是由于生态安全内涵的丰富和复杂性，以及人们对生态安全的研究尚不够深入，因而，一直也未能形成统一并普遍接受的定义。生态安全定义存在两方面的局限：一方面，仅考虑了生态风险即特定生态系统中所发生的非期望事件的概率和后果，而忽略了脆弱性即一定社会政治、经济、文化背景下，某一系统对环境变化和自然灾害表现出的易于受到伤害和损失的性质这一面。另一方面，仅把生态安全看成一种状态，而没有考虑到生态安全的动态性。针对这一局限，生态安全可以定义为人与自然这一整体免受不利因素危害的存在状态及其保障条件，并使得系统的脆弱性不断得到改善。即一是生态安全是指在外界不利因素的作用下，人与自然不受损伤、侵害或威胁，人类社会的生存发展能够持续，自然生态系统能够保持健康和完整；二是生态安全的实现是一个动态过程，需要通过脆弱性的不断改善，实现人与自然处于健康和有活力的客观保障条件。由此而言，自然而然就到想了生态环境安全这个字眼。

所以，生态安全的本质有两个方面，一个方面是生态风险，另一个是生态脆弱性。生态风险表征了环境压力造成危害的概率和后果，相对来说，更多地考虑了突发事件对于人类社会的危害，因而危害事件管理或者危机应对管理的主动性和积极性较弱；而生态脆弱性的概念当中，应该说是生态安全的核心，也是生态环境安全的核心。通过脆弱性的分析和评价，可以知道生态安全的威胁因子有哪些，它们是怎样聚集或者汇聚到一起，然后发挥作用的，以及人类可以采取怎样的应对和适应战略，来策应这些脆弱性的聚集和汇聚活动。我国的生态环境安全形势十分严峻：土地退化、生态失调、植被破坏、生态多样性锐减，并呈加速发展的趋势，生态环境安全已经向我们敲起了生存安全的警钟！就当前来说，回答生态安全导向环境安全的这些问题，就能够积极有效地保障生态安全。因此，生态安全的科学本质，是通过生态因子的脆弱性的分析与评价，利用各种手段不断改善其脆弱性，降低使其陷入受威胁或者受到威胁的风险。

二、环境保护与环境安全

（一）环境保护政策与法制

20 世纪 70 年代以来，随着我国人口的增长、经济的发展和人民消费水平的不断提高，使本来就已经短缺的资源和脆弱的环境面临着越来越大的压力。为了促进经济、社会与环境的协调发展，我国在 20 世纪 80 年代制定并实施了一系列保护环境的方针、政策、法律和措施。包括：（1）确立环境保护为中国的一项基本国策。防治环境污染和生态破坏以及合理开发利用自然资源关系到国家的全局利益和长远发展，中国政府坚定不移地贯彻执行环境保护这项基本国策；（2）制定经济建设、城乡建设和环境建设同步规划、同步实施、同步发展，实现经济效益、社会效益、环境效益相统一的指导方针，实行"预防为主，防治结合""谁污染，谁治理"和"强化环境管理"三大政策；（3）颁布实施环境保护的法律法规，把环境保护建立在法制的基础上，不断完善环境法律体系，严格执法程序，加大执法力度，保证环境法律法规的有效实施；（4）坚持环境保护纳入国民经济和社会发展计划，实施国家指导下的宏观调控与管理，逐步增加对环境保护的投入，使环境保护与各项建设事业统筹兼顾，协调发展；（5）建立健全各级政府的环境保护机构，形成比较完善的环境管理体制，充分发挥环境监督管理的作用；（6）加速环境科学技术的进步。加强基础理论研究，组织科技攻关，开发和推广防治环境污染的实用技术，扶植环境保护产业的发展，初步形成了环境保护科研体系；（7）开展环境宣传教育，提高全民族的环境意识。广泛进行环境宣传，逐步普及中小学环境教育，发展环境保护在职教育和专业教育，培养环境科学技术和管理方面的专门人才；（8）推进环境保护领域的国际合作。积极发展同世界各国和国际组织在环境与发展方面的交流与合作，认真履行国际环境公约，努力发挥中国在国际环境事务中的作用。

我国自 1979 年起先后签署《濒危野生动植物种国际贸易公约》《国际捕鲸管制公约》《关于保护臭氧层的维也纳公约》《关于控制危险废物越境转移及其处置的巴赛尔公约》《关于消耗臭氧层物质的蒙特利尔议定书（修订本）》《气候变化框架公约》《生物多样性公约》《防治荒漠化公约》《关于特别是作为水禽栖息地的国际重要湿地公约》《1972 年伦敦公约》等一系列国际环境公约和议定书。进入 20 世纪 90 年代，国际社会与世界各国在探索解决环境与发展问题的道路上迈出了重要一步。1991 年 6 月，在北京召开了由中国发起 41 个发展中国家参加的环境与发展部长级会议，会议发表的《北京宣言》阐述了发展中国家在环境与发展问题上的原则立场，对大会筹备作出实质性的贡献。1992 年 4 月，我国成立"中国环境与发展国际合作委员会"。1992 年 6 月，联合国环境与发展大会把可持续发展作为未来共同的发展战略，得到了与会各国政府的普遍赞同。1992 年 8 月，联合国环境与发展大会之后，中国政府提出了中国环境与发展应采取的十大对策，明确指出走可持续发展道路是当代中国以及未来的必然选择。中国参加了《联合国气候变化框架公约》及其《京都议定书》《关于消耗臭氧层物质的蒙特利尔议定书》《关于在国际贸易中对某些危险化学品和农药采用事先知情同意程序的鹿特丹公约》《关于持久性有机污染物的斯德哥尔摩公约》《生物多样性公约》《生物多样性公约〈卡塔赫纳生物安全议定书〉》和《联合国防治荒漠化公约》等 50 多项涉及环境保护的国际条约，并积极履行这些条约规定的义务。[①]

1994 年 3 月，我国政府批准发布《中国 21 世纪议程——中国 21 世纪人口、环境与发展白皮书》，从人口、环境与发展的具体国情出发，提出了中国可持续发展的总体战略、对策以及行动方案。有关部门和地方也分别制定了实施可持续发展战略的行动计划。1996 年 3 月，第八届全国人大第四次会议审议通过《中华人民共和国国民经济和社会发展"九五"计划和 2010 年远景目标纲要》，把实施可持续发展作为现代化建设的一项重大战略，使可持续发展战略在中国经济建设和社会发展过程中得以实施。[②]

我国针对特定的环境保护对象制定颁布多项环境保护专门法，以及与环境保护相关的资源法，包括：《水污染防治法》《大气污染防治法》《固体废物污染环境防治法》《海洋环境保护法》《森林法》《草原法》《渔业法》《矿产资源法》《土地管理法》《水法》《野生动物保护法》《水土保持法》《农业法》等。还制定了《噪声污染防治条例》《自然保护区条例》《放射性同位素与射线装置放射防护条例》《化学危险品安全管理条例》《淮河流域水污染防治暂行条例》《海洋石油勘探开发环境保护管理条例》《海洋倾废管理条例》《陆生野生动物保护实施条例》《风景名胜区管理暂行条例》《基本农田保护条例》《城市绿化条例》等 30 多件环境保护行政法规。此外，各有关部门还发布了大量的环境保护行政规章。地方人大和地方政府为实施国家环境保护法律，结合本地区的具体情况，制定和颁布了 600 多项环境保护地方性法规。环境标准是中国环境法律体系的一个重要组成部分，包括环境质量标准、污染物排放标准、环境基础标准、样品标准和方法标准。环境质量标准、污染物排放标准分为国家标准和地方标准。到 1995 年底，中国颁布了 364 项各类国家环境标准。中国法律规定，环境质量标准和污染物排放标准属于强制性标准，违反强制性环境标准，必须承担相应的法律责任。

环境影响评价制度是源头控制环境污染和生态破坏的法律手段。1998 年，中国政府颁布实施《建设项目环境保护管理条例》，明确提出环境影响评价制度，以及建设项

---

① 国务院新闻办. 中国的环境保护（1996—2005）（2006－06－05）. 十、国际环境保护合作. 中国网，http://www. scio. gov. cn/zfbps/ndhf/2006/Document/307875/307875. htm. 最后访问时间：2016－08－30.

② 国务院新闻办. 中国的环境保护（1996－06－05）. 一、实施可持续发展战略的选择. 中国网，http://www. scio. gov. cn/zfbps/ndhf/1996/Document/307976/307976. htm. 最后访问时间：2016－08－30.

目环境保护设施同时设计、同时施工、同时投产使用的"三同时"制度。2003 年开始实施的《中华人民共和国环境影响评价法》，将环境影响评价制度从建设项目扩展到各类开发建设规划。国家实行环境影响评价工程师职业资格制度，建立了由专业技术人员组成的评估队伍。

我国政府努力创造条件，鼓励公众参与环境保护工作。环境影响评价法对公众参与作出制度性规定，要求对可能造成不良影响的规划或建设项目，应通过举行论证会、听证会或采取其他形式，征求有关单位、专家和公众对环境影响评价报告书的意见。2018 年 7 月，国家环保部门颁布了《环境影响评价公众参与办法》，详细规定公众参与环境影响评价的范围、程序、组织形式等内容。民间组织和环保志愿者是环境保护公众参与的重要力量。

（二）环境改善成效[①]

我国生态环境质量总体改善。生产和生活方式绿色、低碳水平上升，主要污染物排放总量大幅减少，环境风险得到有效控制，生物多样性下降势头得到基本控制，生态系统稳定性明显增强，生态安全屏障基本形成，生态环境领域国家治理体系和治理能力现代化取得重大进展，生态文明建设水草与全面建成小康社会目标相适应。

1. 坚决打赢蓝天保卫战。推进细颗粒物（$PM_{2.5}$）与臭氧（O_3）协同控制，开展五轮次 O_3 污染防治监督帮扶，发现问题企业 3.3 万家，各类挥发性有机物（VOCS）问题 10.5 万个。基本完成京津冀及周边地区、汾渭平原的平原地区生活和冬季取暖散煤替代。对"散乱污"企业进行"动态清零"，排查平原地区工业炉窑 3.9 万台。全国符合超低排放限值的煤电机组累计达 9.5 亿千瓦。全面实施轻型汽车第六阶段排放标准。严格秸秆露天焚烧管控，推进露天矿山综合整治、扬尘综合治理。全国地级以以上城市优良天数比例提高到 87.0%（目标 84.5%），$PM_{2.5}$ 未达标地级及以上城市平均浓度比 2015 年下降 28.8%（目标 18%）。

2. 着力打好碧水保卫战。深入开展集中式饮用水水源地规范化建设。全国 10638 个农村"干吨万人"水源地，全部完成保护区划定。全国共计新建污水收集处理设施 3.9 万个。全国地级及以上城市建成区黑臭水体消除比例达 98.2%。长江流域、渤海入海河流国控断面全部消除劣 V 类，长江干流历史性实现全优水体。长江经济带 11 省（市）279 家"三磷"企业（矿、库）均完成问题整治。完成黄河流域试点地区排污口排查，共发现各类入河排污口 12656 个。开展"碧海 2020"专项执法行动。在渤海综合治理攻坚行动计划中实施滨海湿地生态修复 8891 公顷、岸线整治修复 132 千米。29 个省份（除新疆，西藏）完成县域农村生活污水处理规划编制。"十三五"期间共计完成 15 万个建制村环境整治。加强地下水生态环境保护，完成加油站地下油罐防渗改造。全国地表水优良水质断面比例提高到 83.4%（目标 70%），劣 V 类水质断面比例下降到 0.6%（目标 5%）。

3. 扎实推进净土保卫战。完成《工壤污染防治行动计划》确定的受污染耕地安全

---

① 生态环境部：《2020 中国生态环境状况公报》。

利用率达到 90％ 左右和污染地块安全利用率达到 90％ 以上的目标。完成土壤污染防治法执法检查。完成重点行业企业土壤污染状况调查全部地块的初步采样调查工作。推进土壤污染治理与修复技术应用试点项目和土壤污染综合防治先行区建设。"无废城市"建设试点形成一批可复制可推广的示范模式。严厉打击危险废物环境违法犯罪行为。组织开展危险废物环境风险专项排查整治行动，共排查 6 万家企业和 250 余个化工园区。完善新化学物质环境管理登记制度。发布《优先控制化学 OO 名录（第二批）》。基本完成长江经济带重点尾矿库污染治理。超额完成重点行业重点重金属污染物排放量下降10％ 的目标任务。圆满完成 2020 年年底前基本实现固体废物零进口目标，"洋垃圾"被彻底拦在国门之外。

4. 统筹做好疫情防控和经济社会发展生态环保工作。坚持疫情就是命令、防控就是责任，不断强化重点地区医疗废物、医疗废水处理处置等相关环境监管和服务措施，全国医疗废物处置能力增加近 30％。确保全国所有医疗机构及设施环境监管与服务100％ 全覆盖，医疗废物、医疗废水及时有效收集和处理处置 100％ 全落实。全国生态环境系统倾全力协调应急监测仪器设备、医废处置设施、防护装备等，支持各地抗击疫情。加强饮用水水源地水质应急监测。实施环评审批和监督执法"两个正面清单"，3.5万个建设项目环评实施告知承诺制审批，8.4 万余家企业纳入执法正面清单管理。开展非现场检查 32.6 万余次，各地通过电话、网络等方式对各类企业帮扶 19.8 万余次，有力支持企业复工复产和经济社会发展秩序加快恢复。

5. 助力推动高质量发展。印发《2020 年推动黄河流域生态环境保护重点任务》。18 省（市）发布实施"三线一单"，"三线一单"写入长江保护法和多部地方性法规。召开支持服务民营企业绿色发展座谈会。完善国家生态环境科技成果转化综合服务平台建设。培育壮大节能环保产业。持续深化"放管服"改革，继续做好国家、地方、利用外资重大项目"三本台账"审批服务，实施清单化管理。进一步减少环评审批数量，大幅压缩登记表备案项目数量。发挥生态环保扶贫优势，定点扶贫的围场县、隆化县顺利脱贫摘帽。

6. 积极应对气候变化。落实习近平总书记关于碳达峰碳中和的重大宣示。初步核算，2020 年单位国内生产总值二氧化碳排放强度比 2015 年下降 18.8％，超额完成"十三五"下降 18％ 的目标。启动编制 2030 年前二氧化碳排放达峰行动方案。持续推进全国碳市场制度体系建设，正式启动全国碳排放权交易市场第一个履约周期，电力行业首批纳入。推动建立统筹和加强应对气候变化与生态环境保护相关工作协同优化高效的工作体系。积极参与和推动应对气候变化多边进程，深入开展应对气候变化南南合作。

7. 大力推进生态环境保护。积极筹备《生物多样性公约》第十五次缔约方大会（COP15），推进"2020 年后全球生物多样性框架"谈判进程。组织召开 17 国部长和国际组织代表参加的生物多样性部长级在线圆桌会，配合支持联合国生物多样性峰会成功举办。研究构建"53111"生态保护监管体系。开展 2015—2020 年全国生态状况调查评估。建立自然保护地生态环境监管制度，持续开展"绿盾"自然保护地强化监督。在长江经济带建成 667 个跨界断面水质自动站。组织遴选命名第四批 87 个国家生态文明建设示范区和 35 个"绿水青山就是金山银山"实践创新基地。

8. 加强生态环保督察执法。开展第二轮第二批中央生态环保督察。分别对 3 个省（市），2 家中央企业开展督察，以探讨式督察为基本方式，对 2 个部门开展督察试点，共受理转办群众举报 1.05 万余件。全国 31 个省份和新疆生产建设兵团均设立省级督察机构。制作完成 2020 年长江经济带生态环境警示片，梳理 169 个问题清单；2018 年和 2019 年警示片披露的 315 个问题已完成整改 283 个。全国 494 家垃圾焚烧发电厂全部完成"装、树、联"并公开自动监测数据，率先实现全行业稳定达标排放。全面推行"双随机、一公开"，开展执法检查 58.74 万家次。全国下达环境行政处罚决定书 12.61 万份，罚没款数额总计 82.36 亿元。全面实施举报奖励制度。组织开展 2020 年全国生态环境保护执法大练兵。成立生态环境部信访投诉举报工作领导小组，整合投诉举报管理机构，2020 年共为各类专项行动转交提供线索近 20 万条。2020 年，全国共办理赔偿案件 2700 余件，涉及赔偿金额超过 53 亿元。实现固定污染源排污许可全覆盖，核发排污许可证 33.77 万张，下达排污限期整改通知书 3.15 万家、排污登记表 236.52 万家。接收处理群众反映问题 44.1 万件。建设完成 235 个新增国控辐射环境空气自动监测站。建立全国核电厂经验反馈体系并有效运转，加快推动历史遗留核设施退役治理工作。

三、气候变化与中国应对

（一）应对气候变化与中国行动条件

全球气候变化及其不利影响是人类共同关心的问题。工业革命以来的人类活动，尤其是发达国家在工业化过程中大量消耗能源资源，导致大气中温室气体浓度增加，引起全球气候近 50 年来以变暖为主要特征的显著变化，对全球自然生态系统产生了明显影响，对人类社会的生存和发展带来严重挑战。

我国是一个发展中国家，人口众多、经济发展水平低、气候条件复杂、生态环境脆弱，易受气候变化的不利影响。气候变化对中国自然生态系统和经济社会发展带来了现实的威胁，主要体现在农牧业、林业、自然生态系统、水资源等领域以及沿海和生态脆弱地区，适应气候变化已成为中国的迫切任务。同时，我国正处于经济快速发展阶段，面临着发展经济、消除贫困和减缓温室气体排放的多重压力，应对气候变化的形势严峻，任务繁重。

作为一个负责任的大国，我国高度重视应对气候变化。我国充分认识应对气候变化的重要性和紧迫性，按照科学发展观的要求，统筹考虑经济发展和生态建设、国内与国际、当前与长远，制定并实施应对气候变化国家方案，采取了一系列应对气候变化的政策和措施。我国把应对气候变化与实施可持续发展战略，加快建设资源节约型、环境友好型社会，建设创新型国家结合起来，以发展经济为核心，以节约能源、优化能源结构、加强生态保护和建设为重点，以科技进步为支撑，努力控制和减缓温室气体排放，不断提高适应气候变化能力。

科学研究成果表明：全球地表平均温度近百年来（1906—2005 年）升高了 0.74℃，预计到 21 世纪末仍将上升 1.1~6.4℃。20 世纪中叶以来全球平均温度的升高，主要是由化石燃料燃烧和土地利用变化等人类活动排放的温室气体（主要包括二氧化碳、甲烷和氧化亚氮等）导致大气中温室气体浓度增加所引起的。我国气候变暖趋势与全球的总趋势基本一致。据我国气象局发布的最新观测结果显示，我国近百年来（1908—2007年）地表平均气温升高了 1.1℃，自 1986 年以来经历了 21 个暖冬。近 50 年来我国降水分布格局发生了明显变化，高温、干旱、强降水等极端气候事件有频率增加、强度增大的趋势。夏季高温热浪增多，局部地区特别是华北地区干旱加剧，南方地区强降水增多，西部地区雪灾发生的概率增加。

我国的基本国情决定了中国在应对气候变化领域面临巨大挑战。（1）我国气候条件复杂，生态环境脆弱，适应任务艰巨。我国主要属于大陆性季风气候，大部分地区的气温季节变化幅度要比同纬度其他陆地地区相对剧烈，很多地方冬冷夏热，夏季全国普遍高温。我国降水时空分布不均，多集中在汛期，且地区分布不均衡，年降水量从东南沿海向西北内陆递减。中国生态环境比较脆弱，水土流失和荒漠化严重，森林覆盖率 18.21%。自然湿地面积相对较少，草地大多是高寒草原和荒漠草原，北方温带草地受干旱、生态环境恶化等影响，正面临退化和沙化的危机。我国大陆海岸线长达 1.8 万多千米，易受海平面上升带来的不利影响。

（2）我国人口众多，发展任务艰巨。庞大的人口基数，使我国面临巨大的劳动力就业压力，每年有 1000 万以上新增城镇劳动力需要就业，同时随着城镇化进程的推进，目前每年有上千万的农村劳动力向城镇转移。我国区域经济发展不均衡，城乡居民之间的收入差距较大。发展经济和改善人民生活水平是中国当前面临的紧迫任务。

（3）我国处于工业化发展阶段，能源结构以煤为主，控制温室气体排放任务艰巨。随着我国经济的快速发展，二氧化碳排放量也在快速增长。2021 年我国碳排放量达到 119 亿吨，占全世界的 33%。[①] 我国作为发展中国家，工业化、城市化、现代化进程远未实现，为进一步实现发展目标，未来能源需求将合理增长，这也是所有发展中国家实现发展的基本条件。同时中国以煤为主的能源结构在未来相当长的时期内难以根本改变，控制温室气体排放的难度很大，任务艰巨。我国积极参与国际社会应对气候变化进程，认真履行《联合国气候变化框架公约》（简称《气候公约》和《京都议定书》），在国际合作中发挥着积极的建设性作用。

（二）我国应对气候变化新理念[②]

1. 牢固树立共同体意识。

坚持共建人类命运共同体。地球是人类唯一赖以生存的家园，面对全球气候挑战，人类是一荣俱荣、一损俱损的命运共同体，没有哪个国家能独善其身。世界各国应该加强团结、推进合作，携手共建人类命运共同体。这是各国人民的共同期待，也是我国为人类发展提供的新方案。

坚持共建人与自然生命共同体。中华文明历来崇尚天人合一、道法自然。但人类进入工业文明时代以来，在创造巨大物质财富的同时，人与自然深层次矛盾日益凸显，当前的新冠肺炎疫情更是触发了对人与自然关系的深刻反思。大自然孕育抚养了人类，人类应该以自然为根，尊重自然、顺应自然、保护自然。我国站在对人类文明负责的高

---

①　中国碳排放交易网. 2021 年全球二氧化碳排放量现历史上最大增幅. 2022-3-15.
②　国务院新闻办. 中国应对气候变化的政策与行动白皮书（2021），2021-10-27.

度，积极应对气候变化，构建人与自然生命共同体，推动形成人与自然和谐共生新格局。

2. 贯彻新发展理念。

理念是行动的先导。立足新发展阶段，我国秉持创新、协调、绿色、开放、共享的新发展理念，加快构建新发展格局。在新发展理念中，绿色发展是永续发展的必要条件和人民对美好生活追求的重要体现，也是应对气候变化问题的重要遵循。绿水青山就是金山银山，保护生态环境就是保护生产力，改善生态环境就是发展生产力。应对气候变化代表了全球绿色低碳转型的大方向。我国摒弃损害甚至破坏生态环境的发展模式，顺应当代科技革命和产业变革趋势，抓住绿色转型带来的巨大发展机遇，以创新为驱动，大力推进经济、能源、产业结构转型升级，推动实现绿色复苏发展，让良好生态环境成为经济社会可持续发展的支撑。

3. 以人民为中心。

气候变化给各国经济社会发展和人民生命财产安全带来严重威胁，应对气候变化关系最广大人民的根本利益。减缓与适应气候变化不仅是增强人民群众生态环境获得感的迫切需要，而且可以为人民提供更高质量、更有效率、更加公平、更可持续、更为安全的发展空间。我国坚持人民至上、生命至上，呵护每个人的生命、价值、尊严，充分考虑人民对美好生活的向往、对优良环境的期待、对子孙后代的责任，探索应对气候变化和发展经济、创造就业、消除贫困、保护环境的协同增效，在发展中保障和改善民生，在绿色转型过程中努力实现社会公平正义，增加人民获得感、幸福感、安全感。

4. 大力推进碳达峰碳中和。

实现碳达峰、碳中和是我国深思熟虑作出的重大战略决策，是着力解决资源环境约束突出问题、实现中华民族永续发展的必然选择，是构建人类命运共同体的庄严承诺。我国将碳达峰、碳中和纳入经济社会发展全局，坚持系统观念，统筹发展和减排、整体和局部、短期和中长期的关系，以经济社会发展全面绿色转型为引领，以能源绿色低碳发展为关键，加快形成节约资源和保护环境的产业结构、生产方式、生活方式、空间格局，坚定不移走生态优先、绿色低碳的高质量发展道路。

5. 减污降碳协同增效。

二氧化碳和常规污染物的排放具有同源性，大部分来自化石能源的燃烧和利用。控制化石能源利用和碳排放对经济结构、能源结构、交通运输结构和生产生活方式都将产生深远的影响，有利于倒逼和推动经济结构绿色转型，助推高质量发展；有利于减缓气候变化带来的不利影响，减少对人民生命财产和经济社会造成的损失；有利于推动污染源头治理，实现降碳与污染物减排、改善生态环境质量协同增效；有利于促进生物多样性保护，提升生态系统服务功能。我国把握污染防治和气候治理的整体性，以结构调整、布局优化为重点，以政策协同、机制创新为手段，推动减污降碳协同增效一体谋划、一体部署、一体推进、一体考核，协同推进环境效益、气候效益、经济效益多赢，走出一条符合国情的温室气体减排道路。

（三）实施积极应对气候变化国家战略[①]

1. 不断提高应对气候变化力度。

我国确定的国家自主贡献新目标不是轻而易举就能实现的。我国要用30年左右的时间由碳达峰实现碳中和，完成全球最高碳排放强度降幅，需要付出艰苦努力。我国言行一致，采取积极有效措施，落实好碳达峰、碳中和战略部署。

加强应对气候变化统筹协调。应对气候变化工作覆盖面广、涉及领域众多。为加强协调、形成合力，我国成立由国务院总理任组长，30个相关部委为成员的国家应对气候变化及节能减排工作领导小组，各省（区、市）均成立了省级应对气候变化及节能减排工作领导小组。2018年4月，我国调整相关部门职能，由新组建的生态环境部负责应对气候变化工作，强化了应对气候变化与生态环境保护的协同。2021年，为指导和统筹做好碳达峰碳中和工作，我国成立碳达峰碳中和工作领导小组。各省（区、市）陆续成立碳达峰碳中和工作领导小组，加强地方碳达峰碳中和工作统筹。

将应对气候变化纳入国民经济社会发展规划。自"十二五"开始，我国将单位国内生产总值（GDP）二氧化碳排放（碳排放强度）下降幅度作为约束性指标纳入国民经济和社会发展规划纲要，并明确应对气候变化的重点任务、重要领域和重大工程。我国"十四五"规划和2035年远景目标纲要将"2025年单位GDP二氧化碳排放较2020年降低18％"作为约束性指标。我国各省（区、市）均将应对气候变化作为"十四五"规划的重要内容，明确具体目标和工作任务。

建立应对气候变化目标分解落实机制。为确保规划目标落实，综合考虑各省（区、市）发展阶段、资源禀赋、战略定位、生态环保等因素，我国分类确定省级碳排放控制目标，并对省级政府开展控制温室气体排放目标责任进行考核，将其作为各省（区、市）主要负责人和领导班子综合考核评价、干部奖惩任免等重要依据。省级政府对下一级行政区域控制温室气体排放目标责任也开展相应考核，确保应对气候变化与温室气体减排工作落地见效。

不断强化自主贡献目标。2015年，我国确定了到2030年的自主行动目标：二氧化碳排放2030年左右达到峰值并争取尽早达峰。截至2019年底，我国已经提前超额完成2020年气候行动目标。2020年，我国宣布国家自主贡献新目标举措：我国二氧化碳排放力争于2030年前达到峰值，努力争取2060年前实现碳中和；到2030年，我国单位GDP二氧化碳排放将比2005年下降65％以上，非化石能源占一次能源消费比重将达到25％左右，森林蓄积量将比2005年增加60亿立方米，风电、太阳能发电总装机容量将达到12亿千瓦以上。相比2015年提出的自主贡献目标，时间更紧迫，碳排放强度削减幅度更大，非化石能源占一次能源消费比重再增加五个百分点，增加非化石能源装机容量目标，森林蓄积量再增加15亿立方米，明确争取2060年前实现碳中和。2021年，我国宣布不再新建境外煤电项目，展现我国应对气候变化的实际行动。

加快构建碳达峰碳中和"1+N"政策体系。我国制定并发布碳达峰碳中和工作顶

---

① 国务院新闻办. 中国应对气候变化的政策与行动白皮书（2021），2021-10-27.

层设计文件，编制 2030 年前碳达峰行动方案，制定能源、工业、城乡建设、交通运输、农业农村等分领域分行业碳达峰实施方案，积极谋划科技、财政、金融、价格、碳汇、能源转型、减污降碳协同等保障方案，进一步明确碳达峰碳中和的时间表、路线图、施工图，加快形成目标明确、分工合理、措施有力、衔接有序的政策体系和工作格局，全面推动碳达峰碳中和各项工作取得积极成效。

2. 坚定走绿色低碳发展道路。

我国一直本着负责任的态度积极应对气候变化，将应对气候变化作为实现发展方式转变的重大机遇，积极探索符合我国国情的绿色低碳发展道路。走绿色低碳发展的道路，既不会超出资源、能源、环境的极限，又有利于实现碳达峰、碳中和目标，把地球家园呵护好。

实施减污降碳协同治理。实现减污降碳协同增效是我国新发展阶段经济社会发展全面绿色转型的必然选择。我国 2015 年修订的大气污染防治法专门增加条款，为实施大气污染物和温室气体协同控制和开展减污降碳协同增效工作提供法治基础。为加快推进应对气候变化与生态环境保护相关职能协同、工作协同和机制协同，我国从战略规划、政策法规、制度体系、试点示范、国际合作等方面，明确统筹和加强应对气候变化与生态环境保护的主要领域和重点任务。我国围绕打好污染防治攻坚战，重点把蓝天保卫战、柴油货车治理、长江保护修复、渤海综合治理、城市黑臭水体治理、水源地保护、农业农村污染治理七场标志性重大战役作为突破口和"牛鼻子"，制定作战计划和方案，细化目标任务、重点举措和保障条件，以重点突破带动整体推进，推动生态环境质量明显改善。

加快形成绿色发展的空间格局。国土是生态文明建设的空间载体，必须尊重自然，给自然生态留下休养生息的时间和空间。我国主动作为，精准施策，科学有序统筹布局农业、生态、城镇等功能空间，开展永久基本农田、生态保护红线、城镇开发边界"三条控制线"划定试点工作。将自然保护地、未纳入自然保护地但生态功能极重要生态极脆弱的区域，以及具有潜在重要生态价值的区域划入生态保护红线，推动生态系统休养生息，提高固碳能力。

大力发展绿色低碳产业。建立健全绿色低碳循环发展经济体系，促进经济社会发展全面绿色转型，是解决资源环境生态问题的基础之策。为推动形成绿色发展方式和生活方式，我国制定国家战略性新兴产业发展规划，以绿色低碳技术创新和应用为重点，引导绿色消费，推广绿色产品，提升新能源汽车和新能源的应用比例，全面推进高效节能、先进环保和资源循环利用产业体系建设，推动新能源汽车、新能源和节能环保产业快速壮大，积极推进统一的绿色产品认证与标识体系建设，增加绿色产品供给，积极培育绿色市场。持续推进产业结构调整，发布并持续修订产业指导目录，引导社会投资方向，改造提升传统产业，推动制造业高质量发展，大力培育发展新兴产业，更有力支持节能环保、清洁生产、清洁能源等绿色低碳产业发展。

坚决遏制高耗能高排放项目盲目发展。我国持续严格控制高耗能、高排放（以下简称"两高"）项目盲目扩张，依法依规淘汰落后产能，加快化解过剩产能。严格执行钢铁、铁合金、焦化等 13 个行业准入条件，提高在土地、环保、节能、技术、安全等方面的准入标准，落实国家差别电价政策，提高高耗能产品差别电价标准，扩大差别电价实施范围。公布12批重点工业行业淘汰落后产能企业名单，2018年至2020年连续开展淘汰落后产能督查检查，持续推动落后产能依法依规退出。我国把坚决遏制"两高"项目盲目发展作为抓好碳达峰碳中和工作的当务之急和重中之重，组织各地区全面梳理摸排"两高"项目，分类提出处置意见，开展"两高"项目专项检查，严肃查处违规建设运行的"两高"项目，对"两高"项目实行清单管理、分类处置、动态监控。建立通报批评、用能预警、约谈问责等工作机制，逐步形成一套完善的制度体系和监管体系。

优化调整能源结构。能源领域是温室气体排放的主要来源，我国不断加大节能减排力度，加快能源结构调整，构建清洁低碳安全高效的能源体系。确立能源安全新战略，推动能源消费革命、供给革命、技术革命、体制革命，全方位加强国际合作，优先发展非化石能源，推进水电绿色发展，全面协调推进风电和太阳能发电开发，在确保安全的前提下有序发展核电，因地制宜发展生物质能、地热能和海洋能，全面提升可再生能源利用率。积极推动煤炭供给侧结构性改革，化解煤炭过剩产能，加强煤炭安全智能绿色开发和清洁高效开发利用，推动煤电行业清洁高效高质量发展，大力推动煤炭消费减量替代和散煤综合治理，推进终端用能领域以电代煤、以电代油。深化能源体制改革，促进能源资源高效配置。

强化能源节约与能效提升。为进一步强化节约能源和提升能效目标责任落实，我国实施能源消费强度和总量双控制度，设定省级能源消费强度和总量控制目标并进行监督考核。把节能指标纳入生态文明、绿色发展等绩效评价指标体系，引导转变发展理念。强化重点用能单位节能管理，组织实施节能重点工程，加强先进节能技术推广，发布煤炭、电力、钢铁、有色、石化、化工、建材等13个行业共260项重点节能技术。建立能效"领跑者"制度，健全能效标识制度，发布15批实行能源效率标识的产品目录及相关实施细则。加快推行合同能源管理，强化节能法规标准约束，发布实施340多项国家节能标准，积极推动节能产品认证，已颁发节能产品认证证书近5万张，助力节能行业发展。加强公共机构节能增效示范引领，35%左右的县级及以上党政机关建成节约型机关，中央国家机关本级全部建成节约型机关，累计创建5114家节约型公共机构示范单位。加强工业领域节能，实施国家工业专项节能监察、工业节能诊断行动、通用设备能效提升行动及工业节能与绿色标准化行动等。加强需求侧管理，大力开展工业领域电力需求侧管理示范企业（园区）创建及参考产品（技术）遴选工作，实现用电管理可视化、自动化、智能化。

推动自然资源节约集约利用。为推进生态文明建设，我国把坚持节约资源和保护环境作为一项基本国策。大力节约集约利用资源，推动资源利用方式根本转变，深化增量安排与消化存量挂钩机制，改革土地计划管理方式，倒逼各省（区、市）下大力气盘活存量。严格土地使用标准控制，先后组织开展了公路、工业、光伏、机场等用地标准的制修订工作，严格依据标准审核建设项目土地使用情况。开展节约集约用地考核评价，大力推广节地技术和节地模式。积极推动矿业绿色发展。加大绿色矿山建设力度，全面建立和实施矿产资源开采利用最低指标和"领跑者"指标管理制度，发布360项矿产资源节约和综合利用先进适用技术。加强海洋资源用途管制，除国家重大项目外，全面禁止围填海。积极推进围填海历史遗留问题区域生态保护修复，严格保护自然岸线。

积极探索低碳发展新模式。我国积极探索低碳发展模式，鼓励地方、行业、企业因地制宜探索低碳发展路径，在能源、工业、建筑、交通等领域开展绿色低碳相关试点示范，初步形成了全方位、多层次的低碳试点体系。我国先后在10个省（市）和77个城市开展低碳试点工作，在组织领导、配套政策、市场机制、统计体系、评价考核、协同示范和合作交流等方面探索低碳发展模式和制度创新。试点地区碳排放强度下降幅度总体快于全国平均水平，形成了一批各具特色的低碳发展模式。

3. 加大温室气体排放控制力度。

我国将应对气候变化全面融入国家经济社会发展的总战略，采取积极措施，有效控制重点工业行业温室气体排放，推动城乡建设和建筑领域绿色低碳发展，构建绿色低碳交通体系，推动非二氧化碳温室气体减排，统筹推进山水林田湖草沙系统治理，严格落实相关举措，持续提升生态碳汇能力。

有效控制重点工业行业温室气体排放。强化钢铁、建材、化工、有色金属等重点行业能源消费及碳排放目标管理，实施低碳标杆引领计划，推动重点行业企业开展碳排放对标活动，推行绿色制造，推进工业绿色化改造。加强工业过程温室气体排放控制，通过原料替代、改善生产工艺、改进设备使用等措施积极控制工业过程温室气体排放。加强再生资源回收利用，提高资源利用效率，减少资源全生命周期二氧化碳排放。

推动城乡建设领域绿色低碳发展。建设节能低碳城市和相关基础设施，以绿色发展引领乡村振兴。推广绿色建筑，逐步完善绿色建筑评价标准体系。开展超低能耗、近零能耗建筑示范。推动既有居住建筑节能改造，提升公共建筑能效水平，加强可再生能源建筑应用。大力开展绿色低碳宜居村镇建设，结合农村危房改造开展建筑节能示范，引导农户建设节能农房，加快推进我国北方地区冬季清洁取暖。

构建绿色低碳交通体系。调整运输结构，减少大宗货物公路运输量，增加铁路和水路运输量。以"绿色货运配送示范城市"建设为契机，加快建立"集约、高效、绿色、智能"的城市货运配送服务体系。提升铁路电气化水平，推广天然气车船，完善充换电和加氢基础设施，加大新能源汽车推广应用力度，鼓励靠港船舶和民航飞机停靠期间使用岸电。完善绿色交通制度和标准，发布相关标准体系、行动计划和方案，在节能减碳等方面发布了221项标准，积极推动绿色出行，已有100多个城市开展了绿色出行创建行动，每年在全国组织开展绿色出行宣传月和公交出行宣传周活动。加快交通燃料替代和优化，推动交通排放标准与油品标准升级，通过信息化手段提升交通运输效率。

推动非二氧化碳温室气体减排。我国历来重视非二氧化碳温室气体排放，在《国家应对气候变化规划（2014—2020年）》及控制温室气体排放工作方案中都明确了控制非二氧化碳温室气体排放的具体政策措施。自2014年起对三氟甲烷（HFC−23）的处置给予财政补贴。截至2019年，共支付补贴约14.17亿元，累计削减6.53万吨HFC−23，相当于减排9.66亿吨二氧化碳当量。严格落实《消耗臭氧层物质管理条例》和《关于消耗臭氧层物质的蒙特利尔议定书》，加大环保制冷剂的研发，积极推动制冷剂再利用和无害化处理。引导企业加快转换为采用低全球增温潜势（GWP）制冷剂的空调生产线，加速淘汰氢氯氟碳化物（HCFCS）制冷剂，限控氢氟碳化物（HFCS）的使用。成立"中国油气企业甲烷控排联盟"，推进全产业链甲烷控排行动。我国接受《〈关于消耗臭氧层物质的蒙特利尔议定书〉基加利修正案》，保护臭氧层和应对气候变化进入新阶段。

持续提升生态碳汇能力。统筹推进山水林田湖草沙系统治理，深入开展大规模国土绿化行动，持续实施三北、长江等防护林和天然林保护，东北黑土地保护，高标准农田建设，湿地保护修复，退耕还林还草，草原生态修复，京津风沙源治理，荒漠化、石漠化综合治理等重点工程。稳步推进城乡绿化，科学开展森林抚育经营，精准提升森林质量，积极发展生物质能源，加强林草资源保护，持续增加林草资源总量，巩固提升森林、草原、湿地生态系统碳汇能力。构建以国家公园为主体的自然保护地体系，正式设立第一批 5 个国家公园，开展自然保护地整合优化。建立健全生态保护修复制度体系，统筹编制生态保护修复规划，实施蓝色海湾整治行动、海岸带保护修复工程、渤海综合治理攻坚战行动、红树林保护修复专项行动。开展长江干流和主要支流两侧、京津冀周边和汾渭平原重点城市、黄河流域重点地区等重点区域历史遗留矿山生态修复，在青藏高原、黄河、长江等 7 大重点区域布局生态保护和修复重大工程，支持 25 个山水林田湖草生态保护修复工程试点。出台社会资本参与整治修复的系列文件，努力建立市场化、多元化生态修复投入机制。我国提出的"划定生态保护红线，减缓和适应气候变化案例"成功入选联合国"基于自然的解决方案"全球 15 个精品案例，得到了国际社会的充分肯定和高度认可。

4. 充分发挥市场机制作用。

碳市场为处理好经济发展与碳减排关系提供了有效途径。全国碳排放权交易市场（以下简称全国碳市场）是利用市场机制控制和减少温室气体排放、推动绿色低碳发展的重大制度创新，也是落实我国二氧化碳排放达峰目标与碳中和愿景的重要政策工具。

开展碳排放权交易试点工作。碳市场可将温室气体控排责任压实到企业，利用市场机制发现合理碳价，引导碳排放资源的优化配置。2011 年 10 月，碳排放权交易地方试点工作在北京、天津、上海、重庆、广东、湖北、深圳 7 个省、市启动。2013 年起，7个试点碳市场陆续开始上线交易，覆盖了电力、钢铁、水泥 20 多个行业近 3000 家重点排放单位。截至 2021 年 9 月 30 日，7 个试点碳市场累计配额成交量 4.95 亿吨二氧化碳当量，成交额约 119.78 亿元。试点碳市场重点排放单位履约率保持较高水平，市场覆盖范围内碳排放总量和强度保持双降趋势，有效促进了企业温室气体减排，强化了社会各界低碳发展的意识。碳市场地方试点为全国碳市场建设摸索了制度，锻炼了人才，积累了经验，奠定了基础，为全国碳市场建设积累了宝贵经验。

持续推进全国碳市场制度体系建设。制度体系是推进碳市场建设的重要保障，为更好地推进完善碳交易市场，先后印发《全国碳排放权交易市场建设方案（发电行业）》，出台《碳排放权交易管理办法（试行）》，印发全国碳市场第一个履约周期配额分配方案。2021 年以来，陆续发布了企业温室气体排放报告、核查技术规范和碳排放权登记、交易、结算三项管理规则，初步构建起全国碳市场制度体系。积极推动《碳排放权交易管理暂行条例》立法进程，夯实碳排放权交易的法律基础，规范全国碳市场运行和管理的各重点环节。

启动全国碳市场上线交易。2021 年 7 月 16 日，全国碳市场上线交易正式启动。纳入发电行业重点排放单位 2162 家，覆盖约 45 亿吨二氧化碳排放量，是全球规模最大的碳市场。全国碳市场上线交易得到国内国际高度关注和积极评价。截至 2021 年 9 月 30 日，全国碳市场碳排放配额累计成交量约 1765 万吨，累计成交金额约 8.01 亿元，市场运行总体平稳有序。

建立温室气体自愿减排交易机制。为调动全社会自觉参与碳减排活动的积极性，体现交易主体的社会责任和低碳发展需求，促进能源消费和产业结构低碳化，2012 年，我国建立温室气体自愿减排交易机制。截至 2021 年 9 月 30 日，自愿减排交易累计成交量超过 3.34 亿吨二氧化碳当量，成交额逾 29.51 亿元，国家核证自愿减排量（CCER）已被用于碳排放权交易试点市场配额清缴抵销或公益性注销，有效促进了能源结构优化和生态保护补偿。

5. 增强适应气候变化能力。

广大发展中国家由于生态环境、产业结构和社会经济发展水平等方面的原因，适应气候变化的能力普遍较弱，比发达国家更易受到气候变化的不利影响。我国是全球气候变化的敏感区和影响显著区，我国把主动适应气候变化作为实施积极应对气候变化国家战略的重要内容，推进和实施适应气候变化重大战略，开展重点区域、重点领域适应气候变化行动，强化监测预警和防灾减灾能力，努力提高适应气候变化能力和水平。

推进和实施适应气候变化重大战略。为统筹开展适应气候变化工作，2013 年，我国制定了国家适应气候变化战略，明确了 2014 年至 2020 年国家适应气候变化工作的指导思想和原则、主要目标，制定实施基础设施、农业、水资源、海岸带和相关海域、森林和其他生态系统、人体健康、旅游业和其他产业七大重点任务等。2020 年，我国启动编制《国家适应气候变化战略 2035》，着力加强统筹指导和沟通协调，强化气候变化影响观测评估，提升重点领域和关键脆弱区域适应气候变化能力。

开展重点区域适应气候变化行动。在城市地区，制定城市适应气候变化行动方案，开展海绵城市以及气候适应型城市试点，提升城市基础设施建设的气候韧性，通过城市组团式布局和绿廊、绿道、公园等城市绿化环境建设，有效缓解城市热岛效应和相关气候风险，提升国家交通网络对低温冰雪、洪涝、台风等极端天气适应能力。在沿海地区，组织开展年度全国海平面变化监测、影响调查与评估，严格管控围填海，加强滨海湿地保护，提高沿海重点地区抵御气候变化风险能力。在其他重点生态地区，开展青藏高原、西北农牧交错带、西南石漠化地区、长江与黄河流域等生态脆弱地区气候适应与生态修复工作，协同提高适应气候变化能力。

推进重点领域适应气候变化行动。在农业领域，加快转变农业发展方式，推进农业可持续发展，启动实施东北地区秸秆处理等农业绿色发展五大行动，提升农业减排固碳能力。大力研发推广防灾减灾增产、气候资源利用等农业气象灾害防御和适应新技术，完成农业气象灾害风险区划 5000 多项。在林业和草原领域，因地制宜、适地适树科学造林绿化，优化造林模式，培育健康森林，全面提升林业适应气候变化能力。加强各类林地的保护管理，构建以国家公园为主体的自然保护地体系，实施草原保护修复重大工程，恢复和增强草原生态功能。在水资源领域，完善防洪减灾体系，加强水利基础设施建设，提升水资源优化配置和水旱灾害防御能力。实施国家节水行动，建立水资源刚性约束制度，推进水资源消耗总量和强度双控，提高水资源集约节约利用水平。在公众健康领域，组织开展气候变化健康风险评估，提升我国适应气候变化保护人群健康能力。启动实施"健康环境促进行动"，开展气候敏感性疾病防控工作，加强应对气候变化卫生应急保障。

强化监测预警和防灾减灾能力。强化自然灾害风险监测、调查和评估，完善自然灾害监测预警预报和综合风险防范体系。建立了全国范围内多种气象灾害长时间序列灾情数据库，完成国家级精细化气象灾害风险预警业务平台建设。建立空天地一体化的自然灾害综合风险监测预警系统，定期发布全国自然灾害风险形势报告。发布综合防灾减灾规划，指导气候变化背景下防灾减灾救灾工作。实施自然灾害防治九项重点工程建设，推动自然灾害防治能力持续提升，重点加强强对流天气、冰川灾害、堰塞湖等监测预警和会商研判。发挥国土空间规划对提升自然灾害防治能力的基础性作用。实现基层气象防灾减灾标准化全国县（区）全覆盖。

6. 持续提升应对气候变化支撑水平。

我国高度重视应对气候变化支撑保障能力建设，不断完善温室气体排放统计核算体系，发挥绿色金融重要作用，提升科技创新支撑能力，积极推动应对气候变化技术转移转化。

完善温室气体排放统计核算体系。建立健全温室气体排放基础统计制度，提出涵盖气候变化及影响等 5 大类 36 个指标的应对气候变化统计指标体系，在此基础上构建应对气候变化统计报表制度，持续对统计报表进行整体更新与修订。编制国家温室气体清单，在已提交中华人民共和国气候变化初始国家信息通报的基础上，提交两次国家信息通报和两次两年更新报告。推动企业温室气体排放核算和报告，印发 24 个行业企业温室气体排放核算方法与报告指南，组织开展企业温室气体排放报告工作。碳达峰碳中和工作领导小组办公室设立碳排放统计核算工作组，加快完善碳排放统计核算体系。

加强绿色金融支持。我国不断加大资金投入，支持应对气候变化工作。加强绿色金融顶层设计，先后在浙江、江西、广东、贵州、甘肃、新疆等六省（区）九地设立了绿色金融改革创新试验区，强化金融支持绿色低碳转型功能，引导试验区加快经验复制推广。出台气候投融资综合配套政策，统筹推进气候投融资标准体系建设，强化市场资金引导机制，推动气候投融资试点工作。大力发展绿色信贷，完善绿色债券配套政策，发布相关支持项目目录，有效引导社会资本支持应对气候变化。截至 2020 年末，我国绿色贷款余额 11.95 万亿元，其中清洁能源贷款余额为 3.2 万亿元，绿色债券市场累计发行约 1.2 万亿元，存量规模达 8000 亿元，位于世界第二。

强化科技创新支撑。科技创新在发现、揭示和应对气候变化问题中发挥着基础性作用，在推动绿色低碳转型中将发挥关键性作用。我国先后发布应对气候变化相关科技创新专项规划、技术推广清单、绿色产业目录，全面部署了应对气候变化科技工作，持续开展应对气候变化基础科学研究，强化智库咨询支持，加强低碳技术研发应用。国家重点研发计划开展 10 余个应对气候变化科技研发重大专项，积极推广温室气体削减和利用领域 143 项技术的应用。鼓励企业牵头绿色技术研发项目，支持绿色技术成果转移转化，建立综合性国家级绿色技术交易市场，引导企业采用先进适用的节能低碳新工艺和技术。成立二氧化碳捕集、利用与封存（以下简称 CCUS）创业技术创新战略联盟、CCUS 专委会等专门机构，持续推动 CCUS 领域技术进步、成果转化。

（四）我国应对气候变化成效[①]

1. 经济发展与减污降碳协同效应凸显。

我国坚定不移走绿色、低碳、可持续发展道路，致力于将绿色发展理念融汇到经济建设的各方面和全过程，绿色已成为经济高质量发展的亮丽底色，在经济社会持续健康发展的同时，碳排放强度显著下降。2020 年我国碳排放强度比 2015 年下降 18.8%，超额完成"十三五"约束性目标，比 2005 年下降 48.4%，超额完成了我国向国际社会承诺的到 2020 年下降 40%~45% 的目标，累计少排放二氧化碳约 58 亿吨，基本扭转了二氧化碳排放快速增长的局面。与此同时，我国经济实现跨越式发展，2020 年 GDP 比 2005 年增长超 4 倍，取得了近 1 亿农村贫困人口脱贫的巨大胜利，完成了消除绝对贫困的艰巨任务。我国生态环境保护工作也取得历史性成就，环境"颜值"普遍提升，美丽中国建设迈出坚实步伐。"十三五"规划纲要确定的生态环境约束性指标均圆满超额完成。其中，全国地级及以上城市优良天数比率为 87%（目标 84.5%）；PM2.5 未达标地级及以上城市平均浓度相比 2015 年下降 28.8%（目标 18%）；全国地表水优良水质断面比例提高到 83.4%（目标 70%）；劣 V 类水体比例下降到 0.6%（目标 5%）；二氧化硫、氮氧化物、化学需氧量、氨氮排放量和单位 GDP 二氧化碳排放指标，均在 2019 年提前完成"十三五"目标基础上继续保持下降。污染防治攻坚战阶段性目标任务高质量完成。蓝天、碧水、净土保卫战，七大标志性战役取得决定性成效。重污染天数明显减少。

2. 能源生产和消费革命取得显著成效。

我国坚定不移实施能源安全新战略，能源生产和利用方式发生重大变革，能源发展取得历史性成就，为服务高质量发展、打赢脱贫攻坚战和全面建成小康社会提供重要支撑，为应对气候变化、建设清洁美丽世界作出积极贡献（见图 12-1）。

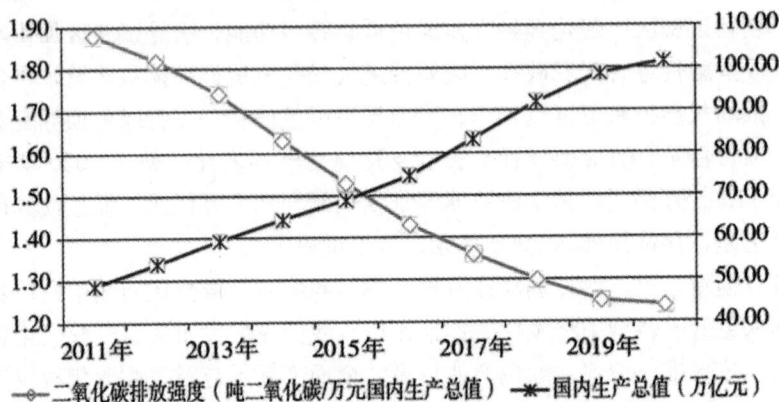

图 12-1　2011—2020 年中国二氧化碳排放强度和国内生产总值

---

① 国务院新闻办. 中国应对气候变化的政策与行动白皮书（2021）. 2021-10-27.

非化石能源快速发展。我国把非化石能源放在能源发展优先位置，大力开发利用非化石能源，推进能源绿色低碳转型。初步核算，2020 年，我国非化石能源占能源消费总量比重提高到 15.9%，比 2005 年大幅提升了 8.5 个百分点；我国非化石能源发电装机总规模达到 9.8 亿千瓦，占总装机的比重达到 44.7%，其中，风电、光伏、水电、生物质发电、核电装机容量分别达到 2.8 亿千瓦、2.5 亿千瓦、3.7 亿千瓦、2952 万千瓦、4989 万千瓦，光伏和风电装机容量较 2005 年分别增加了 3000 多倍和 200 多倍。非化石能源发电量达到 2.6 万亿千瓦时，占全社会用电量的比重达到三分之一以上（见图 12—2）。

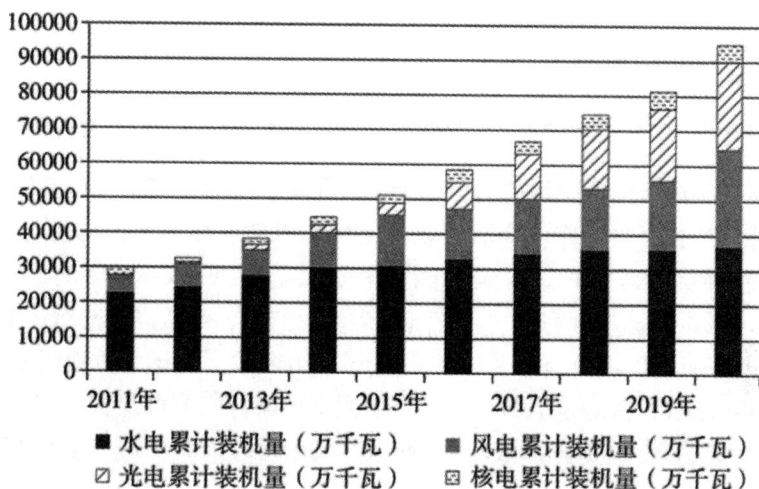

图 12—2　2011—2020 年中国非化石能源发电装机容量

能耗强度显著降低。我国是全球能耗强度降低最快的国家之一，初步核算，2011 年至 2020 年我国能耗强度累计下降 28.7%。"十三五"期间，我国以年均 2.8% 的能源消费量增长支撑了年均 5.7% 的经济增长，节约能源占同时期全球节能量的一半左右。我国煤电机组供电煤耗持续保持世界先进水平，截至 2020 年底，我国达到超低排放水平的煤电机组约 9.5 亿千瓦，节能改造规模超过 8 亿千瓦，火电厂平均供电煤耗降至 305.8 克标煤/千瓦时，较 2010 年下降超过 27 克标煤/千瓦时。据测算，供电能耗降低使 2020 年火电行业相比 2010 年减少二氧化碳排放 3.7 亿吨。2016 年至 2020 年，我国发布强制性能耗限额标准 16 项，实现年节能量 7700 万吨标准煤，相当于减排二氧化碳 1.48 亿吨；发布强制性产品设备能效标准 26 项，实现年节电量 490 亿千瓦时（见图 12—3）。

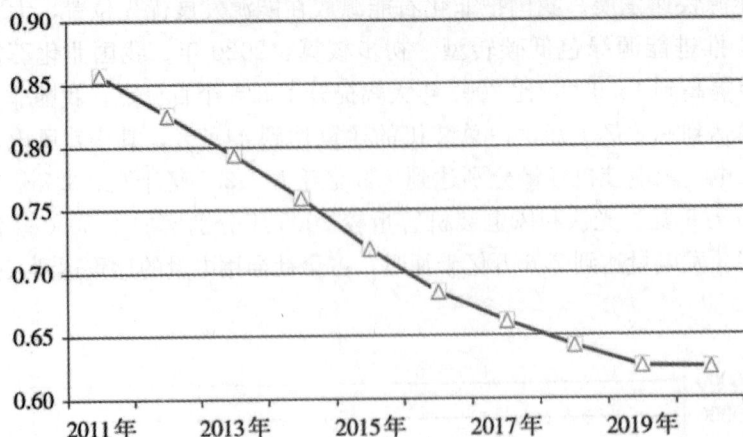

图 12-3　2011—2020 年中国能耗强度（单位：吨标准煤/万元国内生产总值）

　　能源消费结构向清洁低碳加速转化。为应对化石能源燃烧所带来的环境污染和气候变化问题，我国严控煤炭消费，煤炭消费占比持续明显下降。2020 年我国能源消费总量控制在 50 亿吨标准煤以内，煤炭占能源消费总量比重由 2005 年的 72.4% 下降至 2020 年的 56.8%。我国超额完成"十三五"煤炭去产能、淘汰煤电落后产能目标任务，累计淘汰煤电落后产能 4500 万千瓦以上。截至 2020 年底，我国北方地区冬季清洁取暖率已提升到 60% 以上，京津冀及周边地区、汾渭平原累计完成散煤替代 2500 万户左右，削减散煤约 5000 万吨，据测算，相当于少排放二氧化碳约 9200 万吨（见图 12-4）。

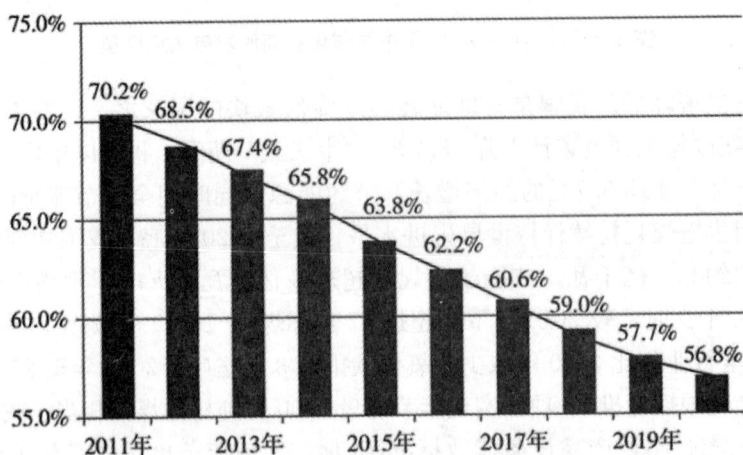

图 12-4　2011—2020 年中国煤炭消费量占能源消费总量比例

　　能源发展有力支持脱贫攻坚。我国实施能源扶贫工程，通过合理开发利用贫困地区能源资源，有效提升了贫困地区自身"造血"能力，为贫困地区经济发展增添新动能。我国累计建成超过 2600 万千瓦光伏扶贫电站，成千上万座"阳光银行"遍布贫困农村地区，惠及约 6 万个贫困村、415 万贫困户，形成了光伏与农业融合发展的创新模式，助力打赢脱贫攻坚战。

3. 产业低碳化为绿色发展提供新动能。

我国坚持把生态优先、绿色发展的要求落实到产业升级之中，持续推动产业绿色低碳化和绿色低碳产业化，努力走出了一条产业发展和环境保护双赢的生态文明发展新路。

产业结构进一步优化。应对气候变化为我国产业绿色低碳发展赋予新使命，带来新机遇。2020年我国第三产业增加值占GDP比重达到54.5%，比2015年提高3.7个百分点，高于第二产业16.7个百分点。节能环保等战略性新兴产业快速壮大并逐步成为支柱产业，高技术制造业增加值占规模以上工业增加值比重为15.1%。"十三五"期间，我国高耗能项目产能扩张得到有效控制，石化、化工、钢铁等重点行业转型升级加速，提前两年完成"十三五"化解钢铁过剩产能1.5亿吨上限目标任务，全面取缔"地条钢"产能1亿多吨。据测算，截至2020年，我国单位工业增加值二氧化碳排放量比2015年下降约22%。2020年主要资源产出率比2015年提高约26%，废钢、废纸累计利用量分别达到约2.6亿吨、5490万吨，再生有色金属产量达到1450万吨。

新能源产业蓬勃发展。随着新一轮科技革命和产业变革孕育兴起，新能源汽车产业正进入加速发展的新阶段。我国新能源汽车生产和销售规模连续6年位居全球第一，截至2021年6月，新能源汽车保有量已达603万辆。我国风电、光伏发电设备制造形成了全球最完整的产业链，技术水平和制造规模居世界前列，新型储能产业链日趋完善，技术路线多元化发展，为全球能源清洁低碳转型提供了重要保障。截至2020年底，我国多晶硅、光伏电池、光伏组件等产品产量占全球总产量份额均位居全球第一，连续8年成为全球最大新增光伏市场；光伏产品出口到200多个国家及地区，降低了全球清洁能源使用成本；新型储能装机规模约330万千瓦，位居全球第一。

绿色节能建筑跨越式增长。以绿色发展理念为牵引，我国全面深入推进绿色建筑和建筑节能，充分释放建筑领域巨大的碳减排潜力。截至2020年底，城镇新建绿色建筑占当年新建建筑比例高达77%，累计建成绿色建筑面积超过66亿平方米。累计建成节能建筑面积超过238亿平方米，节能建筑占城镇民用建筑面积比例超过63%。"十三五"期间，城镇新建建筑节能标准进一步提高，完成既有居住建筑节能改造面积5.14亿平方米，公共建筑节能改造面积1.85亿平方米。可再生能源替代民用建筑常规能源消耗比重达到6%。

绿色交通体系日益完善。我国坚定不移推进交通领域节能减排，走出了一条能耗排放做"减法"、经济发展做"加法"的新路子。综合运输网络不断完善，大宗货物运输"公转铁"、"公转水"、江海直达运输、多式联运发展持续推进；铁路货运量占全社会货运量比例较2017年增长近两个百分点，水路货运量较2010年增加了38.27亿吨，集装箱铁水联运量"十三五"期间年均增长超过23%。城市低碳交通系统建设成效显著，截至2020年底，31个省（区、市）中有87个城市开展了国家公交都市建设，43个城市开通运营城市轨道交通。"十三五"期间城市公共交通累计完成客运量超4270亿人次，城市公共交通机动化出行分担率稳步提高（见图12-5）。

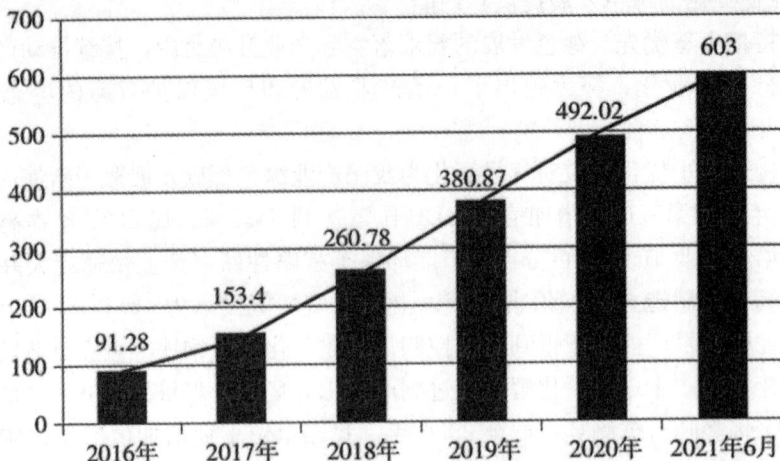

图 12-5　中国新能源汽车保有量（单位：万辆）

4. 生态系统碳汇能力明显提高。

我国坚持多措并举，有效发挥森林、草原、湿地、海洋、土壤、冻土等的固碳作用，持续巩固提升生态系统碳汇能力。我国是全球森林资源增长最多和人工造林面积最大的国家，成为全球"增绿"的主力军。2010 年至 2020 年，我国实施退耕还林还草约 1.08 亿亩。"十三五"期间，累计完成造林 5.45 亿亩、森林抚育 6.37 亿亩。2020 年底，全国森林面积 2.2 亿公顷，全国森林覆盖率达到 23.04%，草原综合植被覆盖度达到 56.1%，湿地保护率达到 50% 以上，森林植被碳储备量 91.86 亿吨，"地球之肺"发挥了重要的碳汇价值。"十三五"期间，我国累计完成防沙治沙任务 1097.8 万公顷，完成石漠化治理面积 165 万公顷，新增水土流失综合治理面积 31 万平方公里，塞罕坝、库布齐等创造了一个个"荒漠变绿洲"的绿色传奇；修复退化湿地 46.74 万公顷，新增湿地面积 20.26 万公顷。截至 2020 年底，我国建立了国家级自然保护区 474 处，面积超过国土面积的十分之一，累计建成高标准农田 8 亿亩，整治修复岸线 1200 公里，滨海湿地 2.3 万公顷，生态系统碳汇功能得到有效保护。

5. 绿色低碳生活成为新风尚。

践行绿色生活已成为建设美丽我国的必要前提，也正在成为全社会共建美丽中国的自觉行动。我国长期开展"全国节能宣传周""全国低碳日""世界环境日"等活动，向社会公众普及气候变化知识，积极在国民教育体系中突出包括气候变化和绿色发展在内的生态文明教育，组织开展面向社会的应对气候变化培训。"美丽中国，我是行动者"活动在我国大地上如火如荼展开。以公交、地铁为主的城市公共交通日出行量超过 2 亿人次，骑行、步行等城市慢行系统建设稳步推进，绿色、低碳出行理念深入人心。从"光盘行动"、反对餐饮浪费、节水节纸、节电节能，到环保装修、拒绝过度包装、告别一次性用品，"绿色低碳节俭风"吹进千家万户，简约适度、绿色低碳、文明健康的生活方式成为社会新风尚。

（五）共建公平合理、合作共赢的全球气候治理体系①

1. 全球应对气候变化面临严峻挑战。

工业革命以来的人类活动，特别是发达国家大量消费化石能源所产生的二氧化碳累积排放，导致大气中温室气体浓度显著增加，加剧了以变暖为主要特征的全球气候变化。世界气象组织发布的《2020年全球气候状况》报告表明，2020年全球平均温度较工业化前水平高出约1.2℃，2011年至2020年是有记录以来最暖的10年。2021年政府间气候变化专门委员会发布的第六次评估报告第一工作组报告表明，人类活动已造成气候系统发生了前所未有的变化。1970年以来的50年是过去两千年以来最暖的50年。预计到本世纪中期，气候系统的变暖仍将持续。

气候变化对全球自然生态系统产生显著影响，全球许多区域出现并发极端天气气候事件和复合型事件的概率和频率大大增加，高温热浪及干旱并发，极端海平面和强降水叠加造成复合型洪涝事件加剧。2021年，有的地区遭遇强降雨，并引发洪涝灾害，有的地区气温创下历史新高，有的地区森林火灾频发。全球变暖正在影响地球上每一个地区，其中许多变化不可逆转，温度升高、海平面上升、极端气候事件频发给人类生存和发展带来严峻挑战，对全球粮食、水、生态、能源、基础设施以及民众生命财产安全构成长期重大威胁，应对气候变化刻不容缓。

2. 我国为全球气候治理注入强大动力。

我国一贯高度重视应对气候变化国际合作，积极参与气候变化谈判，推动达成和加快落实《巴黎协定》，以我国理念和实践引领全球气候治理新格局，逐步站到了全球气候治理舞台的中央。

领导人气候外交增强全球气候治理凝聚力。习近平主席多次在重要会议和活动中阐释我国的全球气候治理主张，推动全球气候治理取得重大进展。2015年，习近平主席出席气候变化巴黎大会并发表重要讲话，为达成2020年后全球合作应对气候变化的《巴黎协定》作出历史性贡献。2016年9月，习近平主席亲自交存我国批准《巴黎协定》的法律文书，推动《巴黎协定》快速生效，展示了我国应对气候变化的雄心和决心。在全球气候治理面临重大不确定性时，习近平主席多次表明中方坚定支持《巴黎协定》的态度，为推动全球气候治理指明了前进方向，注入了强劲动力。2020年9月，习近平主席在第七十五届联合国大会一般性辩论上宣布我国将提高国家自主贡献力度，表明了我国全力推进新发展理念的坚定意志，彰显了我国愿为全球应对气候变化作出新贡献的明确态度。2020年12月，习近平主席在气候雄心峰会上进一步宣布到2030年我国二氧化碳减排、非化石能源发展、森林蓄积量提升等一系列新目标。2021年9月，习近平主席出席第七十六届联合国大会一般性辩论时提出，我国将大力支持发展我国家能源绿色低碳发展，不再新建境外煤电项目，展现了我国负责任大国的责任担当。2021年10月，习近平主席出席《生物多样性公约》第十五次缔约方大会领导人峰会并发表主旨讲话，强调为推动实现碳达峰、碳中和目标，我国将陆续发布重点领域和行业碳达

---

① 国务院新闻办. 中国应对气候变化的政策与行动白皮书（2021）. 2021-10-27.

峰实施方案和一系列支撑保障措施，构建起碳达峰、碳中和"1＋N"政策体系；我国将持续推进产业结构和能源结构调整，大力发展可再生能源，在沙漠、戈壁、荒漠地区加快规划建设大型风电光伏基地项目，第一期装机容量约1亿千瓦的项目已于近期有序开工。

积极建设性参与气候变化国际谈判。我国坚持公平、共同但有区别的责任和各自能力原则，坚持按照公开透明、广泛参与、缔约方驱动和协商一致的原则，引导和推动了《巴黎协定》等重要成果文件的达成。我国推动发起建立了"基础四国"部长级会议和气候行动部长级会议等多边磋商机制，积极协调"基础四国""立场相近发展我国家""七十七国集团和中国"应对气候变化谈判立场，为维护发展中国家团结、捍卫发展中国家共同利益发挥了重要作用。积极参加二十国集团（G20）、国际民航组织、国际海事组织、金砖国家会议等框架下气候议题磋商谈判，调动发挥多渠道协同效应，推动多边进程持续向前。

为广大发展中国家应对气候变化提供力所能及的支持和帮助。我国秉持"授人以渔"理念，积极同广大发展中国家开展应对气候变化南南合作，尽己所能帮助发展中国家特别是小岛屿国家、非洲国家和最不发达国家提高应对气候变化能力，减少气候变化带来的不利影响，我国应对气候变化南南合作成果看得见、摸得着、有实效。2011年以来，我国累计安排约12亿元用于开展应对气候变化南南合作，与35个国家签署40份合作文件，通过建设低碳示范区、援助气象卫星、光伏发电系统和照明设备、新能源汽车、环境监测设备、清洁炉灶等应对气候变化相关物资，帮助有关国家提高应对气候变化能力，同时为近120个发展中国家培训了约2000名应对气候变化领域的官员和技术人员。

建设绿色丝绸之路为全球气候治理贡献中国方案。我国坚持把绿色作为底色，携手各方共建绿色丝绸之路，强调积极应对气候变化挑战，倡议加强在落实《巴黎协定》等方面的务实合作。2021年，我国与28个国家共同发起"一带一路"绿色发展伙伴关系倡议，呼吁各国应根据公平、共同但有区别的责任和各自能力原则，结合各自国情采取气候行动以应对气候变化。我国同有关国家一道实施"一带一路"应对气候变化南南合作计划，成立"一带一路"能源合作伙伴关系，促进共建"一带一路"国家开展生态环境保护和应对气候变化。

3. 应对气候变化中国倡议。

应对气候变化是全人类的共同事业，面对全球气候治理前所未有的困难，国际社会要以前所未有的雄心和行动，勇于担当，勠力同心，积极应对气候变化，共谋人与自然和谐共生之道。

坚持可持续发展。气候变化是人类不可持续发展模式的产物，只有在可持续发展的框架内加以统筹，才可能得到根本解决。要把应对气候变化纳入国家可持续发展整体规划，倡导绿色、低碳、循环、可持续的生产生活方式，不断开拓生产发展、生活富裕、生态良好的文明发展道路。

坚持多边主义。国际上的事要由大家共同商量着办，世界前途命运要由各国共同掌握。在气候变化挑战面前，人类命运与共，单边主义没有出路，只有坚持多边主义，讲团结、促合作，才能互利共赢，福泽各国人民。要坚持通过制度和规则来协调规范各国关系，反对恃强凌弱，规则一旦确定，就要有效遵循，不能合则用、不合则弃，这是共同应对气候变化的有效途径，也是国际社会的基本共识。

坚持共同但有区别的责任原则。这是全球气候治理的基石。发达国家和发展中国家在造成气候变化上历史责任不同，发展需求和能力也存在差异，用统一尺度来限制是不适当的，也是不公平的。要充分考虑各国国情和能力，坚持各尽所能、国家自主决定贡献的制度安排，不搞"一刀切"。发展中国家的特殊困难和关切应当得到充分重视，发达国家在应对气候变化方面要多作表率，为发展中国家提供资金、技术、能力建设等方面支持。

坚持合作共赢。当今世界正经历百年未有之大变局，人类也正处在一个挑战层出不穷、风险日益增多的时代，气候变化等非传统安全威胁持续蔓延，没有哪个国家能独善其身，需要同舟共济、团结合作。国际社会应深化伙伴关系，提升合作水平，在应对全球气候变化的征程中取长补短、互学互鉴、互利共赢，实现共同发展，惠及全人类。

第三节　资源安全

一、资源安全的定义与特征

（一）资源安全的定义

所谓资源安全，是指一个国家或地区可以持续、稳定、及时、足量和经济地获取所需自然资源，不受威胁或者不陷入危险状态的情形。资源安全在国家安全中占有基础地位。理由是，资源就是资财的来源，是人类生存与发展的不可或缺的自然物质。资源安全分为战略性资源安全和非战略性资源安全，也可以分为水资源安全、能源资源安全（包括石油安全）、土地资源安全（包括耕地资源安全）、矿产资源安全（包括战略性矿产资源安全）、生物资源安全（包括基因资源安全）、海洋资源安全和环境资源安全等。所以，资源安全距离人们的日常生活很近，比如，国际和国内燃油价格的变化、耕地面积持续减少和质量不断下降，甚至淡水缺乏等，都可以归结为资源安全方面出现了问题。

资源安全有5种基本含义：（1）数量的含义，即资源的量要充裕，既要有总量的充裕，也要有人均数量的充裕，但后者比前者更具有实际意义。（2）质量的含义，即资源的质量要有保证，于是，产生了最低质量的概念。（3）结构的含义，即资源供给的多样性，供给渠道的多样性是供给稳定性的基础，保证资源供给安全的稳定，要发展资源贸易伙伴关系，特别要注意建立资源共同体。（4）均衡的含义，包括地区平衡与人群平衡两方面。（5）经济或价格的含义。这是指一个国家或地区的资源供给或者需求，可以从市场上以较小的经济代价获取所需资源的能力或状态等情形。

资源安全的分类，可以按资源的供给过程分类。分为：（1）立足于资源系统自身的资源安全，可称为资源系统安全，指资源特别是可再生资源的数量和质量性状的保持及改良。（2）立足于资源保障能力的资源安全，亦即资源对社会经济发展的保障或支撑能力。这是通常人们所理解的资源安全。一般关于资源安全的定义，正是基于这样的一种理解，也可以说是狭义的资源安全。也可以按资源的安全主体分类，分为：①国家资源安全与区域资源安全。这二者有本质的差异，主要是利益主体不同、利益取向不同，国家利益不是区域利益的简单加总；在资源安全方面，区域利益应该服从于服务于国家利益。②群体资源安全与个人资源安全。这一分类，类似通常所说的集体利益与个人利益的关系。一般来说，人们更关注的国家资源安全。还可以按资源类别分类，分为：①战略性资源安全；②非战略性资源安全等。另外，又可以根据资源的类型，分为：①水资源安全；②能源资源安全（特别包括石油安全）；③土地资源安全（特别包括耕地资源安全）；④矿产资源安全（特别包括战略性矿产资源安全）；⑤生物资源安全（特别包括基因资源安全）；⑥海洋资源安全；⑦环境资源安全等。

（二）资源安全的基本特征

1. 主体性或利己性。资源安全的主体是很重要的因素，资源安全是利己主义的概念，有资源为我所有和所用的含义。为此，应树立"世界资源为我所用"的观念，并立足于世界资源供需关系研究和解决我国的资源安全问题。在这一点上，日本由于是自然资源极度缺乏的国家，所以向世界市场要资源。

2. 目的性或针对性。资源安全问题研究和管理，具有目的性和针对性。目的就是要发现不安全因素不安全领域，不安全方面和不安全地区，并进行调适和干预。比如，我国经济体制改革和对外开放的过程中，以区域非均衡发展理论指导下的国家资源政策，就是利用中西部丰厚的资源，先发展经济特区和沿海开放城市，以及东部地区，然后是中西部地区尤其是西部地区。这就导致了我国国内的"东西部发展不均衡的矛盾"，一定意义上，我国西部少数民族自治地区的发展不均衡，就是国家资源安全层面有目的性和针对性进行政策调整的结果。

3. 动态性。资源安全问题与资源稀缺问题一样，是一个永恒的主体，任何国家或地区在资源安全领域，都会不断出现新的问题。也就是说，任何一个国家不可能永远是自然资源丰裕和供给无恙的国度。比如，以美国为例，1850—1860 年的 10 年间，焚林开荒导致 3000 万英亩森林被开辟为农地，而这个时期，火车和其他动力机械大都以木材为燃料。有人估计，19 世纪中期美国所需能源的 90％以上来自树木。加上铁路的修建、取暖、照明、修建房屋和采矿业，以及火灾等，到 19 世纪末，美国 4/5 的森林已经消失。而森林的毁坏导致水土流失和生态环境恶化。于是，后来美国有了 1872 年 3 月美国国会通过在黄石建立第一个国家公园的决定，[①] 并于次年通过了《造林法》。此后，美国的焚林开荒现象基本绝迹了。

4. 层次性。资源安全有大小之分，于是，产生了国家资源安全和区域资源安全，群体资源安全和个体资源安全等衍生概念。例如，目前，我国 92％以上的一次能源、80％的工业原材料、70％以上的农业生产资料来自矿产资源。矿产资源勘查开发方面，面临的问题主要是：（1）经济快速增长与部分矿产资源大量消耗之间存在矛盾。石油、

---

① 佳佳. 美国早期的环境问题与自然资源保护 [EB/OL]. 人文自然网，http://www.rwzr.cn/Html/bhkf/xsjj/42120070920120100.html. 最后访问时间：2016－08－30.

（富）铁、（富）铜、优质铝土矿、铬铁矿、钾盐等矿产资源供需缺口较大。东部地区地质找矿难度增大，探明储量增幅减缓。部分矿山开采进入中晚期，储量和产量逐年降低。（2）矿产资源开发利用中的浪费现象和环境污染仍较突出。开采矿山布局不够合理，探采技术落后，资源消耗、浪费较大，矿山环境保护需进一步加强。（3）区域之间矿产资源勘查开发不平衡。西部地区和中部边远地区资源丰富，但自然条件差，生态环境脆弱，地质调查评价工作程度低，制约了资源开发。（4）矿产资源勘查、开发的市场化程度不高。探矿权采矿权市场体系有待进一步健全。矿产资源管理秩序需要继续整顿和规范。矿产资源领域的国际交流与合作需要拓宽。①

5. 互动性或相关性。资源安全与生态安全、环境安全、食物安全及经济安全有互动性或相关性，亦即其他安全状态的改进，有助于资源安全状况的改进。例如，我国煤炭资源丰富且居能源主体地位，但煤炭对大气环境污染严重，能源结构需进行某些调整。我国充分利用煤炭资源和水能资源，发展以煤炭洗选加工、液化、气化等为主要内容的煤的洁净技术。煤炭开发在稳定东部地区生产规模的同时，重点开发山西、陕西、内蒙古，合理开发西南地区，适当开发新疆、甘肃、宁夏、青海的煤炭资源。加大煤层气开发力度。我国石油资源比较丰富，但和需求相比相对不足。解决油气供应不足的问题，将首先立足于开发利用国内的油气资源。西部地区已经发现丰富的油气资源，新疆塔里木、准噶尔，陕西、甘肃、宁夏、内蒙古、山西的鄂尔多斯和青海柴达木等盆地都有良好的开发前景。渤海海域也有重大发现。石油资源勘查开发，在深化东部、发展西部、加快海上的基础上，重点加强老油区的勘查工作，力争在新层系和地区取得新的发现，增加石油探明储量，保持合理的石油自给率。天然气勘探开发，以西气东输沿线的塔里木、鄂尔多斯、柴达木盆地和四川、重庆地区以及海上的东海盆地为重点，增加储量，提高产量，逐步改善中国能源结构。②

（三）资源安全的影响因素

对一个国家而言，资源安全的影响因素很多，归纳起来，主要有以下几个方面，即：资源本身的因素、政治因素、经济因素、运输因素、军事因素等。

1. 资源因素。资源因素是影响资源安全的最基本和最重要的因素之一。一般来说，一个国家自身的资源越丰富，对经济发展的保障程度越高，资源供应的安全性就越高。如果我们不考虑其他因素，利用本国资源受外界不安全因素影响的可能性就小，相对就比较安全。资源因素对资源安全的影响是最直接的，也是最重要的。当然，资源因素对资源安全影响巨大，但并不是说资源贫乏国家的资源安全问题就最严重。事实上，日本在经历了第一次石油危机的沉重打击后，通过建立庞大的战略石油储备系统和其他一系列风险防范机制，其资源供应的风险得到了有效的控制。

2. 政治因素。近几十年的石油危机、石油供应中断、石油价格的大幅度波动等无

---

① 《中国的矿产资源政策》（2003－12－23）：一、矿产资源及其勘查开发现状。中国网，http://www. scio. gov. cn/zfbps/ndhf/2003/Document/307909/307909. htm. 最后访问时间：2016－08－30.

② 《中国的矿产资源政策》（2003－12－23）：三、提高国内矿产资源的供应能力。中国网，http://www. scio. gov. cn/zfbps/ndhf/2003/Document/307909/307909. htm. 最后访问时间：2016－08－30.

不与政治因素有关。政治因素对资源安全的影响，主要有两个方面：一是资源进口国与资源出口国之间政治关系恶化，而造成的对资源安全供应的影响，如第一次石油危机，就是因为阿拉伯国家与西方国家政治关系紧张所导致的结果；二是由于资源生产国国内的政治因素，对资源安全供应的影响，如第二次石油危机，就是由于伊朗国内政治和宗教因素所造的。

> **知识点** 石油危机（Oil Crisis）指世界经济或各国经济受到石油价格的变化的影响，所产生的经济危机。1960 年 12 月石油输出国组织（OPEC）成立，主要成员包括伊朗、伊拉克、科威特、沙特阿拉伯和南美洲的委内瑞拉等国，而石油输出国组织也成为世界上控制石油价格的关键组织。迄今被公认的三次石油危机，分别发生在 1973 年、1979 年和 1990 年。

3. 运输因素。运输的安全程度与运输的距离、运输线的安全状况、运输方式以及运输国对资源运输线的保卫能力的强弱有关。一般来说，距离越远，影响资源安全的因素越多，资源的安全性越低；反之，距离越近，资源的安全性就越高。也就是说，资源的安全性与生产国和消费国之间的距离成反比关系。运输安全还与诸如有没有海盗的侵扰，通过的海峡多少和海峡受控制、封锁的可能性大小，海峡运输事故的多少等有关。美国能源部确定了世界上 16 个重要的制约石油运输的咽喉要塞，而这些石油运输的咽喉，很容易遭到封锁。

> **知识点** 世界上有 16 处海上咽喉，即 16 个海峡（含天然、人工海峡和海湾）。这些海峡包括经济发达地区的洲际海峡、沟通大洋的海峡、唯一通道的海峡和主要航线上的海峡，状如海上交通"咽喉"。包括：（1）霍尔木兹海峡；（2）苏伊士运河；（3）巴拿马运河；（4）马六甲海峡；（5）望加锡海峡；（6）巽他海峡；（7）朝鲜海峡；（8）曼德海峡；（9）波斯湾（也称"海湾"）；（10）直布罗陀海峡；（11）白令海峡；（12）斯卡格拉克海峡；（13）卡特加特海峡；（14）格陵兰—冰岛—联合王国海峡；（15）佛罗里达海峡；（16）阿拉斯加湾等。

4. 经济因素。经济因素对资源安全的影响，是一种间接的影响。对资源进口国来讲，最主要的影响，就是经济能否支持进口资源所需的外汇。如果没有出口的强有力支持，就很难保障有充足的外汇用于资源产品的进口。经济因素还涉及另一个重要问题，就是价格的变动。对进口国来说，主要是价格上涨对进口能力和进出口平衡的影响。在和平时期，价格的剧烈波动是资源安全的最主要问题之一。

5. 军事因素。军事因素对资源安全的作用是多方面的，对运输安全来说，拥有强大、反应快速的海上军事力量，资源海上运输线就会受到很好的保护。对重要海峡的控制能力也是保障资源运输安全的重要方面。军事因素对资源安全的影响还表现在对主要资源生产地的军事干预能力上，一国对资源产地的军事干预能力越强，资源就越有保障。海湾战争就是美国和西方国家以强大的军事干预能力，避免石油供应受制于伊拉克，有效地保障了美国及其盟国石油的安全供应。

二、战略性资源及其安全

（一）战略性资源的定义

资源科学把资源分为三大类，即：一是社会资源，包括人力资源、资本资源、科技资源和教育资源等；二是综合资源学科，从地理学、生态学、经济学、信息学和法学等角度来研究资源，形成交叉学科；三是部门自然资源学，包括气候资源学、生物资源学、水资源学、土地资源学、矿产资源学、能源资源学、药物资源学等部门资源学科。

所谓战略性资源，主要指硬体资源而不是软体资源。它应具备三个特点：（1）如人们吃穿用行安全等需求的基础性或刚性；（2）需求额的扩张性（巨大且不断增大）；（3）因其使用者的普遍化，而产生的产品价格的低预期值等。我们的祖先曾从哲学高度，概括出五类资源，即金、木、水、火、土。其中，金者，是指矿产资源；而木者，植物资源引申到生物资源；水者，就是水资源；火者，引申为能源资源，特别值得关注的是石油资源；土者，土地资源。这五种资源，也是现代人公认的最具战略性意义的资源。水、火、木是地球上人类生活的最基本要素，而水资源、生物资源、能源资源，特别是石油资源，对人类具有特别重要的意义。① 一般意义上，石油、水、土地为三大战略性资源。②

对于我国而言，14 亿人口的吃饭问题，也是个战略大问题。资料显示，未来几十年我国粮食需求量为：2030 年人口达到 16 亿峰值，按人均占有 400 公斤计算，总需求量达到 6.4 亿吨左右。③ 所以，立足国内资源，实现粮食基本自给，是我国解决粮食供需问题的基本方针。我国努力促进国内粮食增产，在正常情况下，粮食自给率不低于95%，净进口量不超过国内消费量的 5%。现阶段，我国已经实现了粮食基本自给，在未来的发展过程中，我国依靠自己的力量实现粮食基本自给，客观上具备诸多有利因素。根据我国的农业自然资源、生产条件、技术水平和其他发展条件，粮食增产潜力很大。主要是，提高现有耕地单位面积产量有潜力。现在，我国同一类型地区粮食单产水平悬殊，高的每公顷 7500～15000 公斤，低的只有 3000～5000 公斤。在播种面积相对稳定的前提下，只要 1996—2010 年粮食单产年均递增 1%，2011—2030 年年均递增0.7%，就可以达到预期的粮食总产量目标。这样的速度与过去 46 年年均递增 3.1%相比，是比较低的。即使考虑到土地报酬率递减的因素，也是有条件实现的。目前，我国的粮食单产水平与世界粮食高产国家相比也是比较低的，我国要在短时间内达到粮食高产国家的水平难度较大，但经过努力是完全可以缩小差距的。通过改造中低产田、兴修

---

① 李晓西. 什么是战略性资源？[J]. 政工研究动态，2001（15）：18.
② 战略资源（strategic resources），是指对战争全局起重要作用的人力资源、自然资源和人工资源的统称。与战略性资源仅仅一字之差，含义完全不同。
③ 《中国的粮食问题》（1996—10）：二、未来中国的粮食消费需求. 中国网，http://www.scio.gov.cn/zfbps/ndhf/1996/Document/307978/307978.htm. 最后访问时间：2016—08—30.

水利、扩大灌溉面积、推广先进适用技术等工程和生物措施，可使每公顷产量提高1500 公斤以上。①

同时，加强对粮食市场的调控。中国是一个自然灾害较为频繁的国家，年度间的粮食产量波动难以避免，对粮食市场的稳定产生不利影响。为加强对粮食生产者的保护和稳定粮食市场，中国政府在 1990 年就着手建立了粮食的最低保护价格制度和用于调节粮食市场供求与价格的专项粮食储备制度，1994 年又建立了中央和省两级粮食市场风险基金制度。实践证明，这些制度发挥了积极的作用。要进一步完善这些制度，保持合理的粮食储备量，充实粮食市场风险基金，增强政府对粮食市场的吞吐调节能力。还有，适时、适度利用国际粮食市场，通过进出口贸易调节国内的粮食供求关系，也是稳定粮食市场所必需的。近年来，我国国内的市场粮食价格已逐步接近于国际市场粮价。为了保护农民的基本利益，我国政府将按照国际惯例，实行粮食进口关税政策。②

（二）种子工程与战略性资源安全

在我国，转变粮食增长方式，要从改革、优化产业结构和耕作制度，加强科学管理，提高粮食生产集约化程度和农业资源有效利用率等多方面入手，但最主要的是依靠科技进步，加快科教兴粮步伐，走高产、优质、高效、低耗的路子。新中国成立后，共取得较大的农业科技成果 3 万多项，其中获得国家或部级奖励的 6000 多项，有一些成果处于国际领先水平。主要粮食作物品种更新了 3~5 次，每次增产幅度均达到 10％以上，仅杂交水稻一项，近 10 年就累计推广 1.6 亿公顷，增产稻谷 2.4 亿吨；多种综合栽培技术大面积推广应用，对粮食增产发挥了重要作用；在生物工程等高技术领域，两系法杂交稻新组合等一批重大技术已显示出良好的发展前景。

战略性资源的本身存在着三种矛盾，即：第一，需求的基础性或刚性（比如人们吃穿用行安全等需求）与供给难以永续性的矛盾；第二，需求额的扩张性（即巨大且不断增大）与供给的稀缺性的矛盾；第三，产品价格的低预期值（因其使用者的普遍化）与保护或开发的边际成本递增的矛盾等。这些矛盾的存在，也就意味着战略性资源的世界性平衡，成了资源安全的本质之所在。所以，我国应该对自己的珍稀矿产资源好好进行保护，争取国际市场上的定价权，合理开发利用，不可竭泽而渔。

但是，与世界发达国家相比，我国农业科技水平还有较大差距。我国政府已确定并正在实施科教兴农战略，将采取各种措施，努力提高粮食增产中的科技含量。比如，加快实施"种子工程"③。

在我国，"种子工程"是包括种子资源的收集和利用，新品种选育和引进，建立原粮种繁殖种系和种子质量认证制度。是发展种子加工和包衣技术，完事种子质量监督检查体系，规范种子经营和加强种子法制管理等相互配合相互制约的体系工程。以农作物

---

① 《中国的粮食问题》（1996－10）：三、中国能够依靠自己的力量实现粮食基本自给。中国网，http://www. scio. gov. cn/zfbps/ndhf/1996/Document/307978/307978. htm. 最后访问时间：2016－08－30.

② 《中国的粮食问题》（1996－10）：七、深化体制改革，创造粮食生产、流通的良好政策环境。中国网，http://www. scio. gov. cn/zfbps/ndhf/1996/Document/307978/307978. htm. 最后访问时间：2016－08－30.

③ 我国《种子法》第 2 条规定，本法所称种子，是指农作物和林木的种植材料或者繁殖材料，包括籽粒、果实、根、茎、苗、芽、叶、花等。

种子为对象，以农业生产提供具有优质生物学特性和优良种植特性的商品化种子为目的，通过利用现代生物学手段、工程学手段和经济学原理以及其他现代科技成果，按照种子科研、生产、加工、销售、管理的全过程所形成的规模化、规范化、程序化、系统化的产业整体。未来的种子工程，将加大农作物种业基础设施投入，加强育种创新、品种测试和试验、种子检验检测等基础设施建设。鼓励"育繁推一体化"种子企业建设商业化育种基地，购置先进的种子生产、加工、包装、检验和仓储、运输设备，改善工程化研究、品种试验和应用推广条件。

我国《种子法》[①] 第8条明文规定，国家依法保护种质资源[②]，任何单位和个人不得侵占和破坏种质资源。禁止采集或者采伐国家重点保护的天然种质资源。因科研等特殊情况需要采集或者采伐的，应当经国务院或者省、自治区、直辖市人民政府的农业、林业主管部门批准。

尤其是需要说明，我国《种子法》第11条规定，国家对种质资源享有主权，任何单位和个人向境外提供种质资源，或者与境外机构、个人开展合作研究利用种质资源的，应当向省、自治区、直辖市人民政府农业、林业主管部门提出申请，并提交国家共享惠益的方案；受理申请的农业、林业主管部门经审核，报国务院农业、林业主管部门批准。从境外引进种质资源的，依照国务院农业、林业主管部门的有关规定办理。与此同时，我国实行植物新品种保护制度。对国家植物品种保护名录内经过人工选育或者发现的野生植物加以改良，具备新颖性、特异性、一致性、稳定性和适当命名的植物品种，由国务院农业、林业主管部门授予植物新品种权，保护植物新品种权所有人的合法权益。植物新品种权的内容和归属、授予条件、申请和受理、审查与批准，以及期限、终止和无效等依照本法、有关法律和行政法规规定执行。国家鼓励和支持种业科技创新、植物新品种培育及成果转化。取得植物新品种权的品种得到推广应用的，育种者依法获得相应的经济利益（第25条）。一个植物新品种只能授予一项植物新品种权。两个以上的申请人分别就同一个品种申请植物新品种权的，植物新品种权授予最先申请的人；同时申请的，植物新品种权授予最先完成该品种育种的人。对违反法律，危害社会公共利益、生态环境的植物新品种，不授予植物新品种权（第26条）。

我国《种子法》第八章扶持措施中，对国家的"种子工程"是肯定的、鼓励的。即：（1）国家加大对种业发展的支持。对品种选育、生产、示范推广、种质资源保护、种子储备以及制种大县给予扶持。国家鼓励推广使用高效、安全制种采种技术和先进适用的制种采种机械，将先进适用的制种采种机械纳入农机具购置补贴范围。国家积极引导社会资金投资种业（第63条）；国家加强种业公益性基础设施建设。对优势种子繁育基地内的耕地，划入基本农田保护区，实行永久保护。优势种子繁育基地由国务院农业主管部门商所在省、自治区、直辖市人民政府确定（第64条）；对从事农作物和林木品

---

① 我国《种子法》2000年7月8日第九届全国人大常委会第16次会议通过，2004年8月28日第十届全国人大常委会第11次会议第一次修正，2013年6月29日第十二届全国人大常委会第3次会议第二次修正，2015年11月4日第十二届全国人大常委会第17次会议修订。

② 种质资源是指选育植物新品种的基础材料，包括各种植物的栽培种、野生种的繁殖材料以及利用上述繁殖材料人工创造的各种植物的遗传材料。

种选育、生产的种子企业，按照国家有关规定给予扶持（第 65 条）；国家鼓励和引导金融机构为种子生产经营和收储提供信贷支持（第 66 条）；国家支持保险机构开展种子生产保险。省级以上人民政府可以采取保险费补贴等措施，支持发展种业生产保险（第 67 条）；国家鼓励科研院所及高等院校与种子企业开展育种科技人员交流，支持本单位的科技人员到种子企业从事育种成果转化活动；鼓励育种科研人才创新创业（第 68 条）；国务院农业、林业主管部门和异地繁育种子所在地的省、自治区、直辖市人民政府应当加强对异地繁育种子工作的管理和协调，交通运输部门应当优先保证种子的运输（第 69 条），等等。

（三）马铃薯主粮化战略——粮食战略安全新探索

马铃薯具有耐旱、耐寒、耐瘠薄的特点，适应范围广，增产空间大。在抓好水稻、小麦、玉米三大谷物的同时，把马铃薯作为主粮作物来抓，推进科技创新，培育高产多抗新品种，配套高产高效技术模式，增加主粮产品供应，提高农业质量效益，促进农民增收和农业持续发展。推进马铃薯产业开发，是推进农业转型升级的有益探索。推进农业供给侧结构性改革，调整优化种植结构是一项艰巨的任务。马铃薯作为适应性广的作物和市场潜力大的产品，是新一轮种植结构调整特别是"镰刀弯"地区玉米结构调整理想的替代作物之一。把马铃薯作为主粮、纳入种植结构调整的重点作物，扩大种植面积，推进产业开发，延长产业链，打造价值链，促进一二三产业融合发展，助力种植业转型升级，全面提升发展质量。

> **知识点** "镰刀弯"地区，包括东北冷凉区、北方农牧交错区、西北风沙干旱区、太行山沿线区及西南石漠化区，在地形版图中呈现由东北向华北—西南—西北镰刀弯状分布，常年玉米种植面积占全国的 1/3 左右，是玉米结构调整的重点地区。

推进马铃薯产业开发，是引领农业绿色发展的有益探索。推进生态文明建设，必须树立绿色发展理念，推行绿色生产方式，推广绿色环保技术，形成绿色发展新格局。马铃薯用水用肥较少，水分利用效率高于小麦、玉米等大宗粮食作物，在同等条件下，单位面积蛋白质产量分别是小麦的 2 倍、水稻的 1.3 倍、玉米的 1.2 倍。在我国北方干旱半干旱地区扩种马铃薯，减轻农业用水压力，改善农业生态环境，实现资源永续利用。推进马铃薯产业开发，也是带动脱贫致富的有益探索。到 2020 年，实现全面建成小康社会和脱贫攻坚的目标，重点和难点在农村。到 2020 年，马铃薯种植面积扩大到 1 亿亩以上，平均亩产提高到 1300 公斤，总产达到 1.3 亿吨左右；优质脱毒种薯普及率达到 45%，适宜主食加工的品种种植比例达到 30%，主食消费占马铃薯总消费量的 30%。[①] 马铃薯多种植在西部贫困地区、高原冷凉山区，既是当地农民解决温饱的主要

---

① 《关于推进马铃薯产业开发的指导意见》[农农发（2016）1 号]，2016-02-02：二、推进马铃薯产业开发的思路原则和目标。

产品，也是农民增收致富的主要作物。把马铃薯作为主粮产品开发，引导农业产业化龙头企业、农民合作社与农户建立更紧密的利益联结机制，让农民在马铃薯产业开发中分享增值收益，带动农民增收和脱贫攻坚。[①]

马铃薯是菜还是粮？我国力推马铃薯主粮化战略，要让马铃薯成为第四大主粮。其理由在于：2016年1月6日，举办的马铃薯主粮化发展战略研讨会上，丰富多彩的马铃薯主食制品令人大开眼界。马铃薯全粉占比40％的馒头、面包，马铃薯花生冰冻曲奇、马铃薯榛子千层酥、马铃薯芝士蛋糕等，都颠覆着人们对马铃薯的认知。要以科技创新引领马铃薯主粮化发展，努力推动形成马铃薯与谷物协调发展的新格局。据介绍，马铃薯有望成为稻米、小麦、玉米之外的第四大主粮作物，种植面积将逐步扩大到1.5亿亩，年产鲜薯增加2亿吨，折合粮食约为5000万吨。马铃薯主粮化的内涵，就是用马铃薯加工成适合中国人消费习惯的馒头、面条、米粉等主食产品，实现马铃薯由副食消费向主食消费转变、由原料产品向产业化系列制成品转变、由温饱消费向营养健康消费转变，作为我国三大主粮的补充，逐渐成为第四大主粮作物。据介绍，未来我国粮食消费需求仍呈刚性增长趋势，到2020年粮食需求增量在1000亿斤以上。但受耕地、水资源的约束和种植效益的影响，小麦、水稻等口粮品种继续增产的成本提高、空间变小、难度加大，需要开辟增产的新途径。马铃薯耐寒、耐旱、耐瘠薄，适应性广，特别是开发利用南方冬闲田，扩种马铃薯潜力很大。此外，我国马铃薯产量相对较低，依靠科技提高单产的潜力更大。资料显示，马铃薯被称为"十全十美"的营养产品，富含膳食纤维，脂肪含量低，有利于控制体重增长、预防高血压、高胆固醇以及糖尿病等。马铃薯主粮化，有利于改善居民的膳食营养结构。同时，马铃薯主粮化涉及科研、生产、加工、流通、消费等多环节，需要不断加大扶持力度，集中力量攻关。强化规划引导和主粮化技术模式攻关，加快选育一批优质、高产、抗逆、综合性状优良、适宜主粮化的专用品种。同时加强主粮化加工工艺改进和完善。开展不同马铃薯品种的营养成分比较分析，研究最优的配比，开发最好的产品。重点攻关马铃薯全粉占50％的面条、馒头、米粉等配方及加工工艺流程，加快研发适宜马铃薯主粮化的加工机械等。

三、我国的能源安全与稀土资源安全

（一）战略性资源的结构转换

第二次世界大战以后，工业发达国家对战略资源的消耗迅速增加，对国外资源依赖程度增大，加紧对世界资源产地的控制，在世界范围内展开了激烈的战略资源的争夺。随着科学技术日新月异的发展，战略资源的结构不可避免地发生新变化：除了钢、铁、铜、铝之外，塑料、陶瓷、超级金属等将成为重要的战略物资，再生战略资源会逐渐增多。核能、太阳能、地热等被广泛运用。信息资源和太空资源成为重要的战略资源，并得到进一步开发和利用。战略资源开发区域从陆地扩展到海洋。在信息爆炸的社会，对于网络（尤其是运用WIFI链接的互联网络）这个媒介的深层次开发利用，成为我国

[①] 《关于推进马铃薯产业开发的指导意见》［农农发（2016）1号］，2016-02-02：一、充分认识推进马铃薯产业开发的重要意义。

"互联网+"行动计划的一部分。所谓"互联网+"是两化融合的升级版，将互联网作为当前信息化发展的核心特征，提取出来，并与工业、商业、金融业等服务业的全面融合。这其中，关键就是创新，只有创新才能让这个"+"真正有价值、有意义。正因为此，"互联网+"被认为是创新2.0下的互联网发展新形态、新业态，是知识社会创新2.0推动下的经济社会发展新形态演进。通俗来说，"互联网+"就是"互联网+各个传统行业"，但是，却并不是简单地将两者相加，而是利用信息通信技术，以及互联网平台，让互联网与传统行业进行深度融合，创造新的发展条件。所以，云计算、物联网、新一代移动终端和通信技术、创新网络应用等行业，等待着将其纳入战略性资源的范畴，给予更多的国家政策保护。

21世纪的能源，是新能源的天下。因为石油越来越少，而煤炭的污染太强，违背可持续发展的战略宗旨。新能源是转化为电能供人类使用，但是，新能源发电和能源转换不稳定，以及发电成本较高，阻碍了新能源事业的发展，也就是说，新能源还没有太大的发展，某些地方就已经出现过剩的苗头。因此，新能源电力的电网传输需要创新机制，使其更适应新型能源的发展特点。比如，建设智能电网，利用大数据进行电网调度，才是根本出路。

（二）我国的能源安全[①]

1. 我国能源安全新战略。

新时代的我国能源发展，贯彻"四个革命、一个合作"能源安全新战略。

一是推动能源消费革命，抑制不合理能源消费。坚持节能优先方针，完善能源消费总量管理，强化能耗强度控制，把节能贯穿于经济社会发展全过程和各领域。坚定调整产业结构，高度重视城镇化节能，推动形成绿色低碳交通运输体系。在全社会倡导勤俭节约的消费观，培育节约能源和使用绿色能源的生产生活方式，加快形成能源节约型社会。

二是推动能源供给革命，建立多元供应体系。坚持绿色发展导向，大力推进化石能源清洁高效利用，优先发展可再生能源，安全有序发展核电，加快提升非化石能源在能源供应中的比重。大力提升油气勘探开发力度，推动油气增储上产。推进煤电油气产供储销体系建设，完善能源输送网络和储存设施，健全能源储运和调峰应急体系，不断提升能源供应的质量和安全保障能力。

三是推动能源技术革命，带动产业升级。深入实施创新驱动发展战略，构建绿色能源技术创新体系，全面提升能源科技和装备水平。加强能源领域基础研究以及共性技术、颠覆性技术创新，强化原始创新和集成创新。着力推动数字化、大数据、人工智能技术与能源清洁高效开发利用技术的融合创新，大力发展智慧能源技术，把能源技术及其关联产业培育成带动产业升级的新增长点。

四是推动能源体制革命，打通能源发展快车道。坚定不移推进能源领域市场化改革，还原能源商品属性，形成统一开放、竞争有序的能源市场。推进能源价格改革，形

成主要由市场决定能源价格的机制。健全能源法治体系，创新能源科学管理模式，推进"放管服"改革，加强规划和政策引导，健全行业监管体系。

五是全方位加强国际合作，实现开放条件下能源安全。坚持互利共赢、平等互惠原则，全面扩大开放，积极融入世界。推动共建"一带一路"能源绿色可持续发展，促进能源基础设施互联互通。积极参与全球能源治理，加强能源领域国际交流合作，畅通能源国际贸易、促进能源投资便利化，共同构建能源国际合作新格局，维护全球能源市场稳定和共同安全。

2. 全面推进能源消费方式变革。

坚持节约资源和保护环境的基本国策，坚持节能优先方针，树立节能就是增加资源、减少污染、造福人类的理念，把节能贯穿于经济社会发展全过程和各领域。

一是实行能源消费总量和强度双控制度。按省、自治区、直辖市行政区域设定能源消费总量和强度控制目标，对各级地方政府进行监督考核。把节能指标纳入生态文明、绿色发展等绩效评价指标体系，引导转变发展理念。对重点用能单位分解能耗双控目标，开展目标责任评价考核，推动重点用能单位加强节能管理。

二是健全节能法律法规和标准体系。修订实施《节约能源法》，建立完善工业、建筑、交通等重点领域和公共机构节能制度，健全节能监察、能源效率标识、固定资产投资项目节能审查、重点用能单位节能管理等配套法律制度。强化标准引领约束作用，健全节能标准体系，实施百项能效标准推进工程，发布实施340多项国家节能标准，其中近200项强制性标准，实现主要高耗能行业和终端用能产品全覆盖。加强节能执法监督，强化事中事后监管，严格执法问责，确保节能法律法规和强制性标准有效落实。

三是完善节能低碳激励政策。实行促进节能的企业所得税、增值税优惠政策。鼓励进口先进节能技术、设备，控制出口耗能高、污染重的产品。健全绿色金融体系，利用能效信贷、绿色债券等支持节能项目。创新完善促进绿色发展的价格机制，实施差别电价、峰谷分时电价、阶梯电价、阶梯气价等，完善环保电价政策，调动市场主体和居民节能的积极性。在浙江等4省市开展用能权有偿使用和交易试点，在北京等7省市开展碳排放权交易试点。大力推行合同能源管理，鼓励节能技术和经营模式创新，发展综合能源服务。加强电力需求侧管理，推行电力需求侧响应的市场化机制，引导节约、有序、合理用电。建立能效"领跑者"制度，推动终端用能产品、高耗能行业、公共机构提升能效水平。

四是提升重点领域能效水平。积极优化产业结构，大力发展低能耗的先进制造业、高新技术产业、现代服务业，推动传统产业智能化、清洁化改造。推动工业绿色循环低碳转型升级，全面实施绿色制造，建立健全节能监察执法和节能诊断服务机制，开展能效对标达标。提升新建建筑节能标准，深化既有建筑节能改造，优化建筑用能结构。构建节能高效的综合交通运输体系，推进交通运输用能清洁化，提高交通运输工具能效水平。全面建设节约型公共机构，促进公共机构为全社会节能工作作出表率。构建市场导向的绿色技术创新体系，促进绿色技术研发、转化与推广。推广国家重点节能低碳技术、工业节能技术装备、交通运输行业重点节能低碳技术等。推动全民节能，引导树立勤俭节约的消费观，倡导简约适度、绿色低碳的生活方式，反对奢侈浪费和不合理消费。

五是推动终端用能清洁化。以京津冀及周边地区、长三角、珠三角、汾渭平原等地区为重点，实施煤炭消费减量替代和散煤综合治理，推广清洁高效燃煤锅炉，推行天然气、电力和可再生能源等替代低效和高污染煤炭的使用。制定财政、价格等支持政策，积极推进北方地区冬季清洁取暖，促进大气环境质量改善。推进终端用能领域以电代煤、以电代油，推广新能源汽车、热泵、电窑炉等新型用能方式。加强天然气基础设施建设与互联互通，在城镇燃气、工业燃料、燃气发电、交通运输等领域推进天然气高效利用。大力推进天然气热电冷联供的供能方式，推进分布式可再生能源发展，推行终端用能领域多能协同和能源综合梯级利用。

3. 建设多元清洁的能源供应体系。

立足基本国情和发展阶段，确立生态优先、绿色发展的导向，坚持在保护中发展、在发展中保护，深化能源供给侧结构性改革，优先发展非化石能源，推进化石能源清洁高效开发利用，健全能源储运调峰体系，促进区域多能互补协调发展。

一是优先发展非化石能源。把非化石能源放在能源发展优先位置，大力推进低碳能源替代高碳能源、可再生能源替代化石能源。

推动太阳能多元化利用。按照技术进步、成本降低、扩大市场、完善体系的原则，全面推进太阳能多方式、多元化利用。统筹光伏发电的布局与市场消纳，集中式与分布式并举开展光伏发电建设，实施光伏发电"领跑者"计划，采用市场竞争方式配置项目，加快推动光伏发电技术进步和成本降低，光伏产业已成为具有国际竞争力的优势产业。完善光伏发电分布式应用的电网接入等服务机制，推动光伏与农业、养殖、治沙等综合发展，形成多元化光伏发电发展模式。通过示范项目建设推进太阳能热发电产业化发展，为相关产业链的发展提供市场支撑。推动太阳能热利用不断拓展市场领域和利用方式，在工业、商业、公共服务等领域推广集中热水工程，开展太阳能供暖试点。

全面协调推进风电开发。按照统筹规划、集散并举、陆海齐进、有效利用的原则，在做好风电开发与电力送出和市场消纳衔接的前提下，有序推进风电开发利用和大型风电基地建设。积极开发中东部分散风能资源。积极稳妥发展海上风电。优先发展平价风电项目，推行市场化竞争方式配置风电项目。以风电的规模化开发利用促进风电制造产业发展，风电制造产业的创新能力和国际竞争力不断提升，产业服务体系逐步完善。

推进水电绿色发展。坚持生态优先、绿色发展，在做好生态环境保护和移民安置的前提下，科学有序推进水电开发，做到开发与保护并重、建设与管理并重。以西南地区主要河流为重点，有序推进流域大型水电基地建设，合理控制中小水电开发。推进小水电绿色发展，加大对实施河流生态修复的财政投入，促进河流生态健康。完善水电开发移民利益共享政策，坚持水电开发促进地方经济社会发展和移民脱贫致富，努力做到"开发一方资源、发展一方经济、改善一方环境、造福一方百姓"。

安全有序发展核电。我国将核安全作为核电发展的生命线，坚持发展与安全并重，实行安全有序发展核电的方针，加强核电规划、选址、设计、建造、运行和退役等全生命周期管理和监督，坚持采用最先进的技术、最严格的标准发展核电。完善多层次核能、核安全法规标准体系，加强核应急预案和法制、体制、机制建设，形成有效应对核事故的国家核应急能力体系。强化核安保与核材料管制，严格履行核安保与核不扩散国际义务，始终保持着良好的核安保记录。迄今为止在运核电机组总体安全状况良好，未发生国际核事件分级 2 级及以上的事件或事故。

因地制宜发展生物质能、地热能和海洋能。采用符合环保标准的先进技术发展城镇生活垃圾焚烧发电，推动生物质发电向热电联产转型升级。积极推进生物天然气产业化发展和农村沼气转型升级。坚持不与人争粮、不与粮争地的原则，严格控制燃料乙醇加工产能扩张，重点提升生物柴油产品品质，推进非粮生物液体燃料技术产业化发展。创新地热能开发利用模式，开展地热能城镇集中供暖，建设地热能高效开发利用示范区，有序开展地热能发电。积极推进潮流能、波浪能等海洋能技术研发和示范应用。

全面提升可再生能源利用率。完善可再生能源发电全额保障性收购制度。实施清洁能源消纳行动计划，多措并举促进清洁能源利用。提高电力规划整体协调性，优化电源结构和布局，充分发挥市场调节功能，形成有利于可再生能源利用的体制机制，全面提升电力系统灵活性和调节能力。实行可再生能源电力消纳保障机制，对各省、自治区、直辖市行政区域按年度确定电力消费中可再生能源应达到的最低比重指标，要求电力销售企业和电力用户共同履行可再生能源电力消纳责任。发挥电网优化资源配置平台作用，促进源网荷储互动协调，完善可再生能源电力消纳考核和监管机制。可再生能源电力利用率显著提升，2019 年全国平均风电利用率达 96％、光伏发电利用率达 98％、主要流域水能利用率达 96％。

二是清洁高效开发利用化石能源。统筹化石能源开发利用与生态环境保护，有序发展先进产能，加快淘汰落后产能，推进煤炭清洁高效利用，提升油气勘探开发力度，促进增储上产，提高油气自给能力。

推进煤炭安全智能绿色开发利用。努力建设集约、安全、高效、清洁的煤炭工业体系。推进煤炭供给侧结构性改革，完善煤炭产能置换政策，加快淘汰落后产能，有序释放优质产能，煤炭开发布局和产能结构大幅优化，大型现代化煤矿成为煤炭生产主体。2016 年至 2019 年，累计退出煤炭落后产能 9 亿吨/年以上。加大安全生产投入，健全安全生产长效机制，加快煤矿机械化、自动化、信息化、智能化建设，全面提升煤矿安全生产效率和安全保障水平。推进大型煤炭基地绿色化开采和改造，发展煤炭洗选加工，发展矿区循环经济，加强矿区生态环境治理，建成一批绿色矿山，资源综合利用水平全面提升。实施煤炭清洁高效利用行动，煤炭消费中发电用途占比进一步提升。煤制油气、低阶煤分质利用等煤炭深加工产业化示范取得积极进展。

清洁高效发展火电。坚持清洁高效原则发展火电。推进煤电布局优化和技术升级，积极稳妥化解煤电过剩产能。建立并完善煤电规划建设风险预警机制，严控煤电规划建设，加快淘汰落后产能。截至 2019 年底，累计淘汰煤电落后产能超过 1 亿千瓦，煤电装机占总发电装机比重从 2012 年的 65.7％下降至 2019 年的 52％。实施煤电节能减排升级与改造行动，执行更严格能效环保标准。煤电机组发电效率、污染物排放控制达到世界先进水平。合理布局适度发展天然气发电，鼓励在电力负荷中心建设天然气调峰电站，提升电力系统安全保障水平。

提高天然气生产能力。加强基础地质调查和资源评价，加强科技创新、产业扶持，促进常规天然气增产，重点突破页岩气、煤层气等非常规天然气勘探开发，推动页岩气规模化开发，增加国内天然气供应。完善非常规天然气产业政策体系，促进页岩气、煤层气开发利用。以四川盆地、鄂尔多斯盆地、塔里木盆地为重点，建成多个百亿立方米级天然气生产基地。2017 年以来，每年新增天然气产量超过 100 亿立方米。

提升石油勘探开发与加工水平。加强国内勘探开发，深化体制机制改革、促进科技研发和新技术应用，加大低品位资源勘探开发力度，推进原油增储上产。发展先进采油技术，提高原油采收率，稳定松辽盆地、渤海湾盆地等东部老油田产量。以新疆地区、鄂尔多斯盆地等为重点，推进西部新油田增储上产。加强渤海、东海和南海等海域近海油气勘探开发，推进深海对外合作，2019 年海上油田产量约 4000 万吨。推进炼油行业转型升级。实施成品油质量升级，提升燃油品质，促进减少机动车尾气污染物排放。

三是加强能源储运调峰体系建设。统筹发展煤电油气多种能源输运方式，构建互联互通输配网络，打造稳定可靠的储运调峰体系，提升应急保障能力。

加强能源输配网络建设。持续加强跨省跨区骨干能源输送通道建设，提升能源主要产地与主要消费区域间通达能力，促进区域优势互补、协调发展。提升既有铁路煤炭运输专线的输送能力，持续提升铁路运输比例和煤炭运输效率。推进天然气主干管道与省级管网、液化天然气接收站、储气库间互联互通，加快建设"全国一张网"，初步形成调度灵活、安全可靠的天然气输运体系。稳步推进跨省跨区输电通道建设，扩大西北、华北、东北和西南等区域清洁能源配置范围。完善区域电网主网架，加强省级区域内部电网建设。开展柔性直流输电示范工程建设，积极建设能源互联网，推动构建规模合理、分层分区、安全可靠的电力系统。

健全能源储备应急体系。建立国家储备与企业储备相结合、战略储备与商业储备并举的能源储备体系，提高石油、天然气和煤炭等储备能力。完善国家石油储备体系，加快石油储备基地建设。建立健全地方政府、供气企业、管输企业、城镇燃气企业各负其责的多层次天然气储气调峰体系。完善以企业社会责任储备为主体、地方政府储备为补充的煤炭储备体系。健全国家大面积停电事件应急机制，全面提升电力供应可靠性和应急保障能力。建立健全与能源储备能力相匹配的输配保障体系，构建规范化的收储、轮换、动用体系，完善决策执行的监管机制。

完善能源调峰体系。坚持供给侧与需求侧并重，完善市场机制，加强技术支撑，增强调峰能力，提升能源系统综合利用效率。加快抽水蓄能电站建设，合理布局天然气调峰电站，实施既有燃煤热电联产机组、燃煤发电机组灵活性改造，改善电力系统调峰性能，促进清洁能源消纳。推动储能与新能源发电、电力系统协调优化运行，开展电化学储能等调峰试点。推进天然气储气调峰设施建设，完善天然气储气调峰辅助服务市场化机制，提升天然气调峰能力。完善电价、气价政策，引导电力、天然气用户自主参与调峰、错峰，提升需求侧响应能力。健全电力和天然气负荷可中断、可调节管理体系，挖掘需求侧潜力。

四是支持农村及贫困地区能源发展。落实乡村振兴战略，提高农村生活用能保障水平，让农村居民有更多实实在在的获得感、幸福感、安全感。

加快完善农村能源基础设施。让所有人都能用上电，是全面建成小康社会的基本条件。实施全面解决无电人口问题三年行动计划，2015 年底全面解决了无电人口用电问题。我国高度重视农村电网改造升级，着力补齐农村电网发展短板。实施小城镇中心村农网改造升级、平原农村地区机井通电和贫困村通动力电专项工程。2018 年起，重点推进深度贫困地区和抵边村寨农网改造升级攻坚。加快天然气支线管网和基础设施建设，扩大管网覆盖范围。在天然气管网未覆盖的地区推进液化天然气、压缩天然气、液化石油气供应网点建设，因地制宜开发利用可再生能源，改善农村供能条件。

精准实施能源扶贫工程。能源不仅是经济发展的动力，也是扶贫的重要支撑。我国合理开发利用贫困地区能源资源，积极推进贫困地区重大能源项目建设，提升贫困地区自身"造血"能力，为贫困地区经济发展增添新动能。在革命老区、民族地区、边疆地区、贫困地区优先布局能源开发项目，建设清洁电力外送基地，为所在地区经济增长作出重要贡献。在水电开发建设中，形成了水库移民"搬得出、稳得住、能致富"的可持续发展模式，让贫困人口更多分享资源开发收益。加强财政投入和政策扶持，支持贫困地区发展生物质能、风能、太阳能、小水电等清洁能源。推行多种形式的光伏与农业融合发展模式，实施光伏扶贫工程，建成了成千上万座遍布贫困农村地区的"阳光银行"。

推进北方农村地区冬季清洁取暖。北方地区冬季清洁取暖关系广大人民群众生活，是重大民生工程、民心工程。以保障北方地区广大群众温暖过冬、减少大气污染为立足点，在北方农村地区因地制宜开展清洁取暖。按照企业为主、政府推动、居民可承受的方针，稳妥推进"煤改气""煤改电"，支持利用清洁生物质燃料、地热能、太阳能供暖以及热泵技术应用。截至 2019 年底，北方农村地区清洁取暖率约 31%，比 2016 年提高 21.6 个百分点；北方农村地区累计完成散煤替代约 2300 万户，其中京津冀及周边地区、汾渭平原累计完成散煤清洁化替代约 1800 万户。

4. 全面深化能源体制改革。

充分发挥市场在能源资源配置中的决定性作用，更好发挥政府作用，深化重点领域和关键环节市场化改革，破除妨碍发展的体制机制障碍，着力解决市场体系不完善等问题，为维护国家能源安全、推进能源高质量发展提供制度保障。

一是构建有效竞争的能源市场。大力培育多元市场主体，打破垄断、放宽准入、鼓励竞争，构建统一开放、竞争有序的能源市场体系，着力清除市场壁垒，提高能源资源配置效率和公平性。

培育多元能源市场主体。支持各类市场主体依法平等进入负面清单以外的能源领域，形成多元市场主体共同参与的格局。深化油气勘查开采体制改革，开放油气勘查开采市场，实行勘查区块竞争出让和更加严格的区块退出机制。支持符合条件的企业进口原油。改革油气管网运营机制，实现管输和销售业务分离。稳步推进售电侧改革，有序向社会资本开放配售电业务，深化电网企业主辅分离。积极培育配售电、储能、综合能源服务等新兴市场主体。深化国有能源企业改革，支持非公有制发展，积极稳妥开展能源领域混合所有制改革，激发企业活力动力。

建设统一开放、竞争有序的能源市场体系。根据不同能源品种特点，搭建煤炭、电力、石油和天然气交易平台，促进供需互动。推动建设现代化煤炭市场体系，发展动力煤、炼焦煤、原油期货交易和天然气现货交易。全面放开经营性电力用户发用电计划，建设中长期交易、现货交易等电能量交易和辅助服务交易相结合的电力市场。积极推进全国统一电力市场和全国碳排放权交易市场建设。

二是完善主要由市场决定能源价格的机制。按照"管住中间、放开两头"总体思路，稳步放开竞争性领域和竞争性环节价格，促进价格反映市场供求、引导资源配置；严格政府定价成本监审，推进科学合理定价。

有序放开竞争性环节价格。推动分步实现公益性以外的发售电价格由市场形成，电力用户或售电主体可与发电企业通过市场化方式确定交易价格。进一步深化燃煤发电上网电价机制改革，实行"基准价+上下浮动"的市场化价格机制。稳步推进以竞争性招标方式确定新建风电、光伏发电项目上网电价。推动按照"风险共担、利益共享"原则协商或通过市场化方式形成跨省跨区送电价格。完善成品油价格形成机制，推进天然气价格市场化改革。坚持保基本、促节约原则，全面推行居民阶梯电价、阶梯气价制度。

科学核定自然垄断环节价格。按照"准许成本+合理收益"原则，合理制定电网、天然气管网输配价格。开展两个监管周期输配电定价成本监审和电价核定。强化输配气价格监管，开展成本监审，构建天然气输配领域全环节价格监管体系。

三是创新能源科学管理和优化服务。进一步转变政府职能，简政放权、放管结合、优化服务，着力打造服务型政府。发挥能源战略规划和宏观政策导向作用，集中力量办大事。强化能源市场监管，提升监管效能，促进各类市场主体公平竞争。坚持人民至上、生命至上理念，牢牢守住能源安全生产底线。

激发市场主体活力。深化能源"放管服"改革，减少中央政府层面能源项目核准，将部分能源项目审批核准权限下放地方，取消可由市场主体自主决策的能源项目审批。减少前置审批事项，降低市场准入门槛，加强和规范事中事后监管。提升"获得电力"服务水平，压减办电时间、环节和成本。推行"互联网+政务"服务，推进能源政务服务事项"一窗受理""应进必进"，提升"一站式"服务水平。

引导资源配置方向。制定实施《能源生产和消费革命战略（2016－2030）》以及能源发展规划和系列专项规划、行动计划，明确能源发展的总体目标和重点任务，引导社会主体的投资方向。完善能源领域财政、税收、产业和投融资政策，全面实施原油、天然气、煤炭资源税从价计征，提高成品油消费税，引导市场主体合理开发利用能源资源。构建绿色金融正向激励体系，推广新能源汽车，发展清洁能源。支持大宗能源商品贸易人民币计价结算。

促进市场公平竞争。理顺能源监管职责关系，逐步实现电力监管向综合能源监管转型。严格电力交易、调度、供电服务和市场秩序监管，强化电网公平接入、电网投资行为、成本及投资运行效率监管。加强油气管网设施公平开放监管，推进油气管网设施企业信息公开，提高油气管网设施利用率。全面推行"双随机、一公开"监管，提高监管公平公正性。加强能源行业信用体系建设，依法依规建立严重失信主体名单制度，实施失信惩戒，提升信用监管效能。包容审慎监管新兴业态，促进新动能发展壮大。畅通能源监管热线，发挥社会监督作用。

筑牢安全生产底线。健全煤矿安全生产责任体系，提高煤矿安全监管监察执法效能，建设煤矿安全生产标准化管理体系，增强防灾治灾能力，煤矿安全生产形势总体好转。落实电力安全企业主体责任、行业监管责任和属地管理责任，提升电力系统网络安全监督管理，加强电力建设工程施工安全监管和质量监督，电力系统安全风险总体可控，未发生大面积停电事故。加强油气全产业链安全监管，油气安全生产形势保持稳定。持续强化核安全监管体系建设，提高核安全监管能力，核电厂和研究堆总体安全状况良好，在建工程建造质量整体受控。

四是健全能源法治体系。发挥法治固根本、稳预期、利长远的保障作用，坚持能源立法同改革发展相衔接，及时修改和废止不适应改革发展要求的法律法规；坚持法定职责必须为、法无授权不可为，依法全面履行政府职能。

完善能源法律体系。推进能源领域法律及行政法规制修订工作，加强能源领域法律法规实施监督检查，加快电力、煤炭、石油、天然气、核电、新能源等领域规章规范性文件的"立改废"进程，将改革成果体现在法律法规和重大政策中。

推进能源依法治理。推进法治政府建设，推动将法治贯穿于能源战略、规划、政策、标准的制定、实施和监督管理全过程。构建政企联动、互为支撑的能源普法新格局，形成尊法、学法、守法、用法良好氛围。创新行政执法方式，全面推行行政执法公示制度、行政执法全过程记录制度、重大执法决定法制审核制度，全面落实行政执法责任制。畅通行政复议和行政诉讼渠道，确保案件依法依规办理，依法保护行政相对人合法权益，让人民在每一个案件中切实感受到公平正义。

5. 全方位加强能源国际合作。

践行绿色发展理念，遵循互利共赢原则开展国际合作，努力实现开放条件下能源安全，扩大能源领域对外开放，推动高质量共建"一带一路"，积极参与全球能源治理，引导应对气候变化国际合作，推动构建人类命运共同体。

一是持续深化能源领域对外开放。坚定不移维护全球能源市场稳定，扩大能源领域对外开放。大幅度放宽外商投资准入，打造市场化法治化国际化营商环境，促进贸易和投资自由化便利化。全面实行准入前国民待遇加负面清单管理制度，能源领域外商投资准入限制持续减少。全面取消煤炭、油气、电力（除核电外）、新能源等领域外资准入限制。推动广东、湖北、重庆、海南等自由贸易试验区能源产业发展，支持浙江自由贸易试验区油气全产业链开放发展。埃克森美孚、通用电气、碧辟、法国电力、西门子等国际能源公司在我国投资规模稳步增加，上海特斯拉电动汽车等重大外资项目相继在我国落地，外资加油站数量快速增长。

二是着力推进共建"一带一路"能源合作。秉持共商共建共享原则，坚持开放、绿色、廉洁理念，努力实现高标准、惠民生、可持续的目标，同各国在共建"一带一路"框架下加强能源合作，在实现自身发展的同时更多惠及其他国家和人民，为推动共同发展创造有利条件。

推动互利共赢的能源务实合作。我国与全球 100 多个国家、地区开展广泛的能源贸易、投资、产能、装备、技术、标准等领域合作。我国企业高标准建设适应合作国迫切需求的能源项目，帮助当地把资源优势转化为发展优势，促进当地技术进步、就业扩大、经济增长和民生改善，实现优势互补、共同发展。通过第三方市场合作，与一些国家和大型跨国公司开展清洁能源领域合作，推动形成开放透明、普惠共享、互利共赢的能源合作格局。2019年，我国等30个国家共同建立了"一带一路"能源合作伙伴关系。

建设绿色丝绸之路。我国是全球最大的可再生能源市场，也是全球最大的清洁能源设备制造国。积极推动全球能源绿色低碳转型，广泛开展可再生能源合作，如几内亚卡雷塔水电项目、匈牙利考波什堡光伏电站项目、黑山莫茹拉风电项目、阿联酋迪拜光热光伏混合发电项目、巴基斯坦卡洛特水电站和真纳光伏园一期光伏项目等。可再生能源技术在我国市场的广泛应用，促进了全世界范围可再生能源成本的下降，加速了全球能源转型进程。

加强能源基础设施互联互通。积极推动跨国、跨区域能源基础设施联通，为能源资源互补协作和互惠贸易创造条件。中俄、中国—中亚、中缅油气管道等一批标志性的能源重大项目建成投运，我国与周边7个国家实现电力联网，能源基础设施互联互通水平显著提升，在更大范围内促进能源资源优化配置，促进区域国家经济合作。

提高全球能源可及性。积极推动"确保人人获得负担得起的、可靠和可持续的现代能源"可持续发展目标的国内落实，积极参与能源可及性国际合作，采用多种融资模式为无电地区因地制宜开发并网、微网和离网电力项目，为使用传统炊事燃料的地区捐赠清洁炉灶，提高合作国能源普及水平，惠及当地民生。

三是积极参与全球能源治理。我国坚定支持多边主义，按照互利共赢原则开展双多边能源合作，积极支持国际能源组织和合作机制在全球能源治理中发挥作用，在国际多边合作框架下积极推动全球能源市场稳定与供应安全、能源绿色转型发展，为促进全球能源可持续发展贡献中国智慧、中国力量。

融入多边能源治理。积极参与联合国、二十国集团、亚太经合组织、金砖国家等多边机制下的能源国际合作，在联合研究发布报告、成立机构等方面取得积极进展。我国与90多个国家和地区建立了政府间能源合作机制，与30多个能源领域国际组织和多边机制建立了合作关系。2012年以来，我国先后成为国际可再生能源署成员国、国际能源宪章签约观察国、国际能源署联盟国等。

倡导区域能源合作。搭建我国与东盟、阿盟、非盟、中东欧等区域能源合作平台，建立东亚峰会清洁能源论坛，我国推动能力建设与技术创新合作，为18个国家提供了清洁能源利用、能效等领域的培训。

四是携手应对全球气候变化。我国秉持人类命运共同体理念，与其他国家团结合作、共同应对全球气候变化，积极推动能源绿色低碳转型。

加强应对气候变化国际合作。在联合国、世界银行、全球环境基金、亚洲开发银行等机构和德国等国家支持下，我国着眼能源绿色低碳转型，通过经验分享、技术交流、项目对接等方式，同相关国家在可再生能源开发利用、低碳城市示范等领域开展广泛而持续的双多边合作。

支持发展中国家提升应对气候变化能力。深化气候变化领域南南合作，支持最不发达国家、小岛屿国家、非洲国家和其他发展中国家应对气候变化挑战。从2016年起，我国在发展中国家启动10个低碳示范区、100个减缓和适应气候变化项目和1000个应对气候变化培训名额的合作项目，帮助发展中国家能源清洁低碳发展，共同应对全球气候变化。

五是共同促进全球能源可持续发展的中国主张。人类已进入互联互通的时代，维护能源安全、应对全球气候变化已成为全世界面临的重大挑战。当前持续蔓延的新冠肺炎疫情，更加凸显各国利益休戚相关、命运紧密相连。我国倡议国际社会共同努力，促进全球能源可持续发展，应对气候变化挑战，建设清洁美丽世界。

协同推进能源绿色低碳转型，促进清洁美丽世界建设。应对气候变化挑战，改善全球生态环境，需要各国的共同努力。各国应选择绿色发展道路，采取绿色低碳循环可持续的生产生活方式，推动能源转型，协同应对和解决能源发展中的问题，携手应对全球气候变化，为建设清洁美丽世界作出积极贡献。

协同巩固能源领域多边合作，加速经济绿色复苏增长。完善国际能源治理机制，维护开放、包容、普惠、平衡、共赢的多边国际能源合作格局。深化能源领域对话沟通与务实合作，推动经济复苏和融合发展。加强跨国、跨地区能源清洁低碳技术创新和标准合作，促进能源技术转移和推广普及，完善国际协同的知识产权保护。

协同畅通国际能源贸易投资，维护全球能源市场稳定。消除能源贸易和投资壁垒，促进贸易投资便利化，开展能源资源和产能合作，深化能源基础设施合作，提升互联互通水平，促进资源高效配置和市场深度融合。秉持共商共建共享原则，积极寻求发展利益最大公约数，促进全球能源可持续发展，共同维护全球能源安全。

协同促进欠发达地区能源可及性，努力解决能源贫困问题。共同推动实现能源领域可持续发展目标，支持欠发达国家和地区缺乏现代能源供应的人口获得电力等基本的能源服务。帮助欠发达国家和地区推广应用先进绿色能源技术，培训能源专业人才，完善能源服务体系，形成绿色能源开发与消除能源贫困相融合的新模式。

（三）我国的稀土资源安全

1. 我国稀土资源的现状。稀土是不可再生的重要战略资源，在新能源、新材料、节能环保、航空航天、电子信息等领域的应用日益广泛。有效保护和合理利用稀土资源，对于保护环境，加快培育发展战略性新兴产业，改造提升传统产业，促进稀土行业持续健康发展，具有十分重要的意义。我国是稀土资源较为丰富的国家之一。20 世纪50 年代以来，我国稀土行业取得了很大进步。经过多年努力，我国成为世界上最大的稀土生产、应用和出口国。稀土开发在造福人类的同时，与之相伴的资源和环境问题不断凸显。在稀土开发利用中，资源的合理利用和环境的有效保护是世界面临的共同挑战。近年来，我国在稀土的开采、生产、出口等环节综合采取措施，加大资源和环境保护的力度，努力促进稀土行业持续健康发展。随着经济全球化的深入发展，我国在稀土领域的国际交流合作日益增多。我国一贯尊重规则，信守承诺，为世界提供了大量的稀土产品。我国将继续按照世界贸易组织规则，加强稀土行业的科学管理，向国际市场供应稀土产品，为世界经济发展和繁荣作出贡献。

稀土是元素周期表中镧系元素镧（La）、铈（Ce）、镨（Pr）、钕（Nd）、钷（Pm）、钐（Sm）、铕（Eu）、钆（Gd）、铽（Tb）、镝（Dy）、钬（Ho）、铒（Er）、铥（Tm）、镱（Yb）、镥（Lu），加上与其同族的钪（Sc）和钇（Y），共 17 种元素的总称。按元素原子量及物理化学性质，分为轻、中、重稀土元素，前 5 种元素为轻稀土，其余为中重稀土。稀土因其独特的物理化学性质，广泛应用于新能源、新材料、节能环保、航空航天、电子信息等领域，是现代工业中不可或缺的重要元素。我国拥有较为丰富的稀土资源，中国的稀土储量约占世界总储量的23%。

20世纪70年代末实行改革开放以来，我国稀土工业迅速发展。稀土开采、冶炼和应用技术研发取得较大进步，产业规模不断扩大，基本满足了国民经济和社会发展的需要。目前，我国已形成内蒙古包头、四川凉山轻稀土和以江西赣州为代表的南方五省中重稀土三大生产基地，具有完整的采选、冶炼、分离技术以及装备制造、材料加工和应用工业体系，可以生产400多个品种、1000多个规格的稀土产品。2011年，中国稀土冶炼产品产量为9.69万吨，占世界总产量的90%以上。我国稀土行业的快速发展，不仅满足了国内经济社会发展的需要，而且为全球稀土供应作出了重要贡献。当前，我国以23%的稀土资源承担了世界90%以上的市场供应。我国生产的稀土永磁材料、发光材料、储氢材料、抛光材料等均占世界产量的70%以上。我国的稀土材料、器件以及节能灯、微特电机、镍氢电池等终端产品，满足了世界各国特别是发达国家高技术产业发展的需求。[①]

2. 我国稀土资源的特征。我国的稀土资源主要有以下特点：（1）资源赋存分布"北轻南重"。轻稀土矿主要分布在内蒙古包头等北方地区和四川凉山，离子型中重稀土矿主要分布在江西赣州、福建龙岩等南方地区；（2）资源类型较多。稀土矿物种类丰富，包括氟碳铈矿、独居石矿、离子型矿、磷钇矿、褐钇铌矿等，稀土元素较全。离子型中重稀土矿在世界上占有重要地位；（3）轻稀土矿伴生的放射性元素对环境影响大。轻稀土矿大多可规模化工业性开采，但钍等放射性元素处理难度较大，在开采和冶炼分离过程中需重视对人类健康和生态环境的影响；（4）离子型中重稀土矿赋存条件差。离子型稀土矿中稀土元素呈离子态吸附于土壤之中，分布散、丰度低，规模化工业性开采难度大。[②]

3. 我国稀土资源的安全问题。在快速发展的同时，中国的稀土行业存在不少问题，中国也为此付出了巨大代价。主要表现在：（1）资源过度开发。经过半个多世纪的超强度开采，中国稀土资源保有储量及保障年限不断下降，主要矿区资源加速衰减，原有矿山资源大多枯竭。包头稀土矿主要矿区资源仅剩1/3，南方离子型稀土矿储采比已由20年前的50降至目前的15。南方离子型稀土大多位于偏远山区，山高林密，矿区分散，矿点众多，监管成本高、难度大，非法开采使资源遭到了严重破坏。采富弃贫、采易弃难现象严重，资源回收率较低，南方离子型稀土资源开采回收率不到50%，包头稀土矿采选利用率仅10%。

（2）生态环境破坏严重。稀土开采、选冶、分离存在的落后生产工艺和技术，严重破坏地表植被，造成水土流失和土壤污染、酸化，使得农作物减产甚至绝收。离子型中重稀土矿过去采用落后的堆浸、池浸工艺，每生产1吨稀土氧化物产生约2000吨尾砂，

---

① 《中国的稀土状况与政策》（2012－06－20）：一、稀土现状．中国网，http://www.scio.gov.cn/zfbps/ndhf/2012/Document/1175421/1175421_7.htm．最后访问时间：2016－08－30．

② 《中国的稀土状况与政策》（2012－06－20）：一、稀土现状．中国网，http://www.scio.gov.cn/zfbps/ndhf/2012/Document/1175421/1175421_7.htm．最后访问时间：2016－08－30．

目前虽已采用较为先进的原地浸矿工艺，但仍不可避免地产生大量的氨氮、重金属等污染物，破坏植被，严重污染地表水、地下水和农田。轻稀土矿多为多金属共伴生矿，在冶炼、分离过程中会产生大量有毒有害气体、高浓度氨氮废水、放射性废渣等污染物。一些地方因为稀土的过度开采，还造成山体滑坡、河道堵塞、突发性环境污染事件，甚至造成重大事故灾难，给公众的生命健康和生态环境带来重大损失。而生态环境的恢复与治理，也成为一些稀土产区的沉重负担。

（3）产业结构不合理。冶炼分离产能严重过剩。稀土材料及器件研发滞后，在稀土新材料开发和终端应用技术方面与国际先进水平差距明显，拥有知识产权和新型稀土材料及器件生产加工技术较少，低端产品过剩，高端产品匮乏。稀土作为一个小行业，产业集中度低，企业众多，缺少具有核心竞争力的大型企业，行业自律性差，存在一定程度的恶性竞争。

（4）价格严重背离价值。一段时期以来，稀土价格没有真实反映其价值，长期低迷，资源的稀缺性没有得到合理体现，生态环境损失没有得到合理补偿。2010 年下半年以来，虽然稀土产品价格逐步回归，但涨幅远低于黄金、铜、铁矿石等原材料产品。2000 年至 2010 年，稀土价格上涨 2.5 倍，而黄金、铜、铁矿石价格同期则分别上涨 4.4、4.1、4.8 倍。

（5）出口走私比较严重。受国内国际需求等多种因素影响，虽然中国海关将稀土列为重点打私项目，但稀土产品的出口走私现象仍然存在。2006 年至 2008 年，国外海关统计的从中国进口稀土量，比中国海关统计的出口量分别高出 35%、59% 和 36%，2011 年更是高出 1.2 倍。[①]

4. 我国稀土资源的安全对策。（1）针对稀土行业发展中存在的突出问题，我国政府进一步加大了对稀土行业的监管力度。2011 年 5 月，国务院颁布《关于促进稀土行业持续健康发展的若干意见》（简称《稀土业发展意见》），[②] 把保护资源和环境、实现可持续发展摆在更加重要的位置，依法加强对稀土开采、生产、流通、进出口等环节的管理，研究制定和修改完善加强稀土行业管理的相关法律法规。中国政府设立稀有金属部际协调机制，统筹研究国家稀土发展战略、规划、计划和政策等重大问题；设立稀土办公室，协调提出稀土开采、生产、储备、进出口计划等，国务院有关部门按职能分工，做好相应管理工作。

（2）2012 年 4 月，批准成立中国稀土行业协会，发挥协会在行业自律、规范行业秩序、积极开展国际合作交流等方面的重要作用。《稀土业发展意见》实施后，行业发展方式加快转变，行业发展秩序有了明显改善。近年来，出于保护环境的需要，中国不断加强、完善对高能耗、高污染、资源性产品和相关行业的管理。在稀土领域，国家更是采取一系列有力措施，促进稀土开发利用与生态环境的协调发展，绝不以牺牲环境为代价换取稀土行业的发展。加强对稀土行业的环境管理和相应的法规建设，是促进稀土

---

① 《中国的稀土状况与政策》（2012－06－20）：一、稀土现状。中国网，http://www.scio.gov.cn/zfbps/ndhf/2012/Document/1175421/1175421_7.htm. 最后访问时间：2016－08－30.

② 国务院. 关于促进稀土行业持续健康发展的若干意见国发〔2011〕12 号（2011－05－19），共有六部分 22 条。

利用与生态环境协调发展的重要保障。

（3）20世纪80年代以来，我国制定了《环境保护法》《水污染防治法》等10余部环境保护类法律，建立起环境影响评价、污染物总量控制、限期治理等制度。国家颁布实施《土地复垦条例》，全面落实土地复垦义务，要求实现矿山边开采、边保护、边复垦，修复矿山生态环境。从"十一五"规划（2006—2010年）开始，国家把节能减排纳入国民经济和社会发展规划目标，把降低能源消耗强度、降低化学需氧量和二氧化硫排放作为约束性指标，"十二五"规划（2011—2015年）又将降低二氧化碳排放强度、降低氨氮和氮氧化物排放纳入约束性指标。为进一步加强稀土行业的生态环境保护，2011年国家颁布实施《稀土工业污染物排放标准》（简称《稀土污染标准》），明确了稀土生产企业氨氮、化学需氧量、磷、氟、钍、重金属及二氧化硫、氯气、颗粒物等污染物的排放限值。同时，我国政府还建立了稀土行业环境风险评估制度。

（4）严格执行环境保护的法律法规，是稀土开发利用中保护好环境的关键。近年来，国家严格执行环境影响评价制度，新建、扩建、改建稀土项目必须对可能造成的环境影响作出分析、预测和评估，并提出预防和减轻环境影响的对策和措施，未通过环评不得实施。执行"三同时"制度，稀土建设项目环保设施必须与主体工程同时设计、同时施工，并经环保部门验收后同时投入使用。执行排污许可制度和《稀土污染标准》，稀土企业应事先取得环保部门的许可，根据排放标准规定的浓度、数量和方式等实现达标排放，禁止未依法取得许可证擅自排放。执行强制淘汰制度，禁止采用离子型稀土矿堆浸、池浸选矿工艺，禁止开发独居石单一矿种，禁止采用严重污染环境和破坏生态的工艺，从源头防止生态破坏和环境污染。近年来，国家更加严格地执行稀土矿山地质环境恢复治理保证金制度，督促稀土开采企业严格落实生态环境保护与恢复的经济责任，逐步建立矿山环境治理和生态恢复责任机制。

（5）开展稀土行业的环境专项整治。在专项整治中，各级政府明确要求，现有稀土企业必须加快环保设施建设并达标排放，实施清洁生产，否则依法停产，限期整改仍未达标的企业要坚决取缔。从2011年开始，国家对全部稀土矿山、冶炼分离、金属生产企业开展了环保核查工作，严肃查处稀土企业污染环境的行为，已先后公布了两批共56家符合环保要求的企业名单，促使稀土行业、企业投入40多亿元人民币进行环保整治和技术升级，稀土行业的环保水平得到明显提高。对环境污染严重、环境安全隐患突出、群众反映强烈、不符合环保法律法规要求的企业，采取挂牌督办、限期治理等措施依法处罚。各级政府对于历史上形成的生态环境破坏、尾矿和废渣污染等问题，将投入资金进行专项治理。[①]

5. 我国稀土资源安全的转向对策。（1）国务院在《稀土业发展意见》中规定，要深入推进稀土资源开发整合。国土资源部要会同有关部门，按照全国矿产资源开发整合工作的整体部署，挂牌督办所有稀土开发整合矿区，深入推进稀土资源开发整合。严格稀土矿业权管理，原则上继续暂停受理新的稀土勘查、开采登记申请，禁止现有开采矿

---

① 《中国的稀土状况与政策》（2012-06-20）：四、促进稀土利用与环境协调发展。中国网，http://www.scio.gov.cn/zfbps/ndhf/2012/Document/1175421/1175421_7.htm. 最后访问时间：2016-08-30.

山扩大产能。

（2）严格控制稀土冶炼分离总量。"十二五"期间，除国家批准的兼并重组、优化布局项目外，停止核准新建稀土冶炼分离项目，禁止现有稀土冶炼分离项目扩大生产规模。坚决制止违规项目建设，对越权审批、违规建设的，要严肃追究相关单位和负责人责任。

（3）积极推进稀土行业兼并重组。支持大企业以资本为纽带，通过联合、兼并、重组等方式，大力推进资源整合，大幅度减少稀土开采和冶炼分离企业数量，提高产业集中度。推进稀土行业兼并重组要坚持统筹规划、政策引导、市场化运作，兼顾中央、地方和企业利益，妥善处理好不同区域和上下游产业的关系。工业和信息化部要会同有关部门尽快制定推进稀土行业兼并重组的实施方案。

（4）加快推进企业技术改造。鼓励企业利用原地浸矿、无氨氮冶炼分离、联动萃取分离等先进技术进行技术改造。加快淘汰池浸开采、氨皂化分离等落后生产工艺和生产线。发展循环经济，加强尾矿资源和稀土产品的回收再利用，提高稀土资源采收率和综合利用水平，降低能耗物耗，减少环境污染。支持企业将技术改造与兼并重组、淘汰落后产能相结合，加快推进技术进步。

（5）建立稀土战略储备体系。按照国家储备与企业（商业）储备、实物储备和资源（地）储备相结合的方式，建立稀土战略储备。统筹规划南方离子型稀土和北方轻稀土资源的开采，划定一批国家规划矿区作为战略资源储备地。对列入国家储备的资源地，由当地政府负责监管和保护，未经国家批准不得开采。中央财政对实施资源、产品储备的地区和企业给予补贴。

（6）加快稀土关键应用技术研发和产业化。按照发展战略性新兴产业总体要求，引导和组织稀土生产应用企业、研发机构和高等院校，大力开发深加工和综合利用技术，推动具有自主知识产权的科技成果产业化，为发展战略性新兴产业提供支撑。①

---

① 《关于促进稀土行业持续健康发展的若干意见》（国发〔2011〕12号）（2011-05-19）：四、加快稀土行业整合，调整优化产业结构；五、加强稀土资源储备，大力发展稀土应用产业。

第十三章　核安全

第一节　切尔诺贝利核事故

一、切尔诺贝利核事故发生

1986 年 4 月 25 日，切尔诺贝利核电站的 4 号动力站，开始按计划进行定期维修。然而，由于连续的操作失误，4 号站反应堆状态十分不稳定。1986 年 4 月 26 日凌晨 01：23，两声沉闷的爆炸声后，一条 30 多米高的火柱掀开反应堆外壳，冲向天空。反应堆的防护结构和各种设备整个被掀起，高达 2000℃ 的烈焰吞噬了机房，熔化了粗大的钢架。携带着高放射性物质的水蒸气和尘埃随着浓烟升腾、弥漫，遮天蔽日。事故发生 6 分钟后，消防人员即赶到现场，但是，强烈的热辐射使人难以靠近，只能靠直升机从空中向下投放含铅（Pb）和硼（B）的沙袋，以封住反应堆，阻止放射性物质的外泄。切尔诺贝利核电站爆炸时，泄漏的核燃料浓度高达 60％，而且，直至事故发生 10 个昼夜之后反应堆被封存，放射性元素一直超剂量持续释放。事故发生 3 天后，附近的居民才被匆匆撤走，这 3 天的时间里，已使很多人饱受放射性物质的严重污染。

在切尔诺贝利核事故中，当场死亡 2 人；至 1992 年，已有 7000 多人死于这次事故的核污染。这次事故，造成的放射性污染遍及苏联 15 万平方公里的地区，那里居住着 694.5 万人；核电站周围 30 公里范围被划为隔离区，附近的居民被疏散，庄稼被全部掩埋，周围 7 千米内的树木都逐渐死亡。在日后长达半个世纪时间里，10 公里范围内将不能耕作、放牧；10 年内 100 公里范围内被禁止生产牛奶。由于放射性烟尘的扩散，整个欧洲都被笼罩在核污染阴霾中。邻近国家检测到超常的放射性尘埃，致使粮食、蔬菜、奶制品的生产，遭受巨大的损失。据统计，切尔诺贝利核事故后 7 年间，7000 名清理人员死亡，其中 1/3 是自杀。参加医疗救援的工作人员中，40％患上精神疾病或永久性记忆丧失。时至今日，参加救援工作的 83.4 万人中，已经有 5.5 万人丧生，7 万人成为残疾人士，30 多万人受放射伤害死去。尤其是，核污染给人们带来的更是精神上、心理上的不安和恐惧，因此，切尔诺贝利核事故带来的损失是惨重的，教训也是非常深刻的——理论上核能利用是安全的、干净和清洁的，在核能利用的制度和规范上，也是缜密和无懈可击的，但是，核事故就是在"连续的操作失误"中，真实而实际地发生了。这说明：科学理论上的无懈论证和制度设计上的完美假定，都不能取代"连续的操作失误"这种超小概率事件，带给人类社会灾难性的惨痛教训。

二、切尔诺贝利核事故的消极应急与被迫应对

切尔诺贝利核电站位于乌克兰普里皮亚季镇附近，距切尔诺贝利市西北 18 公里（11 英里），距离乌克兰和白俄罗斯边境 16 公里（10 英里），距乌克兰首都基辅以北 110 公里（68 英里）。1973 年开始修建，1977 年启动，是苏联时期在乌克兰境内修建的第一座核也是最大的核电站。

RBMK-1000 核电机组采用的是苏联独特设计的大型石墨沸水反应堆，用石墨作慢化剂，石墨砌体直径 12 米，高 7 米，重约 1700 吨，沸腾轻水作冷却剂，轻水在压力管内穿过堆芯而被加热沸腾。堆芯石墨砌体中间孔道内可装 1680 根燃料管。反应堆是双环路冷却，每个环路与堆芯 840 根燃料管的平行垂直耐压管相连，堆芯入口处冷却剂温度为 270 ℃进入燃料管道，向上流动，被加热局部沸腾，汇流到一边两个的四个汽包中，汽包中的蒸气直接进入汽轮机厂房，两环路各对一台汽轮发电机组（一堆两机）各发额定功率一半的电功率（4 号堆供汽给 7 号和 8 号汽轮发电机组）。切尔诺贝利核电站 RBMK 反应堆堆芯堆体结构，与苏式石墨生产堆的结构极为类似从照片中可以看出反应堆厂房只不过是一个普通工厂的大车间，至多只是一个没有门窗的"密封厂房"而已，根本没有"安全壳"。同时反应堆是压力管式，由压力管承压，石墨砌体直径很大，所以也没有压力壳。1986 年 4 月 26 日发生灾难性事故的是核电站 4 号机组，该机组建成、投入运行是在 1983 年 12 月。1986 年 4 月 25 日前，它一直稳定运行在额定满功率下，按计划 4 月 25 日停堆检修。

RBMK 石墨沸水堆设计本身，即存在着安全隐患，是堆设计时留下的致命缺陷，也是这次切尔诺贝利核事故发生的内在原因。RBMK 石墨沸水堆的不安全因素是：（1）低功率下堆处于不安全状况。因为这种堆冷却水可沸腾产生空泡，而堆芯设计成有正的空泡反应性系数，即空泡增加，反应性（功率）增加，又导致空泡数增加，堆就会失控非常危险，好在高功率情况反应性燃料温度系数是负的，在满功率下功率系数是负的，堆就是安全的，但在 20% 满功率运行时，功率系数会变成正值。因此，运行规程中，不允许堆在低于 700 兆瓦热功率下运行。（2）冷却剂泵功能扰动或泵气蚀，空泡增加，在正空泡系数的情况下，会放大其效应，燃料通道的损坏会引起局部闪蒸，引入局部正反应性，并会在堆芯中快速扩展。（3）大量的在 700 ℃左右运行的石墨，遇水将起激烈的化学反应。曾几何时，切尔诺贝利是苏联人民的骄傲，被认为是世界上最安全、最可靠的核电站。但是，1986 年 4 月 26 日凌晨的爆炸声，彻底打破了这一神话。核电站 4 号核反应堆在进行半烘烤实验中发生失火，引起爆炸导致的核泄漏产生放射污染，相当于日本广岛原子弹爆炸产生放射污染的 100 倍。爆炸使机组被完全损坏，8 吨多强辐射物质泄露，放射尘埃随风飘散，致使俄罗斯、白俄罗斯和乌克兰许多地区遭到核辐射的污染。而且，放射尘埃也飘过欧洲部分地区，例如：土耳其、希腊、摩尔多瓦、罗马尼亚、立陶宛、芬兰、丹麦、挪威、瑞典、奥地利、匈牙利、捷克、斯洛伐克、斯洛文尼亚、波兰、瑞士、德国、意大利、爱尔兰、法国（包含科西嘉）和英国等。

1986 年 4 月 27 日，瑞典 Forsmark 核电厂工作人员发现异常的辐射粒子粘在他们的衣服上，该电厂距离切尔诺贝利大约 1100 公里。根据瑞典方面的研究，发现该辐射

物并不是来自本地的核能电厂，怀疑是俄国核电站出现了异常状况。当时，瑞典通过外交管道向苏联方面询问，但是，未获消息证实。另外，法国政府宣称辐射尘只飘到德国及意大利的边界。因为辐射尘的关系，意大利规定部分农作物禁止人们食用，例如蘑菇。法国政府为了避免引发民众的恐惧，所以没有作出类似的测量。切尔诺贝利核事故，不只污染了核电站周围的乡镇，还借气流作用的帮助，能够没有规律地向外部散开和无限制扩散。根据俄国及西方科学家的报告：掉落在俄国的切尔诺贝利核辐射尘60%在白俄罗斯，而TORCH 2006的报告中则指出：有一半以上的易挥发粒子掉落在乌克兰、白俄罗斯以及俄罗斯以外的地方。在俄罗斯联邦布良斯克（Bryansk）南方广大的区域，以及乌克兰北方的部分地区，都被切尔诺贝利核辐射物质污染过。国际社会广泛批评苏联对切尔诺贝利核事故消息的封锁，以及核事故应急反应的迟缓。在瑞典境内发现放射物质含量过高后，该次核事故才被曝光于天下，切尔诺贝利核事故列为核事故的第七级（顶级）。

切尔诺贝利核事故发生后36小时，苏联当局才开始疏散住在切尔诺贝利反应炉周围的居民。1986年5月，即切尔诺贝利核事故发生后一个月，约11.6万名住在核电站方圆30公里（相当于18英里）内的居民，其中，约有5万人是居住在切尔诺贝利附近的普里皮亚特镇居民，才被疏散至其他地区。因此，这个地区经常会被称为疏散区域（Zone of alienation）。然而，辐射所影响的范围其实能散播至超过方圆30公里外的地方。核事故发生后，203人被立即送往医院治疗，其中，有31人死亡，而28人死于过量的核辐射。这些死亡的，人大部分是消防队员和救护员，因为他们并不知道核意外中，含有超强辐射的危险。俄国科学家报告指出，切尔诺贝利核电站4号机反应炉总共有180~190吨二氧化铀及核反应产生的核废料。他们也估计这些物质大约有5%~30%流到外面。但根据曾经到过石棺反应炉做后续处理的清理人的说法：反应炉内只剩大约5%~10%的物质。反应炉的照片里显示：反应炉完全是空的，因为大火引发的高温，让许多辐射物质冲向大气层高空，并向外四面八方扩散。

在切尔诺贝利核事故中，负责复原及整理的工作人员，将他们称为"清理人"（liquidator）。清理人在清理的过程中，必然要接收到非常高剂量的核辐射。根据俄罗斯的估计，大约有30~60万的清理人在切尔诺贝利核事故后两年内，进入离反应炉30公里的范围内清除辐射污染物。在被辐射污染的地区里，有许多小孩的辐射剂量高达50戈雷（Gy）。这是因为他们在喝牛奶的过程中吸收了当地生产而被辐射污染的牛奶，当地牛奶是被碘－131所污染，碘－131的半衰期为8天。许多研究发现：白俄罗斯、乌克兰及俄罗斯的小孩，罹患甲状腺癌比例快速增加。根据日本原子弹爆炸事后调查统计预期，在切尔诺贝利地区的白血病在未来的几年内将会增加。事实证明在切尔诺贝利地区，畸形婴儿的出生率的确升高了，调查结果显示：证实是由核事故后核辐射尘所导致的一种结果。切尔诺贝利核事故发生后，对切尔诺贝利居民造成的长期影响，一直备受争议，虽然，有超过30万人脱离了核事故灾难的威胁，但是，仍然有数百万人继续居住在核事故后的核放射污染区内。同时，苏联当局在切尔诺贝利核事故中，设置了障碍，即科学研究也许因为缺乏民主的透彻性而受到限制。

核电虽然是目前最新式、最"干净"，且单位成本最低的一种电力资源，但是，由于可能的核泄漏事故造成的核污染，却也给人类带来了前所未有的灾难。迄今为止，除了切尔诺贝利核泄漏事故以外，英国北部的塞拉菲尔核电站、美国的布朗斯菲尔德核电站和三喱岛核电站都发生过核泄漏事故。除此之外，在世界海域还发生过多次核潜艇事故。这些散布在陆地、空中和沉睡在海底的核污染，给人类和环境带来的危害，远不是报道的数字能够画上句号的，因为核辐射的潜伏期可以长达几十年。

在切尔诺贝利核事故后，隔离区内变成部分野生动物的天堂。虽然，动物们也饱受事故后核辐射之苦，但是，比起人类来，核辐射对它们的伤害是非常轻微的，对它们而言，切尔诺贝利核事故的发生，可能反而是好事。在隔离区内的动物，比如，老鼠已适应了核辐射，它们和没受辐射影响地区的老鼠寿命大约相同。隔离区内再度出现，或被引入的动物包括：山猫、猫头鹰、大白鹭、天鹅、疑似一只熊、欧洲野牛、蒙古野马、獾、河狸、野猪、鹿、麋鹿、狐狸、野兔、水獭、浣熊、狼、水鸟、灰蓝山雀、黑松鸡、黑鹳、鹤、白尾雕等，其生存状况和适应核辐射危害的具体情况，需要人们深入去研究。

三、切尔诺贝利核事故的后续措施

（一）欧洲撤侨

切尔诺贝利核电站是苏联最大的核电站，共有 4 台机组。1986 年 4 月 26 日，在按计划对第 4 号机组进行停机检查时，由于核电站工作人员多次违反操作规程，导致核反应堆能量增加。至 26 日凌晨时，核反应堆熔化燃烧，引起剧烈爆炸，冲破核电站保护壳，电站厂房起火，放射性物质随之源源泄出。用水和化学剂灭火，瞬间即被蒸发，消防员的靴子陷没在熔化的沥青中。1、2、3 号机组暂停运转，核电站周围 30 公里宣布为危险区，撤走了居民。1986 年 5 月 8 日，反应堆停止燃烧，但是，温度仍达 300℃；当地辐射强度最高为每小时 15 毫伦琴，基辅市为 0.2 毫伦琴，而正常值允许量是 0.01 毫伦琴。瑞典检测到此次核事故的放射性尘埃，超过正常数的 100 倍。于是，西方各国赶忙从基辅地区撤出各自的侨民和游客，并拒绝接受白俄罗斯和乌克兰的进口食品。[①]1986 年 5 月 9 日，国际原子能机构总干事布利克斯应苏联政府邀请，乘直升机从 800 米高空察看核电站的情况，他认为：这是迄今为止世界上最严重的一次核事故。

（二）事故处理和建设新城

切尔诺贝利核事故两年之中，26 万人参加了事故处理，为切尔诺贝利核电站 4 号核反应堆浇了一层层混凝土，当成"棺材"埋葬起来。清洗了 2100 万平方米"脏土"，为核电站职工另建了斯拉乌捷奇新城，为撤离的居民另建 2.1 万幢住宅。这一切，包括发电减少的损失，共达 80 亿卢布（约合 120 亿美元）。乌克兰政府已作出永远关闭该电站的决定。白俄罗斯损失了 20% 的农业用地，220 万人居住的土地遭到污染，成百个村镇人去屋空。乌克兰被遗弃的禁区，成了盗贼的乐园和野马的天堂，所有珍贵物品均被

---

① 苏联官方 4 个月后即 1986 年 8 月份公布信息显示，切尔诺贝利核事故中共死亡 31 人，主要是抢险人员。其中，包括一名少将；得放射病的 203 人；从危险区撤出 13.5 万人。而 1992 年，乌克兰官方公布的信息显示，有 7000 多人死于切尔诺贝利核事故造成的核污染。

盗走，也因此将核放射污染扩散到区外。而近切尔诺贝利核电站 7 公里范围内的松树、云杉凋萎，1000 公顷森林逐渐死亡。30 公里以外的"安全区"也不安全，癌症患者、儿童甲状腺患者和畸形家畜急剧增加；即使 80 公里外的集体农庄，20％的小猪生下来也发现眼睛不正常。这些怪症，被通称为"切尔诺贝利综合征"。土地、水源被严重污染，成千上万的人被迫离开家园，切尔诺贝利成了荒凉的不毛之地。10 年后，放射性仍在继续威胁着白俄罗斯、乌克兰和俄罗斯约 800 万人的生命和健康。有关专家评估说，切尔诺贝利核事故的危害后果，将延续 100 年以上。

（三）切尔诺贝利"核石棺"

切尔诺贝利核事故发生后，苏联政府为了阻止切尔诺贝利核电站内核原料和放射性物质再次泄漏，对发生爆炸的 4 号机组用钢筋混凝土掩体进行了封闭（俗称"石棺"），即用混凝土做成了封闭性的设施，被称为"切尔诺贝利核石棺"。下面至今仍封存着约 200 吨核原料，并于 2000 年 12 月彻底关闭了切尔诺贝利核电站。这个"石棺"花费了 180 亿卢布，而在当时，卢布和美元的价值相当。阻隔效果检测发现，在"石棺"外进行的辐射测量显示，当地的辐射强度达到每小时 744 毫伦琴，远远高出安全值 20 毫伦琴的水平。由于混凝土结构出现裂缝，为防止反应堆内的核原料和放射性废料再次发生泄漏，从 2006 年初开始对"石棺"进行加固。出于健康因素的考虑，工人们必须每两个小时就换一次班。

对苏联政府而言，核能工业代表国力与经济的兴衰，因此，切尔诺贝利核电站的核反应堆发生爆炸后，官方立即将核事故的资讯严密封锁，就连核电站附近的居民也不了解事故的严重性，而在不明就里的情况下，被强迫离开家园。同时，政府运用人海战术，动员工作人员清理辐射残渣、消防员灭火，他们很多人只穿着一件 20 公斤重的铅衣，穿梭在高浓度辐射的环境中；这批参与救援任务的人员中，有许多人在任务结束后数周，就因吸收大剂量辐射而死亡。待反应炉火势扑灭，政府开始进行善后处理，在全国各地征召"义勇军"，前后总计有 50 万人进入切尔诺贝利核事故的灾区：他们为了要将失控的核反应炉封闭起来，在外面建立起巨大的"石棺"。由于知识水平有限，科技认识不足，也未获得政府提供的充足保护措施，将近 4000 人在事后因核辐射引发的癌症或白血病死亡，其余存活者至今仍深受其后遗症贻害。50 万义勇军的悲惨故事，不但骇人听闻令人震惊，更令人对核灾难的危害性感到后怕。这些义勇军们冒死搭建的"石棺"，因为仅能疲软地阻止着辐射泄漏，其围墙结构开始逐渐破败而不得不被替换。

（四）切尔诺贝利核事故 25 周年纪念会

2011 年 4 月 26 日，乌克兰和俄罗斯两个饱受严重核污染国家的领导人，在切尔诺贝市齐聚一堂纪念事故发生 25 周年。这是纪念乌克兰切尔诺贝利事故 25 周年最重要的活动之一。在基辅时间 26 号凌晨 01：23：47，也就是 25 年前切尔诺贝利核电站发生爆炸的那一刻，乌克兰、俄罗斯、白俄罗斯的多座城市各自点燃 25 根蜡烛，缅怀当年在事故中丧生的人们。作为整个纪念活动之一的切尔诺贝利国际援助会议，也在基辅市召开。会议上，来自世界各国的元首和代表们纷纷表示：愿意以不同形式援助乌克兰。最终，乌克兰在此次会议上共筹集到了 5.5 亿欧元，用于为切尔诺贝利核电站发生爆炸的 4 号机组建造新的"石棺"，即实施"新安全封闭"计划。

"新安全封闭"计划，就是将一个相当于体育馆规模的拱形建筑物平移至"石棺"上，随后将拱形建筑物合拢。英国《泰晤士报》为"新安全封闭"计划取了一个很形象的名字："方舟"计划。该项工程需要以"石棺"为中心，安装两个可以合在一起的半拱形建筑物，然后，两个半拱形建筑物通过一根铁轨滑到四号反应堆的"石棺"上方合并。它们在 24 小时以内完成最终拼接后，"方舟"最终高度为 108 米、宽度为 250 米，而长度为 150 米。拱形建筑物将在距离"石棺"比较远的地方进行组装，旨在最大程度减少工作人员遭遇核辐射的危险。当这两个半拱形建筑物合在一起时，有望达到"天衣无缝"的效果，这样最终会为切尔诺贝利核电站附近的居民提供最为安全的保障。"方舟"不仅可以继续"捂住"放射性物质，防止其"四处逃逸"长达百年时间，还在更大程度上有利于研究人员拆除封存在"石棺"之下的核原料，然后将其转移至更为安全的地带，进行可靠性处理，预计这样的转移过程将耗时半个世纪。为便于拆除破损的核反应堆，"方舟"在其拱形结构的上面悬挂了四个起重机，每一个都能够举起百吨重的物体。另外，研究人员还可搭乘隔绝辐射的铁柜小车进入新建筑的心脏地带，进行"善后处理"。

（五）新"石棺"的资金需求与保障

切尔诺贝利核电站 30 公里范围内，严格限制人员的进入。2007 年 9 月 17 日，乌克兰当局表示将搭建一个巨型的钢铁覆盖物，封闭曾发生全球最严重核泄漏事故的切尔诺贝利核电站。据英国广播公司报道，乌克兰当局雇佣一家法国公司，负责搭建一个钢铁外层结构，取代在 1986 年核泄漏之后用来掩盖核反应堆的混凝土外层。这一混凝土外层在发生事故后，仓促建成，现在已出现损坏，因此，当局计划建筑新的钢铁外层，遮盖曾发生核泄漏的反应堆和放射性材料。新的钢铁外层工程将耗资 14 亿美元，由国际捐献者出资，并由欧洲重建与开发银行监督资金营运，5 年内竣工投用。乌克兰当局表示，新的钢铁外层结构建成后，将可进行拆卸核反应堆的工作。这个反应堆仍包含 95% 的原核材料，并被暴露在外。乌克兰当局同时还与美国公司达成协议，在切尔诺贝利核电站 30 公里"隔离区"内建造一个储存设施，收集核电站泄漏的核废料。2012 年 12 月 4 日，俄新社报道说，欧洲复兴开发银行承诺将为乌克兰提供 1.9 亿欧元额外资金，帮助乌克兰完成切尔诺贝利核电站新防护罩建造工作。建造切尔诺贝利核电站新防护罩共需要资金 7.4 亿欧元。[①] 2011 年 4 月 19 日，在基辅市举行的国际捐赠大会上，40 多个国家已经承诺提供 5.5 亿欧元资金。切尔诺贝利核电站新防护罩将进一步减少辐射污染。2.9 万吨重的新防护罩于 2015 年完工，届时高达 100 米的围墙会将切尔诺贝利 4 号核反应堆围住，将其转变成一个安全的环保系统。

（六）切尔诺贝利核电站坍塌与火灾事故

2013 年 2 月 12 日，荒弃多年的切尔诺贝利核电站出现坍塌，正在那里进行建筑施

---

① 佚名. 切尔诺贝利核电站防护罩再获上亿元建设资金［EB/OL］. 中国城市低碳经济网，http://www. cusdn. org. cn/news _ detail. php?id=232851. 最后访问时间：2016-09-01.

工的法国公司预防性疏散 80 名工人。1986 年 4 月 26 日该核电站发生重大核泄漏后，反应堆上盖上了厚厚的"石棺"。法国公司正在进行加固工程。2013 年 2 月 12 日发生的切尔诺贝利核电站部分顶部坍塌，当局表示不会出现核泄漏。俄罗斯紧急情况部 2013 年 2 月 13 日发表声明称，切尔诺贝利核电站垮塌，主要是由于工作区积雪量过大导致的，但未对附近居民生命安全和健康状况构成威胁。2015 年 4 月 28 日，切尔诺贝利核电站周围禁区发生森林大火，乌克兰政府出动直升机灭火。乌克兰总理亚采纽克称：火势已受到控制，并亲自搭乘直升机视察火灾情况。到 2016 年 9 月时，切尔诺贝利核电站的新"石棺"还在修建之中，核能利用时对其发生事故后的预期不足，仍在危害着切尔诺贝利核电站的业主和世人。

第二节　福岛核事故

一、东日本大地震海啸引发的福岛核事故

2011 年 3 月 11 日 13：46，日本东北部宫城县以东太平洋海域，发生震级为里氏 9.0 级、震源深度 10 公里的强烈地震。3 月 12 日，日本原子能安全保安院将福岛第一核电站核泄漏事故等级初步定为 4 级。此后，福岛核电站发生了反应堆燃料熔毁、向外界泄漏放射性物质的情况，原子能安全保安院根据国际标准，将事故等级提升到 5 级。3 月 11 日~13 日，地震灾区共发生 168 次 5 级以上强余震，已确认 14704 人遇难，10969 人失踪。

这次东日本里氏 9.0 级大地震，导致福岛县两座核电站反应堆发生故障，其中，第一核电站中，一座反应堆震后发生异常导致核蒸汽泄漏，并于 3 月 12 日发生小规模爆炸，或因氢气爆炸所致。3 月 14 日，福岛核电站在地震余震后又发生爆炸。在爆炸后，辐射性物质进入风中，福岛核电站当地的风向为从日本东部吹向太平洋方向。2011 年 3 月 15 日，日本首相菅直人就福岛第一核电站的核泄漏问题，向日本民众发表讲话。他要求核电站方圆 20 公里以内的所有居民撤离，方圆 20 至 30 公里以内的居民在室内躲避。有报道称，菅直人痛斥东京电力公司"欺上瞒下"。在核电厂附近检测到铯和碘的放射性同位素，专家认为有氮和氩的放射性同位素泄出也是很自然的，钚泄漏也已经出现，情况非常令人担忧。

2011 年 3 月 16 日上午，东京电力公司召开紧急新闻发布会称，福岛核电站 4 号反应堆于 16 日 05：45 分（北京时间 04：45）再次发生火灾，两名核电站工作人员下落不明，并已经紧急通知了福岛县政府和消防部门。3 月 16 日上午 08：15 日本官方称，福岛核电站的火势已得到控制。3 月 15 日，国际原子能机构（IAEA）总干事天野之弥说，该机构尚未接到日本政府有关福岛核电站 4 号反应堆 3 月 15 日火灾后情况的说明。

2011 年 5 月 5 日傍晚，东京电力公司宣布，福岛第一核电站的 1 号反应堆内的换气装置已经搬入成功，并开始运转。这比原计划提前了一天。5 月 5 日，东京电力公司和相关公司职员身穿防核服，在核泄漏事故发生一个半月多之后，首次进入了核反应堆的建筑物内。东京电力公司现上午派了 2 名技术人员进入建筑物内检测核辐射量，在证

实辐射量可以承受的情况下，当日下午 1 时半开始，派遣 4 名公司职员和 9 名协力公司职员携带 4 台换气设备，进入建筑物内进行换气设备安装的作业。作业共进行了一个半小时，这些抢修队员受到的核辐射量在 0.24 至 2.8 毫米希沃特之间，低于 3 毫米希沃特的限度。

2013 年 11 月 18 日 15：18，东京电力公司开始从福岛第一核电站 4 号机的乏燃料池，取出燃料棒。这是自 2011 年 3 月发生事故以来，首次正式取出燃料，标志着将耗时 30～40 年的废炉作业，实质上正式开始。11 月 18 日上午，东京电力公司将运输燃料棒的专用容器沉入 4 号机乏燃料池。下午取出工作开始后，工作人员使用专用装置逐一把燃料棒，转移到可容纳 22 根燃料棒的容器中。该容器将被运输车转移到核电站内的共用燃料池内。4 号机乏燃料池内共有 1533 根燃料棒，预计全部转移完毕需要 13 个月即到下一年 12 月。

2011 年 3 月 11 日东日本大地震发生时，福岛第一核电站 4 号机处于定期检查状态没有运转，所有的燃料都保存在燃料池中。1～3 号机受炉心熔化的影响，辐射量很高，因此作业难度很大。从其乏燃料池取出燃料棒的工作，最早也需等到四年后的 2015 年，东京电力希望在 2020 年能够取出熔化在原子炉内的核燃料。继东京电力公司称福岛第一核电站 1 号至 4 号机组将报废之后，日本内阁官房长官枝野幸男于 2011 年 3 月 30 日表示，5 号和 6 号机组也将报废。至此，福岛一号核电站将全部永久报废。

二、福岛核事故的应急与应对检讨

东日本里氏 9.0 级强地震，造成日本福岛等两座核电站的 5 个机组停转，日本政府为此宣布"核能紧急事态"，并于 2011 年 3 月 12 日首次确认福岛核电站出现了核泄漏，大批居民被疏散。日本经济产业省原子能安全保安院 3 月 12 日表示，因地震而自动停止运行的东京电力公司福岛第一核电站正门附近的辐射量升至正常值 8 倍以上，1 号反应堆的中央控制室辐射量是正常值的 1000 倍。为防止核反应堆容纳器内的气压上升导致破损，保安院下令东京电力公司释放反应堆容纳器的蒸气。日本首相菅直人 3 月 12 日上午也对福岛第二核电站发布了"核能紧急事态宣言"。菅直人下令：3 月 12 日 05：44 起，建议居民疏散避难的范围从第一核电站半径 3 公里以内扩至 10 公里。福岛县政府 3 月 12 日也要求以第二核电站为中心，半径 3 公里之内的居民疏散。福岛县疏散避难者，已达 10 万人。3 月 15 号晚，撤离的范围，已经由原来的 10 公里扩大到 30 公里。核辐射可能直接影响到东京。保安院方面表示，从避难区域扩大的情况和风向等因素来看，能够保障居民安全。同时据悉，美国空军已紧急派遣飞机向日本运送用于核电站的冷却剂。国际原子能机构此前表示，核电站关闭后，核燃料需要持续冷却。2011 年 3 月 31 日，中国国家核事故应急协调委员会发布：中国 25 个省区市监测到极微量放射性物质。

福岛核电站在技术上，采用单层循环沸水堆，冷却水直接引入海水，安全性无法保障。所以，福岛核电站 1、2、3、4 号机组接连发生事故后，日本各地均监测出超出本地标准值的辐射量。2013 年 11 月 20 日，东京电力公司宣布，将对福岛第一核电站第五和第六座核反应堆实施封堆作业。至此，该核电站 6 座核反应堆将全部被废除，这意味着福岛第一核电站将完全退出历史舞台。报道称，第五和第六座核反应堆在东日本大地震发生时正在接受定期检查，没有出现堆芯熔化等严重状况。但是，首相安倍晋三向东京电力公司提出了报废第五和第六座核反应堆要求，东电公司预计福岛第一核电站报废工作，须花费 2 万亿日元的成本。

福岛核电站发生的爆炸，属于化学爆炸，是由泄漏到反福岛核电站全貌应堆厂房里的氢气和空气反应发生的爆炸。福岛核电站使用 MOX 燃料（一种核燃料，为钚铀氧化物混合燃料的简写），燃料棒外壳为锆合金。由于地震和海啸导致应急冷却系统故障，反应堆内冷却水平面一度下降，并导致堆芯裸露。冷却不足使燃料棒外壳温度超过锆—水反应极限温度，从而发生锆—水反应生成大量氢气。堆芯锆—水反应生成的氢气，曾一直封闭在厂房中的安全壳之内。氢气泄漏到厂房中，是在安全壳内压力升高时，从泄压安全阀的气体通道排出的。由于厂房中氢气相对空气的浓度，达到了爆炸极限，在遇到高温甚至明火后便发生了爆炸。爆炸的威力掀掉了厂房的屋顶，只剩下钢筋骨架。核危机之殇下，东京电力计划为第一核电站增建两座反应堆。

原子能安全和保安院在一份声明中说，受 3 月 11 日东日本大地震影响而自动停止运转的东京电力公司福岛第一核福岛核电站放射性物质泄漏，1 号机组中央控制室的放射线水平已达到正常数值的 1000 倍。这一核电站大门附近的放射线量继续上升，3 月 12 日上午 09：10 已经达到正常水平的 70 倍以上。3 月 15 日，福岛 1 号核电站紧急情况迅速走向恶化：先是 2 号反应堆外壳在爆炸中受损，造成含有放射物的冷却水不断流出。紧接着，一直平静的 4 号反应堆起火，大量放射性物质泄漏。日本首相菅直人当即发布命令，福岛 1 号核电站可能正在泄漏出更多放射性物质，对民众健康构成了严重威胁；要求距核电站 30 公里内居民待在家中避险。日本政府发言人表示，虽然福岛核电站 4 号反应堆内没有正在使用的核燃料，但却存放着大量使用过的燃料棒，因此，救援人员正在全力灭火，防止这些同样需要降温的"核废料"继续发生严重泄漏事故。一旦救援人员不能很快返回福岛核电站，继续为这四个反应堆"退烧"，堆内核燃料将因温度过高而发生"完全融毁现象"。

知识点 "核熔毁"又称为核能外泄，是一种发生于核能反应炉故障时，严重的后遗症。核能外泄所发出的核能辐射，虽然远比核子武器威力与范围小，但是，却同样能造成一定程度的生物伤亡。

三、综合灾害应急与"蝴蝶效应"

2011 年 3 月 11 日 13：46，日本本州岛近海发生的剧烈的版块碰撞，推动了这次前所未有的综合灾害应急的"蝴蝶效应"浮出海面。地震刚刚发生 3 分钟后，日本政府就发出海啸预警信号；6 分钟后，远在大洋彼岸正是深夜的美国也发出警报。同时，中国、韩国、菲律宾、俄罗斯等国也有相同的举动，一连串海啸警报，从太平洋东西沿岸蔓延开去。这次东日本大地震引发的大海啸、核泄漏事故，在经济全球化的背景下，直接导致经济波动，生产链的断裂，"蝴蝶效应"理论阐释了灾难全球化的现实影响。那么，日本遭遇的三重叠加的灾难，又是如何一步步"找到"影响到全世界的路径呢？

全球化把东日本大地震后的综合灾害应急的功能，全部都放大了。全球化本身创造出很多新的风险，就是没有全球化的话，就没有这个风险。也就是说，311东日本大地震，是一个"一生二成三"的综合性灾害。因为日本政府与东京电力公司的应对失措，让311东日本大地震的消极影响越来越全球化了。国家减灾委副主任史培军认为，随着网络时代、全球化时代的不断推进，任何一个地方的极端事件包括自然灾害，都有可能顺着全球化的这种信息链、信息网、供应链、生产链而影响到全球。在20世纪中叶之后，科技发展将人类加速推向"以原子能、电子计算机、空间技术和生物工程应用"为标志的时代，似乎我们对自然的驾驭可以因此而得心应手。但每当人类得意于此，自然就总会以更大的力量向我们发出警告。任何一个地方的技术进步，很有可能受益于整个世界，然而任何一个技术进步形成的各种有利的同时，有可能它的意外造成的不利的时候，也就顺着这样一个利益链造成了一个风险链。

311东日本大地震引发了多种灾害，包括自然灾害（海啸）、人为灾害（核泄漏）和次生灾害（引发日本和世界各国的大抢购等）这种综合性的灾害，对于这种综合性灾害，应当使用"综合灾害救援"的理念。事实上，当三种灾害叠加的时候，甚至在极重灾区福岛基地出现了群堆，第一核电（站机组），第二核电（站机组），十个核电（站机组）同时发生危机。法国核安全局的局长讲了一句公道话，他说自人类利用核能以来，我们从没遇到过如此高强度高密集的这种挑战，这次让我们日本同行给遇到了。于是，因为东方电力公司应急不力和处置不当，3月12日，福岛第一核电站1号反应堆发生两次爆炸，附近20公里范围内的居民被迫撤离。3月12日之后，福岛核电站2号和4号机组又接连爆炸，避难半径骤然扩大到30公里。对于核弹爆炸的恐怖记忆，以及混乱的数据信息，考验着日本国民的心理承受底线。随风飘散的核物质使前来救援的里根号航母迅速撤离，从福岛不断发生的爆炸声，使日本在不到24小时之内就要去承受地震、海啸与核物质泄漏的多重打击。311东日本大地震灾难的蝴蝶效应，随着大气环流和海洋的洋流向全球扩散。3月29日，中国官方证实：除西藏外的所有省份均检测出极微量放射物，但含量不会对环境和公众健康造成影响。

福岛一场核危机，让许多身在灾区之外的人们变成"隐形灾民"。灾难的蝴蝶效应形成的第二波影响，即以让人恐惧的核泄漏为标志，在人流中进一步被放大着。全球化让地球变成一个你中有我，我中有你，错综复杂的体系。在这个高度复杂的体系中，灾难的蝴蝶效应、开始利用它能够利用的所有工具和路径向全球扩散。深层影响也紧随其后，食品就是这种连锁效应最为直接的体现。日本食品一直以品质和安全系数高广受世界欢迎。然而，在核事故发生后，日本福岛附近蔬菜和东京自来水里均检测到微量放射性物质，美国、中国、新加坡、韩国等25个国家地区限制进口日本农产品和加工食品。此时，福岛核电站和切尔诺贝利一起，被人类铭记在心。

全世界都在关注着福岛核电站里正在拼命的勇士们，然而他们令人敬佩的努力，并没有能阻止灾难的蝴蝶效应开始进入一个更为复杂和庞大的系统，空气、水、蔬菜、牛奶都成了核物质传播的媒介。也正是通过这些跟人们日常生活紧密相关的系统，这场灾难突破地震、海啸以及核泄漏事故，直接从心理层面开始第三波全球蔓延的历程。事实上，日本核事故发生后，全球出现了多起因恐慌情绪导致的"反应过度"的事件，美国在日本震后第二天就出现了抢购含碘食物的现象。六天后，日本官房长官枝野幸男在电视讲话中说，不仅在福岛第一核电站周边的撤离区，包括东北部沿海的邻近地区，物资也被抢购一空。3月16日，中国各地市场，一场抢盐风波又毫无征兆地从天而降！如果核泄漏危机迟迟得不到有效控制，核辐射污染物将无疑对日本的自然环境、农渔产业、旅游业、物流业和对外经贸活动形成严重的冲击，进而影响到全球贸易往来。事实上，因为惧怕核辐射，许多国家的商船已经不再停靠东京港，灾难的蝴蝶效应以切断供应链的方式给全球制造业带来巨大震动，并在地震海啸、核放射物传播、食品恐慌之后，成为影响全球的第四波。①

四、福岛核灾害的国际治理型救赎

福岛核危机的处理是否得当，错过了什么又该反思些什么？2011年4月12日，日本政府宣布，对福岛第一核电站的核泄漏等级评定由5级提高到7级。这意味着它达到了与切尔诺贝利核事故同样的等级，属于最高级别。与此同时，越来越多的国家检测到来自福岛的微量放射性物质。尽管辐射水平还不足以威胁公众健康，但来自福岛的威胁已经是人类社会必须共同面对的灾难了。4月，东京电力公司向海中排放了1万多吨低放射性污水，而数据显示，福岛核电站释放到大气中的放射性物质总量已远超出7级的事故等级。在这次核事故当中，为什么迟迟得不到有效的遏制？一场有可能影响全球的灾难如果的确超过了一国的应对能力，国际社会能否提供更加有效的援助？在全球化的时代是否也需要一种全球化的应急机制呢？2011年4月9日，日本原子能机构负责人承认对灾难准备不足。他说：造成目前状况的原因，一方面，是核电站的防震设计是针对7级地震设防，而没有防海啸的设计；另一方面，是应急发电设备考虑不周，致使没能在震后进行及时的电力补给，这引起日本国内的广泛质疑。

在现在一个真正全球化的时代，对一个国家的利益、责任和一个全球性的利益责任，该怎么协调？如果我们每一个国家都不负责任，好像似乎你把风险转移给别人了，但是最终你的风险，你自己还要承担，就是说每一个国家首先要自己负责任，然后，在国际层面上我们怎么建立一个好的治理机构。2011年4月11日，东日本大地震一月祭，东京电力公司总裁清水正孝和职员前往福岛灾区，向居民表示谢罪。日本国内和国际社会在哀悼死难者的同时，也对东京电力和日本政府处理本次核事故的作为和能力进行着质疑和批评。当一个国家在灾害监管尤其是综合灾害监管与应急，出现一些纰漏的时候，甚至能力不足的时候，就确实需要一种全球治理机制，把各国最好的智慧和各国的能力凝聚起来。在核灾难面前，全世界确实需要一个健全可靠的国际体系，从核技术的风险中救赎自己。②

---

① 佚名. 日本大地震启示录第一集：蝴蝶之翼 [EB/OL]. 中国网络电视台，http://news. cntv. cn/world/20110423/109555 _ 6. shtml.

② 佚名. 日本大地震启示录第二集：福岛救赎 [EB/OL]. 中国网络电视台，http://news. cntv. cn/world/20110423/109609 _ 4. shtml.

五、核技术风险的共同抵御和控制

2011 年 3 月 11 日，9 级大地震之后所发生的一切，正在让人类思考在全球化的背景下，技术的利益和技术的风险，一个核反思的时期到来了。日本核技术是世界最尖端的说法，已经完美地破灭了。技术在创造文明的同时，也创造了文明的敌人。4 月 5 日，东京电力公司已经将超过 1.15 万吨核污水排放到太平洋当中。4 月 6 日，在福岛第一核电站的土壤里再度检测出剧毒的核裂变生成物质——放射性钚。4 月 12 日，日本政府宣布将福岛第一核电站事故级别提高到最高级别 7 级。人们不难发现，福岛核泄漏危机之所以从一开始，就超出日本政府的灾难管理能力，成为一场全球化的灾难，原因是人类在现阶段对自己的技术可能引发的风险估计不足。核电是一种人造自然，就是现代工业文明一个重要的标志之一。同时，核电是一个超级的复杂的系统工程，人们可以保证把这个机器做得非常安全，但是环境这一块，人们只能预期或者预测，但是严格来讲，人们难以掌握。在地震、海啸发生一个月之后，先后有 25 个国家地区禁止从日本进口农产品，福岛核电站的灾难无疑已经全球化，人类造就的核技术成为恐惧的根源。东日本大地震引发的福岛核电站核爆炸之后的核扩散，还在迅速演进。

核技术从它诞生那天起就是把双刃剑。人类这种发展欲望，经常会好了伤疤忘了疼。人类相信，甚至可以用另外一个词叫"迷信"，科技的进步一定能够最大限度甚至是完全能够抵御自然灾害。在核泄漏被最终制止之前，国际社会对福岛的恐慌无疑还将继续。而福岛核物质泄漏的后续影响，也将伴随着核物质的半衰期长久地延续。风险本身并不是灾难，而只是灾难的可能性。在全球化的世界里，风险在转变成灾难之前，往往是隐形的。现代风险与科学技术的发展有着密切的联系，当人们享受技术所带来的便利的时候，技术可能带来的后果，也变得越来越难以预测与控制。这种不确定性，一直都是现代社会风险的重要根源，对不确定性的控制，也成为 100 年来人类文明的进步的推动力。

人们得承认一个事实：人类不是万能的。有很多的风险，无论是自然界的风险，还是人类自然社会的系统性的风险，人类不能完全把握它，所以人类始终处在一个不断地进步，但是这个进步始终是处在风险之中。例如，人类有很多自然的风险，怎么能够推测？今天的科学还没有达到这种程度，说能够预测到海啸、地震。准确的，做不到。并不是科学家无能，人类的知识到现在还只有这个阶段。人们对于自己的技术的发展不能过度的自信。整个过程是人在进行的，不论是人在进行，还是由人设计的机器在进行，它都不可能是完美的。泰坦尼克的沉没在向人们诠释：人类的技术成就在造福人类的同时，也带来了技术的风险。人类的创新从未停止，但新的风险又如影随行。东日本 9 级大地震和它所引发的海啸、向超强的核电站展现了自然的力量，风险在地震和海啸中转化成灾难，核泄漏的事实、将人类技术和自然力做了一次最强烈的对比。福岛核电站 50 位勇士悲壮地孤军奋战，却并不能阻止核物质在全球的扩散，全球化时代的信息技术传导着恐惧和不信任，随即引发各种程度的非理性动荡。此时，人们更愿意忘记核电技术给人类带来的福祉。

当然，如果不用核电，我们的酸雨、我们空气的污染、油价的波动。大家好不容易希望依靠核电，结果核电又发生这样。那么我们很困惑，那么下一步怎么办？吃一堑长一智是人类智慧的属性之一，灾难从来就是技术进步的推进力，在苦难之后趋利避害在推动着人类文明的进程。人类把自然物当作它的资源，仅仅是把它当作资源，或者说我们只考虑到了我们要用的，我们功利的某一个方面，而忽略了我们可能更大的福利。越境影响的概念，是从那个时候开始的。不论在世界上哪个地方出现核事故，全世界的核电产业都会面临灭顶之灾。三哩岛以后美国的核电订单全部取消，切尔诺贝利以后，在20多年的时间里，特别是发达国家，出现了大量的订单取消，本轮的核电复兴也就基本上刚刚是七、八年。所以非常遗憾的这次我们这个日本的领头羊，恰恰发生了这么大的灭顶之灾，当头一棒。

技术是人制造出来的技术，而人是会出错的。所以是没有绝对的那种不会出错的技术的，所以不能过度相信，二十几年前去了切尔诺贝利之后，发现残酷的事故都不是"设想外的"。2011年3月11日，发生在福岛的核泄漏再一次应另一种极端形式证明了墨菲法则，犯错误、可能是人类很难回避的弱点，不论科技多发达，事故都可能发生。尽管人们有可能已经在事前尽可能做到了周全，但对完美安全技术的追求，却是现代社会不可承受之重。

所有的安全、所有的安全指标、所有的安全措施，实际上都是有限的。因为我们要知道，这种安全系数，安全上的设计，它的系数往上稍微调一点点，它带来的成本就会高很多甚至是这种指数级的增加，我们可以从科学实验的角度来，也许能够做出永远不会出事故一个核电站，但是它可能没有经济效益。自然偶发的狂暴从来都是人类生活难以避免的一部分，而学习如何在自然的狂暴之中，淡定地生存，从来都是人类智慧的重要部分，灾难不会白白经历，代价也不会白白付出，在泪水和恐惧之后，总会有新智慧的诞生。

技术的不确定性和自然因素的不确定性，导致要说这东西是万无一失的，恐怕谁也不敢下这个定论，只是说我利用核能，提供清洁能源的同时，我愿意在它万一出事的时候，付多大代价。今天的世界，人类已经无法离开能源，无论是石油、煤炭，所有的生物能源都会给我们生活的这个世界带来副作用，而核电，是迄今为止最廉价、最洁净、也是最高效的能源获得方式，而在福岛核电站正在发生的一切，再一次让人类开始思考，技术的利益和技术的风险、这样一个并不陌生的话题。人类的技术造就了全球化，在信息、技术、文化、资源等在极大程度上成为人类共同的财富的同时，全球化的利益链也形成一条风险链。而且，些系统性的风险我们看不到。也就是这么一个规律：你的科技越发达、你的技术越进步、你的技术体系越复杂，复杂就是风险！那你的风险就会越大！一旦出事可能只有两个字形容，就是瘫痪？

全球化就成为一个几乎不可逆转的趋势，我们对化石能源的这种依赖，最后就导致整个全球，我们需要越来越多的能源。那么正是在这种情况下，我们可能需要引入核能、引入太阳能、引入生物质能，但是我们现在发现：不论是核能、还是太阳能、还是生物质能、它都有副作用，都有问题。我们在利益和风险之间一定是有一个折中。在21世纪的今天，人类需要面对经济发展所带来的温室效应和各种污染，也要正视高效、绿色、经济的核技术在自然灾难中需要面对的风险。纵观此次日本核电事故的全过程，人们不难发现：整个核泄漏的全球扩散过程，并不来源于人类对核技术本身的利用和防护，而来源于在危机处理过程中，日本企业和政府处理措施的失当。在人类文明史上，每一次大级别的灾难，都推动了人类文明的进步，在痛苦中所进行的思考和实践所带来的是：用更为可靠和成熟的技术，去体现对生命的尊重和对自然的敬畏。

福岛核事故被提升到了7级，这是核事故的最高等级，与25年前切尔诺贝利的级别一样，但影响力显然更大、更远，毕竟今天的日本已经不仅仅是日本人的日本，它同时也是一体化的世界当中的关键一环，如果说巨大海啸吞噬了日本东部沿海的多个城镇，其实它同时也撬动了整个地球，在这样一个时代，任何人都无法置身于一场巨大灾难之外。在人类进入本次全球化的20多年里，经历了亚洲金融危机、印度洋大海啸、全球金融动荡、冰岛火山喷发以及日本大地震，在这20多年里，人类体会到了全球化的效率和利益，也体会到了全球化的灾难和风险，很难简单地用"好还是坏"或者"积极还是消极"来定义我们正在经历的时代，但彼此相互依赖、相互依存的关系，总是能够让人类快速地修复伤痛，共同提升抵御灾难和风险的能力，这个过程也会让人类变得更聪明、更理性、更善于和自然和谐相处。[①]

六、福岛核灾害的启示

那么，这次福岛核事故，留给我们什么启示呢？

第一，人们必须尽快检查核电站管理法规及应变措施。我国现在已拥有秦山、大亚湾等30个在运行的核电站，还有在建的24个核电站，以及待建的40个核电站，核事故的概率大大增加了。在目睹福岛核电站爆炸之后核泄漏的惨剧之后，在技术方面，我们应尽快把地震监测系统和核发电站链接起来，建立可靠的核电站安全防护系统，一旦紧急事态发生，核电站就会自动停止运行，并进入安全关闭状态；从安全意识方面，我国人民应树立足够的安全意识；从政府安全措施方面，政府应准备好应急安全预案，一旦危机发生，应立即启动紧急避险措施，最大限度地保障人民生命安全。

第二，先进的核安全技术应该世界各国共享。核电是最有效的清洁能源，但并不应该被看做最廉价的清洁能源。既然各国都在义无反顾地建设核电设施，发达国家就不能自筑高技术壁垒，而应将最先进的核电技术贡献出来与世界共享。毕竟，核电站一旦发生核泄漏，会借助事故链或者风险链，在全世界无序地蔓延和扩展，很可能造成整个人类的灾难。尤其是，当各国政府或者各个国家的人们，只擅长于应对单一灾害，而对综合灾害既包括自然灾害与人为灾害的混合，人类的各种看似有效的法律制度，无法在核灾害应急或者核灾难应对方面，发挥切实效用的时候，唯有国际合作和灾区开放，才能增强各国抵御核灾害或者核灾难的能力。

第三，在核电设施遍布全球的情况下，无论哪个国家发生核事故，就应该第一时间邀请世界各国核电专家参与，第一时间公布相应的数据，通报最新处理的情况。核事故一旦发生，无论大小，就已经不是本国的事情，要考虑周边和世界各国的忧虑和关切。

---

① 佚名. 日本大地震启示录第三集：核能之鉴［EB/OL］. 中国网络电视台，http://news.cntv.cn/world/20110423/109598.shtml.

还有，销毁核武器应该成为人类共同的心声。深藏在世界有核国家的数万枚杀伤力远大于核电站的核武器，对人类的潜在危险其实更大。销毁核武器，走和平发展道路，应该成为世界各国共同的主题与心声。只有安全利用核能，和平利用核能，我们的生活才能更加美好。为了全人类的未来，我们一定要从福岛核泄漏危机中，吸取人为灾害的惨痛教训，防止各种类型的严重核事故再次发生。

第三节　核设施安全与核事故应急

一、核与核设施

核，是原子核的简称。原子核（atomic nucleus）是原子的组成部分，位于原子的中央，占有原子的大部分质量。组成原子核的有中子和质子。当周围有和其中质子等量的电子围绕时，构成的是原子。原子核极其渺小，如果原子是一个足球场，那么，原子核就是足球场中的一只蚂蚁。且原子中的质子分布不均。而质子又是由两个上夸克和一个下夸克组成，中子又是由两个下夸克和一个上夸克组成。原子核极小，它的直径在 $10-15.M \sim 10-14.M$ 之间，体积只占原子体积的几千亿分之一，在这极小的原子核里却集中了 100% 原子的质量。原子核的密度极大，核密度约为 $314.g/cm3.$，即 $1cm-3.$ 的体积如装满原子核，其质量将达到 $108.t$。原子核的能量极大。构成原子核的质子和中子之间存在着巨大的吸引力，能克服质子之间所带正电荷的斥力而结合成原子核，使原子在化学反应中原子核不发生分裂。当一些原子核发生裂变（原子核分裂为两个或更多的核）或聚变（轻原子核相遇时结合成为重核）时，会释放出巨大的原子核能，即原子能。例如核能发电。

核设施，即是通过核反应堆的变化而产生能力的设备，通过该设备可以合理地利用好核能量，是核燃料生产、加工、贮存及后处理设施；广义上，放射性废物的处理和处置设施，也属于核设施范畴；学理上，核放射、核泄漏、核污染的作用半径是 10 公里内，而核爆炸、核渗透、核聚变的作用半径是 50 公里内。目前，全世界的核设施最多的，便是核电站。其次，便是各种类型和各种形式的核武器或者军事核动力装置。

核电站是利用核分裂或核融合反应所释放的能量产生电能的发电厂。目前，商业运转中的核能发电厂，都是利用核分裂反应而发电。核电站一般分为两部分：利用原子核裂变生产蒸汽的核岛（包括反应堆装置和一回路系统）和利用蒸汽发电的常规岛（包括汽轮发电机系统），使用的燃料一般是放射性重金属：铀、钚。

20 世纪 50 年代中期，我国创建核工业。60 多年来，我国致力于和平利用核能事业，发展推动核技术在工业、农业、医学、环境、能源等领域广泛应用。特别是改革开放以来，我国核能事业得到更大发展。发展核电是中国核能事业的重要组成部分。核电是一种清洁、高效、优质的现代能源。中国坚持发展与安全并重原则，执行安全高效发展核电政策，采用最先进的技术、最严格的标准发展核电。1985 年 3 月，中国大陆第一座核电站——秦山核电站破土动工。截至 2015 年 10 月底，中国大陆运行核电机组 27 台，总装机容量 2550 万千瓦；在建核电机组 25 台，总装机容量 2751 万千瓦。中国开发出具有自主知识产权的大型先进压水堆、高温气冷堆核电技术。"华龙一号"核电技术示范工程投入建设。中国实验快堆实现满功率稳定运行 72 小时，标志着已经掌握快堆关键技术。①

二、核安全管理

随着核能事业的发展，核安全与核应急同步得到加强。我国的核设施、核活动始终保持安全稳定状态，特别是核电安全水平不断提高。我国大陆所有运行核电机组未发生过国际核与辐射事件分级表二级以上事件和事故，气态和液态流出物排放远低于国家标准限值。在建核电机组质量保证、安全监管、应急准备体系完整。我国高度重视核应急，始终以对人民安全和社会安全高度负责的态度强化核应急管理。早在作出发展核电决策之时就同步部署安排核应急工作。切尔诺贝利核事故发生后，我国明确表示发展核电方针不变，强调必须做好核应急准备，1986 年即开展国家核应急工作。1991 年，成立国家核事故应急委员会，统筹协调全国核事故应急准备和救援工作。1993 年，发布《核电厂核事故应急管理条例》，对核应急作出基本规范。1997 年，发布第一部《国家核应急计划（预案）》，对核应急准备与响应作出部署，之后，为适应核能发展需要，多次进行修订形成《国家核应急预案》。目前，我国核应急管理与准备工作的体系化、专业化、规范化、科学化水平全面提升。

按照我国核电中长期发展规划目标，到 2030 年，力争形成能够体现世界核电发展方向的科技研发体系和配套工业体系，核电技术装备在国际市场占据相当份额，全面实现建设核电强国目标。通过理念创新、科技创新、管理创新，不断强化国家核应急管理，把核应急提高到新水平。②

人类要更好利用核能、实现更大发展，必须创新核技术、确保核安全、做好核应急。核安全是核能事业持续健康发展的生命线，核应急是核能事业持续健康发展的重要保障。核应急是为了控制核事故、缓解核事故、减轻核事故后果而采取的不同于正常秩序和正常工作程序的紧急行为，是政府主导、企业配合、各方协同、统一开展的应急行动。核应急事关重大、涉及全局，对于保护公众、保护环境、保障社会稳定、维护国家安全具有重要意义。我国始终把核安全放在和平利用核能事业首要位置，坚持总体国家安全观，倡导理性、协调、并进的核安全观，秉持为发展求安全、以安全促发展的理念，始终追求发展和安全两个目标有机融合，半个多世纪以来，创建发展核能事业并取得辉煌成就，同时不断改进核安全技术，实施严格的核安全监管，加强核应急管理，核能事业始终保持良好安全记录。

核事故影响无国界，核应急管理无小事。总结三哩岛核事故、切尔诺贝利核事故、福岛核事故的教训，我国更加深刻认识到核应急的极端重要性，持续加强和改进核应急准备与响应工作，不断提升中国核安全保障水平。我国在核应急法律法规标准建设、体

---

① 《中国的核应急》（2016－01－27）：一、核能发展与核应急基本形势. 国新网，http://www.scio.gov.cn/zfbps/ndhf/34120/Document/1466425/1466425.htm. 最后访问时间，2016－09－02.

② 《中国的核应急》（2016－01－27）：一、核能发展与核应急基本形势. 国新网，http://www.scio.gov.cn/zfbps/ndhf/34120/Document/1466425/1466425.htm. 最后访问时间，2016－09－02.

制机制建设、基础能力建设、专业人才培养、演习演练、公众沟通、国际合作与交流等方面取得巨大进步，既为自身核能事业发展提供坚强保障，也为推动建立公平、开放、合作、共赢的国际核安全应急体系，促进人类共享核能发展成果作出积极贡献。

我国是发展中大国，在发展核能进程中，通过制定法律、行政法规和发布政令等方式，确定核应急基本方针政策。我国核应急基本目标是：依法科学统一、及时有效应对处置核事故，最大程度控制、缓解或消除事故，减轻事故造成的人员伤亡和财产损失，保护公众，保护环境，维护社会秩序，保障人民安全和国家安全。因此，我国核应急基本方针是：常备不懈、积极兼容，统一指挥、大力协同，保护公众、保护环境。具体是：（1）常备不懈、积极兼容。各级核应急组织以"养兵千日，用兵一时"的态度，充分准备，随时应对可能发生的核事故。建立健全专兼配合、资源整合、平战结合、军民融合的核应急准备与响应体系。核应急与其他工作统筹规划、统筹部署、兼容实施；（2）统一指挥、大力协同。核设施营运单位统一协调指挥场内核事故应急响应行动，各级政府统一协调指挥本级管辖区域内核事故应急响应行动。在政府统一组织指挥下，核应急组织、相关部门、相关企业、专业力量、社会组织以及军队救援力量等协同配合，共同完成核事故应急响应行动；（3）保护公众、保护环境。把保护公众作为核应急的根本宗旨，以一切为了人民的态度和行动应对处置核事故。把保护环境作为核应急的根本要求，尽可能把核事故造成的放射性物质释放降到最小，最大程度控制、减轻或消除对环境的危害。

我国核应急基本原则是：统一领导、分级负责，条块结合、军地协同，快速反应、科学处置。具体是：（1）统一领导、分级负责。在中央政府统一领导下，中国建立分级负责的核应急管理体系。核设施营运单位是核事故场内应急工作责任主体。省级人民政府是本行政区域核事故场外应急工作责任主体；（2）条块结合、军地协同。核应急涉及中央与地方、军队与政府、场内与场外、专业技术与社会管理等方面，必须坚持统筹兼顾、相互配合、大力协同、综合施救；（3）快速反应、科学处置。核事故发生后，各级核应急组织及早介入，迅速控制缓解事故，减轻对公众和环境的影响。遵循应对处置核事故特点规律，组织开展分析研判，科学决策，有效实施辐射监测、工程抢险、去污洗消、辐射防护、医学救援等响应行动。[①]

三、我国核事故应急预案与"一案三制"建设

我国高度重视核应急的预案和法制、体制、机制（简称"一案三制"）建设，通过法律制度保障、体制机制保障，建立健全国家核应急组织管理体系。即：

1. 加强全国核应急预案体系建设。《国家核应急预案》是中央政府应对处置核事故预先制定的工作方案。《国家核应急预案》对核应急准备与响应的组织体系、核应急指挥与协调机制、核事故应急响应分级、核事故后恢复行动、应急准备与保障措施等作了全面规定。按照《国家核应急预案》要求，各级政府部门和核设施营运单位制定核应急

---

① 《中国的核应急》（2016—01—27）：二、核应急方针政策. 国新网，http://www.scio.gov.cn/zfbps/ndhf/34120/Document/1466425/1466425.htm. 最后访问时间，2016—09—02.

预案，形成相互配套衔接的全国核应急预案体系。

2. 加强核应急法制建设。我国基本形成国家法律、行政法规、部门规章、国家和行业标准、管理导则于一体的核应急法律法规标准体系。早在1993年8月就颁布实施《核电厂核事故应急管理条例》。进入21世纪以来，又先后颁布实施我国《放射性污染防治法》《突发事件应对法》，从法律层面对核应急作出规定和要求。2015年7月1日，我国《国家安全法》修订后开始实施，进一步强调加强核事故应急体系和应急能力建设，防止、控制和消除核事故对公众生命健康和生态环境的危害。与这些法律法规相配套，政府相关部门制定相应的部门规章和管理导则，相关机构和涉核行业制定技术标准。军队制定参加核电厂核事故应急救援条例等相关法规和规章制度。目前，正积极推进原子能法、核安全法立法进程。

3. 加强核应急管理体制建设。我国核应急实行国家统一领导、综合协调、分级负责、属地管理为主的管理体制。全国核应急管理工作由中央政府指定部门牵头负责。核设施所在地的省（区、市）政府指定部门负责本行政区域内的核应急管理工作。核设施营运单位及其上级主管部门（单位）负责场内核应急管理工作。必要时，由中央政府领导、组织、协调全国的核事故应急管理工作。

4. 加强核应急机制建设。我国实行由一个部门牵头、多个部门参与的核应急组织协调机制。在国家层面，设立国家核事故应急协调委员会，由政府和军队相关部门组成，主要职责是：贯彻国家核应急工作方针，拟定国家核应急工作政策，统一协调全国核事故应急，决策、组织、指挥应急支援响应行动。同时设立国家核事故应急办公室，承担国家核事故应急协调委员会日常工作。在省（区、市）层面，设立核应急协调机构。核设施营运单位设立核应急组织。国家和各相关省（区、市）以及核设施营运单位建立专家委员会或支撑机构，为核应急准备与响应提供决策咨询和建议。[①]

我国积极建设并保持与核能事业安全高效发展相适应的国家核应急能力，形成有效应对核事故的国家核应急能力体系。即国家建立全国统一的核应急能力体系，部署军队和地方两个工作系统，区分国家级、省级、核设施营运单位级三个能力层次，推进核应急领域的各种力量建设。同时，建设国家核应急专业技术支持中心。建设辐射监测、辐射防护、航空监测、医学救援、海洋辐射监测、气象监测预报、辅助决策、响应行动等8类国家级核应急专业技术支持中心以及3个国家级核应急培训基地，基本形成专业齐全、功能完备、支撑有效的核应急技术支持和培训体系。具体是：

1. 建设国家级核应急救援力量。经过多年努力，我国形成了规模适度、功能衔接、布局合理的核应急救援专业力量体系。适应核电站建设布局需要，按照区域部署、模块设置、专业配套原则，组建30余支国家级专业救援分队，承担核事故应急处置各类专业救援任务。军队是国家级核应急救援力量的重要组成部分，担负支援地方核事故应急的职责使命，近年来核应急力量建设成效显著。

2. 建设省级核应急力量。我国设立核电站的省（区、市）均建立了相应的核应急

<hr />

① 《中国的核应急》（2016-01-27）：三、核应急"一案三制"建设. 国新网, http://www.scio.gov.cn/zfbps/ndhf/34120/Document/1466425/1466425.htm. 最后访问时间，2016-09-02.

力量，包括核应急指挥中心、应急辐射监测网、医学救治网、气象监测网、洗消点、撤离道路、撤离人员安置点等，以及专业技术支持能力和救援分队，基本满足本区域核应急准备与响应需要。省（区、市）核应急指挥中心与本级行政区域内核设施实现互联互通。

3. 建设核设施营运单位核应急力量。按照国家要求，参照国际标准，我国各核设施营运单位均建立相关的核应急设施及力量，包括应急指挥中心、应急通信设施、应急监测和后果评价设施；配备应对处置紧急情况的应急电源等急需装备、设备和仪器；组建辐射监测、事故控制、去污洗消等场内核应急救援队伍。核设施营运单位所属涉核集团之间建立核应急相互支援合作机制，形成核应急资源储备和调配等支援能力，实现优势互补、相互协调。另外，按照积极兼容原则，围绕各自职责，我国各级政府有关部门依据《国家核应急预案》明确的任务，分别建立并加强可服务保障核应急的能力体系。并按照国家、相关省（区、市）和各核设施营运单位制定的核应急预案，在国家核应急体制机制框架下，各级各类核应急力量统一调配、联动使用，共同承担核事故应急处置任务。[①]

四、我国核事故应对措施与和应急国际合作

我国参照国际先进标准，汲取国际成熟经验，结合国情和核能发展实际，制定了控制、缓解、应对核事故的工作措施。

1. 实施纵深防御。设置五道防线，前移核应急关口，多重屏障强化核电安全，防止事故与减轻事故后果。即：（1）保证设计、制造、建造、运行等质量，预防偏离正常运行；（2）严格执行运行规程，遵守运行技术规范，使机组运行在限定的安全区间以内，及时检测和纠正偏差，对非正常运行加以控制，防止演变为事故；（3）如果偏差未能及时纠正，发生设计基准事故时，自动启用电厂安全系统和保护系统，组织应急运行，防止事故恶化；（4）如果事故未能得到有效控制，启动事故处理规程，实施事故管理策略，保证安全壳不被破坏，防止放射性物质外泄；（5）在极端情况下，如果以上各道防线均告失效，立即进行场外应急响应行动，努力减轻事故对公众和环境的影响。同时，设置多道实体屏障，确保层层设防，防止和控制放射性物质释入环境。

2. 实行分级响应。参照国际原子能机构核事故事件分级表，根据核事故性质、严重程度及辐射后果影响范围，确定核事故级别。核应急状态分为应急待命、厂房应急、场区应急、场外应急，分别对应Ⅳ级响应、Ⅲ级响应、Ⅱ级响应、Ⅰ级响应。前三级响应，主要针对场区范围内的应急需要组织实施。当出现或可能出现向环境释放大量放射性物质，事故后果超越场区边界并可能严重危及公众健康和环境安全时，进入场外应急，启动Ⅰ级响应。

3. 部署响应行动。核事故发生后，各级核应急组织根据事故性质和严重程度，实施以下全部或部分响应行动。包括：（1）迅速缓解控制事故。立即组织专业力量、装备

---

① 《中国的核应急》（2016—01—27）：四、核应急能力建设与保持. 国新网，http://www.scio.gov.cn/ zfbps/ndhf/34120/Document/1466425/1466425.htm. 最后访问时间，2016—09—02.

和物资等开展工程抢险，缓解并控制事故，努力使核设施恢复到安全状态，防止或减少放射性物质向环境释放；（2）开展辐射监测和后果评价。在事故现场和受影响地区开展放射性监测以及人员受照剂量监测等。实时开展气象、水文、地质、地震等观（监）测预报。开展事故工况诊断和释放源项分析，研判事故发展趋势，评价辐射后果，判定受影响区域范围；（3）组织人员实施应急防护行动。当事故已经或可能导致碘放射性同位素释放，由专业组织及时安排一定区域内公众服用稳定碘，以减少甲状腺的受照剂量。适时组织受辐射影响地区人员采取隐蔽、撤离、临时避迁或永久迁出等应急防护措施，避免或减少受到辐射损伤。及时开展心理援助，抚慰社会公众情绪，减轻社会恐慌；（4）实施去污洗消和医疗救治。由专业人员去除或降低人员、设备、场所、环境等放射性污染。组织核应急医学救援力量实施医学诊断、分类，开展医疗救治，包括现场紧急救治、地方医院救治和后方专业救治等；（5）控制出入通道和口岸。根据受事故影响区域具体情况，划定警戒区，设定出入通道，严格控制各类人员、车辆、设备和物资出入。对出入境人员、交通工具、集装箱、货物、行李物品、邮包快件等实施放射性污染检测与控制；（6）加强市场监管与调控。针对受事故影响地区市场供应及公众心理状况，及时进行重要生活必需品的市场监管和调控。禁止或限制受污染食品和饮用水的生产、加工、流通和食用，避免或减少放射性物质摄入；（7）维护社会治安。严厉打击借机传播谣言、制造恐慌等违法犯罪行为。在群众安置点、抢险救援物资存放点等重点地区，增设临时警务站，加强治安巡逻。强化核事故现场等重要场所警戒保卫，根据需要做好周边地区交通管制等工作；（8）发布权威准确信息。参照国际原子能机构做法，根据中国法律法规，由国家、省（区、市）和核设施营运单位适时向社会发布准确、权威信息，及时将核事故状态、影响和社会公众应注意的事项、需要个人进行防护的措施告知公众，确保信息公开、透明；（9）做好国际通报与申请援助。按照国际原子能机构《及早通报核事故公约》要求，做好向国际社会的通报。按照国际原子能机构《核事故或辐射紧急情况援助公约》要求，视情向国际原子能机构和国际社会申请核应急救援。

4. 建立健全国家核应急技术标准体系。建立包括设置核电厂应急计划区、核事故分级、应急状态分级、开展应急防护行动、实施应急干预原则与干预水平等完整系统的国家核应急技术标准体系，为组织实施核应急准备与响应提供基本技术指南。

5. 加强应急值班。建立核应急值班体系，各级核应急组织保持 24 小时值班备勤。在国家核事故应急办公室设立核应急国家联络点，负责核应急值班，及时掌握国内核设施情况，保持与国际原子能机构信息畅通。[①]

我国是国际原子能机构成员国，始终致力于同各国一道推动建立国际核安全应急体系，促进各国共享和平利用核能事业成果，坚定不移支持和推进核应急领域国际合作与交流。我国与国际原子能机构等国际组织在核应急领域开展多层次、全方位合作，与世界有关国家核应急领域合作与交流不断拓展。具体包括：

1. 积极加入相关国际公约。我国作为联合国安理会常任理事国、国际原子能机构

① 《中国的核应急》（2016-01-27）：五、核事故应对处置主要措施. 国新网，http://www.scio.gov.cn/zfbps/ndhf/34120/Document/1466425/1466425.htm. 最后访问时间，2016-09-02.

理事国，高度重视融入国际核安全应急体系。自 1984 年加入国际原子能机构以来，先后加入《核事故或辐射紧急情况援助公约》《及早通报核事故公约》《核材料实物保护公约》《不扩散核武器条约》《核安全公约》《制止核恐怖主义行为国际公约》等国际公约。在这些公约机制内，我国始终致力于同各国一道推动建立和平、合作、共赢的国际核安全应急体系，充分发挥建设性作用。

2. 积极履行核应急国际义务。我国支持国际原子能机构在促进核能与核技术应用、加强核安全、加强核应急、实施保障监督等领域发挥主导作用。我国积极履行有关国际公约规定的国际义务，响应国际原子能机构理事会、大会提出的各项倡议。我国代表团出席了历次国际原子能机构组织的核应急主管当局会议和核安全公约履约大会，负责任地提交核应急、核安全履约国家报告。多次参加国际原子能机构组织的公约演习活动。推荐我国核应急领域的专家学者数百人次参加国际原子能机构开展的工作，为全球核应急领域合作献计献策。2014 年 5 月，我国加入"国际核应急响应与援助网络"，为国际社会核应急体系建设提供支持。

3. 积极开展双边交流。1984 年以来，我国先后与巴西、阿根廷、英国、美国、韩国、俄罗斯、法国等 30 个国家签订双边核能合作协定，开展包括核应急在内的合作与交流。我国同美国合作在华建设核安保示范中心，为地区乃至国际核安保技术交流合作提供平台。在中美和平利用核能协定框架下，我国国家原子能机构与美国能源部联合举办核应急医学救援培训班、核应急后果评价研讨班等多种培训活动。在中俄总理定期会晤框架内设立中俄核问题分委会机制，定期研讨交流核应急领域合作与交流事宜。我国与法国建立中法核能合作协调委员会机制，与韩国建立中韩核能合作联委会机制，定期开展相关活动。我国援助巴基斯坦建设核电站，在核应急领域开展广泛深入的合作交流。

4. 积极拓展多边合作。我国坚持合作共赢原则，与各国开展核应急领域合作与交流。我国国家领导人先后出席 2010 年华盛顿核安全峰会、2012 年首尔核安全峰会、2014 年海牙核安全峰会，呼吁国际社会加强核安全应急管理、提升核安全应急能力、增强各国人民对实现持久核安全、对核能事业造福人类的信心。我国国家原子能机构以各种形式与国际原子能机构开展交流与合作，2014 年 7 月，在福建举办"严重核事故下核应急准备与响应"亚太地区培训班，为 11 个国家和地区的专家提供交流平台；2015 年 10 月，在首次全球核应急准备与响应大会上，我国与 90 多个与会国家和 10 多个国际组织共同分享核应急准备与响应的成就，介绍我国核应急方针政策。我国通过亚洲核安全网络、亚洲核合作论坛、亚太地区核技术合作协定等机制，在地区合作交流中积极发挥作用。我国于 2004 年 1 月正式加入世界卫生组织辐射应急医学准备与救援网络。我国持续举办核应急领域国际学术交流活动。中日韩建立核事故及早通报框架和专家交流机制，定期开展相关领域合作与交流。

5. 积极开展应对福岛核事故合作交流。我国是日本的近邻，对福岛核事故尤为关切。在第一时间启动核应急响应机制、开展本国应对工作的同时，积极履行《核事故或辐射紧急情况援助公约》国际义务，向日本政府表明提供辐射监测、医疗救护等援助的意愿。2011 年 5 月，应日本政府邀请，我国组织专家代表团赴日本，就福岛核事故进行交流，提出处置意见建议。我国还选派权威专家参加国际原子能机构福岛核事故评估团，开展福岛核事故影响评估。福岛核事故发生后，我国政府机关、企事业单位、大专院校、科研院所，以各种形式与国际组织合作，总结探讨后福岛时代核应急领域重大问题。这些合作交流活动，既促进了我国核应急的改进提高，也促进了国际社会对福岛核事故的经验反馈。

6. 积极响应国际原子能机构核安全行动计划。福岛核事故后，国际原子能机构发布《核安全行动计划》，为国际社会改进核应急工作提供借鉴。我国参考新的标准和理念，全面改进国家核应急准备与响应工作；充实增加国家核安全核应急监管力量和技术支持力量；全面检查所有核设施营运单位核应急工作，按照新的标准完善应急措施；加强顶层设计，进行统筹规划，建立健全核应急能力体系。我国坚持采用最先进的技术、执行最严格的标准，全面提升核应急管理，努力把核应急提高到新水平。①

---

① 《中国的核应急》（2016－01－27）：八、核应急国际合作与交流．国新网，http://www.scio.gov.cn/zfbps/ndhf/34120/Document/1466425/1466425.htm．最后访问时间，2016－09－02．

附录一　中华人民共和国国家安全法

（2015 年 7 月 1 日第十二届全国人民代表大会常务委员会第十五次会议通过）

第一章　总　则

第一条　为了维护国家安全，保卫人民民主专政的政权和中国特色社会主义制度，保护人民的根本利益，保障改革开放和社会主义现代化建设的顺利进行，实现中华民族伟大复兴，根据宪法，制定本法。

第二条　国家安全是指国家政权、主权、统一和领土完整、人民福祉、经济社会可持续发展和国家其他重大利益相对处于没有危险和不受内外威胁的状态，以及保障持续安全状态的能力。

第三条　国家安全工作应当坚持总体国家安全观，以人民安全为宗旨，以政治安全为根本，以经济安全为基础，以军事、文化、社会安全为保障，以促进国际安全为依托，维护各领域国家安全，构建国家安全体系，走中国特色国家安全道路。

第四条　坚持中国共产党对国家安全工作的领导，建立集中统一、高效权威的国家安全领导体制。

第五条　中央国家安全领导机构负责国家安全工作的决策和议事协调，研究制定、指导实施国家安全战略和有关重大方针政策，统筹协调国家安全重大事项和重要工作，推动国家安全法治建设。

第六条　国家制定并不断完善国家安全战略，全面评估国际、国内安全形势，明确国家安全战略的指导方针、中长期目标、重点领域的国家安全政策、工作任务和措施。

第七条　维护国家安全，应当遵守宪法和法律，坚持社会主义法治原则，尊重和保障人权，依法保护公民的权利和自由。

第八条　维护国家安全，应当与经济社会发展相协调。

国家安全工作应当统筹内部安全和外部安全、国土安全和国民安全、传统安全和非传统安全、自身安全和共同安全。

第九条　维护国家安全，应当坚持预防为主、标本兼治，专门工作与群众路线相结合，充分发挥专门机关和其他有关机关维护国家安全的职能作用，广泛动员公民和组织，防范、制止和依法惩治危害国家安全的行为。

第十条　维护国家安全，应当坚持互信、互利、平等、协作，积极同外国政府和国际组织开展安全交流合作，履行国际安全义务，促进共同安全，维护世界和平。

第十一条　中华人民共和国公民、一切国家机关和武装力量、各政党和各人民团体、企业事业组织和其他社会组织，都有维护国家安全的责任和义务。

中国的主权和领土完整不容侵犯和分割。维护国家主权、统一和领土完整是包括港澳同胞和台湾同胞在内的全中国人民的共同义务。

第十二条　国家对在维护国家安全工作中作出突出贡献的个人和组织给予表彰和奖励。

第十三条　国家机关工作人员在国家安全工作和涉及国家安全活动中，滥用职权、玩忽职守、徇私舞弊的，依法追究法律责任。

任何个人和组织违反本法和有关法律，不履行维护国家安全义务或者从事危害国家安全活动的，依法追究法律责任。

第十四条　每年 4 月 15 日为全民国家安全教育日。

第二章　维护国家安全的任务

第十五条　国家坚持中国共产党的领导，维护中国特色社会主义制度，发展社会主义民主政治，健全社会主义法治，强化权力运行制约和监督机制，保障人民当家作主的各项权利。

国家防范、制止和依法惩治任何叛国、分裂国家、煽动叛乱、颠覆或者煽动颠覆人民民主专政政权的行为；防范、制止和依法惩治窃取、泄露国家秘密等危害国家安全的行为；防范、制止和依法惩治境外势力的渗透、破坏、颠覆、分裂活动。

第十六条　国家维护和发展最广大人民的根本利益，保卫人民安全，创造良好生存发展条件和安定工作生活环境，保障公民的生命财产安全和其他合法权益。

第十七条　国家加强边防、海防和空防建设，采取一切必要的防卫和管控措施，保卫领陆、领水和领空安全，维护国家领土主权和海洋权益。

第十八条　国家加强武装力量革命化、现代化、正规化建设，建设与保卫国家安全和发展利益需要相适应的武装力量；实施积极防御军事战略方针，防备和抵御侵略，制止武装颠覆和分裂；开展国际军事安全合作，实施联合国维和、国际救援、海上护航和维护国家海外利益的军事行动，维护国家主权、安全、领土完整、发展利益和世界和平。

第十九条　国家维护国家基本经济制度和社会主义市场经济秩序，健全预防和化解经济安全风险的制度机制，保障关系国民经济命脉的重要行业和关键领域、重点产业、重大基础设施和重大建设项目以及其他重大经济利益安全。

第二十条　国家健全金融宏观审慎管理和金融风险防范、处置机制，加强金融基础设施和基础能力建设，防范和化解系统性、区域性金融风险，防范和抵御外部金融风险的冲击。

第二十一条　国家合理利用和保护资源能源，有效管控战略资源能源的开发，加强战略资源能源储备，完善资源能源运输战略通道建设和安全保护措施，加强国际资源能源合作，全面提升应急保障能力，保障经济社会发展所需的资源能源持续、可靠和有效供给。

第二十二条　国家健全粮食安全保障体系，保护和提高粮食综合生产能力，完善粮食储备制度、流通体系和市场调控机制，健全粮食安全预警制度，保障粮食供给和质量安全。

第二十三条　国家坚持社会主义先进文化前进方向，继承和弘扬中华民族优秀传统文化，培育和践行社会主义核心价值观，防范和抵制不良文化的影响，掌握意识形态领域主导权，增强文化整体实力和竞争力。

第二十四条　国家加强自主创新能力建设，加快发展自主可控的战略高新技术和重要领域核心关键技术，加强知识产权的运用、保护和科技保密能力建设，保障重大技术和工程的安全。

第二十五条　国家建设网络与信息安全保障体系，提升网络与信息安全保护能力，加强网络和信息技术的创新研究和开发应用，实现网络和信息核心技术、关键基础设施和重要领域信息系统及数据的安全可控；加强网络管理，防范、制止和依法惩治网络攻击、网络入侵、网络窃密、散布违法有害信息等网络违法犯罪行为，维护国家网络空间主权、安全和发展利益。

第二十六条　国家坚持和完善民族区域自治制度，巩固和发展平等团结互助和谐的社会主义民族关系。坚持各民族一律平等，加强民族交往、交流、交融，防范、制止和依法惩治民族分裂活动，维护国家统一、民族团结和社会和谐，实现各民族共同团结奋斗、共同繁荣发展。

第二十七条　国家依法保护公民宗教信仰自由和正常宗教活动，坚持宗教独立自主自办的原则，防范、制止和依法惩治利用宗教名义进行危害国家安全的违法犯罪活动，反对境外势力干涉境内宗教事务，维护正常宗教活动秩序。

国家依法取缔邪教组织，防范、制止和依法惩治邪教违法犯罪活动。

第二十八条　国家反对一切形式的恐怖主义和极端主义，加强防范和处置恐怖主义的能力建设，依法开展情报、调查、防范、处置以及资金监管等工作，依法取缔恐怖活动组织和严厉惩治暴力恐怖活动。

第二十九条　国家健全有效预防和化解社会矛盾的体制机制，健全公共安全体系，积极预防、减少和化解社会矛盾，妥善处置公共卫生、社会安全等影响国家安全和社会稳定的突发事件，促进社会和谐，维护公共安全和社会安定。

第三十条　国家完善生态环境保护制度体系，加大生态建设和环境保护力度，划定生态保护红线，强化生态风险的预警和防控，妥善处置突发环境事件，保障人民赖以生存发展的大气、水、土壤等自然环境和条件不受威胁和破坏，促进人与自然和谐发展。

第三十一条　国家坚持和平利用核能和核技术，加强国际合作，防止核扩散，完善防扩散机制，加强对核设施、核材料、核活动和核废料处置的安全管理、监管和保护，加强核事故应急体系和应急能力建设，防止、控制和消除核事故对公民生命健康和生态环境的危害，不断增强有效应对和防范核威胁、核攻击的能力。

第三十二条　国家坚持和平探索和利用外层空间、国际海底区域和极地，增强安全进出、科学考察、开发利用的能力，加强国际合作，维护我国在外层空间、国际海底区域和极地的活动、资产和其他利益的安全。

第三十三条 国家依法采取必要措施，保护海外中国公民、组织和机构的安全和正当权益，保护国家的海外利益不受威胁和侵害。

第三十四条 国家根据经济社会发展和国家发展利益的需要，不断完善维护国家安全的任务。

第三章 维护国家安全的职责

第三十五条 全国人民代表大会依照宪法规定，决定战争和和平的问题，行使宪法规定的涉及国家安全的其他职权。

全国人民代表大会常务委员会依照宪法规定，决定战争状态的宣布，决定全国总动员或者局部动员，决定全国或者个别省、自治区、直辖市进入紧急状态，行使宪法规定的和全国人民代表大会授予的涉及国家安全的其他职权。

第三十六条 中华人民共和国主席根据全国人民代表大会的决定和全国人民代表大会常务委员会的决定，宣布进入紧急状态，宣布战争状态，发布动员令，行使宪法规定的涉及国家安全的其他职权。

第三十七条 国务院根据宪法和法律，制定涉及国家安全的行政法规，规定有关行政措施，发布有关决定和命令；实施国家安全法律法规和政策；依照法律规定决定省、自治区、直辖市的范围内部分地区进入紧急状态；行使宪法法律规定的和全国人民代表大会及其常务委员会授予的涉及国家安全的其他职权。

第三十八条 中央军事委员会领导全国武装力量，决定军事战略和武装力量的作战方针，统一指挥维护国家安全的军事行动，制定涉及国家安全的军事法规，发布有关决定和命令。

第三十九条 中央国家机关各部门按照职责分工，贯彻执行国家安全方针政策和法律法规，管理指导本系统、本领域国家安全工作。

第四十条 地方各级人民代表大会和县级以上地方各级人民代表大会常务委员会在本行政区域内，保证国家安全法律法规的遵守和执行。

地方各级人民政府依照法律法规规定管理本行政区域内的国家安全工作。

香港特别行政区、澳门特别行政区应当履行维护国家安全的责任。

第四十一条 人民法院依照法律规定行使审判权，人民检察院依照法律规定行使检察权，惩治危害国家安全的犯罪。

第四十二条 国家安全机关、公安机关依法搜集涉及国家安全的情报信息，在国家安全工作中依法行使侦查、拘留、预审和执行逮捕以及法律规定的其他职权。

有关军事机关在国家安全工作中依法行使相关职权。

第四十三条 国家机关及其工作人员在履行职责时，应当贯彻维护国家安全的原则。

国家机关及其工作人员在国家安全工作和涉及国家安全活动中，应当严格依法履行职责，不得超越职权、滥用职权，不得侵犯个人和组织的合法权益。

第四章　国家安全制度

第一节　一般规定

第四十四条　中央国家安全领导机构实行统分结合、协调高效的国家安全制度与工作机制。

第四十五条　国家建立国家安全重点领域工作协调机制，统筹协调中央有关职能部门推进相关工作。

第四十六条　国家建立国家安全工作督促检查和责任追究机制，确保国家安全战略和重大部署贯彻落实。

第四十七条　各部门、各地区应当采取有效措施，贯彻实施国家安全战略。

第四十八条　国家根据维护国家安全工作需要，建立跨部门会商工作机制，就维护国家安全工作的重大事项进行会商研判，提出意见和建议。

第四十九条　国家建立中央与地方之间、部门之间、军地之间以及地区之间关于国家安全的协同联动机制。

第五十条　国家建立国家安全决策咨询机制，组织专家和有关方面开展对国家安全形势的分析研判，推进国家安全的科学决策。

第二节　情报信息

第五十一条　国家健全统一归口、反应灵敏、准确高效、运转顺畅的情报信息收集、研判和使用制度，建立情报信息工作协调机制，实现情报信息的及时收集、准确研判、有效使用和共享。

第五十二条　国家安全机关、公安机关、有关军事机关根据职责分工，依法搜集涉及国家安全的情报信息。

国家机关各部门在履行职责过程中，对于获取的涉及国家安全的有关信息应当及时上报。

第五十三条　开展情报信息工作，应当充分运用现代科学技术手段，加强对情报信息的鉴别、筛选、综合和研判分析。

第五十四条　情报信息的报送应当及时、准确、客观，不得迟报、漏报、瞒报和谎报。

第三节　风险预防、评估和预警

第五十五条　国家制定完善应对各领域国家安全风险预案。

第五十六条　国家建立国家安全风险评估机制，定期开展各领域国家安全风险调查评估。

有关部门应当定期向中央国家安全领导机构提交国家安全风险评估报告。

第五十七条　国家健全国家安全风险监测预警制度，根据国家安全风险程度，及时发布相应风险预警。

第五十八条　对可能即将发生或者已经发生的危害国家安全的事件，县级以上地方人民政府及其有关主管部门应当立即按照规定向上一级人民政府及其有关主管部门报告，必要时可以越级上报。

第四节　审查监管

第五十九条　国家建立国家安全审查和监管的制度和机制，对影响或者可能影响国家安全的外商投资、特定物项和关键技术、网络信息技术产品和服务、涉及国家安全事项的建设项目，以及其他重大事项和活动，进行国家安全审查，有效预防和化解国家安全风险。

第六十条　中央国家机关各部门依照法律、行政法规行使国家安全审查职责，依法作出国家安全审查决定或者提出安全审查意见并监督执行。

第六十一条　省、自治区、直辖市依法负责本行政区域内有关国家安全审查和监管工作。

第五节　危机管控

第六十二条　国家建立统一领导、协同联动、有序高效的国家安全危机管控制度。

第六十三条　发生危及国家安全的重大事件，中央有关部门和有关地方根据中央国家安全领导机构的统一部署，依法启动应急预案，采取管控处置措施。

第六十四条　发生危及国家安全的特别重大事件，需要进入紧急状态、战争状态或者进行全国总动员、局部动员的，由全国人民代表大会、全国人民代表大会常务委员会或者国务院依照宪法和有关法律规定的权限和程序决定。

第六十五条　国家决定进入紧急状态、战争状态或者实施国防动员后，履行国家安全危机管控职责的有关机关依照法律规定或者全国人民代表大会常务委员会规定，有权采取限制公民和组织权利、增加公民和组织义务的特别措施。

第六十六条　履行国家安全危机管控职责的有关机关依法采取处置国家安全危机的管控措施，应当与国家安全危机可能造成的危害的性质、程度和范围相适应；有多种措施可供选择的，应当选择有利于最大程度保护公民、组织权益的措施。

第六十七条　国家健全国家安全危机的信息报告和发布机制。

国家安全危机事件发生后，履行国家安全危机管控职责的有关机关，应当按照规定准确、及时报告，并依法将有关国家安全危机事件发生、发展、管控处置及善后情况统一向社会发布。

第六十八条　国家安全威胁和危害得到控制或者消除后，应当及时解除管控处置措施，做好善后工作。

第五章　国家安全保障

第六十九条　国家健全国家安全保障体系，增强维护国家安全的能力。

第七十条　国家健全国家安全法律制度体系，推动国家安全法治建设。

第七十一条　国家加大对国家安全各项建设的投入，保障国家安全工作所需经费和装备。

第七十二条 承担国家安全战略物资储备任务的单位，应当按照国家有关规定和标准对国家安全物资进行收储、保管和维护，定期调整更换，保证储备物资的使用效能和安全。

第七十三条 鼓励国家安全领域科技创新，发挥科技在维护国家安全中的作用。

第七十四条 国家采取必要措施，招录、培养和管理国家安全工作专门人才和特殊人才。

根据维护国家安全工作的需要，国家依法保护有关机关专门从事国家安全工作人员的身份和合法权益，加大人身保护和安置保障力度。

第七十五条 国家安全机关、公安机关、有关军事机关开展国家安全专门工作，可以依法采取必要手段和方式，有关部门和地方应当在职责范围内提供支持和配合。

第七十六条 国家加强国家安全新闻宣传和舆论引导，通过多种形式开展国家安全宣传教育活动，将国家安全教育纳入国民教育体系和公务员教育培训体系，增强全民国家安全意识。

第六章 公民、组织的义务和权利

第七十七条 公民和组织应当履行下列维护国家安全的义务：

（一）遵守宪法、法律法规关于国家安全的有关规定；

（二）及时报告危害国家安全活动的线索；

（三）如实提供所知悉的涉及危害国家安全活动的证据；

（四）为国家安全工作提供便利条件或者其他协助；

（五）向国家安全机关、公安机关和有关军事机关提供必要的支持和协助；

（六）保守所知悉的国家秘密；

（七）法律、行政法规规定的其他义务。

任何个人和组织不得有危害国家安全的行为，不得向危害国家安全的个人或者组织提供任何资助或者协助。

第七十八条 机关、人民团体、企业事业组织和其他社会组织应当对本单位的人员进行维护国家安全的教育，动员、组织本单位的人员防范、制止危害国家安全的行为。

第七十九条 企业事业组织根据国家安全工作的要求，应当配合有关部门采取相关安全措施。

第八十条 公民和组织支持、协助国家安全工作的行为受法律保护。

因支持、协助国家安全工作，本人或者其近亲属的人身安全面临危险的，可以向公安机关、国家安全机关请求予以保护。公安机关、国家安全机关应当会同有关部门依法采取保护措施。

第八十一条 公民和组织因支持、协助国家安全工作导致财产损失的，按照国家有关规定给予补偿；造成人身伤害或者死亡的，按照国家有关规定给予抚恤优待。

第八十二条 公民和组织对国家安全工作有向国家机关提出批评建议的权利，对国家机关及其工作人员在国家安全工作中的违法失职行为有提出申诉、控告和检举的权利。

第八十三条　在国家安全工作中，需要采取限制公民权利和自由的特别措施时，应当依法进行，并以维护国家安全的实际需要为限度。

第七章　附　则

第八十四条　本法自公布之日起施行。

附录二　中华人民共和国反间谍法

（2014年11月1日第十二届全国人民代表大会常务委员会第十一次会议通过）

第一章　总则

第一条　为了防范、制止和惩治间谍行为，维护国家安全，根据宪法，制定本法。

第二条　反间谍工作坚持中央统一领导，坚持公开工作与秘密工作相结合、专门工作与群众路线相结合、积极防御、依法惩治的原则。

第三条　国家安全机关是反间谍工作的主管机关。

公安、保密行政管理等其他有关部门和军队有关部门按照职责分工，密切配合，加强协调，依法做好有关工作。

第四条　中华人民共和国公民有维护国家的安全、荣誉和利益的义务，不得有危害国家的安全、荣誉和利益的行为。

一切国家机关和武装力量、各政党和各社会团体及各企业事业组织，都有防范、制止间谍行为，维护国家安全的义务。

国家安全机关在反间谍工作中必须依靠人民的支持，动员、组织人民防范、制止危害国家安全的间谍行为。

第五条　反间谍工作应当依法进行，尊重和保障人权，保障公民和组织的合法权益。

第六条　境外机构、组织、个人实施或者指使、资助他人实施的，或者境内机构、组织、个人与境外机构、组织、个人相勾结实施的危害中华人民共和国国家安全的间谍行为，都必须受到法律追究。

第七条　国家对支持、协助反间谍工作的组织和个人给予保护，对有重大贡献的给予奖励。

第二章　国家安全机关在反间谍工作中的职权

第八条　国家安全机关在反间谍工作中依法行使侦查、拘留、预审和执行逮捕以及法律规定的其他职权。

第九条　国家安全机关的工作人员依法执行任务时，依照规定出示相应证件，有权查验中国公民或者境外人员的身份证明，向有关组织和人员调查、询问有关情况。

第十条　国家安全机关的工作人员依法执行任务时，依照规定出示相应证件，可以进入有关场所、单位；根据国家有关规定，经过批准，出示相应证件，可以进入限制进入的有关地区、场所、单位，查阅或者调取有关的档案、资料、物品。

第十一条　国家安全机关的工作人员在依法执行紧急任务的情况下，经出示相应证件，可以优先乘坐公共交通工具，遇交通阻碍时，优先通行。

国家安全机关因反间谍工作需要，按照国家有关规定，可以优先使用或者依法征用机关、团体、企业事业组织和个人的交通工具、通信工具、场地和建筑物，必要时，可以设置相关工作场所和设备、设施，任务完成后应当及时归还或者恢复原状，并依照规定支付相应费用；造成损失的，应当补偿。

第十二条　国家安全机关因侦察间谍行为的需要，根据国家有关规定，经过严格的批准手续，可以采取技术侦察措施。

第十三条　国家安全机关因反间谍工作需要，可以依照规定查验有关组织和个人的电子通信工具、器材等设备、设施。查验中发现存在危害国家安全情形的，国家安全机关应当责令其整改；拒绝整改或者整改后仍不符合要求的，可以予以查封、扣押。

对依照前款规定查封、扣押的设备、设施，在危害国家安全的情形消除后，国家安全机关应当及时解除查封、扣押。

第十四条　国家安全机关因反间谍工作需要，根据国家有关规定，可以提请海关、边防等检查机关对有关人员和资料、器材免检。有关检查机关应当予以协助。

第十五条　国家安全机关对用于间谍行为的工具和其他财物，以及用于资助间谍行为的资金、场所、物资，经设区的市级以上国家安全机关负责人批准，可以依法查封、扣押、冻结。

第十六条　国家安全机关根据反间谍工作需要，可以会同有关部门制定反间谍技术防范标准，指导有关部门落实反间谍技术防范措施，对存在隐患的部门，经过严格的批准手续，可以进行反间谍技术防范检查和检测。

第十七条　国家安全机关及其工作人员在工作中，应当严格依法办事，不得超越职权、滥用职权，不得侵犯组织和个人的合法权益。

国家安全机关及其工作人员依法履行反间谍工作职责获取的组织和个人的信息、材料，只能用于反间谍工作。对属于国家秘密、商业秘密和个人隐私的，应当保密。

第十八条　国家安全机关工作人员依法执行职务受法律保护。

第三章　公民和组织的义务和权利

第十九条　机关、团体和其他组织应当对本单位的人员进行维护国家安全的教育，动员、组织本单位的人员防范、制止间谍行为。

第二十条　公民和组织应当为反间谍工作提供便利或者其他协助。

因协助反间谍工作，本人或者其近亲属的人身安全面临危险的，可以向国家安全机关请求予以保护。国家安全机关应当会同有关部门依法采取保护措施。

第二十一条 公民和组织发现间谍行为，应当及时向国家安全机关报告；向公安机关等其他国家机关、组织报告的，相关国家机关、组织应当立即移送国家安全机关处理。

第二十二条 在国家安全机关调查了解有关间谍行为的情况、收集有关证据时，有关组织和个人应当如实提供，不得拒绝。

第二十三条 任何公民和组织都应当保守所知悉的有关反间谍工作的国家秘密。

第二十四条 任何个人和组织都不得非法持有属于国家秘密的文件、资料和其他物品。

第二十五条 任何个人和组织都不得非法持有、使用间谍活动特殊需要的专用间谍器材。专用间谍器材由国务院国家安全主管部门依照国家有关规定确认。

第二十六条 任何个人和组织对国家安全机关及其工作人员超越职权、滥用职权和其他违法行为，都有权向上级国家安全机关或者有关部门检举、控告。受理检举、控告的国家安全机关或者有关部门应当及时查清事实，负责处理，并将处理结果及时告知检举人、控告人。

对协助国家安全机关工作或者依法检举、控告的个人和组织，任何个人和组织不得压制和打击报复。

第四章 法律责任

第二十七条 境外机构、组织、个人实施或者指使、资助他人实施，或者境内机构、组织、个人与境外机构、组织、个人相勾结实施间谍行为，构成犯罪的，依法追究刑事责任。

实施间谍行为，有自首或者立功表现的，可以从轻、减轻或者免除处罚；有重大立功表现的，给予奖励。

第二十八条 在境外受胁迫或者受诱骗参加敌对组织、间谍组织，从事危害中华人民共和国国家安全的活动，及时向中华人民共和国驻外机构如实说明情况，或者入境后直接或者通过所在单位及时向国家安全机关、公安机关如实说明情况，并有悔改表现的，可以不予追究。

第二十九条 明知他人有间谍犯罪行为，在国家安全机关向其调查有关情况、收集有关证据时，拒绝提供的，由其所在单位或者上级主管部门予以处分，或者由国家安全机关处十五日以下行政拘留；构成犯罪的，依法追究刑事责任。

第三十条 以暴力、威胁方法阻碍国家安全机关依法执行任务的，依法追究刑事责任。

故意阻碍国家安全机关依法执行任务，未使用暴力、威胁方法，造成严重后果的，依法追究刑事责任；情节较轻的，由国家安全机关处十五日以下行政拘留。

第三十一条 泄露有关反间谍工作的国家秘密的，由国家安全机关处十五日以下行政拘留；构成犯罪的，依法追究刑事责任。

第三十二条　对非法持有属于国家秘密的文件、资料和其他物品的，以及非法持有、使用专用间谍器材的，国家安全机关可以依法对其人身、物品、住处和其他有关的地方进行搜查；对其非法持有的属于国家秘密的文件、资料和其他物品，以及非法持有、使用的专用间谍器材予以没收。非法持有属于国家秘密的文件、资料和其他物品，构成犯罪的，依法追究刑事责任；尚不构成犯罪的，由国家安全机关予以警告或者处十五日以下行政拘留。

第三十三条　隐藏、转移、变卖、损毁国家安全机关依法查封、扣押、冻结的财物的，或者明知是间谍活动的涉案财物而窝藏、转移、收购、代为销售或者以其他方法掩饰、隐瞒的，由国家安全机关追回。构成犯罪的，依法追究刑事责任。

第三十四条　境外人员违反本法的，可以限期离境或者驱逐出境。

第三十五条　当事人对行政处罚决定、行政强制措施决定不服的，可以自接到决定书之日起六十日内，向作出决定的上一级机关申请复议；对复议决定不服的，可以自接到复议决定书之日起十五日内向人民法院提起诉讼。

第三十六条　国家安全机关对依照本法查封、扣押、冻结的财物，应当妥善保管，并按照下列情形分别处理：

（一）涉嫌犯罪的，依照刑事诉讼法的规定处理；

（二）尚不构成犯罪，有违法事实的，对依法应当没收的予以没收，依法应当销毁的予以销毁；

（三）没有违法事实的，或者与案件无关的，应当解除查封、扣押、冻结，并及时返还相关财物；造成损失的，应当依法赔偿。

国家安全机关没收的财物，一律上缴国库。

第三十七条　国家安全机关工作人员滥用职权、玩忽职守、徇私舞弊，构成犯罪的，或者有非法拘禁、刑讯逼供、暴力取证、违反规定泄露国家秘密、商业秘密和个人隐私等行为，构成犯罪的，依法追究刑事责任。

第五章　附　则

第三十八条　本法所称间谍行为，是指下列行为：

（一）间谍组织及其代理人实施或者指使、资助他人实施，或者境内外机构、组织、个人与其相勾结实施的危害中华人民共和国国家安全的活动；

（二）参加间谍组织或者接受间谍组织及其代理人的任务的；

（三）间谍组织及其代理人以外的其他境外机构、组织、个人实施或者指使、资助他人实施，或者境内机构、组织、个人与其相勾结实施的窃取、刺探、收买或者非法提供国家秘密或者情报，或者策动、引诱、收买国家工作人员叛变的活动；

（四）为敌人指示攻击目标的；

（五）进行其他间谍活动的。

第三十九条　国家安全机关、公安机关依照法律、行政法规和国家有关规定，履行防范、制止和惩治间谍行为以外的其他危害国家安全行为的职责，适用本法的有关规定。

第四十条 本法自公布之日起施行。1993 年 2 月 22 日第七届全国人民代表大会常务委员会第三十次会议通过的《中华人民共和国国家安全法》同时废止。